Weber | Garstka

Ratgeber für den Tiefbau

D1618485

Begründet von
Dipl.-Ing. Heinrich Decker
Fortgeführt von
Dipl.-Volksw. Klaus Weber
Neu herausgegeben von
Dr.-Ing. Dipl.-Wirt.-Ing. Bernd Garstka
unter Mitarbeit namhafter Fachleute

RATGEBER FÜR
DEN TIEFBAU

6., neu bearbeitete und erweiterte Auflage 2005

 **WERNER VERLAG**

1. Auflage 1967
2. Auflage 1972
3. Auflage 1982
4. Auflage 1992
5. Auflage 1998
6. Auflage 2005

Bibliografische Information Der Deutschen Bibliothek
Die Deutsche Bibliothek verzeichnet diese Publikation in der Deutschen
Nationalbibliografie; detaillierte bibliografische Daten sind im Internet
über **http://dnb.ddb.de** abrufbar.

ISBN 3-8041-5005-5

www.werner-verlag.de

Umschlag: futurweiss kommunikationen, Wiesbaden
Umschlagfoto: STRABAG AG, Bereich Lahnstein
Satz: Offizin Wissenbach, Würzburg
Druck: Betz-Druck GmbH, Darmstadt
Printed in Germany, April 2005

Archiv-Nr.: 536/6–04.2005

Vorwort

Eine zweifellos höchst anspruchsvolle Aufgabe ist die Ausführung von Bauprojekten; Führungskräfte auf der Baustelle übernehmen ein hohes Maß an Verantwortung für Menschen, Umwelt und Technik und meistens auch für große wirtschaftliche Werte.
Der rasante technische Fortschritt, die politischen und gesellschaftlichen Veränderungen der vergangenen Jahre in Deutschland und Europa sowie wachsender Kosten- und Termindruck stellen dabei große Anforderungen an die Baustellenführungskraft.

Aufbauend auf ein modernes und anerkannt effektives Ausbildungssystem sind die für die Berufsbildung im Baubereich Verantwortlichen bemüht, aktuelle Entwicklungen durch entsprechende Lehr- und Lernangebote zu berücksichtigen (vgl. auch den Beitrag „Der Weg zum Polier"). Die Einführung eines „Polierpasses für die Weiterbildung" soll eine konsequente Weiterentwicklung der Baustellenführungskraft unterstützen.

Einen weiteren Beitrag hierzu soll die neu überarbeitete 6. Auflage des „Ratgebers für den Tiefbau" leisten. Dieses Handbuch richtet sich nicht nur an den fortbildungswilligen Spezialbaufacharbeiter und Bauvorarbeiter bei der Fortbildung zum Werkpolier und „Geprüften Polier", sondern informiert auch den in der Praxis stehenden Polier über Veränderungen in Normung und Ausführung.

Mit diesem Ratgeber stehen für Fortbildungsmaßnahmen und für die Praxis auf der Baustelle zwei fachspezifische Handbücher auf dem neuesten technischen Stand zur Verfügung: der „Ratgeber für den Tiefbau" und der „Ratgeber für den Hochbau" .

Verlag und Herausgeber danken allen Autoren, Beratern und Mitarbeitern sehr herzlich, die durch ihre aktive Mitwirkung, durch Anregungen und konstruktive Vorschläge zum guten Gelingen dieses Ratgebers beigetragen haben.

Inhaltsverzeichnis

Der Weg zum Polier

Dipl.-Ing. *Jürgen Placzek*, Berlin

Am 02.01.1980 ist die Verordnung über die Prüfung zum anerkannten Abschluss Geprüfter Polier vom 20.06.1979 (BGBl. I S. 667) in Kraft getreten. Diese Fortbildungsregel gilt für Industrie und Handwerk. Als Parallele zum Handwerksmeister und bautypische Ausgestaltung des Industriemeisters ist dies die staatlich anerkannte Fortbildungsqualifikation für die Bauindustrie. Im Jahre 2002 wurde der Rahmenlehrplan im Rahmen der bestehenden Verordnung intensiv von den drei Tarifvertragsparteien überarbeitet und an den neuesten Stand der Technik angepasst. In diesem Zusammenhang wurde auch der Lernzielkatalog für die Durchführung der Vorbereitungslehrgänge auf den neuesten Stand gebracht.

Fortbildungsprüfung und Vorbereitungslehrgänge

Die Prüfung ist vor einer Kammer abzulegen. Die wichtigste Zulassungsvoraussetzung ist eine mindestens fünfjährige einschlägige (Bau-)Berufstätigkeit einschließlich der Facharbeiterausbildung. Die Prüfung erstreckt sich auf

- einen wirtschafts-, rechts- und sozialkundlichen, d. h. allgemeinen, fachübergreifenden Teil;
- einen bautechnischen, d. h. besonderen fachbezogenen Teil;
- einen berufs- und arbeitspädagogischen, d. h. die Ausbildereignung betreffenden Teil.

Der bautechnische Teil kann wahlweise in einem der drei Bereiche Hochbau oder Tiefbau oder Ausbau abgelegt werden.

Das Anforderungsprofil der VO weist den Polier als Führungskraft zwischen Planung und Ausführung in dem ihm übertragenen Aufgabengebiet aus. Das hohe Niveau in den fachübergreifenden und fachtheoretischen Prüfungsfächern wird auch von den erfahrenen Vorarbeitern und Werkpolieren eine gesonderte Prüfungsvorbereitung verlangen. Diese Vorbereitungslehrgänge werden von bauverbandlichen und anderen Fortbildungsträgern angeboten aufgrund eines zwischen den Sozialparteien im Jahr 2002 abgestimmten Fortbildungsrahmenplanes; ihre Länge hängt von der Berufserfahrung der Teilnehmer ab, wird aber in der Regel 500 Stunden nicht überschreiten, zuzüglich etwa 120 Stunden für die Ausbildereignung.

Für die besonderen bautechnischen Teile Hochbau und Tiefbau werden regelmäßig in allen Bundesländern von mehreren Bildungszentren Lehrgänge angeboten, die zum Teil auch berufsbegleitend durchgeführt werden. Die Prüfungen werden an mindestens einer Kammer des jeweiligen Bundeslandes abgenommen.

Der Abschluss Ausbau wird derzeit nicht angeboten. Für den bauindustriellen Innenausbau hat sich seit 1987 der Industriemeister Akustik- und Trockenbau durchgesetzt, der derzeit bundesweit an sechs Industrie- und Handelskammern durch Einzelkammer-Prüfungsordnungen gemäß § 46 Abs. 1 Berufsbildungsgesetz staatlich anerkannt ist (IHK Bremen, Erfurt, Dortmund, Ostthüringen-Gera, Magdeburg, Südwest Sachsen-Chemnitz/Plauen/Zwickau). Die Vorbereitungslehrgänge finden an den kammernahen Bau-Bildungszentren statt.

Fortbestand des Werkpoliers

Im Bauhauptgewerbe bleibt der Werkpolier als betriebliche Aufstiegsstufe in Verbindung mit der Werkpolierprüfung der Tarifvertragsparteien nach dem Bundesrahmen-Tarifvertrag von 1978 als Vorstufe zum Polier erhalten.

Aufstieg zum Geprüften Polier

Wie alle durch Prüfung erlangten Bildungs- bzw. Berufsqualifikationen begründet auch die Kammerprüfung zum Polier allein keinen Anspruch auf entsprechenden betrieblichen Einsatz oder lohntarifliche Eingruppierung. Für die Eingruppierung sind nach den Bundesrahmentarifverträgen für Arbeiter und Angestellte die Kenntnisse und Fertigkeiten des Einzelnen und die tatsächlich von ihm überwiegend ausgeübte Tätigkeit und schließlich seine Berufsausbildung maßgebend.

Forschungsprojekt Weiterbildung in der Bauwirtschaft

Auf Antrag der Tarifvertragsparteien des Zentralverbandes des Deutschen Baugewerbes, der Industriegewerkschaft Bauen-Agrar-Umwelt und des Hauptverbandes der Deutschen Bauindustrie hat das Bundesministerium für Bildung und Forschung die Finanzierung des Forschungsprojektes Weiterbildung in der Bauwirtschaft übernommen.

Das Projekt wurde vom Bundesinstitut für Berufsbildung durchgeführt und im Februar 2005 abgeschlossen. Dieses Weiterbildungsprojekt sieht vor, dass Weiterbildungsinteressenten vom Facharbeiter bis zum selbstständigen Unternehmer stufenweise Weiterbildungssegmente mit entsprechenden Abschlüssen absolvieren können. Jeder Teilnehmer kann je nach Eignung an jeder Stufe beginnen oder aufhören.

Es wird sichergestellt, dass bereits vorher erworbene Abschlüsse anerkannt und angerechnet werden.

Dieses Forschungsprojekt wird in den nächsten Jahren Auswirkungen auf die Aufstiegs- und Anpassungsweiterbildung in der Bauwirtschaft haben,

Menschenführung im Baubetrieb

Dipl.-Volksw. *Klaus Weber*, Düsseldorf

1 Menschenführung und Baustellenerfolg

Führung auf der Baustelle bedeutet, Mitarbeiter dazu zu veranlassen, das zu tun, was wir als Vorgesetzte von ihnen wollen. Der Aufgabe der Menschenführung kommt heute besondere Bedeutung zu, weil sich in zunehmendem Maße die große Zahl der betrieblichen Probleme auf ein Problem, nämlich das Personalproblem, zurückführen lässt. Haben wir zur Erledigung der anfallenden Aufgaben zur rechten Zeit den rechten Mann am richtigen Platz, dann werden wir die betrieblichen Aufgaben zur Zufriedenheit aller Beteiligten lösen können. Haben wir den richtigen Mann nicht zur richtigen Zeit am rechten Platz zur Verfügung, so wird der Betriebserfolg, von dem wir alle leben, abnehmen. Ob wir den rechten Mann zur rechten Zeit am richtigen Platz haben oder nicht, können wir als Vorgesetzte durch die von uns angewandten Methoden der Menschenführung wesentlich mit beeinflussen.

Die Aufgabe der Menschenführung geht uns alle an. Auf den Baustellen fallen wesentliche Aufgaben der Menschenführung unter den Verantwortungsbereich der Poliere. Sie können als Poliere durch die Anwendung zeitgemäßer Methoden der Menschenführung zur Verbesserung des Betriebsklimas auf den Baustellen und somit auch zu einem besseren Betriebserfolg beitragen. Der Erfolg wird Ihnen sicher sein, wenn Sie die folgenden Hinweise sorgfältig durcharbeiten und in der betrieblichen Führungspraxis berücksichtigen.

2 Vorgesetzte nach Maß?

Als Vorgesetzte wünschen wir uns Mitarbeiter nach Maß. Gleichzeitig wissen wir jedoch, dass es diese Mitarbeiter nach Maß nicht gibt. Wir wollen als Vorgesetzte von unseren Mitarbeitern die gute Leistung. Diese Leistung wird uns der Mitarbeiter in aller Regel nicht vorenthalten, wenn wir uns als Vorgesetzte korrekt verhalten. Gibt es nun Vorgesetzte nach Maß? Diese Frage muss mit Sicherheit ebenfalls mit Nein beantwortet werden. Wir sollten aber wissen, dass wir als Vorgesetzte eine Schlüsselposition einnehmen. Über uns erlebt der Mitarbeiter unmittelbar den Betrieb. Hat der Mitarbeiter ein gutes Verhältnis zu seinem Vorgesetzten, so wird er den Betrieb gut beurteilen und umgekehrt.

Wenn wir schon keine Vorgesetzten nach Maß sein können, so sollten wir uns dennoch auf der Grundlage einer selbstkritischen Einschätzung bemühen, ein gutes Vorbild im Hinblick auf fachliche Leistungen, Einsatzfreude, Charakterstärke, Selbstbeherrschung, Verantwortungsbewusstsein, Sachlichkeit, Gerechtigkeit, Verständnis und innerer Ruhe zu sein. Der selbstkritische Vorgesetzte erkennt eigene Fehler beziehungsweise Schwächen und bemüht sich, sie zu beseitigen.

3 Der informierte Mitarbeiter

Es hat sich ein begrifflicher Wandel vom Arbeitnehmer zum Mitarbeiter vollzogen. Vom Mitarbeiter erwarten wir, dass er auch mitdenkt. Wer mitdenken soll, muss auch dementsprechend informiert sein.

Mitarbeiter wollen insbesondere darüber informiert sein, wer was, wann, wie und warum tun soll. Die unbeliebtesten Tätigkeiten sind immer die, von denen man nicht genau weiß, warum man sie tut. Der Mensch strebt durch Leistung nach Anerkennung. Helfen Sie Ihren Mitarbeitern, diese Leistung zu verbessern, indem Sie sie über die W-Fragen (wer, was, wann, wo, wie, warum) unterrichten.

- wer: Wer soll es tun?
- was: Aufgabe genau beschreiben;
            Ziel der Arbeiten angeben.
- wann: Ablauf der Arbeit bekanntgeben; Zeiteinteilung vorgeben.
- wo: Arbeits- beziehungsweise Einsatzort beschreiben (z. B. im
            Kellergeschoss oder im Erdgeschoss).
- wie: Bedingungen, unter denen die Leistung zu vollbringen ist,
            angeben; Material- und Maschineneinsatz, Unfallverhütungs-
            vorschriften.
- warum: Erklären, welche Bedeutung der Teilarbeit im Rahmen der
            Gesamtaufgabe zukommt.

4 Klare Anleitung und richtige Unterweisung

Das Arbeitsergebnis wird durch gute Anleitung und präzise Unterweisung des Vorgesetzten verbessert. Die Anleitung sollte kurz und klar gehalten sein.

Zur Aufgabe der Poliere gehört auch die Unterweisung von Auszubildenden. Unterweisen heißt lernen helfen. Nur richtige Unterweisung führt zu einem optimalen Arbeitserfolg beziehungsweise Ausbildungserfolg. Zur guten Unterweisung gehören insbesondere das Vormachen, Vorzeigen, Besichtigen, Vortragen, Erklären, Fragen, Wiederholen und das Üben. Ein einschlägiger Vers für die Unterweisung lautet:

> Führ ihn Schritt für Schritt,
> teil ihm alles mit,
> lass ihn selbst versuchen,
> hilf Erfolg verbuchen.

4

5 Objektive Beurteilung der Mitarbeiter

Menschenkenntnis ist eine wesentliche Voraussetzung für eine gute Menschenführung. Verbessern Sie deshalb Ihre Menschenkenntnis auf der Grundlage von mehr Selbsterkenntnis und durch Aufgeschlossenheit gegenüber allen Dingen, die Ihre Mitarbeiter betreffen. Gehen Sie keinesfalls mit Misstrauen an die Mitarbeiter heran. Erst wenn eindeutig erwiesen ist, dass ein Mitarbeiter fachlich und menschlich nicht in das Team passt, sollten Sie Konsequenzen ziehen. Der sichere und zuverlässige Weg der Beurteilung ist die Beurteilung der Mitarbeiter nach einzelnen Anforderungen. Diese sind insbesondere Kenntnisse und Fertigkeiten, Güte der Arbeit, Arbeitsmenge und Arbeitstempo, Umgang mit Werkzeugen und Geräten, Einhaltung der Unfallverhütungsvorschriften, Arbeitsfreude, Verlässlichkeit, Belastbarkeit, Auffassungsgabe, Kontaktfähigkeit, Verhalten gegenüber Vorgesetzten und Gleichgestellten und der körperliche Zustand.

6 Motivation der Mitarbeiter

Motivieren heißt zur guten Leistung anspornen. Um die Mitarbeiter besser motivieren zu können, muss sich der Vorgesetzte intensiv mit ihren Wünschen beziehungsweise Bedürfnissen auseinandersetzen. Auch der Bauarbeiter hat wie alle anderen Menschen ideelle und materielle Wünsche. Er möchte z. B., dass seine Arbeit von den Kollegen und Vorgesetzten anerkannt wird. Er möchte stolz sein auf seinen Bau (ideelle Wünsche). Gleichzeitig will der Bauarbeiter in seinem Lebensstandard nicht gegenüber Arbeitnehmern mit vergleichbarer Leistung zurückstehen (materielle Wünsche). Sowohl die Berücksichtigung der ideellen als auch die Berücksichtigung der materiellen Wünsche wirkt sich auf die Leistungsbereitschaft aus. Nachhaltig unzufriedene Mitarbeiter lassen sich nicht so leicht zur guten Leistung anspornen (motivieren) wie zufriedene Mitarbeiter.

Steigern Sie die Leistungsbereitschaft und die Einsatzfreude durch eine gute Arbeitsvorbereitung, durch die Anwendung optimaler Arbeitsmethoden und durch eine gerechte Entlohnung.

7 Kontrolle, Lob und Tadel als Führungsmittel

Die Mitarbeiter wünschen die Kontrolle, denn sie wollen über das Ergebnis ihrer Arbeit informiert werden. Die Kontrolle, die offen durchgeführt werden sollte, erstreckt sich insbesondere auf die Arbeitsgüte, die Maße, die verwendeten Baustoffe, die Arbeitsmethode, die Handhabung der Werkzeuge und Maschinen, die Einhaltung der Unfallverhütungsvorschriften und die mengenmäßige Leistung. Die gute Leistung ist zu loben. Die schlechte Leistung muss korrigiert werden. Lob und Tadel sind vorsichtig anzubringen. Den erfolgreichen Vorgesetzten fördert die Sympathie der Mitarbeiter. Diese Sympathien können durch falsches Tadeln verscherzt werden.

8 Miteinander oder gegeneinander?

Die Arbeitsvorgänge greifen heute in vielfältiger Weise ineinander. Darum ist eine gute Zusammenarbeit die unabdingbare Voraussetzung für ein gutes Arbeitsergebnis. Der Arbeitserfolg wird dort am größten sein, wo die Arbeitsgruppen richtig zusammengesetzt sind. Neben der fachlichen Eignung ist bei der Zusammensetzung von Gruppen auch den menschlichen Eigenschaften größte Bedeutung beizumessen. Im Hinblick auf die Zusammenarbeit zwischen Kollegen gilt:

- Informieren Sie Ihre Kollegen über alles, was für sie wichtig sein könnte.
- Seien Sie hilfsbereit, wenn der Kollege in Schwierigkeiten ist.
- Vermeiden Sie jede Einmischung in den Verantwortungsbereich von Kollegen.

9 Ein Wort zur Gesundheit

Eine gute Gesundheit ist die beste Grundlage für ein erfolgreiches Handeln. Sorgen Sie für die Erhaltung und Stärkung Ihrer Gesundheit. Ein unausgeglichener und gereizter Vorgesetzter kann im Umgang mit Mitarbeitern sehr viel Schaden anrichten.

10 Zusammenfassung

Auf der Grundlage zeitgemäßer Methoden der Menschenführung lassen sich die baubetrieblichen Probleme zufriedenstellender und mit nachhaltigem Erfolg lösen.

- Seien Sie selbstkritisch! Versuchen Sie, die Dinge auch einmal aus der Sicht der Mitarbeiter zu sehen. Denken Sie daran, dass Sie als Vorgesetzter eine Schlüsselposition gegenüber den Mitarbeitern einnehmen.
- Informieren Sie Ihre Mitarbeiter regelmäßig und so ausführlich wie nötig über die durchzuführenden Arbeiten. Denken Sie hierbei besonders an die W-Fragen (wer, was, wann, wo, wie, warum).
- Geben Sie kurze und klar verständliche Anleitungen. Zur guten Unterweisung gehören insbesondere das Vormachen, Vorzeigen, Besichtigen, Vortragen, Erklären, Fragen, Wiederholen und Üben. Die gute Unterweisung der Auszubildenden in der Gegenwart ist der wesentliche Grundstein für den Erfolg in der Zukunft.
- Beurteilen Sie die Mitarbeiter regelmäßig nach objektiven Kriterien (z. B. Kenntnisse und Fertigkeiten, Arbeitsgüte, Arbeitsmenge und Arbeitstempo, Umgang mit Werkzeugen und Geräten, Einhaltung der Unfall-

verhütungsvorschriften, Arbeitsfreude, Verlässlichkeit, Belastbarkeit, Auffassungsgabe, Kontaktfähigkeit, Anpassungsfähigkeit, Selbstbeherrschung, Verhalten gegenüber Vorgesetzten und Gleichgestellten und körperlicher Zustand).

■ Berücksichtigen Sie bei dem Umgang mit Mitarbeitern deren ideelle und materielle Wünsche. Stärken Sie die Einsatzbereitschaft der Mitarbeiter durch eine gute Arbeitsverteilung, durch die Anwendung optimaler Arbeitsmethoden, durch klare Anweisungen und durch eine gerechte Beurteilung.

■ Lob und Tadel sind korrekt anzubringen. Bleiben Sie sachlich im Kritikgespräch!

■ Fördern Sie die Zusammenarbeit in Gruppen. Berücksichtigen Sie bei der Zusammensetzung der Gruppen neben der fachlichen Eignung auch die menschlichen Eigenschaften der Gruppenmitglieder.

■ Achten Sie auf Ihre Gesundheit. Entspannen Sie sich regelmäßig. Ein unausgeglichener, gereizter Vorgesetzter kann sehr viel Schaden anrichten.

Überblick:

Maßnahmen der Menschenführung und ihre Wirkung		
Was	Wie	Wirkung
1. Ziel-vorgabe	Ziele festlegen und mit dem Mitarbeiter besprechen (z. B. Leistungsziele, Kundenbetreuung, Qualitätsverbesserung, Geräteeinsatz, Kostenvorgabe).	Mitarbeiter kann sich im Betrieb entfalten (mitreden, mitwirken und mitverantworten).
2. Information	Regelmäßige Information, Einzelgespräche, Zusammenkünfte, schriftlich. (W-Fragen: wer, was, wann, wo, wie, warum).	Wandel vom weisungsabhängigen Arbeitnehmer zum motivierten mitdenkenden Mitarbeiter!
3. Anleitung	Aufgabe persönlich erklären, Ziel umreißen, Zeitvorgabe, Materialverbrauch, Zusammensetzung des Teams, gewünschte Qualität, Pläne zu Hilfe ziehen.	Klare Richtung, positive Motivation, rationelles Arbeiten, Fehler werden vermieden.
4. Delegation	Aufgabe, Kompetenz und Verantwortung an Mitarbeiter delegieren und ggf. in Stellenbeschreibung festhalten	Weniger Reibungsverluste; Mitarbeiter möchte mit der Aufgabe auch Kompetenzen und Verantwortung übernehmen. Kann sich entfalten.

Maßnahmen der Menschenführung und ihre Wirkung		
5. Kontrolle	Regelmäßige offene Kontrolle mit auf die Sache bezogener Rückmeldung.	Mitarbeiter erwartet Rückmeldung über seine Leistung. Fehler werden vermieden. Qualifikation des Mitarbeiters steigt.
6. Konstruktive Kritik	Konstruktiv eröffnen und beenden (+ + – +). Sachlich und ruhig bleiben. Entgegnung entgegennehmen. Möglichst einvernehmlich auseinandergehen.	Mitarbeiter wünscht konstruktive Kritik und lernt aus ihr.
7. Offene Kommunikation	Regelmäßige Aussprachen über Arbeitsaufgaben, Ziele, Arbeitsergebnisse, Veränderungen.	Identifikation der Mitarbeiter mit den Betriebszielen und Weiterentwicklung ihres Qualifikationsniveaus.
8. Anerkennung	Die gute Leistung anerkennen. Auch gerechtes Lob für den schwächeren Mitarbeiter.	Anerkennung motiviert zu besserer Leistung. Mitarbeiter wird aufgewertet, spürt, dass er gebraucht wird.
9. Beurteilung	Regelmäßig schriftlich, nach Beurteilungsmerkmalen (z. B. fachliche Eignung, Leistung, Einsatzfreude, Verhalten zu Vorgesetzten, Kollegen und Mitarbeitern, Belastbarkeit)	Objektives Bild über Qualifikation des Mitarbeiters als Grundlage für seine Weiterentwicklung.
10. Zusammenarbeit	Teamgeist durch kollegiale Hilfe und Information fördern.	Die Kollegen werden sich ebenso verhalten. Teamgeist wächst, Wir-Gefühl wird gestärkt.

Umweltschutz im Tiefbau

Dr.-Ing. Helmut Offermann, Eckernförde

1 Bedeutung des Umweltschutzes im Baubetrieb

Seit Jahren ist der Begriff „Umweltschutz" im Sprachgebrauch sehr stark verbreitet. Mittlerweile sind auch konkrete Auswirkungen an jedem Arbeitsplatz erkennbar. So fallen der bauausführenden Wirtschaft – und hier besonders den Baustellen – wichtige Aufgaben zu. Diese Aufgaben sind sowohl zeitlich als auch räumlich zu unterscheiden. Zeitlich ergeben sich bei einem Bauwerk die Phasen

Errichten, Nutzen und Beseitigen.

Räumlich wirken Baumaßnahmen auf

Luft, Wasser und Boden.

Es ist falsch anzunehmen, dass der einzelne Mitarbeiter auf der Baustelle nur selten mit umweltschutzrelevanten Themen beschäftigt sei. Vieles hat mit Umweltschutz nur scheinbar nichts zu tun oder wird von den planenden Stellen vorgegeben. Jeder muss erkennen, dass auch ein Bauwerk – wie jedes andere Gut auf der Erde – sich in einem Kreislauf bewegt, d. h., das heutige Handeln auf der Baustelle beeinflusst Menschen und Umwelt über einen langen Zeitraum.

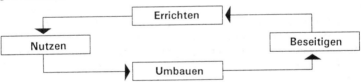

Abb. 1: Phasen eines Bauwerks

1.1 Errichtung

Während der Errichtung von Bauwerken müssen verschiedenste umweltrelevante Dinge berücksichtigt werden.

1.1.1 Lärm

Aus Gründen des Umweltschutzes und zum Schutz der Anwohner ist die Lärmentwicklung durch die Baugeräte und die Bauverfahren möglichst zu reduzieren. Dies sollte besonders durch Kapselung der Motoren und anderer Lärmquellen und erst in zweiter Linie durch Gehörschutzmaßnahmen o. Ä.

geschehen. Viele Baumaschinen gibt es heute auch mit dem „Blauen Engel". Diese Maschinen sind leiser als andere, die der normalen Baumaschinenlärm-Verordnung entsprechen. Gleiches gilt auch für die Erschütterungen, z. B. bei Verbau- oder Verdichtungsarbeiten.

Es sind möglichst leise Geräte zu verwenden und es ist ein guter Kontakt zu den Anwohnern zur Vermeidung von Beschwerden zu halten.

1.1.2 Luft

Die Vermeidung von Staub und Geruchsbeeinträchtigung muss selbstverständlich sein. So brauchen Motoren nicht unnötig zu laufen und können sauber eingestellt sein. Bei warmem und windigem Wetter ist das Entstehen von Staubwolken zu vermeiden, z. B. beim Entleeren von Zementsäcken durch Trichter und Vermeiden von freiem Fall des Zements.

Motoren sind richtig einzustellen und nicht unnötig laufen zu lassen. Staubbildung ist durch Benetzen von Fahrstraßen und Lagern sowie staubfreies Fördern von Baustoffen zu vermeiden.

1.1.3 Wasser

Wassergefährdende Stoffe (dies sind z. B. Öle, Diesel, Lösungsmittel) dürfen nur so gelagert werden, dass sie nicht ins Grundwasser oder andere Gewässer gelangen können. Dies gilt ebenfalls für Umfüllvorgänge (z. B. Betanken). Es sind hierfür Zapfpistolen mit Überfüllsicherung bzw. bei tragbaren Behältern Trichter zu verwenden. Als Schutzmaßnahme ist außerdem eine Auffangwanne oder besser ein geschlossener Gefahrstoff-Container erforderlich. Diese Maßnahmen vermeiden Unfälle und eventuelle Strafanzeigen wegen Bodenverunreinigung oder Gewässerverunreinigung.

Wassergefährdende Stoffe sind nur auf einer dichten Unterlage zu lagern oder umzufüllen.

1.1.4 Boden

Wassergefährdende Stoffe oder Abfälle dürfen nicht den Boden verunreinigen. Wenn dies dennoch geschehen ist, muss der Boden entfernt und entsorgt werden. Im Wurzelbereich von Bäumen ist der Boden nicht unnötig stark zu verdichten, um ein Absterben der Wurzeln zu vermeiden.

Vorgefundene oder selbst verursachte Bodenverunreinigungen müssen der Bauleitung gemeldet und sofort beseitigt werden.

1.1.5 Abfälle

Möglichst den Abfallanfall vermeiden, z. B. durch Rückgabe von Verpackungen an den Lieferanten oder Recycling von Boden, Bauschutt und Straßenaufbruch. Schadstoffhaltige Baustellenabfälle, wie z. B. Öle, Farben, chemische

Zusatzstoffe oder beschichtete Hölzer, sind getrennt vom Containerschutt zu entsorgen. Hierzu sind zugelassene Entsorgungscontainer zu benutzen. Boden, Bauschutt und Straßenaufbruch sind schon auf der Baustelle getrennt zu halten.

Möglichst viele Abfälle sind zu recyclen oder an den Hersteller zurückzugeben, Abfälle getrennt zu lagern und zu entsorgen, d. h., es darf nicht alles in einen Abfallcontainer!

Holz und Kunststoff dürfen nicht auf der Baustelle verbrannt werden!

1.2 Nutzung

Viele heutige Baustoffe geben über lange Zeiten Substanzen ab, die für die Menschen und die Umwelt schädlich sein können. Bekannte Beispiele sind:

- Asbestfasern, die aus Asbestzementrohren ins Trinkwasser oder von Asbestzementplatten in die Luft gelangen,
- Formaldehyd, das aus Spanplatten in die Wohnungsluft dringt.

Auch wenn der Bauausführende in der Nutzungsphase nichts mehr an solchen umweltschädlichen Erscheinungen ändern kann, sollte er trotzdem wissen, welche Auswirkungen manche der verwendeten Stoffe langfristig haben. Allerdings sind die Kenntnisse über manche Stoffe und besonders die Kombinationen verschiedener Stoffe noch ungeklärt. Als Folge dieser Schadstoffausdünstungen und der Unsicherheiten zu diesem Thema bildet sich ein Markt für „biologische Baustoffe" oder „ökologisches Bauen". Zwar sind manche dieser Ansätze übertrieben und auch nicht realisierbar, die grundsätzliche Tendenz kann aber zu einer besseren Lebensumwelt führen. So müssen die Ängste der Menschen zu diesem Thema von den Bauausführenden ernstgenommen werden.

Viele Baustoffe geben Schadstoffe ab, von deren Auswirkungen vielfach nur geringe Kenntnisse bestehen. Aus Angst vor solchen Stoffen möchten manche private Bauherren biologische Baustoffe verwenden.

1.3 Umbauen und Beseitigen

Vor Umbau- oder Abbruchmaßnahmen müssen Kenntnisse über die chemischen Gefahren des Abbruchguts gewonnen werden. Diese sollte der Auftraggeber zur Verfügung stellen. Ansonsten muss mit der Bauleitung eine Begehung und Beprobung des Objektes erfolgen. Hierbei muss festgestellt werden, welche schadstoffhaltigen Baustellenabfälle oder kontaminierten Materialien zu erwarten sind. Darauf müssen die Arbeitsweise und die Arbeitsschutzmaßnahmen abgestellt sein. Als Beispiele seien der Ausbau von Nachtspeicheröfen oder von Asbestzementrohren und -platten (Anmeldung der Arbeiten, Erstellen einer Betriebsanweisung usw.) oder der Aufbruch von teerhaltigem

Straßenmaterial (nur kalte Bearbeitung und spezielle Entsorgung) genannt. Trotz dieser Vorsichtsmaßnahmen kann während der Arbeiten unvorhergesehen kontaminiertes Material anfallen. Die Arbeiten an dieser Stelle sind sofort einzustellen, das Material vor Wind und Regen geschützt zu lagern und die Bauleitung zu informieren. Eine vorherige Absprache mit der Bauleitung und eine genaue Stunden- und Tätigkeitsbeschreibung ist die Voraussetzung für finanzielle Forderungen des eigenen Bauunternehmens gegenüber dem Auftraggeber.

Vor dem Abbruch muss die Erkundung stehen. Darauf bauen das Arbeitsverfahren und die Arbeitsschutzmaßnahmen auf. Bei unvorhergesehenen Funden Meldung an die Bauleitung. Genaues Berichtswesen zur Dokumentation.

2 Erkennen von kontaminiertem Material

Im Baubetrieb ist unter kontaminiertem Material ein Baustoff zu verstehen, der durch andere Stoffe verseucht ist. Dies kann bei Straßenaufbruchmaterial Teer oder bei Bodenaushub ausgelaufenes Öl sein. Leider gibt es aber keine konkreten Werte oder Anhaltspunkte zur genauen Bestimmung der Gefährdung von Boden, Wasser und Gesundheit. Es kommt also auf jeden Einzelfall an. Die von kontaminiertem Material ausgehende Gefahr besteht einerseits für die Umgebung, d. h. die Anwohner, den Boden und das Grundwasser, sowie andererseits für die Arbeitskräfte, d. h. deren Gesundheit. Zur Gefahrerkennung gibt es grundsätzlich zwei Möglichkeiten:

- die Untersuchung und
- die Erfahrung.

2.1 Die Untersuchung

Jeder Bauherr ist verpflichtet, sich zur sicheren Leistungsbeschreibung über die Eigenschaften (und damit auch über Belastungen) des Bodens oder der Straße zu informieren, auf dem das Bauunternehmen seine Leistung zu erbringen hat. Die Gründlichkeit dieser Untersuchung hängt von der potentiellen Gefährdungswahrscheinlichkeit des Bodens ab. Diese Pflicht des Auftraggebers entbindet das Bauunternehmen jedoch nicht davon, mit Sorgfalt und Kenntnis die Arbeiten eigenverantwortlich durchzuführen.

2.2 Die Erfahrung

Kontaminiertes Material fällt vielfach optisch und/oder geruchlich auf. An dieser Stelle ist der Polier gefordert. Aufgrund seiner Erfahrung und der seiner Facharbeiter kann er es oft als kontaminiertes Material identifizieren. Auffällig ist z. B.

Teerhaltiges Material:
In verschiedenen Regionen ist es sehr oft anzutreffen. Aufgrund seines Geruchs kann es meist leicht identifiziert werden. In Zweifelsfällen können sog. „Dräger-Röhrchen" schnell und kostengünstig eine sichere Aussage ermöglichen.

Kontaminierter Aushubboden:
Das Spektrum der Schadstoffe ist hier sehr groß. Vorsicht ist bei alten Industriestandorten, Tankstellen, Garagenanlagen und Schrottplätzen angesagt. Aber auch Gräben mit alten Gasleitungen (Faulgeruch) oder defekte Abwasserleitungen (Verfärbung des Bodens) sind oft kontaminiert. Ebenso sind Anschüttungen mit alten Schlacken problematisch sowie die Bankette mancher vielbefahrener Straße.

Gleisschotter:
Schotter, der in Bahnhofsbereichen oder für Straßenbahnen offen neben vielbefahrenen Straßen gelegen hat, kann erhebliche Kontaminationen aufweisen.

Diese Liste ist unvollständig und kann nur Anhaltspunkte geben. Wichtig ist also die ständige Aufmerksamkeit des Baggerfahrers und der anderen Arbeitskräfte. Im Verdachtsfall müssen sie sofort den Polier informieren, damit sich dieser selbst ein Bild machen kann. Der Bauleiter muss in Abstimmung mit dem Auftraggeber nun bedarfsweise eine Laboruntersuchung veranlassen, die endgültig Aufschluss geben kann. Ausnahmen von dieser Laboruntersuchung sind meist bei teerhaltigem Material oder bei direkter Nennung der Entsorgungsmöglichkeit durch den Auftraggeber möglich.

3 Verhalten bei kontaminiertem Material

Kontaminierte Materialien können eine Gefahr für die Gesundheit der Anwohner und der Arbeitskräfte bedeuten. Bei Unkenntnis der Schadstoffe ist äußerste Vorsicht geboten. Der jeweils Betroffene ist verantwortlich, nicht aber „Ratgeber", wie z. B. der Bauleiter des Auftraggebers. Dies gilt ebenso für die direkte ordnungsgemäße Entsorgung der Stoffe. Zur Dokumentation müssen diese Vorgänge zumindest im Bautagebuch notiert werden.
Grundsätzlich gibt es drei Ursachen, warum bei Bauarbeiten kontaminiertes Material angetroffen wird.

3.1 Bekanntes kontaminiertes Material

Es wird kontaminiertes Material erwartet, und dementsprechend ist der Bauvertrag abgefasst. Der Bauleiter muss in diesem Fall vor Beginn der Bauarbeiten den Polier und die anderen Arbeitskräfte über die Risiken der anzutreffenden Stoffe und das erforderliche Verhalten informieren. Ebenso müssen auf der Baustelle die notwendigen persönlichen Schutzausrüstungen bereitgehalten werden. Dies können in Abhängigkeit von den Stoffen Einwegschutzanzüge, Kunststoffhandschuhe und Atemschutzgeräte sein. Aber auch ein Messgerät zur Kontrolle der Luft oder ein Bagger mit Klimaanlage können dazugehören.

3.2 Unerwartet kontaminiertes Material

Wenn trotz Bodenuntersuchungen unerwartet kontaminiertes Material angetroffen wird, muss in diesem Fall neben der eventuell erforderlichen Laboruntersuchung der Gesundheitsschutz der Arbeitskräfte und der Anwohner sichergestellt werden. Dieser hängt vom voraussichtlichen Gefahrstoff ab. Allgemein wird dabei nach dem Besorgnisgrundsatz gehandelt, d. h., wenn die Stoffe noch nicht genau bekannt sind, muss vom negativsten Fall ausgegangen werden. Zusammen mit dem Bauleiter (soweit er direkt erreichbar ist) wird dann dieser Streckenabschnitt stillgelegt. Hiervon ist der Auftraggeber sofort zu informieren. Es ist nicht zulässig, kontaminiertes Material wieder in das ausgehobene Erdreich zurückzugeben. Dadurch, dass es einmal bewegt wurde, ist es Abfall geworden und muss ordnungsgemäß entsorgt werden. Ein Verstoß hiergegen – auch wenn es eventuell der Auftraggeber fordert – kann strafrechtlich gegen den Bauleiter und/oder den Polier verfolgt werden! Können die Arbeitskräfte oder die Geräte nicht anderweitig beschäftigt werden, sind die Stillstandszeiten im Bautagebuch festzuhalten.

Außerdem sind durch Sofortmaßnahmen akute Gefahren abzuwenden. Hierzu zählen das möglichst dichte Abdecken der Fundstelle durch Folien und die sichere Lagerung des Materials in abgedeckten Containern oder notfalls kurzfristig auf einer Folie. Ebenso ist eine Materialaustragung z. B. durch Absperren des Geländes, Verhinderung von Wasseraustritt und Reinigen der Arbeitsstiefel zu vermeiden. Die Arbeitskräfte sollten keinen direkten Kontakt mit kontaminiertem Material haben und auch nicht in eventuelle Gruben oder Gräben steigen. Erst nach der Laboruntersuchung sind die genauen Gefahrstoffe bekannt; dementsprechend können dann von der Bauleitung (und der Berufsgenossenschaft) die notwendigen Sicherheitsvorkehrungen getroffen werden.

Ausnahmen von diesen allgemeinen Vorschriften sind nur bei bekannten Kontaminationen zulässig. Hierzu zählt untersuchtes Material aus der Nähe der Fundstelle (z. B. durch ausgetretenes Gas oder Abwasser kontaminierter Boden) sowie teerhaltiges Material. In diesen Fällen existieren für die Gesundheit keine direkten Gefahren und es geht vorrangig um eine ordnungsgemäße Entsorgung. Wichtig ist, dass nicht versucht wird, kleinere Mengen dieser Stoffe unter normalen Bodenaushub oder Straßenaufbruch zu mischen. Dies kann nicht nur strafrechtliche Folgen für die Verantwortlichen haben, sondern schädigt den Ruf des Bauunternehmens, und der Fund kann im Nachhinein normalerweise nicht mehr dem Auftraggeber angelastet werden. Es muss also sofort der LKW nach einer geeigneten Deponie oder Entsorgungsstelle fahren und der Vorgang im Bautagebuch notiert werden. Die zusätzlichen Entsorgungskosten muss der Auftraggeber bezahlen. Sollte dieses Verfahren bei manchen Auftraggebern auf „Ausflüchte" stoßen, so ist eine zusätzliche Beweissicherung in Form von Rückstellproben und Fotos zu empfehlen.

3.3 Selbstverschuldetes kontaminiertes Material

Natürlich muss vermieden werden, dass während der Bauarbeiten Erdreich durch eigenes Verschulden verunreinigt wird. Dennoch kann dies z. B. durch Vergießen von Diesel oder Öl während des Betankens, durch undichte Behälter oder einen geplatzten Hydraulikschlauch geschehen. In diesen Fällen muss durch geeignete Maßnahmen

- das Eindringen des Schadstoffs in das Grundwasser oder in die Kanalisation verhindert werden und
- durch schnelles Ausheben des kontaminierten Bodens die betroffene Bodenmenge möglichst klein gehalten werden.

Auch wenn diese Maßnahmen sehr teuer sein können, sind sie trotzdem im Interesse der Umwelt unerlässlich und können sonst eine Strafanzeige wegen Umweltgefährdung nach sich ziehen. Zur Vermeidung dieser Kosten sollten mehrere Punkte vorsorglich berücksichtigt werden:

- Wassergefährdende Stoffe, wie z. B. Öle und Diesel, müssen in zugelassenen Behältern gelagert werden. Während der Lagerung darf beim eventuellen Auslaufen keine Flüssigkeit in den Boden oder die normale Kanalisation gelangen. Ebenso darf nur auf verfestigtem Untergrund oder über einer Auffangwanne umgefüllt oder betankt werden.
- Für kleinere „Ölunfälle" sind geeignete Ölbindemittel vorzuhalten.
- Nicht nur in Wasserschutzgebieten sollten bei den Fahrzeugen die Hydrauliksysteme mit biologisch abbaubaren Hydraulikflüssigkeiten gefüllt werden.

4 Handhabung von Gefahrstoffen

Manche Baustoffe können bei ihrer Verarbeitung Gesundheitsschäden verursachen und werden deshalb als Gefahrstoffe bezeichnet. Entsprechend der Gefahrstoffverordnung werden für ihre Anwendung Auflagen gemacht. Hierunter fallen hauptsächlich lösemittelhaltige Stoffe, Treibstoffe und Asbestzementprodukte. Stäube werden in diesem Zusammenhang nicht behandelt. Werden Bau- oder Bauhilfsstoffe angeliefert, hat sich der Polier zu vergewissern, ob es ein Gefahrstoff ist. Dies ist für die meisten Gefahrstoffe an einer **Sicherheitskennzeichnung auf der Verpackung** (Abb. 2) zu erkennen. **Die möglichen Gefahrensymbole auf der Verpackung sind in Abb. 3 dargestellt.**

Kennzeichnung nach Gefahrstoffverordnung

Produktbezeichnung:

Enthält:
12,50 % N-Cyclohexyldiazeniumdioxid,
Kupfersalz

mindergiftig   Xn

Gesundheitsschädlich beim Verschlucken. Reizt die Augen. Darf nicht in die Hände von Kindern gelangen. Von Nahrungsmitteln, Getränken und Futtermitteln fernhalten. Bei der Arbeit nicht essen, trinken und rauchen. Bei Unwohlsein ärztlichen Rat einholen (wenn möglich dieses Etikett vorzeigen).

Materialschutz GmbH   **kg netto**

Abb. 2: Sicherheitskennzeichnung (Beispiel)

 E
Explosions-
gefährlich

 Xn
Gesundheits-
schädlich
(Mindergiftig)

 F
Leicht-
entzündlich

 F +
Hochent-
zündlich

 Xi
Reizend

 T
Giftig

 T +
Sehr giftig

 O
Brand-
fördernd

 C
Ätzend

*Abb. 3: Gefahrensymbole nach der
Gefahrstoffverordnung*

 N
Umwelt-
gefährlich

Sollen auf der Baustelle Gefahrstoffe verarbeitet werden, muss auf jeden Fall **rechtzeitig vor der Verwendung** das Sicherheitsdatenblatt besorgt werden. Dieses **Sicherheitsdatenblatt** muss der Hersteller zur Verfügung stellen. Hiermit ist es dann z. B. für den Bauleiter möglich, eine **Betriebsanweisung** zu erstellen (Abb. 4). Diese Betriebsanweisung ist mit dem Betriebsrat abzustimmen und den Arbeitnehmern verständlich zu erläutern. Außerdem ist sie für alle sichtbar auf der Baustelle auszuhängen. Hierauf achten die Mitarbeiter der Gewerbeaufsicht.

Betriebsanweisung Nr.
Gem. §20 GefStoffV   GISBAU 09/2003

Betrieb:

Baustelle/Tätigkeit:

Xn

Gesundheits-
schädlich

Dieselkraftstoff
In Dieselkraftstoff können aromatische Kohlenwasserstoffe enthalten sein, die möglicherweise krebserzeugend wirken

Gefahren für Mensch und Umwelt

Einatmen oder Aufnahme durch die Haut kann zu Gesundheitsschäden führen. Kann die Atemwege, Augen reizen. Vorübergehende Beschwerden (Schwindel, Kopfschmerzen, Übelkeit, Konzentrationstörungen) möglich. Krebserzeugende Wirkung von den in Dieselkraftstoff enthaltenen polyzyklischen aromatischen Kohlenwasserstoffen wird vermutet! Kraftstoffgetränkte Putzlappen in verschließbaren Behältern aus nichtbrennbarem Material sammeln. Erhöhte Entzündungsgefahr bei durchtränktem Material (z.B. Kleidung, Putzlappen).
Eindringen in Boden, Gewässer und Kanalisation vermeiden!

Schutzmaßnahmen und Verhaltensregeln

Von Zündquellen fernhalten! Nicht rauchen! Keine offenen Flammen! Schlag und Reibung vermeiden! Geeigneten Feuerlöscher (Brandklasse B) bereithalten. Gefäße nicht offen stehen lassen! Beim Ab- und Umfüllen Verspritzen vermeiden! Berührung mit Augen, Haut und Kleidung vermeiden! Vorbeugender Hautschutz erforderlich. Produktreste von der Haut entfernen! Nach Arbeitsende und vor jeder Pause Hände und Gesicht gründlich reinigen! Verunreinigte Kleidung wechseln! Putzlappen nicht in die Taschen der Arbeitskleidung stecken! Beschäftigungsbeschränkungen beachten!
Augenschutz: Bei Spritzgefahr: Gestellbrille!
Handschutz: Handschuhe aus Nitril.
Beim Tragen von Schutzhandschuhen sind Baumwollunterziehhandschuhe empfehlenswert!
Atemschutz: Gasfilter A1 (braun)
Hautschutz: Für alle unbedeckten Körperteile fettfreie oder fettarme Hautschutzsalbe verwenden:

Verhalten im Gefahrenfall

Mit saugfähigem unbrennbaren Material (z.B. Kieselgur, Sand) aufnehmen und entsorgen! Vorsicht! Rutschgefahr durch ausgelaufene Lösung ! Berst- und Explosionsgefahr bei Erhitzung! Bei Brand in der Umgebung Behälter mit Sprühwasser kühlen! Produkt ist brennbar, geeignete Löschmittel: Kohlendioxid, Löschpulver und Wasser im Sprühstrahl (kein Vollstrahl)! Brandbekämpfung nur mit umgebungsluftunabhängigem Atemschutzgerät und Schutzkleidung!
Zuständiger Arzt:
Unfalltelefon:

Erste Hilfe

Bei jeder Erste-Hilfe-Maßnahme: Selbstschutz beachten und umgehend Arzt verständigen.
Nach Augenkontakt: 10 Minuten unter fließendem Wasser bei gespreizten Lidern spülen oder Augenspüllösung nehmen. Immer Augenarzt aufsuchen!
Nach Hautkontakt: Verunreinigte Kleidung sofort ausziehen. Mit viel Wasser und Seife reinigen. Keine Verdünnungs-/Lösemittel!
Nach Einatmen: Frischluft! Bei Bewusstlosigkeit Atemwege freihalten (Zahnprothesen, Erbrochenes entfernen, stabile Seitenlagerung), Atmung und Puls überwachen. Bei Atem- oder Herzstillstand: künstliche Beatmung und Herzdruckmassage.
Nach Verschlucken: Kein Erbrechen auslösen, nichts zu trinken geben. Verschlucken kann zu Lungenschädigung führen. Krankenhaus!
Ersthelfer:

Sachgerechte Entsorgung

Nicht in Ausguss oder Mülltonne schütten!
Zur Entsorgung sammeln in:
Produktreste:
Aufsaugmaterialien / Wischtücher:

Abb. 4:   Betriebsanweisung für Dieselkraftstoff (arbeitsplatz- und tätigkeitsbezogene Angaben sind zu ergänzen) (Quelle: WINGIS)

17

In Abhängigkeit von den Gefahrstoffen können Rauchverbot, Bereithalten von Feuerlöschern, künstliche Lüftung oder spezielle persönliche Schutzausrüstungen erforderlich werden. Deshalb sollte immer versucht werden, diese Stoffe durch andere, weniger gefährliche zu ersetzen. Die Informationen hierzu kann der Lieferant, ein eventuell im Unternehmen vorhandener Umweltschutzbeauftragter oder ein Mitarbeiter der Berufsgenossenschaft geben.

Auch wenn Asbestzementrohre und -platten ausgebaut werden sollen, fällt diese Tätigkeit unter die Gefahrstoffverordnung. Diese ASI-Arbeiten (Abbruch/Sanierung/Instandhaltung) sind in der TRGS 519 geregelt. Hiernach muss u. a. vorher ein 2-tägiger Lehrgang besucht und die Arbeiten 14 Tage vorher angezeigt werden. Bei Flächen unter 100 m^2 ist eine unternehmensbezogene Anzeige ausreichend. In diesem Fall muss der Bauleiter exakte Vorgaben zum Arbeitsvorgang machen. Hierzu zählt das Vermeiden von Staub (z. B. durch Feuchthalten und zerstörungsfreies Ausbauen) und eventuell das Tragen einer Atemschutzmaske. Ebenso ist zu beachten, dass für den Transport zur Deponie eine besondere Transportgenehmigung erforderlich ist und für den Transport selbst zumindest geschlossene Container erforderlich sind.

Beim Transport von Gefahrstoffen, Diesel, Benzin, Gasflaschen und einigen anderen Stoffen gelten die Vorschriften der Gefahrgutverordnung Straße. Diese sogenannten **Gefahrgüter** dürfen nur unter bestimmten Bedingungen transportiert werden:

- geeignetes Fahrzeug (Feuerlöscher etc.) und i.d.R. spezielle Ausbildung des Fahrers sowie

- Beförderungspapier, äußere Kennzeichnung des Fahrzeugs durch orangefarbene Warntafeln sowie Gefahrzettel auf den Verpackungen.

Gefahrgüter dürfen nur in geeigneten Verpackungen – auf denen Gefahrzettel angebracht sein müssen (Abb. 5) – transportiert werden.

Die Transportvorschriften gelten nicht für Beförderungen wie Lieferungen für eigene Baustellen. In der Summe dürfen maximal

1.000 kg Diesel (einschließlich der Verpackung in Fässern oder „IBCs", je max. 450 l) oder

333 kg Propan-Butan-Flaschen (einschließlich der Verpackung)

transportiert werden. Es müssen aber geeignete Verpackungen mit den entsprechenden Gefahrzetteln (Abb. 5) benutzt werden.

Sind Gefahrguttransporte von der Baustelle erforderlich, ist der Bauhof hierüber rechtzeitig zu informieren. Ebenso muss dies dem Fahrer mitgeteilt werden, damit dieser nicht über die Freimengen kommt. Bei Verstößen wird auch der Absender – auf der Baustelle meist der Polier – belangt.

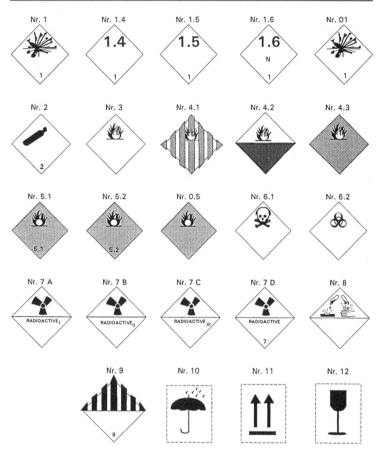

Abb. 5: Gefahrzettel nach GGVS

5 Abfallentsorgung

Ein Grundsatz der Abfallentsorgung lautet:

Abfälle getrennt erfassen.

Das gilt z. B. für Bodenaushub und Straßenaufbruch oder Containerschutt und schadstoffhaltige Baustellenabfälle. Die ordnungsgemäße Entsorgung von kontaminierten Materialien umfasst nicht nur die richtige Deponie, sondern auch das richtige Transportfahrzeug (z. B. geschlossene Wanne) und die notwendige Transporterlaubnis. Ansonsten dürfen ohne besondere Genehmigung nur (nicht zu stark verschmutzter) Bodenaushub, Bauschutt und Straßenaufbruch transportiert werden.

Also auch Asbestzementrohre und teerhaltiger Straßenaufbruch bedürfen einer besonderen Transportgenehmigung. Bei allen Abfallentsorgungsvorgängen kommt es darauf an, dass die ordnungsgemäße Entsorgung auch später nachgewiesen werden kann. In Abstimmung mit dem Bauleiter muss daher festgelegt werden, welche Formulare bei welchen Abfallarten auszufüllen sind.

6 Organisation des Umweltschutzes

Damit die Vielfalt der Themen des Umweltschutzes noch im Unternehmen bewältigt werden kann, sollte

- festgelegt sein, bei welchen Vorgängen der Vorgesetzte informiert werden muss (z. B. der Baggerführer den Polier, oder der Polier den Bauleiter),
- das Thema Umweltschutz ständig im Gespräch sein, um ein Verständnis bei den gewerblichen Mitarbeitern zu erreichen, und
- vor dem Eintritt von Schadensfällen überlegt werden, wie im „Ernstfall" zu handeln ist (z. B. beim Antreffen von kontaminiertem Material).

7 Literatur

BWI-Bau (Herausgeber): Umweltschutz im Baubetrieb, Loseblattsammlung, Düsseldorf
GISBAU (Gefahrstoff-Informationssystem der Berufsgenossenschaften der Bauwirtschaft (Herausgeber): WINGIS (Gefahrstoff-Informationssystem). Version 2.2. Frankfurt 2002.
Deutsche Bauindustrie (Herausgeber): Leitfaden Gefahrguttransporte in der Bauindustrie. Berlin.

Arbeitsschutz

Prof. Dipl.-Ing. *Christoph Ohmes*, Erkelenz

1 Einleitung

Ziel des Arbeitschutzes ist die Arbeitssicherheit der Beschäftigten und die
Verhütung arbeitsbedingter Gesundheitsgefahren. Arbeitssicherheit und
Gesunderhaltung der Beschäftigten sind gegeben, wenn sie bei der Arbeit
vor berufsbedingten Gefahren und gesundheitsschädigenden Belastungen
geschützt sind.

Dieses Ziel soll durch Arbeitsschutzmaßnahmen erreicht werden, die nicht
nur die Abwendung von Unfall- und Gesundheitsgefahren umfassen sondern
auch die aktive Vorbeugung arbeitsbedingter Erkrankungen und die men-
schengerechte Gestaltung der Arbeit einschließen.

Die Maßnahmen zur Verhütung von Unfällen, Berufskrankheiten und arbeitsbedingten Gesundheitsgefahren werden mit dem Begriff „Prävention" zusammengefasst.

Die Gewährleistung von Sicherheit und Gesundheitsschutz der Beschäftigten
auf höchstmöglichem Niveau und die Sorge für wirksame Erste Hilfe sind
Gemeinschaftsaufgaben für alle am Bau Beteiligten.

In Deutschland wird der Arbeitsschutz in einem dualen System durch staatliche Aufsichtsbehörden und Berufsgenossenschaften überwacht.

2 Rechtsgrundlagen

Der Schutz der Beschäftigten vor Unfall- und Gesundheitsgefahren hat sich
mit der fortschreitenden Technisierung entwickelt. Die rechtlichen Grundlagen für den Arbeitschutz sind in zahlreichen Gesetzen, Verordnungen, Vorschriften und Richtlinien niedergelegt.

Die europäische Einigung und die Schaffung des Binnenmarktes seit dem
1. Januar 1993 haben u. a. die Verbesserung der Arbeitsumwelt zum Ziel. Die
Umsetzung der Arbeitsschutz-Richtlinien der Europäischen Union in deutsches Recht erfolgt durch Gesetze und dazu erlassene Rechtsverordnungen.

Die wichtigsten Rechtsgrundlagen sind:

■ Das **Arbeitsschutzgesetz** (ArbschG) vom 20.8.1996, mit dem die entsprechende EU-Rahmenrichtlinie in deutsches Recht umgesetzt wurde, dient
dazu, Sicherheit und Gesundheitsschutz der Beschäftigten bei der Arbeit
durch Maßnahmen zur Verhütung von Unfällen und von arbeitsbedingten Gesundheitsgefahren einschließlich Maßnahmen menschengerechter
Gestaltung der Arbeit zu sichern und zu verbessern. Welche Maßnahmen
des Arbeitsschutzes erforderlich sind, hat der Arbeitgeber durch die Ermittlung und Beurteilung der Gefährdung je nach Art der Tätigkeiten vorzu-

nehmen. Im Arbeitschutzgesetz sind die verschiedenen Gefährdungsursachen genannt. Ausdrücklich wird aufgeführt, dass sich eine Gefährdung auch durch unzureichende Qualifikation und Unterweisung der Beschäftigten ergeben kann. Die ermittelten Schutzmaßnahmen sind umzusetzen und ihre Wirksamkeit ist zu kontrollieren. Die von den Berufsgenossenschaften zur Verfügung gestellten Arbeitshilfen zur Durchführung der Gefährdungsbeurteilung dienen gleichzeitig der vom Gesetzgeber geforderten Dokumentation.

- Das **Sozialgesetzbuch** (SGB) regelt die verschiedenen Zweige der Sozialversicherung, das siebte Buch (SGB VII) umfasst die gesetzliche Unfallversicherung. Gemäß dem Kapitel „Prävention" sollen die Berufsgenossenschaften „mit allen geeigneten Mitteln" für Verhütung von Arbeitsunfällen, Berufskrankheiten und arbeitsbedingten Gesundheitsgefahren und für eine wirksame Erste Hilfe sorgen.

- Das **Geräte- und Produktsicherheitsgesetz** (GPSG) löste am 1. Mai 2004 zwei bis dahin bestehende Gesetze, das Gerätesicherheitsgesetz (GSG) und das Produktsicherheitsgesetz (ProdSG) ab und setzte gleichzeitig die europäische Richtlinie zur Produktsicherheit in nationales Recht um. Das Gesetz gilt für das Inverkehrbringen und Ausstellen von Verbraucherprodukten, technischen Arbeitsmitteln und sonstigen Produkten.

  Produkte, die unter eine Verordnung zum GPSG fallen, z. B. unter die Maschinenverordnung (9. GSPGV) als Umsetzung der europäischen Maschinenrichtlinie 98/37/EG, dürfen nur in Verkehr gebracht werden, wenn sie die darin enthaltenen Anforderungen an Sicherheit und Gesundheit erfüllen und bei bestimmungsgemäßer Verwendung oder bei vorhersehbarer Fehlanwendung Benutzer oder Dritte nicht gefährden.

  Aufgrund der Maschinenschutzverordnung haben die Hersteller seit 1993 die Einhaltung der grundlegenden Anforderungen der Maschinenrichtlinie auf einer EU-Konformitätserklärung zu bestätigen und dann die Maschine mit dem CE-Zeichen zu kennzeichnen.

  Das seinerzeit durch das alte Gerätesicherheitsgesetz eingeführte Sicherheitszeichen „GS = geprüfte Sicherheit" kann sowohl für verwendungsfertige Gebrauchsgegenstände als auch für technische Arbeitsmittel vergeben werden. Voraussetzung für die Zuerkennung des GS-Zeichens ist eine Baumusterprüfung des Produkts. Die GS-Prüfstelle muss darüber hinaus durch eine Produktionsüberwachung überprüfen, ob das gefertigte Produkt noch dem geprüften Baumuster entspricht. Eine GS-Bescheinigung darf für höchstens 5 Jahre ausgestellt werden.

- Das **„Gesetz über Betriebsärzte, Sicherheitsingenieure und andere Fachkräfte für Arbeitssicherheit"** (ASiG, Arbeitssicherheitsgesetz) fordert die Bestellung von Betriebsärzten und Fachkräften für Arbeitssicherheit. Durch deren Unterstützung in arbeitsmedizinischen und sicherheitstechnischen Belangen soll die Arbeitssicherheit im Betrieb verbessert werden.

- Die **Baustellenverordnung** (BaustellV) ist aufgrund des Arbeitsschutzgesetzes am 10. Juni 1998 von der Bundesregierung erlassen worden und dient der wesentlichen Verbesserung von Sicherheit und Gesundheitsschutz der Beschäftigten auf Baustellen. Normadressat ist der Bauherr, der durch die Verordnung schon im Stadium der Planung in die Präventionsmaßnahmen einbezogen wird. Welche Aktivitäten nach der Baustellenverordnung zu entwickeln sind, ist von Baustellenbedingungen – Umfang und Art der Arbeiten, Beschäftigte eines oder mehrerer Arbeitgeber – abhängig. Wichtige Elemente sind danach die „Vorankündigung", ein oder mehrere geeignete Koordinatoren (SiGeKo), der Sicherheits- und Gesundheitsschutzplan (SiGePlan) sowie eine „Unterlage", in der bei späteren möglichen Arbeiten (Wartung und Instandhaltung) an der baulichen Anlage die zu berücksichtigenden Angaben zu Sicherheit und Gesundheitsschutz zusammengestellt sind.

In den „Regeln zum Arbeitsschutz auf Baustellen" (RAB) sind die Ziele und die Anwendungsmöglichkeiten der Baustellenverordnung konkretisiert.

Die RAB 30 beschreibt die für die Tätigkeit als Koordinator erforderliche Qualifikation und seine Aufgaben. Festgelegt sind darin die arbeitsschutzfachlichen Kenntnisse und die speziellen Koordinationskenntnisse sowie die erforderliche baufachliche Ausbildung und die notwendigen beruflichen Erfahrungen.

Die RAB 31 enthält die Anforderungen an Inhalt und Form eines Sicherheits- und Gesundheitsschutzplans.

- Die **Betriebssicherheitsverordnung** (BetrSichV) – am 3. Oktober 2002 in Kraft getreten – regelt den Betrieb und die Prüfung von Arbeitsmitteln sowie von überwachungsbedürftigen Anlagen und erfasst auch die Organisation des betrieblichen Arbeitsschutzes. Sie dient der Umsetzung zahlreicher EU-Einzelrichtlinien in das deutsche Recht. Die Betriebssicherheitsverordnung löst die Arbeitsmittelbenutzungsverordnung und die Betriebs- und Prüfbestimmungen für überwachungsbedürftige Anlagen sowie für Arbeitsmittel (bisher in arbeitsmittelspezifischen Unfallverhütungsvorschriften geregelt) ab. Sie gilt für alle Branchen, unabhängig von der Größe des Betriebes. Der Begriff „Arbeitsmittel" umfasst im Wesentlichen Werkzeuge, Geräte, Maschinen (z. B. Erdbaumaschinen und Krane) sowie Leitern und Anlagen.

Die Verpflichtung des Arbeitgebers aufgrund des Arbeitschutzgesetzes eine Gefährdungsbeurteilung durchzuführen, wird in der Betriebssicherheitsverordnung konkretisiert. Dabei sind nicht nur die Gefährdungen zu berücksichtigen, die mit der Benutzung des Arbeitsmittels selbst verbunden sind, sondern auch die Wechselwirkungen, die sich zwischen verschiedenen Arbeitsmitteln ergeben oder durch Arbeitsstoffe oder aus der Arbeitsumgebung hervorgerufen werden können. Der Arbeitgeber wird verpflichtet, eine ganzheitliche Ermittlung und Bewertung der Gefährdungsfaktoren durchzuführen.

Die im übergeordneten Arbeitsschutzgesetz festgelegte Dokumentationspflicht der Gefährdungsbeurteilung gilt nicht für Unternehmen mit 10 oder weniger Beschäftigten. Es empfiehlt sich jedoch auch für diese Arbeitgeber eine Dokumentation vorzunehmen, da sie eine Erleichterung der Darlegungs- und Beweislast bei gerichtlichen Verfahren darstellt.

Umfang und Fristen von Prüfungen liegen nun in der Verantwortung des einzelnen Unternehmers. Als weitere Neuerung wurde die „befähigte Person" eingeführt. Als befähigte Person im Sinne der Verordnung ist eine Person zu verstehen, die durch ihre Berufsausbildung, ihre Berufserfahrung und ihre zeitnahe berufliche Tätigkeit über die erforderlichen Fachkenntnisse zur Prüfung der Arbeitsmittel verfügt.

Das staatliche Recht erstreckt sich nunmehr auch auf den Bereich der Arbeitsmittel, der bisher durch das autonome Satzungsrecht der Berufsgenossenschaften geprägt war.

Von dem sozialpartnerschaftlich besetzten Ausschuss für Betriebssicherheit sollen technische Regeln erstellt werden, die die Schutzziele der Betriebssicherheitsverordnung konkretisieren und erläutern sowie den Stand der Technik beschreiben. Bis zum Erscheinen dieser Regeln können berufsgenossenschaftliche Vorschriften und Regeln (BGV und BGR) herangezogen werden. Bei Einhaltung dieses Regelwerks sind die Anforderungen der Betriebssicherheitsverordnung als erfüllt anzusehen.

- Die **Arbeitsstättenverordnung** (ArbStättV) verpflichtet den Arbeitgeber, Arbeitsplätze, Verkehrswege, Tagesunterkünfte, sanitäre Einrichtungen usw. entsprechend den sicherheitstechnischen Vorschriften und arbeitswissenschaftlichen Erkenntnissen einzurichten und zu betreiben.

- Die **Gefahrstoffverordnung** (GefStoffV) enthält zum Schutz vor arbeitsbedingten Gesundheitsgefahren und stoffbedingten Umweltschädigungen u. a. Regelungen über den Umgang mit gefährlichen Stoffen und Zubereitungen.

- Die **Biostoffverordnung** (BioStoffV) regelt die Vorgehensweise bei Tätigkeiten mit biologischen Arbeitsstoffen (z. B. Mikroorganismen, Zellkulturen, Endoparasiten), die beim Menschen Infektionen, sensibilisierende oder toxische Wirkungen hervorrufen können. Eine biologische Gefährdung kann auch z. B. bei Arbeiten im Abwasserbereich oder in der Abfallverwertung auftreten.

- Die **PSA-Benutzungsverordung** (PSA-BV) vom 4. Dezember 1996 gilt für die Bereitstellung persönlicher Schutzausrüstungen durch Arbeitgeber und für die Benutzung persönlicher Schutzausrüstungen durch Beschäftigte bei der Arbeit.

3 Staatliche Aufsichtsbehörden

Die Einhaltung der staatlichen Arbeitsschutzvorschriften bzw. die Durchführung der Gesetze und Verordnungen zum technischen und sozialen Arbeitsschutz wird durch die Staatliche Aufsichtsbehörde überwacht. Die Aufgaben werden in den einzelnen Bundesländern durch Staatliche Gewerbeaufsichtsämter oder Staatliche Ämter für Arbeitsschutz (neue Bezeichnung) wahrgenommen.

Die Aufgabenbereiche sind im Wesentlichen:

- Technikgestaltung und Arbeitsverfahren (Sicherheit von technischen Anlagen, Geräten und Arbeitsverfahren, Beförderung gefährlicher Güter; Sprengstoffwesen)
- Chemische, physikalische und biologische Belastungen (Gefahrstoffe, biologische Arbeitsstoffe, Lärm und Erschütterungen, Strahlenschutz, Bio- und Gentechnik)
- Arbeitsgestaltung (Arbeitsräume und -plätze, Flucht- und Rettungswege, Arbeitszeiten, Sonn- und Feiertagsarbeit, Sozialvorschriften im Straßenverkehr, Jugendarbeits- sowie Mutterschutz u. a.)
- Überprüfung des medizinischen und hygienischen Gesundheitsschutzes und die Gesundheitsförderung
- Überwachung der Effektivität der betrieblichen Arbeitssicherheitsorganisation.

Rechtsgrundlage für die Tätigkeit der staatlichen Aufsichtsbehörden in den einzelnen Bundesländern bildet das Arbeitsschutzgesetz (insbesondere §§ 21 und 22).

Die mit der Überwachung beauftragten Personen sind befugt, zu den Betriebs- und Arbeitszeiten Revisionen der Betriebsräume, Anlagen und Baustellen durchzuführen. Außerdem sind sie befugt, Arbeitsmittel und persönliche Schutzausrüstungen zu prüfen, Arbeitsverfahren zu untersuchen, Messungen vorzunehmen und arbeitsbedingte Gesundheitsgefahren festzustellen sowie zu untersuchen, auf welche Ursachen ein Arbeitsunfall oder eine arbeitsbedingte Erkrankung zurückzuführen ist.

Die zuständige Behörde kann im Einzelfall Anordnungen zur Durchsetzung von Maßnahmen des Arbeitsschutzes oder zur Abwendung einer besonderen Gefahr für Leben und Gesundheit der Beschäftigten treffen. Anordnungen sind innerhalb der gesetzten Fristen umzusetzen; eine bei Gefahr im Verzug für sofort vollziehbar erklärte Anordnung ist unverzüglich auszuführen. Bei Zuwiderhandlungen kann die zuständige Behörde die von der Anordnung betroffene Arbeit oder die Verwendung der von der Anordnung betroffenen Arbeitsmittel untersagen.

4 Berufsgenossenschaften

Die Berufsgenossenschaften der einzelnen Gewerbezweige sind Träger der gesetzlichen Unfallversicherung. Die gesetzliche Unfallversicherung ist ebenso wie die anderen Zweige der Sozialversicherung eine Pflichtversicherung. Mit der Eröffnung eines Betriebes wird der Unternehmer Mitglied der für sein Gewerbe zuständigen Berufsgenossenschaft. Die bisher regional gegliederten sieben Bauberufsgenossenschaften und die bundesweit tätige Tiefbau-Berufsgenossenschaft werden ab 2005 zur bundesweiten „Berufsgenossenschaft der Bauwirtschaft" zusammengeschlossen (Hauptverwaltung in Berlin). Die neue Berufsgenossenschaft gliedert sich in die Sektion Hochbau (umfasst die bisherigen sieben Bau-Berufsgenossenschaften mit Sitz in Wuppertal) und die Sektion Tiefbau (umfasst die bisherige Tiefbau-Berufsgenossenschaft mit Sitz in München). Die bisherigen Hauptverwaltungen der acht fusionierenden Berufsgenossenschaften werden Bezirksverwaltungen.

Die Beschäftigten sind kraft Gesetzes gegen die Folgen von Arbeits- und Wegeunfällen sowie von entschädigungspflichtigen Berufskrankheiten versichert.

Die Berufsgenossenschaften sind Körperschaften des öffentlichen Rechts. Sie haben das Recht der Selbstverwaltung und führen die ihnen durch Gesetz übertragenen Aufgaben in eigener Verantwortung unter staatlicher Aufsicht durch. Die Organe der Selbstverwaltung (Vertreterversammlung und Vorstand) setzen sich je zur Hälfte aus Vertretern der Arbeitgeber und der Arbeitnehmer zusammen.

4.1 Aufgaben

Die Berufsgenossenschaften haben den gesetzlichen Auftrag, mit allen geeigneten Mitteln für die Verhütung von Arbeitsunfällen, Berufskrankheiten und arbeitsbedingten Gesundheitsgefahren und für eine wirksame Erste Hilfe zu sorgen. Der zweite Aufgabenbereich umfasst Rehabilitation und Entschädigungsleistungen infolge von Unfällen. Unfallentschädigung wird geleistet in Form von Heilbehandlung, Berufshilfe und Geldleistungen an Verletzte und Hinterbliebene. Versicherungsfälle sind Arbeitsunfälle und Berufskrankheiten. Als Arbeitsunfälle gelten auch Unfälle auf dem Wege zu und von der Arbeitsstätte (sog. Wegeunfälle).

4.2 Berufsgenossenschaftliche Vorschriften und Regeln

Das Vorschriften- und Regelwerk der Berufsgenossenschaften ist in drei Ebenen gegliedert:

- BG-Vorschriften (BGV, Unfallverhütungsvorschriften)
- BG-Regeln für Sicherheit und Gesundheitsschutz (BGR)
- BG-Informationen (BGI).

Die berufsgenossenschaftlichen Vorschriften werden in vier fachspezifische Kategorien eingeteilt:

A Allgemeine Vorschriften, Betriebliche Arbeitsorganisation (z. B. BGV A 1 Grundsätze der Prävention)

B Einwirkungen (z. B. BGV B 3 Lärm)

C Betriebsart, Tätigkeiten (z. B. BGV C 22 Bauarbeiten)

D Arbeitsplatz, Arbeitsverfahren (z. B. BGV D 6 Krane)

Die berufsgenossenschaftlichen Vorschriften legen Schutzziele fest und formulieren branchen- und verfahrensspezifische Forderungen an den Arbeits- und Gesundheitsschutz.

Eine von der Vertreterversammlung beschlossene und vom Bundesminister für Wirtschaft und Arbeit genehmigte Unfallverhütungsvorschrift ist nach Bekanntmachung für die bei der jeweiligen Berufsgenossenschaft versicherten Betriebe verbindlich. Unfallverhütungsvorschriften sind autonome Rechtsnormen und absolut verbindlich für den Unternehmer, die betrieblichen Vorgesetzten und die Beschäftigten. Sie gelten auch für Unternehmer und Versicherte von ausländischen Unternehmen, die eine Tätigkeit in Deutschland ausüben, ohne einem Unfallversicherungsträger anzugehören. Außerdem gelten die Unfallverhütungsvorschriften auch für Versicherte, für die ein anderer Unfallversicherungsträger zuständig ist, soweit sie in dem oder für das Unternehmen tätig werden.

In allen Vorschriften haben technische und organisatorische Schutzmaßnahmen Vorrang vor persönlichen Schutzmaßnahmen.

Die Nichtbeachtung von Unfallverhütungsvorschriften kann zivilrechtliche Schadensersatzansprüche oder arbeitsrechtliche Folgen bewirken. Außerdem besteht die Möglichkeit, strafrechtlich zur Verantwortung gezogen zu werden. Ordnungswidriges Handeln kann mit Geldbußen bis zu 10 000 Euro belegt werden.

4.3 Technischer Aufsichtsdienst

Die Berufsgenossenschaften sind gesetzlich verpflichtet, technische Aufsichtsbeamte (das SGB VII spricht von Aufsichtspersonen) zu bestellen. Diese haben auf der Rechtsgrundlage des Sozialgesetzbuches (hier SGB VII) die Durchführung der Maßnahmen zur Verhütung von Arbeitsunfällen, Berufskrankheiten, arbeitsbedingten Gesundheitsgefahren und für eine wirksame Erste Hilfe zu überwachen sowie die Mitglieder der jeweiligen Berufsgenossenschaft und die Versicherten zu beraten. Sie können im Einzelfall anordnen, welche Maßnahmen zur Erfüllung der Pflichten aufgrund der Unfallverhütungsvorschriften oder zur Abwendung besonderer Unfall- und Gesundheitsgefahren zu ergreifen sind. Bei Gefahr im Verzug sind sie berechtigt, „sofort vollziehbare Anordnungen" zur Abwendung von arbeitsbedingten Gefahren für Leben oder Gesundheit der Versicherten zu treffen. Neben der Beratung und Überwachung nimmt die

Schulung der am Bau Beteiligten einen breiten Raum ein. Unfalluntersuchungen und die Erforschung von Unfall- und Schadensursachen sollen zur Vermeidung von Unfällen und Erkrankungen beitragen. Die Zusammenarbeit bei der Überwachung der Unternehmen sowie der Erfahrungsaustausch zwischen den Unfallversicherungsträgern und den für den Arbeitsschutz zuständigen Landesbehörden erfolgen im Rahmen der Festlegungen des Sozialgesetzbuches.

5 Grundsätze der Prävention

Die Organisation des Arbeitsschutzes im Betrieb ist eine Voraussetzung für die wirtschaftlich erfolgreiche und sichere Durchführung von Bauarbeiten. Bei den Maßnahmen des Arbeitsschutzes ist von den im Arbeitsschutzgesetz genannten Grundsätzen (hier verkürzt) auszugehen:

- Die Arbeit ist so zu gestalten, dass eine Gefährdung für Leben und Gesundheit möglichst vermieden (Gefahrvermeidungsgebot) und unvermeidliche Gefährdungen möglichst gering gehalten werden (Gefahrminimierungsgebot).
- Gefahren sind an ihrer Quelle zu bekämpfen.
- Bei den Maßnahmen sind der Stand von Technik, Arbeitsmedizin und Hygiene zu berücksichtigen.
- Planung von Maßnahmen mit dem Ziel, Technik, Arbeitsorganisation, sonstige Arbeitsbedingungen, soziale Beziehungen und Einfluss der Umwelt sachgerecht zu verknüpfen.
- Technische Schutzmaßnahmen haben Vorrang vor persönlichen Schutzausrüstungen (PSA).
- Den Beschäftigten sind geeignete Anweisungen zu erteilen.

5.1 Unternehmer

Die Grundpflichten des Unternehmers sind in der BGV A 1 „Grundsätze der Prävention" formuliert. Danach hat er die erforderlichen Maßnahmen zur Verhütung von Arbeitsunfällen, Berufskrankheiten und arbeitsbedingten Gesundheitsgefahren sowie für eine wirksame Erste Hilfe zu treffen. Bei den zu treffenden Maßnahmen hat der Unternehmer von den oben genannten Grundsätzen (vollständig in § 4 des ArbSchG) auszugehen und das staatliche und berufsgenossenschaftliche Regelwerk heranzuziehen. Die Maßnahmen hat er auf ihre Wirksamkeit zu überprüfen und erforderlichenfalls sich ändernden Gegebenheiten anzupassen.

5.1.1 Gefährdungsbeurteilung

Aufgrund des § 5 ArbSchG hat der Unternehmer durch eine Beurteilung der für die Versicherten mit ihrer Arbeit verbundenen Gefährdungen zu ermitteln, welche Maßnahmen zu ihrer Verhütung erforderlich sind. Die Gefährdungsbeurteilungen und auch das Ergebnis ihrer Überprüfungen sind zu dokumentieren. Die Dokumentationspflicht gilt (bisher) nicht für Arbeitgeber mit zehn oder weniger Beschäftigten.

5.1.2 Unterweisung der Versicherten

Eine besondere Bedeutung hat die Unterweisungspflicht. Die Unterweisung der Beschäftigten hat vor Aufnahme der Tätigkeit der Gefährdungsentwicklung angepasst, erforderlichenfalls wiederholt, mindestens aber einmal jährlich zu erfolgen; sie muss dokumentiert werden.

Bei der Übertragung von Aufgaben auf Versicherte hat der Unternehmer je nach Art der Tätigkeit zu berücksichtigen, ob die Versicherten befähigt sind, die bei der Aufgabenerfüllung zu beachtenden Bestimmungen und Maßnahmen einzuhalten.

5.1.3 Zusammenarbeit mehrer Unternehmer

Werden Beschäftigte mehrer Unternehmer auf einer Baustelle tätig, haben die Unternehmer gemäß § 6 BGV A 1 hinsichtlich der Sicherheit und des Gesundheitsschutzes der Beschäftigten zusammenzuarbeiten. Soweit es zur Vermeidung einer möglichen gegenseitigen Gefährdung erforderlich ist, haben sie eine Person zu bestimmen, die die Arbeiten aufeinander abstimmt. Zur Abwehr besonderer Gefahren ist diese Person mit entsprechender Weisungsbefugnis auszustatten.

5.1.4 Vergabe von Aufträgen

Erteilt der Unternehmer den Auftrag, Arbeitsmittel, Ausrüstungen oder Arbeitsstoffe zu liefern, so hat er dem Auftragnehmer schriftlich aufzugeben, im Rahmen seines Auftrages die für Sicherheit und Gesundheitsschutz einschlägigen Anforderungen einzuhalten.

5.1.5 Betriebliche Vorgesetzte

Der Unternehmer kann die ihm obliegenden Aufgaben auf andere zuverlässige und fachkundige Personen übertragen. Die Personen, die mit der Leitung und Beaufsichtigung von Bauarbeiten beauftragt werden, hat er sorgfältig auszuwählen und zu überwachen. Bauarbeiten müssen von fachlich geeigneten Vorgesetzten geleitet und von Aufsichtführenden beaufsichtigt werden. Der Unternehmer hat die Verantwortungsbereiche der von ihm bestellten Vorgesetzten und Aufsichtführenden abzugrenzen. Jeder Vorgesetzte und Aufsichtsführende trägt in seinem Zuständigkeitsbereich Verantwortung für die Arbeitssicherheit sowie den Gesundheitsschutz und ist verpflichtet, zur Verhütung von Arbeitsunfällen Anordnungen und Maßnahmen zu treffen. Für diese Aufgabe trifft ihn eine zivilrechtliche und strafrechtliche Verantwortlichkeit. Der Umfang der Verantwortung richtet sich nach dem Umfang der Weisungsbefugnis.

Die Pflichtenübertragung im Hinblick auf die Aufgaben, die dem Unternehmer aufgrund von Unfallverhütungsvorschriften obliegen, kann gemäß § 13 BGV A 1 vorgenommen werden. Sie hat schriftlich zu erfolgen und muss den Verantwortungsbereich sowie die Befugnisse festlegen. Sie ist vom Beauftragten zu unterzeichnen. Die Pflichtenübertragung wirkt nicht pflichtbegründend, vielmehr entstehen die Pflichten aufgrund der betrieblichen Stellung und der damit verliehenen Weisungsbefugnis. Die Pflichtenübertragung bedeutet im Regelfall für Führungskräfte kein Mehr an Verantwortung. Wenn der Beauftragte nach Ausbildung und Erfahrung qualifiziert ist, die übertragene Verpflichtung ordnungsgemäß zu erledigen, so kann er eine Pflichtenübertragung nicht ablehnen.

5.1.6 Beschäftigte

Im dritten Kapitel der BGV A 1 sind die Pflichten der Beschäftigten festgelegt. Ein wirksamer Arbeits- und Gesundheitsschutz ist nur mit Beteiligung aller Mitarbeiter erreichbar. Die Versicherten sind verpflichtet, gemäß Unterweisung und Weisung, die Maßnahmen zur Verhütung von Arbeitsunfällen, Berufskrankheiten und arbeitsbedingten Gesundheitsgefahren sowie für eine wirksame Erste Hilfe zu unterstützen. Auftretende Fehler und Mängel – insbesondere an Schutzvorrichtungen und Schutzsystemen – sind nach Möglichkeit unverzüglich zu beseitigen oder dem Vorgesetzten unverzüglich zu melden.

Versicherte haben Arbeitsmittel, Einrichtungen, Arbeitsstoffe sowie Schutzvorrichtungen bestimmungsgemäß und im Rahmen der ihnen übertragenen Arbeitsaufgaben zu benutzen.

Persönliche Schutzausrüstungen (PSA) haben die Versicherten ebenfalls bestimmungsgemäß zu benutzen und regelmäßig auf ihren ordnungsgemäßen Zustand zu prüfen.

Versicherte dürfen sich durch den Konsum von Alkohol, Drogen oder anderen berauschenden Mitteln nicht in einen Zustand versetzen, durch den sie sich selbst oder andere gefährden können.

5.2 Organisation des betrieblichen Arbeitschutzes

Das vierte Kapitel der neuen BGV A 1 enthält u. a. Bestimmungen über die sicherheitstechnische und betriebsärztliche Betreuung von Betrieben, Sicherheitsbeauftragte, Erste Hilfe und persönliche Schutzausrüstungen.

5.2.1 Sicherheitstechnische Betreuung

Um eine Verbesserung des Arbeitsschutzes zu erreichen, fordert das Arbeitssicherheitsgesetz neben der arbeitsmedizinischen Betreuung auch die sicherheitstechnische Betreuung durch Fachkräfte für Arbeitssicherheit.

Zur Ausführung dieses Gesetzes schreibt die UVV „Fachkräfte für Arbeitssicherheit" (BGV A 6) für alle Unternehmen ab einem Beschäftigten die sicherheitstechnische Betreuung vor. Neben der Regelbetreuung besteht für Unternehmen mit bis zu 20 Beschäftigten alternativ die Möglichkeit der Betreuung nach dem Unternehmermodell.

Die **Regelbetreuung** erfolgt durch eine Fachkraft für Arbeitssicherheit mit den gemäß Unfallverhütungsvorschrift vorgesehnen Einsatzzeiten, abhängig von der Zahl der Beschäftigten und der Durchschnittsgefahrklasse. Fachkräfte für Arbeitssicherheit kommen entweder aus dem Bereich der betrieblichen Vorgesetzten und werden vom Unternehmer schriftlich bestellt oder externe Fachkräfte für Arbeitssicherheit betreuen als freiberufliche Fachkräfte oder als Mitarbeiter eines überbetrieblichen Beratungsdienstes die einzelnen Unternehmen auf vertraglicher Basis. Unternehmen mit bis zu 20 Beschäftigten können auch die Regelbetreuung durch Anschluss an den überbetrieblichen sicherheitstechnischen Dienst wählen, der von der jeweils zuständigen Berufsgenossenschaft eingerichtet worden ist.

Fachkräfte für Arbeitssicherheit werden nach Erwerb der sicherheitstechnischen Fachkunde je nach Vorbildung als Sicherheitsingenieure, Sicherheitstechniker oder Sicherheitsmeister bezeichnet. Die Fachkräfte für Arbeitsicherheit unterstehen unmittelbar dem Unternehmer und ihre Hauptaufgabe ist es, den Unternehmer und seine Führungskräfte in Fragen der Arbeitssicherheit zu unterstützen. Die vielfältigen Aufgaben der Fachkräfte für Arbeitssicherheit sind im § 6 des Arbeitssicherheitsgesetzes aufgeführt. Die Fachkräfte für Arbeitssicherheit haben als solche keine Weisungsbefugnis und tragen weder Unternehmerverantwortung noch die Verantwortung der betrieblichen Vorgesetzten. Als Berater bereiten sie die Entscheidungen und Maßnahmen für die Arbeitssicherheit lediglich vor.

Betreuung nach dem **Unternehmermodell** bedeutet, dass ein Unternehmer, der nicht mehr als 20 Arbeitnehmer beschäftigt, auf die Bestellung oder Verpflichtung einer Sicherheitskraft verzichtet und selbst an den von der Berufsgenossenschaft festgelegten Informations-, Motivations- und Fortbildungsmaßnahmen teilnimmt. Ergänzend dazu ist im Rahmen des Unternehmermodells vorgesehen, dass der Unternehmer eine qualifizierte und bedarfsgerechte Beratung in Fragen des Arbeitsschutzes in Anspruch nimmt.

5.2.2 Betriebsärzte

Die im Arbeitssicherheitsgesetz vorgesehene Bestellung von Betriebsärzten durch den Unternehmer entfällt im Bereich der Berufsgenossenschaft der Bauwirtschaft, da die Mitgliedsbetriebe durch die Satzung dem überbetrieblichen „Arbeitsmedizinischen Dienst" angeschlossen sind. Die Arbeitsmediziner unterstützen den Unternehmer in Fragen der Arbeitssicherheit aus medizinischer Sicht. Sie sind nur ihrem ärztlichen Gewissen verpflichtet und ebenso wie die Fachkräfte für Arbeitssicherheit in der Anwendung ihrer Fachkunde weisungsfrei. Die Betreuung der Unternehmen durch den Arbeitsmedizinischen Dienst erfolgt unabhängig von der Beschäftigtenzahl. Die Versicherten werden entweder in stationären Untersuchungszentren oder in mobilen Untersuchungswagen arbeitsmedizinisch untersucht und beraten.

5.2.3 Sicherheitsbeauftragte

Sicherheitsbeauftragte sind nicht zu verwechseln mit den „Sicherheitsfachkräften", d. h. gemäß ASiG: den Fachkräften für Arbeitssicherheit. In Unternehmen mit mehr als 20 Beschäftigten hat der Unternehmer unter Beteiligung des Betriebsrates einen oder mehrere Sicherheitsbeauftragte zu bestellen. Die Zahl der zu bestellenden Sicherheitsbeauftragten ist in der UVV „Grundsätze der Prävention" (BVG A 1, Anlage 2) festgelegt. Sicherheitsbeauftragte haben die Aufgabe, den Unternehmer bei der Durchführung des Unfallschutzes zu unterstützen. Sie haben aber nicht das Recht, Anordnungen oder Weisungen zur Beseitigung von Unfallgefahren zu erteilen. Sie sollen auf das sicherheitsgerechte Verhalten ihrer Mitarbeiter positiv einwirken. Aufsichtführende oder andere betriebliche Vorgesetzte sollen nicht zu Sicherheitsbeauftragten bestellt werden.

5.2.4 Betriebsrat

Eine wichtige Aufgabe des Betriebsrates ist gemäß Betriebsverfassungsgesetz die Mitwirkung und Mitbestimmung bei der Bekämpfung von Unfall- und Gesundheitsgefahren im Betrieb. Das Arbeitssicherheitsgesetz legt fest, dass die Betriebsärzte und die Fachkräfte für Arbeitssicherheit bei der Erfüllung ihrer Aufgaben mit dem Betriebsrat zusammenzuarbeiten haben. Bei der Bestellung der Sicherheitsbeauftragten ist der Betriebsrat zu beteiligen. Fachkräfte für Arbeitssicherheit sind mit Zustimmung des Betriebsrates zu bestellen und abzuberufen.

5.2.5 Arbeitsschutzausschuss

In Betrieben, in denen Fachkräfte für Arbeitssicherheit bestellt sind, gehört gemäß Arbeitssicherheitsgesetz zur Organisation der Arbeitssicherheit auch die Bildung eines Arbeitsschutzausschusses. Er setzt sich aus dem Arbeitgeber oder einem von ihm Beauftragten, den Fachkräften für Arbeitssicherheit, den Sicherheitsbeauftragten, den Fachkräften für Arbeitssicherheit, den Sicherheitsbeauftragten und zwei Mitgliedern des Betriebsrates zusammen. Er muss mindestens einmal vierteljährlich zusammentreten. Der Arbeitsschutzausschuss ist kein Beschlussorgan.

Im Arbeitsschutzausschuss werden aktuelle Fragen und Anliegen der Arbeitssicherheit und des Gesundheitsschutzes beraten, und die innerbetriebliche Präventionsarbeit wird koordiniert.

5.2.6 Erste Hilfe

Die UVV „Erste Hilfe" ist durch entsprechende Bestimmungen in der neuen BGV A 1 §§ 24–28 ersetzt worden. Die zur sofortigen vorläufigen Versorgung des Verletzten an der Unfallstelle und die zur Rettung aus Gefahr notwendigen personellen und materiellen Vorkehrungen des Unternehmens werden in dieser Vorschrift geregelt.

Für eine wirksame Erste Hilfe sind wichtig: Meldeeinrichtungen, Ersthelfer, Erste-Hilfe-Material, Rettungsgeräte, Rettungstransportmittel und in besonderen Fällen Sanitätsräume.

Der Unternehmer hat dafür zu sorgen, dass bei 2 bis 20 anwesenden Versicherten (mindestens) ein ausgebildeter Ersthelfer zur Verfügung steht, bei mehr als 20 anwesenden Versicherten 10 %. Ersthelfer sollen in der Regel in Zeitabständen von zwei Jahren fortgebildet werden.

5.2.7 Persönliche Schutzausrüstungen (PSA)

Durch die Gefährdungsbeurteilung gemäß §§ 4 und 5 Arbeitsschutzgesetz sind Art und Umfang der Gefährdungen für die Versicherten zu ermitteln. Lassen sich die Gefährdungen nicht durch technische oder organisatorische Maßnahmen beseitigen, müssen individuelle Schutzmaßnahmen ergriffen werden.

Der Unternehmer hat gemäß § 29 der BGV A 1 den Versicherten geeignete persönliche Schutzausrüstungen bereitzustellen. Die Versicherten haben gemäß § 30 der BGV A 1 die persönlichen Schutzausrüstungen bestimmungsgemäß zu benutzen und auf ihren ordnungsgemäßen Zustand zu achten. Vor der Auswahl und Benutzung hat der Unternehmer eine Bewertung gemäß § 2 der PSA-Benutzungsverordnung vorzunehmen, um die Eignung festzustellen. Die bereitgestellten persönlichen Schutzausrüstungen müssen die erforderliche CE-Kennzeichnung tragen und EU-Konformitätserklärungen müssen vorliegen.

Es ist darauf zu achten, dass die Benutzung entsprechend bestehender Tragezeitbegrenzungen und Gebrauchdauern erfolgt.

Die Versicherten sind anhand der bereitzuhaltenden Benutzungsinformationen darin zu unterweisen, wie die persönlichen Schutzausrüstungen sicherheitsgerecht benutzt werden, soweit erforderlich im Rahmen einer Schulung mit Übungen.

Bei Tiefbauarbeiten kommen bei entsprechenden Gefährdungen z. B. folgende persönlichen Schutzeinrichtungen zum Einsatz:

- **Kopfschutz**, wenn mit Kopfverletzungen durch Anstoßen oder z. B. durch herabfallende Gegenstände zu rechnen ist.
- **Fußschutz**, wenn mit Fußverletzungen z. B. durch Einklemmen oder herabfallende Gegenstände zu rechnen ist. Der Fußschutz ist in DIN EN 345 genormt und entsprechend gekennzeichnet.
  Bei Bauarbeiten ist in der Regel mit dem Hineintreten in spitze und scharfe Gegenstände zu rechnen, so dass Sicherheitsschuhe mit durchtrittsicherem Unterbau getragen werden müssen – Kennzeichnung S 3 DIN EN 345. Für den Baubereich geeignete, durchtrittsichere Gummi- oder Kunststoffstiefel müssen mit der Kennzeichnung S 5 DIN EN 345 versehen sein. Die

zusätzliche Kennzeichnung mit CI bedeutet Kälteisolierung ist vorhanden. Der wärmeisolierende Unterbau wird durch ein HI gekennzeichnet und ist erforderlich, wenn auf heißen Flächen, z. B. im Asphaltdeckenbau, gearbeitet werden muss.

- **Augen- und Gesichtsschutz**, wenn mit Augen- und Gesichtsverletzungen durch wegfliegende Teile, Verspritzen von Flüssigkeiten oder durch gefährliche Strahlung zu rechnen ist (Schutzbrillen bzw. Gesichtsschutzschilde).

- **Atemschutz**, wenn die Beschäftigten gesundheitsschädlichen Gasen, Dämpfen oder Stäuben ausgesetzt sind. Filtergeräte sind von der Umgebungsatmosphäre abhängig und reinigen die einzuatmende Luft von Schadstoffen mittels Partikel-, Gas- oder Kombinationsfilter. Bei Sauerstoffmangel oder zu hoher Schadstoffkonzentration sind von der Umgebungsatmosphäre unabhängig wirkende Atemschutzgeräte, sog. Isoliergeräte, erforderlich.

- **Gehörschutz**, falls Beschäftigte in Lärmbereichen tätig sind. Der Grenzwert für Lärmbereiche (Beurteilungspegel) ist auf 85 dB(A) festgelegt. Bei Lärmgefährdung gelten die Bestimmungen der UVV „Lärm" (BGV B 3). Diese Vorschrift enthält eine Liste der lärmintensiven Arbeitsverfahren, bei denen geeignete Gehörschutzmittel – Gehörschutzwatte, -stöpsel oder -kapseln – bereitgestellt und benutzt werden müssen.

- **Handschutz**, bei Gefahr von z. B. Verbrennungen, Verätzungen oder mechanischen Verletzungen sind jeweils entsprechende Schutzhandschuhe zu tragen (nicht bei Arbeiten mit Holzbearbeitungs- oder Bohrmaschinen!).

- **Schutzbekleidung**, z. B. bei Strahlarbeiten, beim Umgang mit ätzenden Flüssigkeiten oder bei Schweiß- und Schneidearbeiten.

- **Warnkleidung** nach DIN EN 471, falls das rechtzeitige Erkennen von Personen erforderlich ist, z. B. bei Arbeiten im Bereich des öffentlichen Verkehrs oder zum Kenntlichmachen von Sicherungsposten.

- **Wetterschutzkleidung** nach DIN EN 343 zur Abwendung von Gesundheitsgefahren infolge von Witterungseinflüssen.

- **Anseilschutz**, falls eine Absturzsicherung durch Brüstungen oder Geländer nicht möglich ist und auch keine Fanggerüste oder Fangnetze verwendet werden, in Form von Auffanggurten und z. B. Falldämpfern, Höhensicherungsgeräten sowie Steigschutzeinrichtungen (s. a. BG-Regel „Einsatz von persönlichen Schutzeinrichtungen gegen Absturz")

- **Halte- und Rettungsgurte** (s. a. BG-Regel „Einsatz von persönlichen Schutzausrüstungen zum Halten und Retten").

5.2.8 Arbeitsmedizinische Vorsorge

Die allgemeinen arbeitsmedizinischen Untersuchungen beruhen auf dem Arbeitssicherheitsgesetz (ASiG). Die arbeitsmedizinische Betreuung erfolgt durch Betriebsärzte bzw. durch den überbetrieblichen Arbeitsmedizinischen Dienst der Berufsgenossenschaft.

Die allgemeinen Untersuchungen setzen keine besonderen Gesundheitsgefahren am Arbeitsplatz voraus und sind für die Beschäftigten freiwillig. Sie
sind nicht an Beschäftigungsbeschränkungen gekoppelt.

Wenn Arbeiten mit außergewöhnlichen Unfall- und Gesundheitsgefahren ausgeführt werden, sind vorher spezielle arbeitsmedizinische Vorsorgeuntersuchungen gemäß UVV „Arbeitsmedizinische Vorsorge" (BGV A 4)
erforderlich. Diese Unfallverhütungsvorschrift regelt die Überwachung des
Gesundheitszustandes von Beschäftigten, die chemischen, physikalischen oder
biologischen Einwirkungen ausgesetzt sind oder gefährdende Tätigkeiten
ausüben. Die Einwirkungen von z. B. Asbest stellt einen vorsorgepflichtigen
Tatestand dar. Gefährdende Tätigkeiten sind z. B. das Tragen von Atemschutzgeräten und Taucherarbeiten. Die speziellen Untersuchungen werden von
hierfür „ermächtigten" Ärzten oder vom Arbeitsmedizinischen Dienst der
Berufsgenossenschaften durchgeführt. Bei speziellen arbeitsmedizinischen
Untersuchungen wird eine ärztliche Bescheinigung ausgestellt, die besagt,
ob gesundheitliche Bedenken gegen eine Beschäftigung bei den jeweiligen
besonderen Gefährdungen bestehen oder nicht. Aus Gründen der ärztlichen
Schweigepflicht und des Datenschutzes erhält der Unternehmer keine Diag-
nosen oder Befunde von untersuchten Mitarbeitern.

Bei Gehörgefährdung, also bei Erreichen eines orts- oder personenbezoge-
nen Beurteilungspegels von 85 dB(A), sind ebenfalls Vorsorgeuntersuchungen
erforderlich.

6 Sicherheitstechnische Hinweise

6.1 Baustellensicherung

Arbeitsstellen liegen oft im öffentlichen Verkehrsbereich und wirken sich auf
den Straßenverkehr aus. Die Absicherung von Baustellen gegen den öffentlichen Verkehr dient dem Schutz der Verkehrsteilnehmer und der Sicherheit
der Beschäftigten auf der Baustelle.

Maßnahmen zur Regelung des öffentlichen Verkehrs sind in der Straßenverkehrsordnung (StVO), in der dazugehörigen Allgemeinen Verwaltungsvor-
schrift und in den „Richtlinien für die Sicherung von Arbeitsstellen an Straßen" (RSA) enthalten. Die RSA behandeln die verkehrsrechtliche Sicherung
von Arbeitsstellen an Straßen und beinhalten u. a. Musterbeschilderungspläne
(sog. Regelpläne) für Baustellen innerorts, außerorts und auf Autobahnen. Die
verkehrstechnischen Sicherungen von Arbeitsstellen sind in den „Zusätzlichen
Technischen Vertragsbedingungen und Richtlinien für Sicherungsarbeiten an
Arbeitsstellen an Straßen" (ZTV-SA 97) festgelegt (Ergänzung zur RSA).
Die verschiedenen „Technischen Lieferbedingungen" (TL) für Elemente zur
Sicherung von Arbeitsstellen – z. B. die TL-Leitbaken – enthalten die jeweili-
gen Beschaffenheitsanforderungen.

Der Nachweis der erforderlichen Fachkenntnisse kann durch erfolgreiche Teilnahme an Schulungen gemäß „Merkblatt über Rahmenbedingungen für erforderliche Fachkenntnisse zur Verkehrssicherung von Arbeitsstellen an Straßen" (MVAS 99) erbracht werden.

Die Verkehrssicherungspflicht obliegt dem Unternehmer. Durch Absicherung und Kennzeichnung der Arbeitsstellen hat er für den verkehrssicheren Zustand des betroffenen Straßenbereiches zu sorgen. Der Unternehmer ist nicht von sich aus befugt, verkehrsbeschränkende Maßnahmen zu treffen. Er muss eine verkehrsrechtliche Anordnung bei der zuständigen Behörde (Straßenverkehrs- oder Straßenbaubehörde) einholen, die alle erforderlichen Sicherungsmaßnahmen enthält. Dazu ist ein Verkehrszeichenplan (nach Möglichkeit unter Verwendung eines Regelplanes aus den RSA) einzureichen. Die Ausführung und Wartung der Absperrung und Kennzeichnung erfolgt dann durch das Unternehmen entsprechend der verkehrsrechtlichen Anordnung, die auf dem genehmigten Verkehrszeichenplan beruht. Die Überwachung der Verkehrssicherungsmaßnahmen erfolgt durch die Polizei, die eine Abschrift der Anordnung erhält.

In § 15 der Unfallverhütungsvorschrift „Bauarbeiten" (BGV C 22) sind nicht nur Schutzmaßnahmen für die Beschäftigten bei Arbeiten im Straßenraum gefordert, sondern es sind auch bei Gefahren durch andere Verkehrsmittel, insbesondere bei Arbeiten an oder in der Nähe von benutzten Gleisanlagen, die Sicherungsmaßnahmen mit dem Betreiber festzulegen.

6.2 Baustellenverkehr

Durch sichere Wege und sicheren Verkehr auf Baustellen – also in den vom öffentlichen Verkehr abgegrenzten Bereichen – lassen sich eine Vielzahl von Unfällen vermeiden. Auch im Hinblick auf den wirtschaftlichen Erfolg spielt der innerbetriebliche Verkehr auf Baustellen eine wichtige Rolle. Bestimmungen zur Regelung des Baustellenverkehrs und zur Ausbildung der Verkehrswege finden sich in verschiedenen Unfallverhütungsvorschriften.

Zusammenfassend werden die wichtigsten Regeln für den Baustellenverkehr aufgeführt:

- Verkehrswege sind zu bezeichnen.
- Verkehrswege müssen freigehalten werden und sicher begehbar und befahrbar sein.
- Bei der Anlage von Verkehrswegen ist jeweils das Sicherheitsprofil einzuhalten.
- Unter und neben elektrischen Freileitungen ist der Schutzabstand entsprechend der Nennspannung zu beachten.
- Fahrordnungen sind aufzustellen.
- Von Böschungskanten ist ausreichender Abstand zu halten.
- Rückwärtsfahrten sind möglichst zu vermeiden.

- Bei eingeschränkter Sicht – z. B. bei Rückwärtsfahrten – müssen Fernseh-anlagen installiert oder Sicherungsposten eingesetzt werden. Eindeutige Handsignale gemäß BGV A 8 sind zu verwenden. Zwischen Fahrzeugführer und Sicherungsposten muss eine ständige Blickverbindung bestehen.
- Mitfahren auf Fahrzeugen und Maschinen ist nur dann zulässig, wenn feste Sitze vorhanden sind.
- Fahrten mit hochgestellter Pritsche sind unzulässig.

6.3 Sicherung gegen Gefährdung durch bestehende Anlagen

Rechtzeitig vor Beginn von Bauarbeiten, insbesondere von Aushub-, Ramm-oder Bohrarbeiten, ist durch den Unternehmer zu ermitteln, ob im vorgesehenen Arbeitsbereich Anlagen vorhanden sind, durch die Personen gefährdet werden können. Gefahren können z. B. ausgehen von benachbarten baulichen Anlagen, elektrischen Anlagen, Rohrleitungen und Kanälen.

Die Lage sowie der Verlauf von erdverlegten Leitungen sind zu ermitteln, und die erforderlichen Sicherungsmaßnahmen sind festzulegen und durchzuführen. Bei Arbeiten in der Nähe elektrischer Freileitungen und Fahrleitungen sind die erforderlichen Sicherheitsabstände einzuhalten oder andere Sicherungsmaßnahmen gegen Stromübertritt zu ergreifen.

Bei Arbeiten an Gasleitungen, bei denen mit einer Gefährdung der Beschäftigten durch Gas zu rechnen ist, sind die Bestimmungen der UVV „Arbeiten an Gasleitungen" (BGV D 2) einzuhalten.

Die Standsicherheit baulicher Anlagen und ihrer Teile muss in jeder Phase der Bausausführung gegeben sein.

Aushubarbeiten im Bereich benachbarter baulicher Anlagen sind unter Beachtung der DIN 4123 „Ausschachtungen, Gründungen und Unterfangungen im Bereich bestehender Gebäude" vorzunehmen.

6.4 Sicherung von Leitungsgräben und Baugruben

Gemäß UVV „Bauarbeiten" (BGV C 22) § 6 (3) und § 28 (1) sind Erd- und Felswände so abzuböschen oder zu verbauen, dass Beschäftigte nicht durch abrutschende Bodenmassen gefährdet werden können. Zusätzliche Einflüsse, die die Standsicherheit des Bodens beeinträchtigen können, müssen dabei berücksichtigt werden, z. B. Erschütterungen, zur Einschnittsohle einfallende Schichtung, Klüfte oder Verwerfungen, Schichtenwasser, Witterungseinflüsse, Grundwasserabsenkungen, Verfüllungen oder Aufschüttungen, Bauwerke in der Nähe oder Auflasten. Als Durchführungsregel zur UVV „Bauarbeiten" gilt die DIN 4124 „Baugruben und Gräben; Böschungen, Verbau, Arbeitsraumbreiten".

6.4.1 Leitungsgräben

Leitungsgräben von mehr als 1,25 m Tiefe, die betreten werden, müssen immer

standsicher abgeböschte oder fachgerecht verbaute Grabenwände haben. Bei besonderen Einflüssen können auch bei geringeren Tiefen Sicherungsmaßnahmen erforderlich werden. In mindestens steifen bindigen Böden sowie Fels dürfen Gräben bis zu einer Tiefe von 1,75 m ausgehoben werden, wenn der mehr als 1,25 m über der Sohle liegende Bereich unter einem Winkel von 45° abgeböscht oder durch Verbau gesichert wird.
Die sogenannte Saumbohle ist nicht mehr zulässig.

6.4.1.1 Abböschen

Die Böschungsneigung nicht verbauter Gräben richtet sich unabhängig von der Lösbarkeit des Bodens nach dessen bodenmechanischen Eigenschaften. Ohne rechnerischen Nachweis der Standsicherheit dürfen folgende Böschungswinkel nicht überschritten werden:

- bei nichtbindigen oder weichen bindigen Böden $\quad \beta \leq 45°$
- bei steifen oder halbfesten bindigen Böden $\quad \beta \leq 60°$
- bei Fels $\quad \beta \leq 80°$

Geringere Böschungsneigungen sind vorzusehen, wenn störende Einflüsse die Standsicherheit gefährden. Böschungsneigungen von mehr als 80° sind nach DIN 4124 in keinem Fall zulässig. Die Standsicherheit nicht verbauter Wände ist nach DIN 4084 nachzuweisen, wenn z. B. die Böschung mehr als 5 m hoch ist oder besondere Einflüsse die Standsicherheit der Böschung gefährden.

6.4.1.2 Verbauen

Die Sicherung der Erdwände durch Verbau muss z. B. dann erfolgen, wenn die örtlichen Verhältnisse ein Abböschen nicht zulassen. Grundsätzlich ist beim Verbau Folgendes zu beachten:

- Der Verbau der senkrechten Wände muss dicht am Boden anliegen. Er darf keine Lücken aufweisen. Eventuelle Hohlräume zwischen Verbau und Erdwand sind unverzüglich kraftschlüssig zu verfüllen. Der Verbau muss den Baugrubenrand um mindestens 5 cm überragen und bis zur Sohle reichen.
- Alle Verbauteile müssen ausreichend bemessen sein, satt anliegen und gegen Herabfallen gesichert werden.
- Der Verbau darf nur zurückgebaut werden, soweit er durch Verfüllen entbehrlich geworden ist.

Waagerechter Verbau

Ein Verbau mit waagerechten Bohlen muss stets mit dem Aushub fortschreitend von oben nach unten eingebracht werden. Er ist nur bei Böden zulässig, die so standfest sind, dass sie wenigstens vorübergehend auf die Tiefe einer Bohlenbreite stehen bleiben. Mit dem Einziehen der Bohlen und dem Einbringen der Brusthölzer und Steifen (Kanalstreben) ist spätestens zu beginnen, wenn die Tiefe von 1,25 m erreicht ist. Bis zu einer Grabentiefe von 5 m

sind die Abmessungen der einzelnen Verbauteile für den waagerechten Normverbau aus den Tabellen der DIN 4124 zu entnehmen. Dabei sind die in der
Norm genannten Voraussetzungen zu beachten.

Senkrechter Verbau

Der senkrechte Verbau kann in allen Bodenarten angewendet werden, die ein
mit dem Aushub fortschreitendes Nachtreiben der Bohlen gestatten oder in
denen vor dem Aushub ein Abrammen von Kanaldielen möglich ist. Bei locker
gelagerten nichtbindigen Böden und bei weichen bindigen Böden, die ein Ver-
kleiden mit waagerechten Bohlen nicht zulassen, müssen die Holzbohlen oder
Kanaldielen in jedem Bauzustand so weit in den Untergrund einbinden, dass
ein Aufbruch ausgeschlossen ist. Die Einbindetiefe muss mindestens 30 cm
betragen. Die Gurthölzer und Streben sind mit dem Aushub fortschreitend
einzuziehen und gegen Abrutschen zu sichern. Der senkrechte Normverbau
kann bis zu einer Grabentiefe von 5 m angewendet werden. Die erforderlichen
Abmessungen der Verbauteile sind in den Tabellen der DIN 4124 angegeben.
Die in der Norm genannten Voraussetzungen müssen erfüllt sein. Bei größeren Tiefen ist ein besonderer statischer Nachweis erforderlich.
Der senkrechte Verbau wird häufig nicht aus Holz, sondern mit Gurtträgern
und Kanaldielen erstellt. Der senkrechte Verbau mit Holzbohlen oder Kanaldielen kann auch als gestaffelter Grabenverbau ausgeführt werden.

6.4.1.3 Grabenverbaugeräte

In der UVV „Bauarbeiten (BGV C 22) ist festgelegt, dass in vorübergehend
standfesten Böden maschinell ausgehobene Gräben, die tiefer als 1,25 m sind
und keine abgeböschten Wände haben, erst betreten werden dürfen, nachdem
ein Verbau mit Hilfe von Verbaugeräten eingebracht worden ist. Die Regeln,
die beim Einsatz von Grabenverbaugeräten zu beachten sind, sind in der DIN
4124 (10.02) enthalten.
Grabenverbaugeräte müssen E DIN EN 13 331-1 entsprechen und von der
Prüfstelle des Fachausschusses „Tiefbau" geprüft und als geeignet beurteilt
worden sein.
Die Verwendungsanleitung des Herstellers muss auf der Baustelle vorliegen
und ist genau zu beachten.
Grabenverbaugeräte sind Einrichtungen zur Sicherung von Grabenwänden.
Sie bilden den fertigen Verbau eines Grabenteilstücks. Es wird unterschieden
nach mittiggestützten, randgestützten, rahmengestützten und in Gleitschie-
nen geführten Verbauplatten sowie Dielenkammer-Verbaueinheiten. Vor
dem Einsatz ist zu prüfen, ob die zu erwartende Erddruckbelastung von dem
Verbaugerät aufgenommen werden kann. Die Strebenbeanspruchung ist baustellenbezogen zu überprüfen. Wenn die Verbaueinheiten bei vorübergehend
standfestem Boden in den zuvor ausgehobenen Grabenabschnitt eingebracht
werden, liegt das Einstellverfahren vor. Beim Absenkverfahren werden die

Verbauplatten in den Boden gedrückt. Das Absenken erfolgt im Wechsel mit dem Bodenaushub. Mittiggestützte Grabenverbaugeräte dürfen nicht im Absenkverfahren und in keinem Fall einzeln eingesetzt werden.

Rand- oder rahmengestützte Grabenverbaugeräte dürfen nur bis zu einer Grabentiefe von 6,00 m eingesetzt werden, mittiggestützte Grabenverbaugeräte nur bis 4,00 m. Die oberen Plattenränder müssen die Geländeoberfläche um mindestens 5 cm überrragen.

Hohlräume zwischen Verbauplatten und Erdwänden sind zu verfüllen. Unvermeidbare Lücken, z. B. bei Leitungskreuzungen, müssen gesondert verbaut werden.

Die Länge eines mit Grabenverbaugeräten zu sichernden Abschnittes (Mindestverbaulänge) muss so groß sein, dass zwischen den Enden des zu verlegenden Rohres und den Enden des verbauten Grabenabschnittes jeweils ein Sicherheitsabstand von mindestens 1,00 m eingehalten wird.

6.4.2 Baugruben

Grundsätzlich gelten im Hinblick auf die Sicherheitstechnik die gleichen Bestimmungen wie bei Leitungsgräben. Falls eine Baugrubensicherung durch Abböschen nicht möglich ist und die geschilderten Verbaumethoden z. B. wegen der begrenzten Knicklänge der Aussteifungsmittel nicht angewendet werden können, stehen folgende Verbauarten zur Wahl: Spundwand, Trägerbohlwand, Schlitzwand, Pfahlwand und Verfestigung durch Injektionen oder durch Vereisung.

6.4.3 Arbeitsraumarbeiten

Mit Rücksicht auf die Sicherheit der Beschäftigten, aus ergonomischen Gründen und um eine einwandfreie Bauausführung sicherzustellen, müssen Arbeitsräume in Baugruben mindestens 50 cm breit sein.

Aus den gleichen Gründen müssen Gräben für Leitungen und Kanäle lichte Mindestbreiten haben. Bei Gräben bis zu einer Tiefe von 1,25 m, die keinen Arbeitsraum zum Verlegen von Leitungen benötigen, sind in Abhängigkeit von der Regelverlegetiefe die in Tabelle 5 der DIN 4124 angegebenen lichten Mindestgrabenbreiten einzuhalten.

Bei Gräben, die einen Arbeitsraum zum Verlegen und Prüfen von Rohrleitungen (nicht von Abwasserkanälen und -leitungen) haben müssen, sind in Abhängigkeit vom äußeren Leitungsdurchmesser, der Sicherungsart der Grabenwände und der Grabentiefe die lichten Mindestgrabenbreiten der DIN 4124 zu entnehmen (s. dort Tabelle 6 und 7).

Die Mindestgrabenbreiten für Abwasserleitungen und -kanäle sind in DIN EN 1610 festgelegt. Die Mindestgrabenbreite ist aus den Tabellen in Abhängigkeit von der Nennweite (DN) bzw. von der Grabentiefe zu entnehmen.

6.4.4 Verkehrswege an Gruben und Gräben

An den Rändern von Gruben und Gräben muss ein mindestens 60 cm breiter lastfreier Schutzstreifen vorhanden sein. Zum Betreten und Verlassen von Gruben und Gräben, die tiefer als 1,25 m sind, müssen geeignete Einrichtungen – z. B. Leitern – vorhanden sein. Leitungsgräben von mehr als 80 cm Breite sind mit Übergängen zu versehen.

6.5 Betrieb von Baumaschinen und Geräten

Der Unternehmer hat die mit dem Einsatz von Baumaschinen und Geräten verbundenen Gefährdungen baustellenbezogen zu ermitteln und die notwendigen Maßnahmen für die Sicherheit und den Gesundheitsschutz der Beschäftigten festzulegen. Im Rahmen der Gefährdungsbeurteilung hat der Unternehmer auch Art, Umfang und Fristen für die erforderlichen Prüfungen der eingesetzten Baumaschinen und Geräte festzulegen. Weiterhin sind die Beschäftigten arbeitsplatzbezogen über die mit dem Betrieb der Baumaschinen verbundenen Gefahren zu informieren und vor der Beschäftigung und danach bei Bedarf, mindestens jedoch einmal jährlich, zu unterweisen.

Auf die Mindestanforderungen zur Bereitstellung und Benutzung von Arbeitsmitteln (umfassend im Anhang zur BetrSichV aufgeführt) wird hier nicht eingegangen. Durch ein technisches Regelwerk (das noch vom Ausschuss für Betriebssicherheit erarbeitet wird) sollen die Schutzziele der Verordnung konkretisiert und erläutert sowie der Stand der Technik beschrieben werden.

Bei Einhaltung des berufsgenossenschaftlichen Vorschriften- und Regelwerkes ist davon auszugehen, dass die Anforderungen der BetrSichV erfüllt sind. Bei Orientierung an den Betriebs- und Prüfbestimmungen in den Unfallverhütungsvorschriften, BG-Regeln und DIN-Normen ist z. B. im Schadensfall leichter ein Entlastungsbeweis zu führen.

In der BG-Regel „Umgang mit beweglichen Straßenbaumaschinen" (BGR 118) und in der BG-Regel „Betreiben von Arbeitsmitteln" (BGR 500) – hier insbesondere Kapitel 2.12 „Betreiben von Erdbaumaschinen" – sind die Betriebs- und Prüfbestimmungen für die wichtigsten und häufigsten Baumaschinen im Tiefbau enthalten.

Grundsätzlich ist beim Betrieb von Baumaschinen Folgendes zu beachten:

- Gefährdungsbeurteilung und Unterweisung (Dokumentation auch in Kleinbetrieben empfohlen).
- Betrieb nur bestimmungsgemäß unter Berücksichtigung der Betriebsanleitung des Herstellers oder der Betriebsanweisung des Unternehmers.
- Anforderungen an Maschinenführer:
  - mind. 18 Jahre alt
  - in Führen und Warten unterwiesen
  - geeignet und zuverlässig
  - schriftliche Beauftragung.

- Vor Beginn jeder Arbeitsschicht hat der Maschinenführer die Wirksamkeit der Bedienungs- und Sicherheitseinrichtungen zu überprüfen und eine Sichtkontrolle auf augenscheinliche Mängel durchzuführen.
- Die Beseitigung der gemeldeten Mängel hat der Aufsichtführende zu veranlassen.
- Bei Mängeln, die Personen gefährden, ist der Betrieb der jeweiligen Maschine unzulässig.
- Der Einsatz von Baumaschinen hat so zu erfolgen, dass Unfälle durch
  - Überlastung
  - Umstürzen
  - Abrutschen oder
  - Abrollen vermieden werden.
- Bei Baumaschinen mit Überrollschutzkonstruktion muss der Beckengurt angelegt werden.
- Bei eingeschränkter Sicht Sicherungsposten einsetzen.
- Gefahrenbereiche nicht betreten.
- Sicherheitsabstände von elektrischen Freileitungen einhalten.
- Ausreichende Ladungssicherung bei Transportfahrten.

6.6 Gefahren durch elektrischen Strom

Elektrische Anlagen und Betriebsmittel dürfen nur von Elektrofachkräften errichtet, geändert und instand gehalten werden. Sie müssen den elektrotechnischen Regeln (VDE-Bestimmungen) entsprechend betrieben und vor der ersten Inbetriebnahme sowie in bestimmten Zeitabständen geprüft werden (s. UVV „Elektrische Anlagen und Betriebsmittel" (BGV A 2), insbesondere § 5 mit Tabellen).

Elektrische Betriebsmittel auf Baustellen müssen von besonderen Speisepunkten aus versorgt werden, z. B. Baustromverteilern. Als Schutzmaßnahme gegen indirektes Berühren sind Fehlerstrom (FI)-Schutzeinrichtungen einzubauen. Die Funktionsfähigkeit des FI-Schutzschalters ist arbeitstäglich durch Bedienen der Prüftaste festzustellen. Die Wirksamkeit der gesamten FI-Schutzeinrichtung ist nur gegeben, wenn ein intakter Schutzschalter mit einer ausreichenden Erdung vorhanden ist. Weitere mögliche Schutzmaßnahmen sind: Schutzisolierung, Schutzkleinspannung und Schutztrennung.

Gummischlauchleitungen (HO7RN-F oder mindestens gleichwertig) sind vor mechanischen Beschädigungen zu schützen, entweder durch Hochlegen oder durch Verlegen in Schutzrohren im Erdreich. Unzulässig ist das Reparieren von Gummischlauchleitungen mit Isolierband o.Ä.

Auf Baustellen dürfen bei Drehstrom 400 V nur 5-polige Rundsteckvorrichtungen verwendet werden. Für Wechselstrom 230 V sind nur 2-polige Steckvorrichtungen mit Schutzkontakt für rauen Betrieb zulässig.

Bei Arbeiten in der Nähe von elektrischen Freileitungen besteht die Gefahr des Stromübertritts durch Berührung oder durch Lichtbogenbildung. Je nach Höhe der Nennspannung sind Sicherheitsabstände einzuhalten. Bei unbekannter Spannung darf die Annäherung höchstens 5 m betragen.

6.7 Hebezeugarbeiten

6.7.1 Krane

Krane sind Hebezeuge, mit denen Lasten gehoben und in einer oder mehrere Richtungen bewegt werden können. Beim Betrieb von Kranen ist die UVV „Krane" (BGV D 6) zu beachten. Vor der ersten Inbetriebnahme sind Krane, die nicht betriebsbereit ausgeliefert werden, durch einen Sachverständigen zu prüfen. Diese Sachverständigenprüfung entfällt, wenn Krane betriebsbereit angeliefert werden und für die der Nachweis einer Typprüfung (Baumusterprüfung) oder die EU-Konformitätserklärung vorliegt. Krane sind entsprechend den Einsatzbedingungen nach Bedarf und nach jedem erneuten Aufstellen, mindestens jedoch einmal jährlich, durch einen Sachkundigen prüfen zu lassen. Sachverständigenprüfungen sind nach wesentlichen Änderungen und sonst regelmäßig nach folgenden Betriebsjahren erforderlich:

- bei Betrieb auf Baustellen 4, 8, 12, 16, 18, 19, 20 und weiter jährlich,
- bei Betrieb auf Bauhöfen und Lagerplätzen alle vier Jahre.

Ergebnisse der Sachkundigen- und Sachverständigenprüfungen sind dem Kranprüfbuch beizuheften und zur Einsicht bereitzuhalten. Für den sicheren Hebezeugbetrieb ist das Funktionieren der Sicherheits- und Notendhalt-Einrichtungen unbedingt erforderlich. Die zulässige Tragkraft darf nie überschritten werden.

Lasten dürfen nur gehoben werden, wenn geeignete Lastaufnahmemittel, z. B. Steinkörbe, Rohrgreifer, und sachgemäß befestigte einwandfreie Anschlagsmittel, z. B. Seile, Ketten, Hebebänder oder Gehänge, verwendet werden. Für Bauarbeiten müssen Lasthaken mit einer Hakensicherung versehen sein, um ein unbeabsichtigtes Aushängen der Last zu verhindern. Soll eine betriebsnotwendige Beförderung von Personen mit dem Kran durchgeführt werden, ist dies der Berufsgenossenschaft vorher anzuzeigen. Die „Sicherheitsregeln für hochziehbare Personenaufnahmemittel" (BGR 159) sind zu beachten.

6.7.2 Bagger im Hebezeugeinsatz

Unter Hebezeugeinsatz versteht man bei Baggern z. B. das Ablassen oder Herausheben von Rohren, Schachtringen und Grabenverbaueinrichtungen. Bagger dürfen im Hebezeugeinsatz nur betrieben werden, wenn die erforderlichen Sicherheitseinrichtungen, bei Seilbaggern u. a. Lastmomentbegrenzer, vorhanden und funktionsfähig sind. Hydraulikbagger im Hebezeugeinsatz müssen mit Schlauchbruchsicherung und Überlastwarneinrichtung ausgestattet sein.

6.8 Absturzsicherung

Absturzsicherungen an Arbeitsplätzen und Verkehrswegen sind erforderlich:

■ unabhängig von der Höhe: Über Wasser oder anderen Stoffen, in denen man versinken kann; an Wand- und Bodenöffnungen, Vertiefungen und nicht durchtrittsicheren Abdeckungen.

■ ab 1,00 m Höhe: An freiliegenden Treppenläufen und -absätzen; an Bedienungsständen und Podesten von Maschinen.

■ ab 2,00 m Höhe: An allen übrigen Arbeitsplätzen und Verkehrswegen für die nicht die 5,00-m-Grenze oder andere der im § 12 UVV „Bauarbeiten" (BGV C 22) aufgeführten Ausnahmeregelungen gelten. Wenn z. B. „über die Hand" – also mit dem Gesicht zur Absturzkante – gemauert wird, ist eine Absturzsicherung ab 5,00 m Höhe erforderlich.

■ bei mehr als 3,00 m Absturzhöhe an Arbeitsplätzen und Verkehrswegen auf Dächern (s. a. § 8 (3) BGV C 22).

Als Absturzsicherung dienen in der Regel der 3-teilige Seitenschutz, Fanggerüste, Fangnetze oder Abdeckungen. Wenn diese Schutzmaßnahmen nicht möglich sind, oder wenn es sich um kurzfristige Arbeiten handelt, sind die Beschäftigten mit Auffanggurten gegen Absturz zu schützen.

Für Bauarbeiten wird ein 1 m hoher, dreiteiliger Seitenschutz gefordert, bestehend aus Geländerholm, Zwischenholm (Zwischenseitenschutz) und Bordbrett. Die bauliche Durchbildung von Arbeitsgerüsten ist in DIN EN 12 811-1 und die von Schutzgerüsten in DIN 4420 festgelegt (beide Normen in der Fassung von 2004-03).

Der für den Gerüstbau verantwortliche Unternehmer hat bei der Gefährdungsbeurteilung nach § 3 BetrSichV u. a. auch die Mindestanforderungen und Vorschriften für die Benutzung von Gerüsten zu beachten, die in Anhang 2 enthalten sind. Er muss für das gewählte Gerüst einen Plan für Aufbau, Benutzung und Abbau erstellen.

6.9 Umgang mit Gefahrenstoffen und Arbeiten in kontaminierten Bereichen

Bei Bauarbeiten werden z. T. Gefahrstoffe (Stoffe und Zubereitungen) eingesetzt, die gefährliche Eigenschaften für die Beschäftigten haben. Soweit möglich, sollen Ersatzstoffe, das sind Stoffe mit geringerem gesundheitlichen Risiko, eingesetzt werden.

Auch bei Abbrucharbeiten von baulichen Anlagen, bei der Sanierung von Rohrleitungsnetzen oder Arbeiten in kontaminierten Bereichen sowie bei Bauarbeiten auf Deponien werden in vielen Fällen Gefahrstoffe freigesetzt, die gesundheitsgefährdend sind.

Zu unterscheiden ist zwischen der Verarbeitung von Gefahrstoffen (z. B. Verarbeitung von Epoxidharzen) und der Bearbeitung von gefahrstoffbelasteten baulichen Anlagen und Böden (z. B. Abbruch von Bauteilen und Asbest).

Beim Umgang mit Gefahrenstoffen sind das Chemikaliengesetz (ChemG), die Gefahrstoffverordnung (GefStoffV) und verschiedene technische Regeln für Gefahrstoffe (TRGS) maßgebend.

Bei Arbeiten in kontaminierten Bereichen, z. B. bei Bauarbeiten in Deponien, sind die BG-Regeln „Kontaminierte Bereiche" (BGR 128) zu beachten.

Bei der Verarbeitung ist auf die Kennzeichnung nach GefStoffV zu achten. In der Kennzeichnung der Behälter oder Gebinde sind die Hinweise auf besondere Gefahren (R-Sätze) und die Sicherheitsratschläge (S-Sätze) enthalten, die zur Gesunderhaltung beachtet werden müssen. Um Ungewissheiten über die Gefährdung beim Umgang mit Gefahrstoffen zu beseitigen, ist es sinnvoll, auf das jeweilige Sicherheitsdatenblatt des Herstellers zurückzugreifen. Ist es nicht vorhanden, muss es angefordert werden.

Können Gefährdungen durch Stoffe und Zubereitungen nicht sicher ausgeschlossen werden, muss die Schadstoffkonzentration gemessen und regelmäßig überprüft werden. Der Arbeitgeber hat zu ermitteln, ob die zulässigen Grenzwerte (MAK-, TRK- oder BAT-Werte) unterschritten sind oder ob die Auslöseschwelle überschritten ist. Dazu können Messungen in der Luft am Arbeitsplatz erforderlich sein.

Das Erkennen und Bewerten von Gefahrstoffen, die bei Sanierungen von Altlasten und Arbeiten in kontaminierten Bereichen auftreten können, erfordert umfangreiche Erkundungen und Probenahmen, um die erforderlichen Schutzmaßnahmen zu treffen.

Durch technische Maßnahmen soll das Freisetzen von Gefahrstoffen möglichst verhindert werden. Hautkontakt darf nicht möglich sein. Wirksame Lüftungsmaßnahmen sind dann zu treffen, falls eine vollständige Erfassung und Beseitigung nicht möglich ist.

Falls Luftgrenzwerte nicht dauerhaft gesichert unterschritten werden können bzw. der Hautkontakt mit Gefahrstoffen nicht dauerhaft ausgeschlossen werden kann, sind geeignete persönliche Schutzausrüstungen zur Verfügung zu stellen und von den Beschäftigten zu benutzen.

Beim Umgang mit Gefahrstoffen sind besondere Anforderungen an die hygienischen Verhältnisse auf der Baustelle zu stellen. Bei größeren Entsorgungsbaustellen (z. B. Altlastensanierungen) ist die Einrichtung eines Schwarz-Weiß-Bereiches unerlässlich.

Der Unternehmer hat eine Betriebsanweisung gemäß § 20 GefStoffV zu erstellen und den Beschäftigten bekannt zu geben. Nach TRGS 555 ist in der Betriebsanweisung arbeitsplatzbezogen u. a. Folgendes festzulegen: Gefahrstoffbezeichnung, Gefahren für Mensch und Umwelt, Schutzmaßnahmen und Verhaltensregeln, Verhalten im Gefahrfall, Erste Hilfe und sachgerechte Entsorgung.

Die Beschäftigten sind anhand der Betriebsanweisung über die Gefahren und Schutzmaßnahmen zu unterweisen.
Die Überwachung des Gesundheitszustandes der Beschäftigten erfolgt durch ermächtigte Ärzte im Rahmen der Regelungen, die im Abschnitt „Arbeitsmedizinische Vorsorge" aufgeführt sind (s. a. UVV „Arbeitsmedizinische Vorsorge" (BGV A 4)).

7 Literatur

Zur Vertiefung und Vervollständigung der sicherheitstechnischen Hinweise wird auf das einschlägige Schrifttum verwiesen.
Informationsmaterial kann kostenlos bei den Berufsgenossenschaften bezogen werden. Die wichtigsten berufsgenossenschaftlichen Vorschriften und Regeln für Sicherheit und Gesundheit bei der Arbeit im Tiefbaubereich sind:

UVV „Arbeiten an Gasleitungen" (BGV D 2)
UVV „Arbeiten im Bereich von Gleisen" (BGV D 33)
UVV „Arbeitsmedizinische Vorsorge" (BGV A 4)
UVV „Bauarbeiten" (BGV C 22)
UVV „Elektrische Anlagen und Betriebsmittel" (BGV A 2)
UVV „Fahrzeuge" (BGV D 29)
UVV „Grundsätze der Prävention" (BGV A 1)
UVV „Heiz-, Flämm- und Schmelzgeräte für Bau- und Montagearbeiten" (BGV D 16)
UVV „Krane" (BGV D 6)
UVV „Lärm" (BGV B 3)
UVV „Sicherheitsingenieure und andere Fachkräfte für Arbeitssicherheit" (BGV A 6)
UVV „Sicherheits- und Gesundheitsschutzkennzeichnung am Arbeitsplatz" (BGV A 8)
UVV „Verwendung von Flüssiggas" (BGV D 34)
BG-Regel „Arbeiten im Spezialtiefbau" (BGR 161)
BG-Regel „Benutzung von Fuß- und Beinschutz" (BGR 191)
BG-Regel „Benutzung von Hautschutz" (BGR 197)
BG-Regel „Benutzung von Kopfschutz" (BGR 193)
BG-Regel „Einsatz von Atemschutzgeräten" (BGR 190)
BG-Regel „Einsatz von Augen- und Gesichtsschutz" (BGR 192)
BG-Regel „Einsatz von Gehörschützern" (BGR 194)
BG-Regel „Einsatz von persönlichen Schutzausrüstungen gegen Absturz" (BGR 198)
BG-Regel „Einsatz von persönl. Schutzausrüstungen zum Halten und Retten" (BGR 199)
BG-Regel „Einsatz von Schutzhandschuhen" (BGR 195)
BG-Regel „Einsatz von Schutzkleidung" (BGR 189)
BG-Regel „Gerüstbau – Allgemeiner Teil" mit Anhang DIN 4420 (BGR 165)
BG-Regel „Konsolgerüste für den Hoch- und Tiefbau" (BGR 169)
BG-Regel „Kontaminierte Bereiche" (BGR 128)
BG-Regel „Regeln für Sicherheit und Gesundheitsschutz bei Vermessungsarbeiten" (BGR 178)
BG-Regel „Traggerüst- und Schalungsbau" (BGR 187)
BG-Regel „Umgang mit beweglichen Straßenbaumaschinen" (BGR 118)

Vermessungskunde

Udo von der Heide, Hamm

Bei allen Vermessungsarbeiten auf einer Hoch- oder Tiefbaubaustelle durch den Polier oder Schachtmeister handelt es sich um Horizontal- und Vertikalmessungen.

■ Horizontalmessung → Lagemessung
■ Vertikalmessung → Höhenmessung

Diese allgemein übliche Einteilung in der Vermessungskunde entspricht den nachfolgenden Ausführungen über die auf der Baustelle wichtigen Vermessungsarbeiten sowie deren Durchführung mit den notwendigen Hilfsmitteln und Geräten.

Der Polier oder Schachtmeister muss deshalb die wichtigen Vermessungsarbeiten kennen und beherrschen.

Hierzu gehören insbesondere: das Fluchten
das Abstecken von Winkeln und Kreisbögen
die Längenmessung
das Visieren
das einfache Übertragen von Höhenpunkten
das Nivellieren
das Arbeiten mit dem Baulaser.

1 Horizontal- oder Lagemessung

In der Vermessungskunde oder Geodäsie unterscheidet man die
■ höhere Geodäsie → Vermessung von Erdteilen und Ländern unter Berücksichtigung der Erdkrümmung
und
■ niedere Geodäsie → Vermessung von kleinen Gebieten bis zu 100 km^2 ohne Berücksichtigung der Erdkrümmung. Für Lagemessungen wird in der Ebene gerechnet!

Bei der Lagemessung unterscheidet man das Messen von Längen und Winkeln. Die Arbeiten auf der Baustelle bestehen vorwiegend aus der Absteckung.
■ Absteckung → Maße und Angaben sind aus einer Zeichnung (Plan) in die Örtlichkeit zu übertragen.
■ Aufmessen → Aufmaße von der Örtlichkeit in eine Zeichnung (Plan) übertragen. Sie dienen auch als Grundlage für die Abrechnung.

2 Einheiten im metrischen System

2.1 Längen

Durch internationale Vereinbarungen zahlreicher Kulturstaaten im Jahre 1875 wurde das Meter als Längeneinheit festgesetzt.
Das Meter ist annähernd der 40 000 000 Teil des Erdumfanges, am Äquator gemessen.

■ Urmeter → Prototyp des Meters, liegt im „Internationalen Büro für Maß und Gewicht" von Breteuil bei Paris. 1960 wurde die Länge des Meters auf der Generalkonferenz für Maße und Gewichte in Paris mit dem 1 650 763,73fachen der Wellenlänge der orangeroten Spektrallinie vom Krypton gleichgesetzt.

Längenmaße als Teile und Vielfache des Meters:

$$
\begin{aligned}
0{,}001 \ \text{m} &= 1 \ \text{mm} = 1 \ \text{Millimeter} \\
0{,}01 \ \text{m} &= 1 \ \text{cm} = 1 \ \text{Zentimeter} \\
0{,}1 \ \text{m} &= 1 \ \text{dm} = 1 \ \text{Dezimeter} \\
100 \ \text{m} &= 1 \ \text{hm} = 1 \ \text{Hektometer} \\
1000 \ \text{m} &= 1 \ \text{km} = 1 \ \text{Kilometer}
\end{aligned}
$$

2.2 Flächen

Die abgeleitete SI-Einheit der Fläche ist das Quadratmeter (m^2). 1 m^2 ist gleich der Fläche eines Quadrates von 1,00 m Seitenlänge.

$$
\begin{aligned}
1 \ m^2 &= 100 \ dm^2 \quad \text{(Quadratdezimeter)} \\
1 \ m^2 &= 10 \ 000 \ cm^2 \quad \text{(Quadratzentimeter)} \\
1 \ m^2 &= 1 \ 000 \ 000 \ mm^2 \quad \text{(Quadratmillimeter)} \\
100 \ m^2 &= 1 \ dam^2 \quad \text{(Quadratdekameter)} \\
10 \ 000 \ m^2 &= 1 \ hm^2 \quad \text{(Quadrathektometer)} \\
1 \ 000 \ 000 \ m^2 &= 1 \ km^2 \quad \text{(Quadratkilometer)}
\end{aligned}
$$

2.3 Winkel

Die SI-Einheit des Winkels im Einheitskreis ($r = 1{,}00$ m) nennt man Radiant (rad).
Der Radiant ist der Winkel, der als Zentriwinkel eines Kreises mit einem Radius von 1,00 m Länge und einem Kreisbogen von 1,00 m Länge gebildet wird.

Abb. 1
Einheitskreis

$$1 \ rad = \frac{2 \llcorner}{\pi}$$

$$U \ : \ b \ = 4 \llcorner : 1 \ rad$$
$$2\pi r \ : \ b \ = 4 \llcorner : 1 \ rad$$
$$2\pi r \cdot 1 \ rad = 4 \llcorner \cdot b$$

$$1 \text{ rad} = \frac{4\llcorner \cdot b}{2\pi r}$$

$$1 \text{ rad} = \frac{360° \cdot 1,00}{2 \cdot \pi \cdot 1,00}$$

$$1 \text{ rad} = \frac{180°}{3,1415926}$$

$$\underline{\underline{1 \text{ rad} = 57,29578°}}$$

Der Vollkreis mit 4 rechten Winkeln wird in der
- Sexagesimalteilung in 360° (Grad) und in der
- Zentesimalteilung in 400 gon (Gon) eingeteilt.

Sexagesimalteilung:

1 Vollwinkel	$= 2\,\pi$ rad	$= 360°$ (Grad)
1 rechter Winkel	$= \frac{\pi}{2}$ rad	$= 90°$
1°	$= \frac{\pi}{180}$ rad	$= 60'$ (Minuten)
1'	$= \frac{\pi}{10\,800}$ rad	$= 60''$ (Sekunden)
1''	$= \frac{\pi}{648\,000}$ rad	

Zentesimalteilung:

1 Vollkreis	$= 2\,\pi$ rad	$= 400^{g}$ (Gon)
1 rechter Winkel	$= \frac{\pi}{2}$ rad	$= 100^{g}$
1^{g}	$= \frac{\pi}{200}$ rad	$= 100^{c}$
1^{c}	$= \frac{\pi}{200\,000}$ rad	$= 0,01^{g}$
$0,1^{cc}$	$= \frac{\pi}{2\,000\,000}$ rad	$= 0,0001^{g}$

2.4 Maßstäbe

In allen Karten und Plänen wird mit Hilfe eines Verkleinerungsverhältnisses die Örtlichkeit dargestellt. Bei der Übertragung von Maßen und Höhen aus Zeichnungen und Plänen ist unbedingt der Maßstab zu beachten.
Als Maßstab bezeichnet man das Verhältnis einer Strecke in der Zeichnung zu der ihr entsprechenden Länge in der Örtlichkeit.
- Maßstab 1 : 50 bedeutet: 1 cm in der Zeichnung →
50 cm in der Wirklichkeit

Umrechnung:

Wirklichkeit = Zeichenlänge · Verhältniszahl $\qquad W = Z \cdot V_z$

Zeichenlänge $= \dfrac{\text{Wirklichkeit}}{\text{Verhältniszahl}}$ $\qquad Z = \dfrac{W}{V_z}$

Verhältniszahl $= \dfrac{\text{Wirklichkeit}}{\text{Zeichenlänge}}$ $\qquad V_z = \dfrac{W}{Z}$

Merke für Formelumstellung:

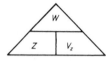

Abb. 2

2.5 Bezugsebene

Der Geoid ist die Bezugsfläche für alle Vermessungsarbeiten auf der Erdoberfläche. Diese Fläche fällt annähernd mit der Oberfläche des Meeres zusammen, die man sich unter den Ländern und Kontinenten fortgesetzt denken muss.
Jedes abgesetzte Lot auf die Bezugsfläche bildet einen Punkt.
Die Entfernung zwischen zwei Lotfußpunkten auf der Bezugsebene ist die gesuchte Länge.
Die Höhe ist die senkrechte Entfernung von einem Lotfußpunkt bis zur Bezugsfläche.

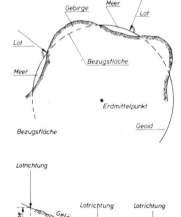

Abb. 3: Entfernung und Höhe

2.6 Festpunkte

Die Grundlage für jede Vermessungsarbeit (Absteckung) bilden die natürlichen und künstlichen Festpunkte im Gelände.

Natürliche Festpunkte sind bereits vor den Vermessungsarbeiten in der Örtlichkeit vorhanden (Hauskanten, Kirchtürme).

Künstliche Festpunkte werden lediglich für Absteckungsarbeiten im Gelände festgelegt (Grenzsteine, Holzpflöcke, Metallmarken, Bolzen).

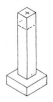
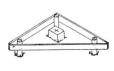

Abb. 4: Festpunkte

3 Längenmessung

3.1 Längenmessgeräte

3.1.1 Fluchtstäbe

Diese dienen zur Sichtbarmachung der Punkte im Gelände für die Dauer der Vermessungsarbeiten. Sie sind 2,00 m lang und haben eine runde oder dreieckige Form. Am unteren Ende dient ein Stahlschuh mit Spitze zum Einstecken in den Boden. Die Fluchtstäbe sind in 50 cm lange rot/weiß oder weiß/rot beginnende Felder eingeteilt.

Kann ein Fluchtstab nicht wie in einem weichen Boden aufgestellt werden (betonierte oder gepflasterte Fläche), so verwendet man ein dreibeiniges Fluchtstabstativ mit Klemme.

Fluchtstäbe werden mit Hilfe von Lattenrichtern allseits lotrecht aufgestellt.

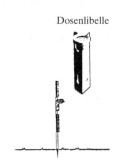

Dosenlibelle

Abb. 5: Fluchstab und Fluchtstabstativ   *Abb. 6: Einloten von Fluchtstäben*

3.1.2 Gliedermaßstab

ist 2,00 m lang, zusammenklappbar, Einteilung in dm, cm und mm, aus Holz oder Kunststoff.

Abb. 7: Gliedermaßstab

3.1.3 Bandmaße

Bandmaße aus Stahl, polyamidbeschichtetem Stahl oder Glasfaser sind 20 bis 50 m lang, Einteilung in m, cm und zum Teil in mm; sie sind wasserfest, bruchfest und maßgenau.

Bandmaße können als Rollbandmaße in Kunststoff- oder Stahlblechkapseln und als Bandmaße auf Y- und I-Rahmen geliefert werden. Auf unterschiedliche 0-Markierungen bei den Bandanfängen ist zu achten.

Abb. 8: Bandmaße

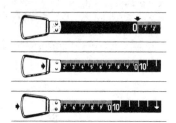

Maßanfänge
Maßanfang **A** = Normalausführung
Maßbeginn auf dem Band ca. 10 cm nach Beschlag

Maßanfang **B**
Maßbeginn an der Vorderkante des Beschlags

Maßanfang **C**
Maßbeginn an der Vorderkante

Abb. 9: Maßanfänge

3.1.4 Laser-Distanzmessgerät

Mit einem sichtbaren Laserstrahl wird bei Messungen berührungslos der Messort angezielt. Es kann über große Distanzen mit Hilfe eines Fernrohrsuchers der Zielpunkt anvisiert werden.

Längen-, Höhen-, Rechtwinkelmessungen, Flächen- und Volumenbestimmungen sind mit dem Laser-Distanzmesser möglich. Sie haben dazu integrierte

Rechnerfunktionen. Die abgespeicherten Messwerte können dann über entsprechende Programme in einen PC zur Weiterverarbeitung übertragen werden.

Abb. 10: Laser-Distanzmessgerät

3.2 Abstecken von Geraden

3.2.1 Einfluchten von Zwischenpunkten

Die Endpunkte der Strecke AE sind durch Fluchtstäbe bezeichnet. Die Zwischenpunkte 1, 2, 3 werden mit Hilfe des Vermessungsgehilfen vom Beobachter eingefluchtet (eingewiesen).

E   1   2   3   A   Beobachter   *Abb. 11*

3.2.2 Rückwärtsverlängern

Man verlängert eine Strecke mit bloßem Auge höchstens um die Hälfte ihrer Länge, um Ungenauigkeiten zu vermeiden.
Strecke AE soll verlängert werden.

Abb. 12

3.2.3 Fluchten aus der Mitte

Wenn zwischen zwei nicht zugänglichen Punkten (Häuser), zwei nicht gegenseitig sichtbaren Punkten (Hügel) oder zwei gegenseitig sichtbaren und zugänglichen Punkten (Tal) eine Gerade abgesteckt werden soll, so hilft man sich durch gegenseitiges Einfluchten.

Endpunkte unzugänglich:

Draufsicht

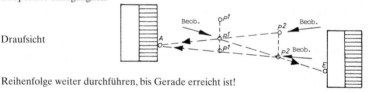

Reihenfolge weiter durchführen, bis Gerade erreicht ist!

Abb. 13

Nicht gegenseitig sichtbare Punkte:

Seitenansicht

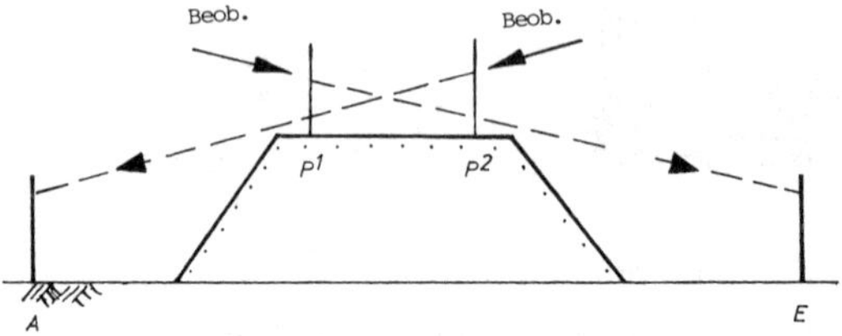

Abb. 14

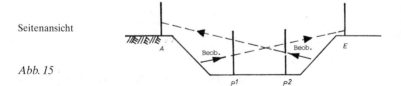

Sichtbare und zugängliche Punkte:

Seitenansicht

Abb. 15

Längen von Strecken können auch noch auf eine andere Art bestimmt werden. Hierzu kommen in Frage:

■ Indirekte Streckenmessung auf trigonometrischer Grundlage.
■ Optische Längenmessung mit Hilfe von elektronisch-optischen Reduktionstachymetern.

4 Winkelmessung

Auf jeder Baustelle ist das Abstecken von Winkeln von großer Wichtigkeit. Poliere und Schachtmeister müssen in der Lage sein, rechte Winkel und Winkel beliebiger Größe mit Hilfe einfacher Verfahren oder Geräte bestimmen zu können.

4.1 Abstecken rechter Winkel ohne Rechtwinkelinstrument

4.1.1 Nach den Verreihungszahlen 3:4:5

Nach dem pythagoräischen Lehrsatz gilt in einem rechtwinkligen Dreieck die Gleichung $\quad a^2 + b^2 = c^2$

Setzt man für $a = 3$, $b = 4$ und $c = 5$ Längeneinheiten ein, so erhält man

$$3^2 + 4^2 = 5^2$$
$$9 + 16 = 25$$
$$25 = 25$$

Mit Hilfe von drei Gliedermaßstäben oder drei 5-m-Messlatten werden mit nachfolgenden Längeneinheiten rechte Winkel abgesteckt:

Gliedermaßstab : 1 Längeneinheit = 0,40 m
$$3 \times 0,40\ \text{m} = 1,20\ \text{m} = b$$
$$4 \times 0,40\ \text{m} = 1,60\ \text{m} = a$$
$$5 \times 0,40\ \text{m} = 2,00\ \text{m} = c$$

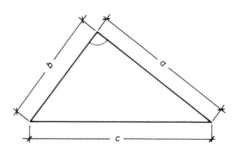

Abb. 16: Rechtwinkliges Dreieck

4.1.2 Mit Schnur oder Bandmaß

Auf einer vorhandenen Geraden AE wird der Punkt, in dem der rechte Winkel errichtet werden soll, festgelegt und markiert (C).
Von diesem Punkt aus trägt man mit der Schnur oder mit dem Bandmaß nach beiden Seiten gleiche Entfernungen ab (A; B).
Von den Punkten A und B werden dann mit gleicher Schnur- oder Bandmaßlänge (R) Kreisbögen geschlagen, und man erhält im Schnittpunkt den Punkt D. Punkt C mit Schnittpunkt D verbunden, ergibt die Senkrechte rechtwinklig zur gegebenen Geraden.

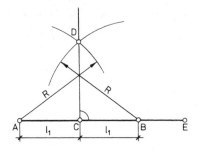

Abb. 17

4.2 Abstecken beliebiger Winkel

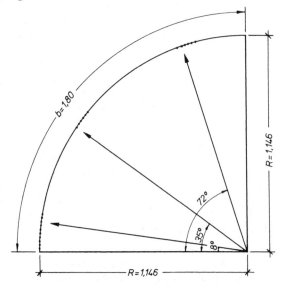

$R = 0,573$ m; $b = 0,90$ m; 1 cm auf dem Bogen = $1°$
$R = 1,146$ m; $b = 1,80$ m; 2 cm auf dem Bogen = $1°$
$R = 1,719$ m; $b = 2,70$ m; 3 cm auf dem Bogen = $1°$
$R = 2,292$ m; $b = 3,60$ m; 4 cm auf dem Bogen = $1°$
$R = 5,73$ m; $b = 9,00$ m; 10 cm auf dem Bogen = $1°$

Abb. 18

4.3 Abstecken rechter Winkel mit optischen Geräten

4.3.1 Winkelprisma

Abb. 19

4.3.2 Pentagonprisma

Abb. 20

4.3.3 Doppelpentagonprisma

Abb. 21

4.3.4 Kreuzvisier

Abb. 22

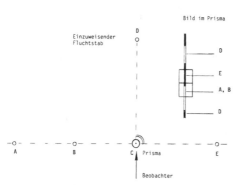

Abb. 23: Abstecken eines rechten Winkels mit dem Doppelpentagon

4.3.5 Nivelliergerät

Abb. 24   Nivellierlatte

4.3.6 Theodolit

4.3.6.1 Optischer Theodolit

Abb. 25a   Nivellierzollstock

4.3.6.2 Elektronischer Theodolit

Abb. 25b

Horizontalwinkelmessung

Der Theodolit wird auf einem Fixpunkt mit dem Lot zentriert und darauf horizontiert. Nun visiert man den 1. Zielpunkt an und stellt den Teilkreis auf 0 gon, richtet das Fernrohr auf den 2. Zielpunkt und liest den Winkel direkt ab.

Bei der Absteckung rechter Winkel visiert man ebenfalls den 1. Zielpunkt an und stellt den Teilkreis auf 0 gon, verdreht jetzt das Fernrohr so weit nach rechts, bis die Winkelanzeige auf 100 gon steht und fluchtet mit Hilfe des Fadenkreuzes den 2. Zielpunkt ein.

Beispiel: Ein Schnurgerüst soll rechtwinklig abgesetzt und mit Nägeln fixiert werden.

Abstand I = Abstand II

Die Achse I (Gebäudeeckpunkte A und B) wird parallel zur Grenze 1 abgesetzt und mit dem Messband eingemessen. Der Theodolit wird mit dem Lot über Punkt A zentriert und horizontiert aufgestellt. Jetzt wird der Zielpunkt B angezielt und der Teilkreis auf 0 gon gestellt. In der gleichen Richtung auf das Schnurgerüst I gezielt, ist der 1. Fluchtpunkt B 1 festgelegt, dann schlagen wir das Fernrohr durch (200 gon) und erhalten den 2. Fluchtpunkt A 1.

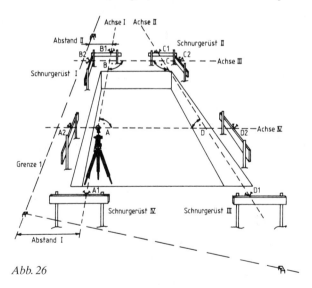

Abb. 26

Mit dem Abtrag des rechten Winkels von B aus erhalten wir D bzw. D 2, das Fernrohr wieder durchgeschlagen, erhalten wir A 2 und somit die Achse IV. Bei den Achsen II und III verfahren wir analog. Zur Kontrolle messen wir die Diagonalen.

4.3.7 Tachymeter

Tachymeter haben bei der Vermessung von Bauaufgaben große Bedeutung. Elektronischer Theodolit und Distanzmesser sind in einem elektronischen Tachymeter fest miteinander in einem Gehäuse verbunden.
Tachymeter werden zu Bauwerksabsteckungen, Flächenaufnahmen, Winkelmessungen, Höhenmessungen, Längenmessungen und vielfältigen anderen Aufgaben im Tief- und Hochbaubereich eingesetzt.

Abb. 27: Elektronischer Tachymeter

5 Bogenabsteckung

Die Linienführung von Verkehrswegen, Straßeneinmündungen und -kreuzungen, Wasserläufen und Rohrleitungen bestehen aus Geraden, deren Knickpunkte bei Richtungsänderungen durch Bögen ausgerundet werden.
Bei Straßen erfolgt die Ausrundung der Richtungsänderung durch besondere Bögen wie Parabeln, Klothoiden, Ellipsen und andere Formen. Die Absteckung dieser Bögen ist Aufgabe der Vermessungsingenieure.
Der Polier und Schachtmeister sollte in der Lage sein, Kreisbogenabsteckungen bei Versetzen von Bordsteinen oder Anlegen runder Bauteile selbst vorzunehmen. Im Nachfolgenden werden die am häufigsten vorkommenden Absteckungsmethoden erläutert.

- Abstecken von Bögen mit zugänglichem Leierpunkt
- Abstecken von Bögen mit unzugänglichem Leierpunkt.

5.1 Schachtmeisterbogen (Gitterverfahren)

Diese Konstruktion ergibt nur einen angenäherten Kreisbogen. Tabellen und Berechnungen zur Bogenbestimmung sind beim Schachtmeisterbogen oder Gitterverfahren nicht notwendig. Bogenanfang und Bogenende sind bekannt, die beiden Tangenten werden vom Schnittpunkt S aus in gleiche Teile eingeteilt und die Punkte kreuzweise miteinander verbunden. Die innen liegenden kreuzenden Linien bilden Bogenpunkte auf dem gesuchten Kreisbogen.

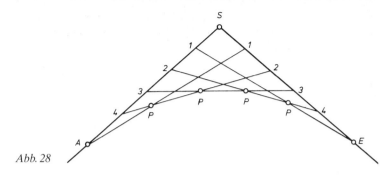

Abb. 28

5.2 Bogenabsteckung in rechtwinkliger Ecke

Verlängern der Fluchten und Schnittpunkt *S* durch Schnurnagel festlegen. Bei gegebenem Radius *R* von z. B. 4,00 m die Strecke von 4,00 m von *S* aus auf den verlängerten Fluchten in beiden Richtungen rückwärts abtragen. Von den hierdurch gefundenen Punkten *A* = Bogenanfang und *E* = Bogenende trägt man rechtwinklig zu den Fluchten die Länge von 4,00 m ab und erhält den Kreismittelpunkt, der durch einen Schnurnagel gesichert wird. Die Absteckung des Bogens erfolgt dann vom Leierpunkt aus mit einer Schnur oder mit dem Bandmaß, auf denen die Länge des Halbmessers festgelegt ist.

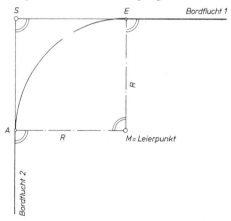

Abb. 29

5.3 Bogenabsteckung in stumpfwinkliger Ecke

Vom Schnittpunkt *S* aus trägt man rechtwinklig zu einer Flucht nach innen eine Strecke in der Länge des Halbmessers ab und errichtet am Ende der Strecke ein Lot zur Flucht. Vom Schnittpunkt des Lotes mit der Flucht trägt man die Länge des Lotes in Richtung *S* ab und erhält damit Bogenanfang und Bogenende.

Im Bogenanfang und -ende setzt man dann mit Hilfe eines Rechtwinkel-instrumentes einen rechten Winkel ab. Der Schnittpunkt der Geraden (Radius) bildet den Leierpunkt *M*.

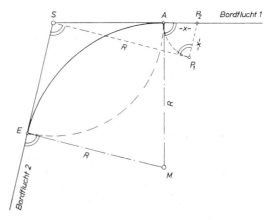

Abb. 30

5.4 Bogenabsteckung in spitzwinkliger Ecke

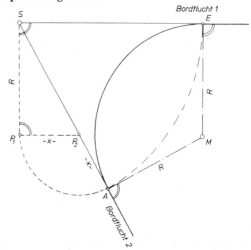

Abb. 31

Vom Schnittpunkt *S* aus trägt man rechtwinklig zu einer Flucht die Länge des Halbmessers ab und errichtet ein Lot zur Flucht. Vom Schnittpunkt des Lotes mit der Flucht aus trägt man die Länge des Lotes auf der Flucht entgegen-gesetzt zur Richtung *S* ab und erhält damit Bogenanfang oder Bogenende.

Im Bogenanfang und -ende setzt man dann mit Hilfe eines Winkelprismas oder eines anderen Rechtwinkelinstrumentes einen rechten Winkel ab. Der Schnittpunkt der Geraden (Radius) bildet den Leierpunkt *M*.

5.5 Bogenabsteckung bei unzugänglichem Leierpunkt
(Tangentenabsteckung)

Bei großen Halbmessern und langen Bögen sind Zwischenpunkte erforderlich. Diese werden nach einem rechtwinkligen Koordinatensystem von der Tangente aus abgesteckt. Der senkrechte Abstand *y* (Ordinate) in der Entfernung *x* des Fußpunktes der Ordinate vom Tangentenberührungspunkt ist:

$$y = R - \sqrt{R^2 - x^2}$$

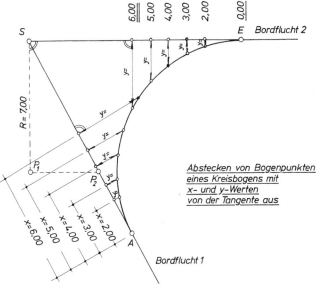

Abstecken von Bogenpunkten
eines Kreisbogens mit
x- und y-Werten
von der Tangente aus

Abb. 32

BEISPIEL
$x = 5,00 \text{ m}$

$R = 7,00 \text{ m}$

$y = 7,00 - \sqrt{7,00^2 - 5,00^2}$

$\quad = 7,00 - \sqrt{49,00 - 25,00}$

$\quad = 7,00 - \sqrt{24,00}$

$\quad = 7,00 - 4,89$

$\quad = \underline{\underline{2,11 \text{ m}}}$

5.6 Bogenabsteckung bei unzugänglichem Leierpunkt
(Sehnenabsteckung)

Da sich die Tangente bei größeren Längen sehr schnell weit vom Bogen entfernt, ist die Absteckung des Bogens bei steilem Gelände, an Böschungen usw. oft nicht möglich. In diesem Fall kann die Absteckung auch von der Sehne = Verbindungslinie zwischen Bogenanfang und Bogenende vorgenommen werden. Man misst die Strecke AE und steckt in der Mitte von AE rechtwinklig die Bogenhöhe h ab und erhält die Bogenmitte.

Formel für Bogenstichhöhe h:

$$h = R - \sqrt{R^2 - \left(\frac{s}{2}\right)^2}$$

Punkt B = KOORDINATENNULLPUNKT
x-Werte von B nach links und rechts abmessen.

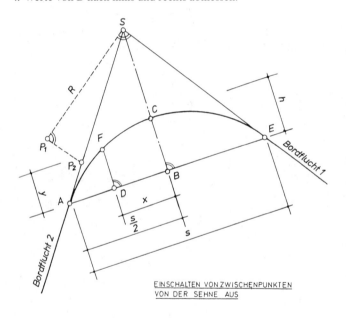

EINSCHALTEN VON ZWISCHENPUNKTEN
VON DER SEHNE AUS

Abb. 33

Formel für y-Wertberechnung:

$$y = \sqrt{R^2 - x^2} - \sqrt{R^2 - \left(\frac{s}{2}\right)^2}$$

64

6 Höhenmessung

6.1 Aufgabe der Höhenmessung

Die Aufgabe der Höhenmessung ist die Bestimmung des Höhenunterschiedes zwischen verschiedenen Geländepunkten und erforderlichenfalls die Festlegung ihrer Höhen auf Normal-Null = N. N. oder NN. Normal-Null ist der mittlere Nordseewasserspiegel am Amsterdamer Pegel.

In Deutschland gibt es ein auf diese Höhe genau eingemessenes Netz von numerierten Höhenfestpunkten (HFP), deren Höhen bei den Vermessungs- und Katasterämtern einzusehen sind.

Die Höhenfestpunkte sind als Höhenbolzen oder Höhenmarken im Mauerwerk oder Beton von markanten Gebäuden fest verankert. Die Höhenmessung der Baustelle muss an diese Höhenfestpunkte angeschlossen werden. Hierzu ist ein Festpunktsnivellement vom nächstgelegenen HFP zum vorläufigen Festpunkt auf der Baustelle erforderlich.

6.2 Höhenmessverfahren

6.2.1 Barometrische Höhenmessung

Hier erfolgt die Höhenmessung aufgrund unterschiedlicher Luftdrücke. Für die auf den Baustellen geforderte Genauigkeit ist diese Methode ungeeignet.

6.2.2 Trigonometrische Höhenbestimmung

Hierbei wird der Neigungswinkel zur Horizontalen des Höhenunterschieds von zwei Punkten mit einem Winkelmessgerät ermittelt und die horizontale Entfernung gemessen. Aus diesen beiden Werten wird der Höhenunterschied der beiden Punkte nach der Tangensfunktion im rechtwinkligen Dreieck errechnet.

6.2.3 Tachymetrische Geländeaufnahmen

Bei diesem Verfahren werden Lage und Höhe von Geländepunkten gleichzeitig von einem Instrumentenstandpunkt aus aufgenommen, ohne dabei Längenmessungen vornehmen zu müssen.

6.2.4 Geometrische Höhenmessung

Die geometrische Höhenmessmethode ist die genaueste Höhenbestimmung von Geländepunkten. Hierbei werden an einer Messlatte die Höhenunterschiede zwischen den Geländepunkten und der genau waagerecht ausgerichteten Ziellinie des Gerätes abgelesen.

6.3 Höhenmessgeräte

6.3.1 Wasserwaage

Wasserwaage mit Messlatten und Lot zur Staffelmessung, Wasserwaage mit Setzlatte oder Richtscheit zur Höhenübertragung bei kurzen Entfernungen, z. B. Bordsteinhöhen und Antragen von Quergefällen bei Gehwegen.

6.3.2 Schlauchwaage

Die Schlauchwaage ist besonders für Montagearbeiten und Anlegen des soge-nannten Meterrisses geeignet. Der Meterriss ist eine in allen Räumen eines Gebäudes an den Wänden angebrachte horizontale Linie in 1 m Höhe über dem Fußboden und dient als Grundlage für alle Höhenmaße im Innenausbau, wie Oberkante Fußbodenbelag, Einsetzen der Türen und Fenster, Brüstungen und Anschlüsse an Treppenpodeste.

6.3.3 Visiertafeln

Mit dem aus drei Stück bestehenden Satz Visiertafeln werden im Straßen- und Kanalbau Höhenpunkte zwischen zwei der Höhe nach festliegenden Punkten angetragen.

6.3.4 Nivellierinstrumente

Das Nivellier ist auch heute noch das wichtigste Instrument zur Übertragung und Festlegung von Höhen.
Seine Hauptbestandteile sind ein um eine vertikale Achse drehbares Fernrohr und Einrichtungen zum Horizontieren der Zielachse.
Im Gegensatz zum Theodoliten ist bei einem Nivellier die Kippachse starr und kann mit einem Horizontalkreis ausgerüstet werden. Bei den heute ver-wendeten Nivellierinstrumenten entfällt die umständliche Horizontierung der Ziellinie mit Hilfe der Röhrenlibelle.
Die Libelle wird durch ein automatisch wirkendes Bauelement, den Kompen-sator, ersetzt.
Messgeschwindigkeit und Messgenauigkeit werden gesteigert. Das Instrument braucht nur mit der Dosenlibelle grob horizontiert zu werden, während das Feinhorizontieren der Zielachse selbsttätig durch den Kompensator erfolgt. Höherwertige Nivelliergeräte haben eine stärkere Vergrößerung und grö-ßere Genauigkeit. Fast alle Nivelliere haben über und unter dem mittleren Horizontalfaden einen parallelen Distanzfaden. Die Differenz aus der oberen und unteren Distanzfadenablesung auf der Nivellierlatte wird mit der Instru-mentenkonstante, die meistens 100 beträgt, multipliziert; man erhält dann die gesuchte ungefähre Entfernung.

6.3.5 Theodolit

Der Theodolit besitzt einen mit dem Fernrohr fest verbundenen Höhenkreis mit Winkelteilung, der sich beim Kippen des Fernrohrs mit diesem bewegt. Man misst den Neigungswinkel des Höhenunterschiedes von zwei Punkten zur Horizontalen, die waagerechte Entfernung der beiden Punkte und errechnet nach der Tangensfunktion die gesuchte Höhe. Das Verfahren ist besonders für die Höhenmessung von Türmen, Schornsteinen und sonstigen hohen Gebäuden geeignet.

6.3.6 Laserinstrumente

Lasergeräte werden in den letzten Jahren in zunehmendem Maße in den verschiedenen Bereichen der Bauindustrie eingesetzt.

Die in der Bauindustrie verwendeten Laser sind überwiegend He-Ne-Laser mit Leistungen zwischen 1 und 5 mW. Diese Laser sind von der Berufsgenossenschaft zugelassen und ungefährlich.

Lasergeräte werden vorwiegend im Tiefbau, Hochbau und Innenausbau eingesetzt. Hier stehen der Bauindustrie folgende Lasertypen zur Verfügung:

- Rundum-Laser
- Richtlicht-Laser
- Kanalbau-Laser
- Tunnel-Laser
- Vortriebslaser
- Lot-Laser

Im Tiefbau kommen vorwiegend der Kanalbau-Laser und der Rundum-Laser zur Anwendung.

Abb. 34a: Rundum-Laser (Rotationslaser)

Kanalbau-Laser:

Der Kanalbau-Laser erzeugt einen horizontalen oder einen auf ein beliebiges Gefälle einstellbaren Laserstrahl als Bezugslinie für Richtung und Höhenlage beim Bau von Kanälen und Rohrleitungen. Die Geräte können auf, vor, oder sogar in Kanalrohrleitungen aufgebaut werden (ab Rohrdurchmesser 150 mm).

Eine Nivellierautomatik übernimmt die exakte Horizontierung des Lasers, überprüft und korrigiert bei Veränderungen diese selbstständig.

Bei Kanalrohrverlegung ist die Arbeitsweise mit einem Kanalbaulaser denkbar einfach.

Der Laser wird über dem Ausgangspunkt zentrisch im Rohr oder mit einem konstanten Maß über der Fließsohle aufgebaut und in der Richtung auf den Zielpunkt ausgerichtet. Danach wird die gewünschte Steigung oder Neigung

Abb. 34b: Kanalbau-Laser

eingestellt. Die Enden des ersten Rohres werden mit der Zieltafel ausgerichtet. Danach wird das Rohr fixiert. Jetzt kann Rohr an Rohr gelegt und das Rohrende jeweils nach der Zielscheibe ausgerichtet werden. Durch die Vor-Kopfbauweise ist es besonders wichtig, die Richtung bzw. Achse genau einzumessen und vorzutragen.

Laser über dem Ausgangspunkt mit richtiger %-Einstellung aufbauen, dabei die geforderte Aufbauhöhe beachten und den Laser in Verlegerichtung auf den Zielpunkt ausrichten.

Befindet sich der Ausgangspunkt tiefer als der Zielpunkt, wird ein neuer Achspunkt hinter dem Ausgangspunkt durch Einfluchten festgelegt. Verbindet man den neuen Punkt mit dem Zielpunkt durch eine Schnur, kann an dieser der Ausgangspunkt sowie ein weiterer Punkt für die Richtungseinstellung nach unten gelotet werden. Es empfiehlt sich, für die Richtungseinstellung eine möglichst lange Basis zu wählen. Ist dieses vor Verlegung des ersten Rohres nicht möglich, muss nach der Verlegung einiger Rohre eine erneute Überprüfung und ggf. Berichtigung der Richtungseinstellung erfolgen.

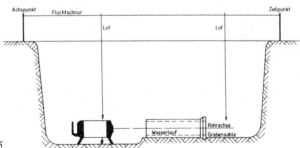

Abb. 35

Hochbaulaser:
Hochbaulaser erzeugen einen in einer horizontalen oder vertikalen Ebene rotierenden Strahl und ermöglichen, unter Verwendung verschiedener Zieleinrichtungen, ein millimetergenaues Nivellieren von Deckenschalungen, untergehängten Decken, Zwischen- oder Montageböden, Rohrleitungen und das Anlegen von Meterrissen.

In Vertikalstellung dient das Gerät zum Anreißen von Trenn- und Zwischen-wänden und zum Richten von Fertigteilkonstruktionen.

Lot-Laser:

Lot-Laser liefern einen von unten nach oben lotenden senkrechten Strahl zum Ausrichten von Gleitschalungen, Brückenpfeilern, Fernsehtürmen und Stahl-konstruktionen.

Für das Abteufen von Schächten gibt es Geräte mit einem von oben nach unten lotenden Strahl.

Laser zur Baumaschinensteuerung:

Laser zur Baumaschinensteuerung bestehen aus einem Rundum-Laser und einem auf der Baumaschine montierten Empfänger. Der im Gelände auf einem Stativ aufgebaute Laser bildet mit seinem rotierenden Strahl eine Lichtebene, die von dem Empfänger, der auf den Schneidewerkzeugen oder Abziehbohlen der Baumaschinen auf einem Teleskopmast befestigt ist, regis-triert und durch eine Lichtanzeige dem Geräteführer sichtbar gemacht wird.

Anhand der Lichtanzeige sieht der Geräteführer, ob er mit seinem Schneide- oder Planierwerkzeug „zu hoch", „zu tief" oder auf der „Sollhöhe" arbeitet.

Für mit Elektro-Magnet-Steuerventilen ausgerüstete Baumaschinen kann mit diesem Lasersystem eine vollautomatische Steuerung erzielt werden.

Diese Laser können für den Betrieb von Gradern, Scrapern, Planierraupen und Straßenfertigern eingesetzt werden.

6.4 Ausführung der Höhenmessung

6.4.1 Festpunktnivellement

In den Ausführungsplänen für die Errichtung von Bauwerken sind die Höhenan-gaben auf NN (Normal-Null) bezogen. Die Höhenvermessung auf der Baustelle muss deshalb an die nächstliegenden Höhenfestpunkte (Höhenbolzen) ange-schlossen werden. Hierzu wird während der Bauzeit ein vorläufiger Festpunkt bestimmt, dessen Höhe durch ein Festpunktnivellement zu einem oder besser zu zwei verschiedenen nächstliegenden Höhenfestpunkten ermittelt wird.

Als vorläufige Festpunkte eignen sich massive Eingangsstufen von bestehen-den Gebäuden oder kräftige, eingerammte, mit einem Kopfnagel versehene Holzpfähle.

Das Nivellieren beginnt mit dem Aufsetzen der Nivellierlatte auf dem Höhen-bolzen und dem Aufstellen des Nivellierinstruments in einer der Zielweite des Instruments entsprechenden Entfernung (etwa 50 m). Im genau horizon-tal „eingespielten" und im sogenannten „Rückblick" auf den Ausgangspunkt ausgerichteten Fernrohr wird dann die Ablesung auf der Latte vorgenommen und sofort notiert.

Anschließend wird die Latte am nächsten Punkt (Wechselpunkt) in Richtung vorläufiger Festpunkt neu aufgestellt und vom gleichen Instrumentenstandpunkt aus im sogenannten „Vorblick" an der Latte die Höhendifferenz des neuen Punktes zur Ziellinie abgelesen und notiert. Dann wird das Instrument zur nächsten Aufstellung umgesetzt, während die Latte zunächst noch am gleichen Ort verbleibt.

Durch die im „Rückblick" in Richtung Ausgangspunkt in der gleichen Lattenstellung vorgenommene zweite Ablesung ergibt sich die neue Ziellinienhöhe des Instrumentes. Erst dann wird die Latte zum nächsten Wechselpunkt umgesetzt und im „Vorblick" die Höhe des neuen Punktes abgelesen. Dieser Vorgang wiederholt sich, bis die Baustelle erreicht ist. Wenn ein zweites Nivellement zu einem anderen Höhenfestpunkt nicht möglich ist, sollte man zur Kontrolle mit anderen Instrumentenstand- und Lattenwechselpunkten zum Ausgangspunkt zurücknivellieren. Zum Ausgleich von etwaigen Fehlern des Instruments (Zielachsenfehler) ist es zweckmäßig, die Zielweiten zu den Wechselpunkten annähernd gleich groß zu wählen.

Zusammenfassung:
Erste Ziellinienhöhe = Ausgangspunkthöhe + Ablesung (Rückblick)
Geländepunkthöhen = Ziellinienhöhe – Ablesung (Vorblick)
Ziellinienhöhe   = Wechselpunkthöhe + Ablesung (Rückblick)

Formel: $h = R - V$

Kontrolle:
Der Höhenunterschied zwischen der Ausgangshöhe und dem Baustellenfestpunkt ist gleich der Summe der Rückblicke abzüglich der Summe der Vorblicke.

Formel: $\Delta h = \Sigma R - \Sigma V$

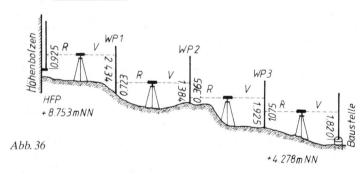

Abb. 36

Die Errechnung des Höhenunterschiedes erfolgt entweder durch Untereinanderschreiben und Addieren oder Subtrahieren der Ablesungen von den Instrumentenhöhen.

HFP	= 8,753	
+ Rückblick	+ 0,925	
Instrumentenhöhe	= 9,678	
– Vorblick	– 2,434	
Wechselpunkt 1	= 7,244	
+ Rückblick	+ 0,723	Instrument umsetzen
Instrumentenhöhe	= 7,967	
– Vorblick	– 1,384	Latte wechseln
Wechselpunkt 2	= 6,583	
+ Rückblick	+ 0,365	Instrument umsetzen
Instrumentenhöhe	= 6,948	
– Vorblick	– 1,925	Latte wechseln
Wechselpunkt 3	= 5,023	
+ Rückblick	+ 1,075	Instrument umsetzen
Instrumentenhöhe	= 6,098	
– Vorblick	– 1,820	Latte wechseln
Baustellenfestpunkt	= 4,278	
Kontrolle:	Differenz HFP – vFP = 8,753 – 4,278 = 4,475	
Summe Rückblicke	= 3,088	
Summe Vorblicke	= 7,563	
Differenz	= 4,475	

Tabellenform unter Benutzung von Vordrucken

Punkt	Ablesungen			Ziellinien		Bemerkungen
	rückwärts m	seitlich m	vorwärts m	+ m NN	+ m NN	
HFP	0,925			9,678	8,753	HFP
W 1			2,434	9,678	7,244	
W 1	0,723			7,967	7,244	
W 2			1,384	7,967	6,583	
W 2	0,365			6,948	6,583	
W 3			1,925	6,948	5,023	
W 3	1,075			6,098	5,023	
			1,820	6,098	4,278	Baustelle
	3,088		7,563		4,278	
	– 7,563				– 8,753	
	– 4,475				– 4,475	

6.4.2 Flächennivellement

Flächennivellements sind die Grundlage der Entwurfsbearbeitung für fast alle Bauvorhaben. Sie werden außerdem als Abrechnungsunterlage für Erdarbeiten benötigt, wobei vor Beginn und nach Fertigstellung des Aushubs ein Nivellement durchgeführt werden muss, und sie dienen als Höhenkontrolle von Schalung und Beton bei Decken und Brückenplatten sowie zur Überprüfung der „Soll-Höhen" der fertiggestellten Bauwerke.

Für die Geländeaufnahme wird die zu nivellierende Fläche in ein quadratisches Netz eingeteilt. Der Abstand der Linien beträgt je nach Geländebeschaffenheit und Größe 5 bis 50 m.

Die Kreuzungspunkte werden durch eingeschlagene Holzpflöcke markiert und dann deren Höhe bestimmt. Die Ergebnisse der Höhenmessung werden dann in den Lageplan, in dem das Gitternetz ebenfalls eingetragen ist, übertragen.

Das Nivellieren kann meistens von einem Instrumentenstandpunkt aus erfolgen. Die Zwischen- oder Seitenblicke werden wie Vorblicke behandelt, d. h., die Ablesungen werden von der Ziellinienhöhe abgezogen. Eine anschauliche Darstellung der Geländehöhenverhältnisse erhält man durch Eintragen der Höhenschichtlinien in den Lageplan.

Eine Höhenschichtlinie ist die Verbindungslinie aller auf der gleichen Höhe liegenden Punkte. Der Abstand der Höhenlinien wird nach dem Grad der Geländeneigung gewählt.

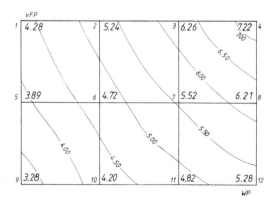

Abb. 37: Darstellung von Höhenschichtlinien

Punkt	Ablesungen			Ziellinien	Höhe
	rückwärts m	seitlich m	vorwärts m	+ m NN	
vFP	2,95			7,23	4,28
2		1,99			5,24
3		0,97			6,26
4		0,01			7,22
5		3,34			3,89
6		2,51			4,72
7		1,71			5,52
8		1,02			6,21
9		3,95			3,28
10		3,03			4,20
11		2,41			4,82
WP			1,95		5,28

Die Konstruktion der Schichtlinien im Lageplan zwischen zwei benachbarten Punkten mit bekannter Höhe kann zeichnerisch oder rechnerisch erfolgen. Bei der zeichnerischen Methode der Bestimmung der Lage der Schichtlinien zwischen den Punkten 6 und 3 der Abbildung werden die beiden Punkte zunächst verbunden und die Zahl 4,72 eines Maßstabes an den Punkt 6 angelegt. Die Durchgangspunkte der durch die ganzen Maßstabszahlen gezogenen Parallelen zur Verbindungslinie von Punkt 3 nach der ihm zugehörigen Maßstabstabelle von 6,26 geben die Lage der Schichtlinien auf der Linie von 6 nach 3 an.

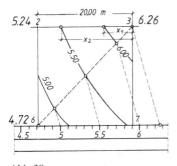

Abb. 38

Die rechnerische Ermittlung der Lage der Höhenschichtlinien geschieht wie folgt: Das Verhältnis des Höhenunterschiedes zwischen Punkt 3 und 2 zur waagerechten Entfernung der beiden Punkte ist 1,02 : 20.

Die waagerechte Entfernung $X1$ des Schnittpunktes der Höhenlinie 6,00 m mit der Linie 3-2 ergibt sich aus der Verhältnisgleichung.

und für $X2$

$$X1 : 0,26 = 20 : 1,02$$
$$\underline{X2 : 0,76 = 20 : 1,02}$$
$$X1 = \quad 5,10 \text{ m}$$
$$X2 = 14,90 \text{ m}$$

Literatur

D. Richter: Straßen- und Tiefbau, 5. Auflage 1989

H. Volquardts/K. Matthews: Vermessungskunde 1, 28. Auflage 1996

Peters/Weber: Ratgeber für den Hochbau, 10. Auflage 1984

Decker/Weber: Ratgeber für den Tiefbau, 3. Auflage 1982

2004 LEICA GEOSYSTEM AG

Erd- und Grundbau

Dr.-Ing. *H. Günter Gabener*, Essen
Dipl.-Ing. *Fred Gutberlet*, Essen

Bei der Errichtung vieler Bauwerke hat der Baugrund wesentlichen Einfluss auf die Formgebung, Konstruktion und Standsicherheit, oder aber der Boden wird selbst zum Baustoff. Hieraus ergeben sich die vielfältigen Aufgabenstellungen des Erd- und Grundbaus. Wesentliche Themen dieses Fachgebietes, die nachfolgend behandelt werden, sind:

- **Baugrund,** seine Entstehung, Einteilung und wichtigsten Kenngrößen;
- **Erdbau,** der alle mit dem Lösen, Laden, Fördern und Einbau des Bodens zusammenhängenden Fragen behandelt;
- **Wasserhaltung,** die alle Maßnahmen einschließt, die die Beherrschung des Wasserandrangs zu Baugruben, Baustellen und Bauwerken, zeitlich beschränkt oder dauernd, betreffen;
- **gründungsvorbereitende Arbeiten,** worunter alle Grundbauaufgaben zusammengefasst werden, die die spätere Gründung ermöglichen; beispielhaft seien erwähnt: Herstellen der Baugrube und der Gründungsebene, Verfestigung des Untergrundes, Bodenstabilisierung;
- **Gründungen,** die die Bauwerkslasten so in den Baugrund einleiten sollen, dass keine für das Bauwerk schädlichen Verformungen des Baugrundes auftreten;
- **Sanierung** von kontaminierten Böden, Einkapseln von Altlasten, Deponiebau.

Der letztgenannte Komplex der Altlastensanierung und des Deponiebaus hat früher kaum eine wesentliche Rolle bei den Aufgabenstellungen des Erd- und Grundbaus gespielt. Das hat sich allerdings aufgrund des in den zurückliegenden Jahren stark gestiegenen Umweltbewusstseins grundlegend geändert, weswegen diese Thematik im Rahmen des vorliegenden Beitrages mit einbezogen wurde.

1 Baugrund

Die herausragende Bedeutung des Baugrundes – verschiedentlich auch kurz Boden genannt – bei allen angesprochenen Themengebieten erfordert eine gründliche Beschäftigung mit seiner Entstehung, seinen Eigenschaften und seinem Verhalten unter den verschiedenen Beanspruchungen, wenn man die geeigneten Bauformen und Konstruktionen finden und die richtigen Arbeitstechniken einsetzen will. Hierzu sollen die nachfolgenden einleitenden Ausführungen über den Baugrund dienen.

1.1 Entstehung

Der Boden oder Baugrund ist in den meisten Fällen eine Lockergesteins-
schicht, die die Erdoberfläche fast überall bedeckt. Sie ist durch einen über
Jahrmillionen der Erdgeschichte bis zum heutigen Tage andauernden Verwit-
terungsvorgang entstanden. Natürliche Einflüsse durch Sonne, Frost, Wind
und Niederschläge und durch die Menschheit künstlich ausgelöste Einwirkungen verändern die Erdoberfläche ständig weiter.

Die Lockergesteine sind aus dem Urgestein, einem in der Tiefe oder beim Austritt an die Erdoberfläche aus dem Glutfluss erstarrten Gestein, entstanden
und in der Folge zum Teil noch mehrfach umgewandelt worden. *Gesteine* sind
Mineralgemenge mit einem für eine Gesteinsart relativ konstanten Verhältnis
an Gemengeanteilen. *Mineralien* sind darin chemische Verbindungen mit festliegenden Strukturen, die von der Kristallform verkörpert werden. Sie bilden
sich beim Abkühlen der Schmelze mit fallenden Temperaturen zu unterschiedlichen Zeitpunkten aus. Die bei hohen Temperaturen als erste auskristallisie-
renden Formen können sich frei in ihrer angestammten Form ausbilden und
bei langsamem Abkühlen große, deutlich erkennbare Kristalle bilden. In der
Zeitfolge später entstehende Kristalle anderer Mineralien können nur noch
die verbleibenden Freiräume ausfüllen und dabei vielfach keine eigenen Kris-
tallformen mehr ausbilden. So zeigen die schnell erstarrenden *Ergussgesteine*
keine erkennbaren Kristalle (z. B. Basalt). Sie sind *amorph*, d. h. gestaltlos,
während die langsam im Erdinneren erstarrten *Tiefengesteine* mehr oder weniger gut ausgebildete Kristalle besitzen (z. B. Granit oder Porphyr).

Die chemische Zusammensetzung der Minerale bestimmt das unterschiedliche Verhalten und den Widerstand gegenüber mechanischen oder chemischen
Beanspruchungen.

Die mannigfaltigen äußeren, meist witterungsbedingten Einflüsse wie Sonne,
Wind, Regen, Schnee, Frost und die verschiedenartigen Einflüsse der Pflan-
zenwelt verändern die Mineralien und lockern damit das Gesteinsgefüge.
Wind und fließendes Wasser lockern, transportieren und sortieren die gelösten
Gesteinstrümmer nach Größen und lagern sie schließlich ab, wenn die Trans-
portkraft nicht mehr ausreicht. Mit abnehmender Fließgeschwindigkeit werden
immer feinere Bestandteile abgelagert, bis letztlich in stehenden Gewässern
sich auch die feinsten Teilchen absetzen können. Zeitlich wechselnde Wasser-
führungen führen so zu schichtförmigen Ablagerungen mit unterschiedlichen
Korngrößenverteilungen. Stehen ausreichend große Senken (Meeresbecken)
zur Verfügung, entstehen im Laufe der Jahrtausende Lockergesteinsablage-
rungen von mehreren hundert Metern Mächtigkeit. In Wüstenregionen oder
im Hochgebirge werden die entstandenen Lockergesteinsdecken möglicherweise durch Wind oder Wasser auf geringe Restdicken abgetragen.

Zusätzlich werden durch Bewegungen in der Erdoberfläche, die übrigens ständig stattfinden, die Schichtpakete geneigt oder gefaltet, so dass die Schichten,

von außen an der Geländeform meist nicht erkennbar, geneigt bis sogar senkrecht zur Erdoberfläche stehen können.

Die unterschiedliche Mineralzusammensetzung der Gesteine hat eine ebenso unterschiedliche Bodenbildung zur Folge. Chemisch widerstandsfähige Mineralien können nur mechanisch aufbereitet, also *zertrümmert* werden. Es bildet sich als Boden ein Haufwerk aus mehr oder weniger großen Körnern, die in ihrer Zusammensetzung und ihren Eigenschaften dem Ausgangsgestein entsprechen. Die Einzelbestandteile sind meist sichtbar, aber in jedem Falle noch tastbar. Relativ große Hohlräume zwischen den Kornbestandteilen machen die Haufwerke wasserdurchlässig.

Werden die Mineralien eines Gesteins oder auch nur bestimmte Mineralien darin chemisch aufbereitet, also *zersetzt*, bleibt bis auf den sogenannten Verwitterungsrest, dem an diesem Vorgang nicht beteiligten Mineralanteil, nichts vom ursprünglichen Mineralbestand des Ausgangsgesteins übrig. Es entstehen völlig neue Mineralien mit anderen Formen und neuen Eigenschaften. Meist ist das Wasser und die in ihm gelösten Stoffe Auslöser und Wirkstoff für solche Vorgänge. Augenfällig ist die Umwandlung der Feldspate in Tonmineralien. Da der Anteil der Feldspatmineralien am Aufbau der Gesteine der oberen Erdkruste sehr hoch ist – er beträgt etwa 76 % –, erklärt sich daher auch der hohe Anteil an Tonen oder mit Tonen vermischten Lockergesteinen.

Tonmineralien, von denen es eine Reihe unterschiedlicher Formen gibt, die zum Teil erhebliche industrielle Bedeutung haben, sind winzige, zwei- oder dreischichtige, stäbchen- oder plättchenförmige Teilchen mit Größtabmessungen um 0,001 mm (1/1000 mm = μ). In den Mineralgrenzschichten ist Wasser in feinster Form eingelagert. Diese Feinstbestandteile ballen sich meist zu Waben bzw. Flocken zusammen und lagern dabei weiteres Wasser an.

Die Vielfalt der möglichen Einflüsse auf die Bodenbildung und den Bodenaufbau machen deutlich, dass eine Festlegung bestimmter Eigenschaften oder Mindestgüten, wie sie bei künstlichen Baustoffen wie Stahl oder Beton verwendet werden, beim Boden nicht ohne weiteres denkbar ist. Vielmehr wird man der erkannten Vielfalt Rechnung tragen und den Boden von Fall zu Fall erkunden müssen. Ziel der Bodenerkundung ist es insbesondere,

- Aufeinanderfolge,
- Mächtigkeit,
- Neigung und
- Beschaffenheit

der anstehenden Bodenschichten zu klären.

Die Durchführung der Erkundung wird in DIN 4021, Aufschluss durch Schürfe und Bohrungen sowie Entnahme von Proben, festgelegt.

Der Baugrundaufschluss wird meist durch Bohrungen gewonnen, die auch bis in größere Tiefen möglich sind. Schürfe eignen sich vorwiegend für Aufschlüsse oberhalb des Grundwassers und für geringe Untersuchungstiefen.

1.2 Bodenbenennung

Die Erkundungsergebnisse werden an Ort und Stelle vom Bohrgeräteführer in einem *Schichtenverzeichnis* festgehalten und später mit den gewonnenen Bodenproben dem Grundbaulaboratorium übergeben. Dort werden die endgültige Bodenbenennung vorgenommen und die erforderlichen Laboruntersuchungen zur Ermittlung der verschiedenen Bodenkenngrößen durchgeführt. Meist erfolgt eine zeichnerische Darstellung der Erkundungsergebnisse in Form von Bohrprofilen, woraus die Tiefenlage der Schichtwechsel, die Mächtigkeit der angetroffenen Schichten usw. hervorgehen.

Die verschiedenen Böden werden nach einheitlichen Gesichtspunkten benannt, beschrieben und zeichnerisch dargestellt (DIN 4022, Benennen und Beschreiben von Boden und Fels; DIN 4023, Baugrund- und Wasserbohrungen, Zeichnerische Darstellung der Ergebnisse).

Man benennt nach den *Haupt- und Nebenanteilen*, wobei die Nebenanteile je nach Größe des Anteils den Zusatz „schwach" oder „stark" erhalten können. Die Bodenart, die nach den Gewichtsanteilen am stärksten vertreten ist oder durch ihre Eigenschaften das Verhalten bestimmt, ist der *Hauptanteil*; sie wird als Hauptwort oder als Großbuchstabe vorangestellt (z. B. Kies = G). Die mit geringeren Anteilen vorhandenen Beimengungen sind Nebenanteile, die mit einem oder mehreren Eigenschaftswörtern bzw. mit Kleinbuchstaben bezeichnet werden (z. B. sandig, kiesig = s, g). Die Zusätze werden, mit einem Komma abgetrennt, nachgesetzt und erhalten den Zusatz „schwach", wenn der Massenanteil unter 15 %, und „stark", wenn der Anteil über 30 % liegt. Sinngemäß erhalten die Kurzzeichen einen Beistrich (s') oder einen Balken (g̅). Wenn die Hauptanteile etwa gleich sind (40 bis 60 % Massenanteile), eine Entscheidung also **nicht eindeutig** erfolgen kann, verwendet man beide Kurzzeichen nebeneinander und verbindet sie durch ein Pluszeichen (z. B. Kies und Sand = G + S). Bei Benennungen nach den bestimmenden Eigenschaften sind die Hauptanteile Ton oder Schluff. Die auch noch vorhandenen, teils beträchtlichen grobkörnigen Anteile werden als Eigenschaftswörter wie Nebenbestandteile nachgesetzt (z. B. Ton, stark schluffig, sandig = T, ū, s).

1.3 Bodenklassifikation

Eine Bodenklassifikation für bautechnische Zwecke des Erd- und Grundbaus ergibt sich aus DIN 18 196. Diese Einteilung kennt neben der Auffüllung fünf Hauptgruppen von natürlichen Böden:

- grobkörnige Böden (S, Sand und G, Kies)
- gemischtkörnige Böden (ST, SU, GT und GU)
- feinkörnige Böden (T, Ton und U, Schluff)
- organogene Böden (OU, OT, OH und OK)
- organische Böden (HN, HZ, Torfe, F, Faulschlämme).

Die Grundlage der Bodenklassifikation nach DIN 18 196 sind die Korngrößenbereiche, die Korngrößenverteilung, die plastischen Eigenschaften und organische Bestandteile sowie die Entstehung. In einem Siebsatz mit verschiedenen Maschenweiten lassen sich die Korngrößenbereiche voneinander trennen und ihre Massenanteile feststellen. Durch Auftragen der Siebdurchgänge als prozentuale Massenanteile an der Gesamtprobenmenge erhält man die *Körnungslinie* als Summenlinie. Die Feinkornanteile ($d \leqslant 0,06$ mm) sind nur durch einen Absetzversuch zu erfassen. Aus der Körnungslinie lassen sich Besonderheiten in der *Korngrößenverteilung* erkennen. Flache, gleichmäßig ansteigende Körnungslinien, die alle Körnungsbereiche umfassen, sind „weitgestuft" (W), ebensolche, jedoch steil ansteigende, die nur einen oder wenige Körnungsbereiche umfassen, sind „enggestuft" (E) (Abb. 1). Solche, bei denen einzelne Körnungsbereiche ganz ausfallen, somit nicht mehr gleichmäßig, sondern treppenförmig ansteigen, werden als „intermittierend" (I) bezeichnet.

Für *feinkörnige Böden* werden die plastischen Eigenschaften hinzugezogen. Es sind dies der Grenzwassergehalt an der Fließgrenze w_L, der den Übergang vom breiigen zum flüssigen Zustand festlegt, und der Grenzwassergehalt an der Ausrollgrenze w_P, der den Übergang vom steifen zum halbfesten Zustand bezeichnet. Der Unterschied zwischen beiden Grenzwassergehalten, $w_L - w_P = I_P$, umreißt den verformbaren Bereich. I_P ist die *Plastizitätszahl*, die aussagt, ob der Ton oder Schluff leichtplastisches (L), mittelplastisches (M) oder ausgeprägt plastisches (A) Verhalten zeigt. Es ist möglich, im *Plastizitätsdiagramm von Casagrande* mit I_P und w_L eine genaue Einordnung eines feinkörnigen Bodens vorzunehmen (Abb. 2). Die Unterscheidung zwischen Ton und Schluff, die über die Körnungslinie oder visuell in vielen Fällen schwer möglich ist, ermöglicht die A-Linie des Diagramms. Alle oberhalb der Linie liegenden feinkörnigen Böden sind Tone, die unterhalb Schluffe. DIN 18 196 unterteilt in organische Böden, die aus den Resten zerfallener tierischer oder pflanzlicher Lebewesen (Organismen) gebildet werden, wie Torfe und Faulschlämme, und organogene Böden, die *unter Mitwirkung* solcher Lebewesen entstanden sind. Wegen der hohen Wassergehalte sind sie für bautechnische Zwecke kaum geeignet. Unter Last oder Wasserentzug treten Volumenverluste ein, die bei wenig zersetzten Torfen bis zu 80 % betragen. Der Einfluss der organischen Bestandteile auf das Gesamtverhalten ist so stark, dass nach DIN 1054 Böden bereits als organisch bezeichnet werden, wenn sie als bindige > 5 % und als nichtbindige > 3 % Massenanteile organischer Bestandteile enthalten.

Körnungslinie

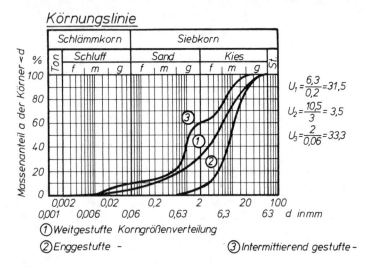

$U_1 = \dfrac{6,3}{0,2} = 31,5$

$U_2 = \dfrac{10,5}{3} = 3,5$

$U_3 = \dfrac{2}{0,06} = 33,3$

① Weitgestufte Korngrößenverteilung
② Enggestufte –
③ Intermittierend gestufte –

Abb. 1

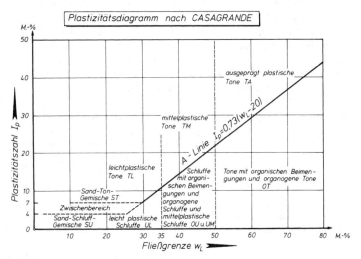

Abb. 2

Für den Erdbau erfolgt eine weitere Klassifizierung nach DIN 18 300, deren Hauptgesichtspunkt die Lösbarkeit der Böden ist. Die Lockergesteine werden in fünf Klassen eingeteilt. Für die Festgesteine gelten die Klassen 6 und 7.

Klasse 1: *Oberboden* (Mutterboden)
Oberste Schicht des Bodens, die neben anorganischen Stoffen, z. B. Kies-, Sand-, Schluff- und Tongemischen, auch Humus und Bodenlebewesen enthält.

Klasse 2: *Fließende Bodenarten*
Böden mit flüssiger bis breiiger Beschaffenheit, die das Wasser schwer abgeben.

Klasse 3: *Leicht lösbare Bodenarten*
Nichtbindige bis schwachbindige Sande, Kiese und Sand-Kies-Gemische mit bis zu 15 % Beimengungen an Schluff und Ton (Korngröße kleiner als 0,06 mm) und mit höchstens 30 % Steinen von über 63 mm Korngröße bis zu 0,01 m^3 Rauminhalt.
Organische Bodenarten mit geringem Wassergehalt (z. B. feste Torfe).

Klasse 4: *Mittelschwer lösbare Bodenarten*
Gemische von Sand, Kies, Schluff und Ton mit mehr als 15 % Massenanteilen kleiner als 0,06 mm sowie bindige Böden von leichter bis mittlerer Plastizität und von weicher bis halbfester Konsistenz, die höchstens 30 % Steine von über 63 mm Korngröße bis zu 0,01 m^3 Rauminhalt enthalten.

Klasse 5: *Schwer lösbare Bodenarten*
Gleiche Böden wie unter den Klassen 3 und 4, jedoch ist der Gehalt an Steinen mit $d \geqq$ 63 mm größer als 30 %, sowie nichtbindige und bindige Bodenarten mit höchstens 30 % Massenanteilen Steinen, die größer sind als 0,01 bis 0,1 m^3.
Außerdem ausgeprägt plastische Tone in weicher bis fester Konsistenz.

Klasse 6: *Leicht lösbarer Fels und vergleichbare Bodenarten*
Felsarten (Festgesteine), die einen inneren, mineralisch gebundenen Zusammenhalt haben, jedoch stark klüftig, brüchig, bröckelig, schiefrig, weich oder verwittert sind, sowie vergleichbare feste oder verfestigte bindige oder nichtbindige Bodenarten. Weiterhin auch nichtbindige und bindige Bodenarten mit mehr als 30 % Steinen von über 0,01 m^3 bis 0,1 m^3 Rauminhalt.

Klasse 7: *Schwer lösbarer Fels*
In diese Klasse gehören alle Felsarten mit hoher Gefügefestigkeit, die nur wenig klüftig oder verwittert sind, weiterhin auch Schlackenhalden der Hüttenwerke und dergleichen sowie Steine von über 0,1 m^3 Rauminhalt.

1.4 Bodenstruktur

Unter Bodenstruktur versteht man die Anordnung der Einzelbestandteile. Hieraus leiten sich Hinweise auf Verarbeit- und Belastbarkeit ab.
Grobkörnige Böden besitzen eine *Haufwerksstruktur*, feinkörnige eine *Flocken-* oder *Wabenstruktur*.
Die im Korngerüst der *Haufwerksstruktur* vorhandenen *Hohlräume oder Poren* können selbst bei idealer Kornabstufung nie vollkommen ausgefüllt werden. Enggestufte oder gleichförmige Böden besitzen ein größeres Hohl-

raumvolumen als besser abgestufte, weitgestufte. Die Hohlräume sind mit Luft, Wasser oder mit beidem gleichzeitig gefüllt. Lasten auf den Boden werden im Korngerüst über die Berührungsstellen der Körner abgeleitet und verteilt. Dabei kann es zu Verschiebungen und Umlagerungen im Korngerüst kommen.

Die *Flocken* oder *Waben* der feinkörnigen Böden erreichen nicht die Größe der feinen Körner in einem Haufwerk. Die Oberflächen der Mineralien sind mit einem Wasserfilm überzogen und der Innenraum der Flocken und Waben meist ebenfalls mit Wasser gefüllt. Da die Poren sehr klein sind, ist eine Wasserbewegung im Boden oder ein Auspressen unter Last nur in geringem Umfang möglich. Für diese Böden hat der Wassergehalt die entscheidende Bedeutung. Der Porenanteil tritt zurück.

Aus dem vorher Gesagten folgt, dass grobkörnige Böden wasserdurchlässig sind. Nimmt der Korndurchmesser ab bzw. der Feinkornanteil zu, verengen sich die Porenkanäle. Die Durchlässigkeit nimmt hierbei schnell ab.

1.5 Lagerungsdichte, Plastizitätszahl, Konsistenzzahl

Die Lagerungsdichte bezeichnet den Grad der Verdichtung, in dem sich ein nichtbindiges Lockergestein befindet. Danach kann beurteilt werden, ob eine weitergehende Verdichtung erfolgen muss, um einer bestimmten Güteforderung zu entsprechen. Die Lagerungsdichte D ergibt sich gemäß DIN 18 126 wie folgt:

$$D = \frac{\max n - n}{\max n - \min n}$$

Der im Versuch zu erzielende Porenanteil in der lockersten Lagerung ist max n, der entsprechende für die dichteste Lagerung min n und der für den natürlichen Zustand n. Der Wert D liegt zwischen 0 und 1 (Abb. 3). Ob ein Lockergestein locker, mitteldicht oder dicht gelagert ist, hängt aber auch von der Korngrößenverteilung, charakterisiert durch die Ungleichförmigkeitszahl U, ab. $U = d_{60}/d_{10}$ ist das Verhältnis der Korndurchmesser für 60 und 10 % Massenanteile. Je steiler die Körnungslinie verläuft, desto näher liegen d_{60} und d_{10} beieinander. Für gleichförmige, nur bis zu einem gewissen Grade zu verdichtende Bodenarten wird U klein.

Böden mit mindestens mitteldichter Lagerung sind als Baugrund gut geeignet.

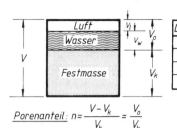

$$\text{Porenanteil:}\ n=\frac{V-V_k}{V_k}=\frac{V_o}{V_k}$$

$$D=\frac{max\,n-n}{max\,n-min\,n}$$

Abb. 3

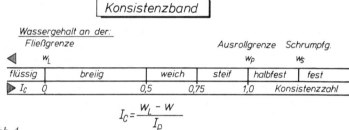

$$I_C=\frac{w_L-w}{I_P}$$

Abb. 4

Während die vorstehenden Kriterien sich nur auf nichtbindige bzw. grobkörnige Böden anwenden lassen, benutzt man für die Beurteilung bindiger oder gemischt- bis feinkörniger Böden die *Plastizitätszahl* I_P und die Konsistenzzahl I_C (DIN 18 122-1). Die Plastizitätszahl $I_P = w_L - w_P$ sagt aus, welche Wassermenge ausreicht, den Boden von einem Grenzzustand in den anderen zu überführen. Böden mit geringem I_P sind besonders gefährdet. Da jeder Regenguss bereits eine Gefahr bedeutet, müssen für die Arbeiten mit und in diesen Böden sowohl beim Lösen als auch bei Transport und Einbau besondere Vorkehrungen zum Abführen des Oberflächenwassers getroffen werden, weil es sonst zu Arbeitsunterbrechungen kommt.

Die Grenzwassergehalte an der Ausrollgrenze w_P, und an der Fließgrenze w_L, markieren den verformbaren Bereich für feinkörnige Böden. Zwischen diesen Werten lässt er sich lösen und wieder einbauen. Er ist auch begeh- und befahrbar, was natürlich auch für den halbfesten und festen Bereich zutrifft. Den Übergang vom halbfesten zum festen Zustand kennzeichnet die Schrumpfgrenze, so bezeichnet, weil der bindige Boden sich, bedingt durch Kapillarspannungen, zusammenzieht, also schrumpft, und unter Ausbildung von Schrumpffrissen ein kleineres Volumen einnimmt. Er wird dann relativ hart und ist nur noch schwer zu bearbeiten.

1.6 Proctorversuch

Für die Festlegung und die Kontrolle der Verdichtung eines eingebauten Bodens reichen die vorher beschriebenen Kriterien nicht aus. Hierzu bedient man sich des nach seinem amerikanischen Erfinder benannten *Proctor*versuchs (DIN 18 127). Ausgehend von der Vorstellung, dass ein hochverdichteter Boden auch eine hohe Trockendichte haben muss, stellt man für die einzubauende Bodenart im Labor unter konstanter Verdichtungsarbeit, abhängig vom Wassergehalt, die beste zu erreichende Trockendichte ϱ_{Pr} und den zugehörigen Wassergehalt w_{Pr}, fest. Im Felde, also an der Einbaustelle, muss jetzt nur noch überprüft werden, ob die erwünschte Trockendichte auch dort erreicht wurde (Abb. 5). Die Verdichtungsarbeit im Labor ist so gewählt, dass sie den auf der Baustelle üblicherweise verwendeten Verdichtungsverhältnissen entspricht.

Man unterscheidet zwischen der Proctordichte ϱ_{Pr} mit einer volumenbezogenen Verdichtungsarbeit von $W \cong 0,6$ MNm/m^3 und der modifizierten Proctordichte mod ϱ_{Pr}, mit einer volumbezogenen Verdichtungsarbeit von $W \cong 2,70$ MNm/m^3, die dem Einsatz größerer Einbau- und Verdichtungsgeräte Rechnung trägt. Da im Versuch nur Böden bis zu bestimmten Größtkorndurchmessern – abhängig von den Versuchsgeräten – verwendet werden können, müssen größere Korndurchmesser ausgesondert und ihr Massenanteil

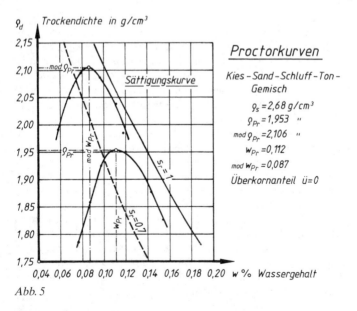

Abb. 5

sowie ihr Wassergehalt festgestellt werden. Nach der Versuchsdurchführung ohne das Überkorn wird eine rechnerische Korrektur der gemessenen Ergebnisse vorgenommen.

Der Wassergehalt wird meist durch Ofentrocknung (DIN 18 121-1) bestimmt.

Die Verdichtungskontrolle auf der Baustelle bedient sich der in DIN 18 125 Teil 2 aufgeführten Feldmethoden zur Bestimmung der Dichte des Bodens. Wenig aufwendig ist z. B. das Wasserersatzverfahren. Der Boden wird aus einem Schürfloch entnommen, seine Masse durch Wägen und sein Wassergehalt durch Trocknen oder eine geeignete Feldmethode bestimmt. Zur Feststellung des Volumens wird die Grube mit einer Kunststoff- oder Gummimembran ausgekleidet und dann mit Wasser bis zu einem Aufsatzrahmen gefüllt. Die Trockendichte ergibt sich mit Hilfe der nachfolgenden Formeln:

$$V = \frac{m_4 - m_5}{\varrho_F} \quad \text{mit} \quad m_4 \text{ Ausgangsflüssigkeitsmasse}$$

m_5 Restflüssigkeitsmasse

ϱ_F Flüssigkeitsdichte (Wasser $\varrho_F \cong 1{,}0$)

$$\varrho_d = \frac{m_d}{V} \quad \text{mit} \quad m_d = \text{Trockenmasse}$$

$$= m_f - m_w$$

Je gröber der eingebaute Boden ist, um so größer sollten die entnommenen Probemengen sein, damit eine ausreichende Genauigkeit erreicht wird.

Die sog. Sättigungskurve in Abb. 5 wird beschrieben durch die Gleichung (DIN 18 127):

$$\varrho_d = \frac{\varrho_s}{1 + \dfrac{w \cdot \varrho_s}{S_r \cdot \varrho_w}}$$

Darin bedeuten: $\varrho_s = m_d / V_k$ Korndichte,

ϱ_w Dichte des Wassers,

w Wassergehalt in Prozent,

S_r Sättigungsgrad: bei vollkommener Füllung aller Poren (100 %) beträgt $S_r = 1$.

2 Erdarbeiten

Unter Erdarbeiten versteht man im Wesentlichen folgende Arbeiten:

- Vorbereiten des Baugeländes
- Oberbodenarbeiten
- Lösen und Laden des Bodens
- Transport des Bodens
- Einbau und Verdichten.

2.1 Vorbereiten des Baugeländes

Unter diesem Begriff fasst man alle Vorarbeiten zusammen, die das Baugelände zugänglich machen. Es wird so weit abgeräumt, dass die beabsichtigten Arbeiten möglich sind. Diesem Punkte sollte genügend Zeit und Aufmerksamkeit gewidmet werden, da so viel Ärger und überflüssige Arbeit vermieden werden kann.

Eine besondere Sorgfalt sollte der Sicherung der Vermessungspunkte, Grenzsteine und sonstiger Festpunkte gelten, da von ihnen aus während der Bauzeit Kontrollen und Einmessungen durchgeführt werden müssen. Sie sind durch die Vermessungsingenieure aufzusuchen, wenn nötig freizulegen und deutlich sichtbar zu markieren. Bei umfangreichen Bodenbewegungen sind alle Punkte dort zu sichern, wo nicht mehr mit Beschädigungen zu rechnen ist, evtl. auf benachbarten Grundstücken. Vorhandene Grenzsteine, Polygonpunkte, trigonometrische Punkte usw. dürfen nur durch einen öffentlich bestellten Vermessungsingenieur eingemessen bzw. verändert werden. Das ist zu beachten, wenn solche Punkte im Bereich von Abgrabungen oder Aufschüttungen liegen. Die Veränderungen müssen vor Beginn der Arbeiten eingeleitet werden.

Besonderes Augenmerk sollte auch Festpunkten neben den Baustraßen und den Fahrstrecken der Großgeräte gelten. Da ein Anfahren nie ganz auszuschließen ist, sollten solche Punkte vorsorglich nach außen hin gesichert werden, damit ihre Lage kontrolliert und notfalls wiederhergestellt werden kann. Bei Aufschüttungsarbeiten lassen sich wichtige Messpunkte im gewachsenen Untergrund durch aufgesetzte Schächte erhalten.

Frühzeitig sind auch unterirdische Versorgungsleitungen aufzusuchen und zu markieren. Ihre Lage ist bisweilen durch eine Beschilderung an Pfosten oder Hauswänden festzustellen. Vielfach empfiehlt sich ein Anruf oder besser ein Besuch bei den Versorgungsunternehmen, der Post und der Feuerwehr. Ein mitgebrachter Lageplan hilft, die Lage des Baugeländes und die Lage der Leitungen zu erläutern. Diese Vorsichtsmaßnahme trägt dazu bei, kostspielige Reparaturen infolge Beschädigungen von Hochspannungskabeln, Gas- und Telefonleitungen usw. zu vermeiden.

Der nachfolgende Arbeitsabschnitt umfasst die Absteckung der Lagerflächen und Baustraßen, das Freiräumen des Baugeländes von Gebäuderesten, Fundamenten und sonstigen Hindernissen sowie die Beseitigung des Bewuchses im Bereich des späteren Bauwerks. Auf die Entwässerung wird später noch im Rahmen der Wasserhaltung eingegangen werden. Hier sei aber schon darauf hingewiesen, dass Tümpel und kleine Wasserläufe besonders sorgsam zu behandeln sind, damit Eingriffe in vorhandene, natürliche Lebensbereiche (Biotope) so gering wie möglich bleiben. Der vorhandene Bewuchs, Bäume und Sträucher, ist möglichst schonend zu behandeln. Er darf nur im erforderlichen Umfang und nur in Übereinkunft mit dem Bauherrn entfernt werden. Bäume, die erhalten werden sollen, sind vor Beschädigungen zu schützen. Das gilt auch für den Wurzelraum, der durch Befahren oder Anschüttungen gefährdet werden könnte. Gegebenenfalls ist auch ein Umpflanzen zu erwägen. Alle diese Arbeiten sollten frühzeitig und nicht unter dem Druck bereits mit laufenden Motoren dahinter stehender Erdbaugeräte begonnen werden.

2.2 Oberbodenarbeiten

Der Oberboden oder Mutterboden ist die mit Humus angereicherte, intensiv durchwurzelte und an Klein- und Kleinstlebewesen reiche oberste Bodenschicht. Meist etwa 20 bis 40 cm dick, ist sie die eigentliche Vegetationsschicht. Sie zeichnet sich durch eine deutlich dunklere Färbung aus. Da es sich bei dem Mutterboden um ein wertvolles, nicht ersetzbares Gut handelt, ist er sorgsam zu behandeln.

2.2.1 Abtragen von Mutterboden

Er wird vor Baubeginn von allen Bau-, Abtrags- und Auftragsflächen abgeräumt. Er sollte möglichst auch von allen vorübergehend als Lagerplätze, Baustraßen und Parkplätze genutzten Flächen entfernt werden.

Der Abtrag des Mutterbodens ist stets gesondert von anderen Erdbewegungen auszuführen. In Waldgebieten anzutreffende relativ dünne Rohhumusschichten werden ebenfalls abgetragen, um sie in Kompostmieten weiterzuverarbeiten.

Der Mutterboden soll bei seiner Bearbeitung nicht verändert, d. h. verdichtet oder verschmiert, werden. Darum sollten die eingesetzten Raupenfahrzeuge keine Kettenbreite unter 500 mm besitzen und die Pressung unter der Kette 40 kN/m^2 (4 N/cm^2) nicht überschreiten. Planierraupen sollten den Boden nur über kurze Entfernungen bewegen. Für größere Entfernungen und schwere, tonreiche Oberböden sollten grundsätzlich Ladegeräte (Laderaupen u. Ä.) eingesetzt werden. Bei anhaltendem Regen oder wenn die Böden sehr nass sind, sind die Mutterbodenarbeiten einzustellen.

2.2.2 Lagern von Mutterboden

Kann der Mutterboden nicht sofort wieder an anderer Stelle angedeckt werden, lagert man ihn in *Mieten*. Sie sollten höchstens etwa 1,3 m hoch und am Fuß nicht breiter als 3,0 m sein. An der Oberfläche erhalten sie eine leichte Mulde zur besseren Durchfeuchtung. Sie sind möglichst im Schatten anzulegen. Um ein Verschlämmen der Oberfläche, Erosionen, Austrocknung oder ein Überhandnehmen von unerwünschten Wildkräutern zu vermeiden, sät man bei längeren Lagerzeiten Klee, Lupinen o. Ä. an oder deckt sie mit Rasenboden, Stroh oder Kartoffelkraut ab, um so die Kleinlebewesen im Mutterboden lebend zu erhalten. Unter besonderen Umständen ist es sinnvoll, den Mutterboden abseits vom Baubetrieb in größeren Depots zu lagern, von denen er leicht wieder abtransportiert werden kann. Das ist besonders bei längeren Lagerzeiten zweckmäßig. Auf keinen Fall sollten aber auch dann Höhen von etwa 2,0 m überschritten werden.

2.2.3 Andecken von Mutterboden

Die Dicke einer neu hergestellten Mutterbodendecke richtet sich nach dem Verwendungszweck. Oft wird sie geringer sein als im natürlichen Zustand. Wenn die vorhandenen Vorräte an Mutterboden nicht ausreichen, genügen für die Rasenansaat auch Dicken von 10 cm. Für Gehölzpflanzen müssen die Dicken der Andeckung natürlich größer werden. Man kann aber auch dort sparen, wenn man nur in den Pflanzlöchern den Unterboden mit reichlich Mutterboden mischt und ansonsten die Andeckung dünn hält.

Vor dem Andecken ist der Unterboden aufzurauen, sind verdichtete und verfestigte Flächen aufzulockern und erforderliche Entwässerungsmaßnahmen durchzuführen, um die Bildung von Staunässe auszuschließen. Durch das Aufrauen wird die erforderliche Verzahnung zwischen Unter- und angedecktem Oberboden hergestellt, die, besonders auf geneigten Flächen, ein Abrutschen infolge von Niederschlägen und Frost verhindert. Verzahnung und Durchwurzelung werden erleichtert, wenn zunächst nur ein Teil des Mutterbodens in einer dünnen Schicht aufgebracht, mit Eggen oder Fräsen mit dem Unterboden verbunden wird und dann erst die volle Andeckung erfolgt. Steile Hänge sind aus den vorgenannten Gründen vor dem Andecken mit kleinen Terrassen oder Riefen zu versehen. Das Abdecken von Böschungsflächen mit Stroh- oder Reisigmatten nach dem Einsäen hat sich in ungünstigen Witterungsperioden als geeignete Schutzmaßnahme erwiesen. Für das Ausbringen und Verteilen des Mutterbodens gilt, was für den Maschineneinsatz beim Abtragen von Mutterboden gesagt wurde.

2.3 Lösen und Laden des Bodens

2.3.1 Allgemeines

Mit der Gewinnung des Bodens, wie man das Lösen und Laden auch unter einem Sammelbegriff zusammenfasst, kann unmittelbar nach Abschluss der Vorarbeiten und dem Abtrag des Oberbodens begonnen werden.

Bei der Herstellung von Einschnitten beginnt man am tiefsten Punkt und arbeitet gegen das Gefälle, damit anfallendes Tagwasser, Oberflächenwasser und Grundwasser von der Gewinnungsstelle abfließen können. Für den schadlosen Abfluss sorgt ein System von Entwässerungsgräben, das immer weiter nachgeführt wird.

Diese Entwässerungsmaßnahmen sind besonders bei bindigen wasserempfindlichen Böden mit kleiner Plastizitätszahl I_P sorgfältig auszuführen. Die Oberflächen sind gewissenhaft abzugleichen und mit einem Quergefälle von mindestens 6 % zu den Gräben zu versehen.

Fahrstraßen sind auf solchen Böden möglichst mit einer ausreichend starken Abdeckung aus grobem Material zu versehen.

Wird der gewonnene Boden als Erdbaustoff weiterverwendet, so ist er vor Verunreinigungen und Vermengungen zu schützen. Unterschiedliche Bodenarten – grobkörniger und feiner Boden – sind voneinander getrennt zu gewinnen und erforderlichenfalls zwischenzulagern.

Die Einhaltung der vorgegebenen Querschnittsprofile ist zu beachten und durch ständige Kontrollen sicherzustellen. Nachträglich notwendig werdende Profilkorrekturen führen meist zur Verschlechterung der Dichte.

Werden beim Lösen und Laden frühgeschichtliche Funde – Gebäudereste, Keramiken, Grabstellen, Pflanzen- oder Tierreste oder deren Abdrücke, paläontologische Funde – angetroffen oder vermutet, ist die Bauleitung und von ihr die entsprechende staatliche Stelle zu benachrichtigen, damit die Funde registriert, gesichert und evtl. in Notgrabungen ergänzt werden können. Die Bauarbeiten sind sofort einzustellen.

2.3.2 Zweck der Gewinnung

Die Gewinnung des Bodens kann grundsätzlich zwei verschiedenen Zielen dienen:

■ Entfernen des anstehenden Bodens für die Durchführung einer Baumaßnahme,

■ Gewinnen von Erdbaustoff für die Erstellung eines Erdbauwerks.

Unter den ersten Punkt fällt die Herstellung von Einschnitten für Verkehrsbauten, von Baugruben und großen planierten Flächen sowie die Entfernung von Böden, die wegen ihrer Frostgefährdung oder mangelnden Tragfähigkeit nicht geeignet sind und ersetzt werden müssen. Entscheidend ist die Frage, wo und in welcher Entfernung die Massen schadlos abgelagert und wieder in die Natur eingegliedert werden können und wie ihr Transport bewältigt werden kann. Für die unter dem zweiten Punkt genannten Aufgaben hat neben den technischen Gewinnungsfragen die bodenmechanische Eignung des gewonnenen Erdstoffs für den Einbau besondere Bedeutung. Wassergehalt, Verdichtbarkeit und Dichte spielen eine entscheidende Rolle, müssen laufend überwacht und ungeeignete Einschlüsse ausgesondert und getrennt verwendet werden. Böden für solche Zwecke sollen frostunempfindlich und gut zu verarbeiten sein. Das Gestein sollte sich unter klimatischen Einflüssen nicht wesentlich verändern.

Die Verbindung beider Punkte ist anzustreben. Sie ist wirtschaftlich, wenn die Aushubmassen in unmittelbarer Nachbarschaft wieder in Erdbauten eingebaut werden, die Transportwege kurz sind und zusätzliche Kosten für die Ablagerung entfallen. Voraussetzung ist, dass geeignetes Material gewonnen werden kann.

2.3.3 Arbeitsweisen der Gewinnung

Das Lösen des Bodens aus seiner natürlichen Lagerung kann grabend oder schürfend oder auch als Kombination beider Arbeitsweisen erfolgen.

Bei grabendem Abbau dringt man auf kleiner Fläche mit einem schaufelartigen Gerät verhältnismäßig tief in den Boden ein. Eine solche Arbeitsweise besitzen die verschiedenen Bagger wie Hydraulikbagger, Seilbagger, Universalbagger und Teleskopbagger mit ihren Hochlöffel-, Tieflöffel- oder Greifereinrichtungen.

Der schürfende Abbau erfolgt in dünnen Schichten auf großen Flächen. Er ist die typische Abbauform der Flachbagger, wie Planierraupen, Raddozer, Schürfkübelwagen (Scraper) und Erd- und Straßenhobel (Grader). Entweder schieben sie den Boden vor sich her oder zur Seite und müssen durch Radlader oder Laderaupen unterstützt werden, wenn der Boden verladen und verfahren werden soll, oder sie sind in der Lage, sich selbst zu beladen und gleichzeitig als Transportgerät zu dienen (Scraper). Eine Zwischenstellung nehmen die Laderaupen und Radlader, die Schaufelrad- und Eimerkettenbagger sowie die Seilbagger mit Schürfkübeleinrichtung (Dragline) ein, die sowohl schürfend als auch grabend arbeiten.

Die beschriebenen unterschiedlichen, den einzelnen Geräten eigenen Arbeitsweisen erfordern spezielle, daran angepasste Arbeitstechniken. So findet man bei den Baggern und Schaufelradbaggern in der Regel die *Kopfbaggerung*. Wird die Hochlöffeleinrichtung eingesetzt, steht der Bagger tief und arbeitet vorwärts fahrend gegen die Abbauwand. Wird mit dem Tieflöffel gearbeitet, steht der Bagger hingegen hoch und stellt rückwärts fahrend den Baggerschnitt her. Greifereinrichtungen werden vorwiegend für den Baugrubenaushub mit begrenztem Arbeitsraum eingesetzt.

Bei allen diesen Arbeiten können die zu beladenden Transportgeräte entweder in Gleich-, Hoch- oder Tieflage stehen (Abb. 7).

Die *Seitenbaggerung* ist im Wesentlichen den Eimerketten- und Schürfkübelbaggern vorbehalten. Das Gerät fährt parallel zur Abbauwand und gräbt den Boden in geringen Dicken, also schichtweise, ab. Natürlich ist eine solche Arbeitstechnik auch mit dem Bagger möglich, führt aber dann meist zu einer Kombination aus *Kopf- und Seitenbaggerung* (Abb. 6).

Aus diesen Arbeitstechniken entwickeln sich dann die verschiedenen Abbaumethoden.

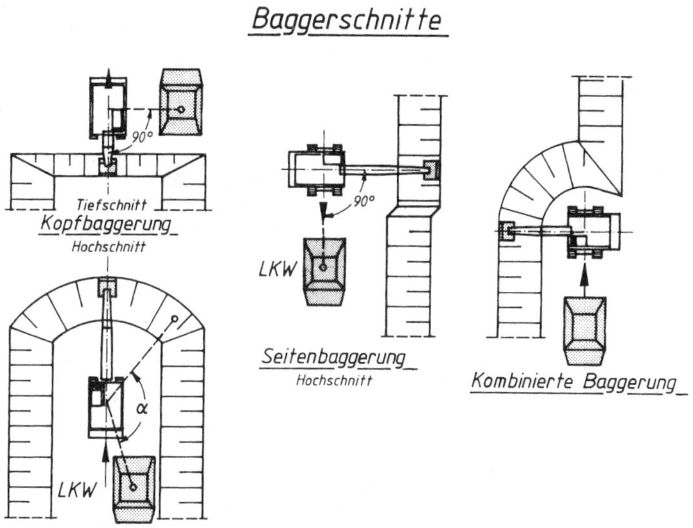

Baggerschnitte

Tiefschnitt
Kopfbaggerung
Hochschnitt

LKW

LKW

Seitenbaggerung
Hochschnitt

Kombinierte Baggerung

Abb. 6

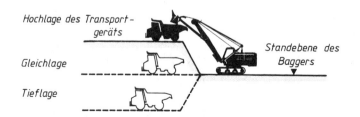

Hochlage des Transport-
geräts

Gleichlage

Tieflage

Standebene des
Baggers

Abb. 7

2.3.4 Abbaumethoden

Maßgebend für die Wahl einer bestimmten Abbaumethode ist die Größe des Querschnittsprofils und die Grundfläche des Aushubs. Je nach Tiefe und Breite entscheidet sich, ob im

- Kopf- oder Frontbau,
- Schlitzbau,
- Stufen- oder Strossenbau bzw.
- Seitenbau

das Material gewonnen wird. Selbstverständlich wird diese Entscheidung auch von der Geländeform und der möglichen Schnitttiefe des Gerätes beeinflusst. Bei großen und tiefen Querschnitten können möglicherweise mehrere Gewinnungsgeräte in mehreren Schnitten, neben- oder übereinander gestaffelt, angeordnet werden.

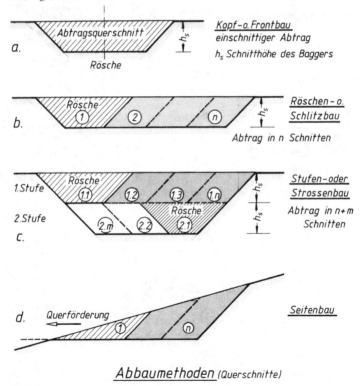

a. Abtragsquerschnitt — h_s
Rösche

<u>Kopf- o. Frontbau</u>
einschnittiger Abtrag
h_s Schnitthöhe des Baggers

b. Rösche ① ② ⓝ — h_s

<u>Röschen- o.</u>
<u>Schlitzbau</u>
Abtrag in n Schnitten

c. 1.Stufe Rösche ⑴⑴ ⑴⑵ ⑴⑶ ⑴ⁿ — h_s
2.Stufe Rösche ⑵ₘ ⑵⑵ ⑵⑴ — h_s

<u>Stufen- oder</u>
<u>Strossenbau</u>
Abtrag in n+m Schnitten

d. Querförderung ← ① ⓝ

<u>Seitenbau</u>

<u>Abbaumethoden</u> (Querschnitte)

Abb. 8

Nicht zu tiefe und nicht zu breite Einschnitte und Baugruben lassen sich nach der Methode des *Kopf- oder Frontbaus* in einem Schnitt auf die volle Breite ausheben. Die eingesetzten Bagger arbeiten dann im Hochschnitt vorwärts schreitend oder im Tiefschnitt rückwärts fahrend, wobei entlang der Abbaufront hin und her gewechselt wird.

Werden die Querschnitte breiter, geht man zum *Schlitzbau* über. Zunächst wird im Kopfbau ein grabenartiger Schlitz (auch Rösche genannt) aufgefahren und dann anschließend je nach Art des eingesetzten Gerätes entweder in Seitenbaggerung, meist aber in kombinierter Baggerung, Schnitt für Schnitt ausgehoben.

Bei tiefen Einschnitten wendet man den *Stufenbau* an. Nach Aushub der ersten Stufe auf die volle Querschnittsbreite folgt der volle Aushub der zweiten und eventueller weiterer Stufen. Jede neue Stufe beginnt mit dem Aushub einer Rösche nach Art der Kopfbaggerung (Abb. 8).

Beim Anschnitt von Hangflächen für Verkehrsanlagen oder für Seitenentnahmen von Erdbaustoffen (Kies, Sand, Steine) erwies sich die Methode des *Seitenbaus* als zweckmäßig. Dabei arbeitet man sich von der Hangseite her parallel zur Höhenlinie ohne vorheriges Anlegen eines Schlitzes in mehreren Schnitten in den Hang vor. Für diese Methode können die meisten Baggerarten einschließlich der Flachbagger eingesetzt werden.

Eine speziell für den Flachbaggereinsatz entwickelte Methode ist der *Lagenbau*, eine dem Stufenbau ähnliche Arbeitsweise, mit dem Unterschied, dass die Schnittebenen nicht parallel verlaufen, sondern strahlenförmig, in einem Punkt beginnend (Abb. 9).

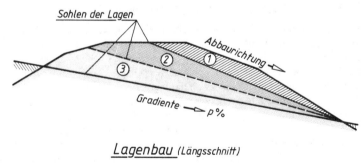

Lagenbau (Längsschnitt)

Abb. 9

Vielfach bedient man sich bei einem Bauobjekt mehrerer Methoden gleichzeitig und setzt verschiedene Gewinnungsgeräte neben- oder nacheinander ein. Es ist meistens sinnvoll, die letzte Stufe und damit das Rohplanum mit

Flachbaggern herzustellen, da sie sich höhenmäßig besser steuern lassen. Eine solche Methode nennt man dann *kombinierten* Abbau.
Welche Geräte und Methoden eingesetzt werden, hängt

- vom Umfang der Arbeiten,
- von der Form der Gewinnungsstelle, also ihren Grundriss- und Querschnittsabmessungen,
- von den örtlichen Baustellenbedingungen,
- vom Bodenaufbau, seiner Beschaffenheit und den Wasserverhältnissen,
- von den vorgesehenen Transport- und Einbaumethoden und nicht zuletzt
- von den verfügbaren Erdbaugeräten

ab.

Liegt der Zwangspunkt bei den Geräten, müssen die anzuwendenden Methoden den Geräten angepasst werden, damit bestmögliche Leistungen erzielt werden. Es ist allerdings besser, an Hand der örtlichen Gegebenheiten die Baugeräte und dann die geeignete Methode wählen zu können.
Die Leistung an der Gewinnungsstelle wird durch einen störungsfreien Ablauf wesentlich beeinflusst. Der ist dann gewährleistet, wenn

- der Baggertyp und die Arbeitsausrüstung richtig gewählt wurden,
- die Leistung an der Gewinnungsstelle und die Transportleistung aufeinander abgestimmt wurden,
- die Gewinnungsstelle und die Transportwege trocken und instand gehalten werden,
- eine Organisation an der Gewinnungsstelle, auf den Transportwegen und der Einbaustelle gefunden wird, so dass keine Stillstandszeiten auftreten.

2.3.5 Universalbagger, Seilbagger, Hydraulikbagger

Sie bestehen aus einem *Grundgerät*, an das für die verschiedenen Einsatzzwecke unterschiedliche *Arbeitsausrüstungen* angebaut werden können, ohne am Grundgerät Änderungen vornehmen zu müssen. Solche Grundgeräte sind bei den verschiedenen Herstellern bis zu einer Größe von ca. 6 m^3 Löffelinhalt verfügbar, Sondergrößen liegen weit darüber.
Das *Grundgerät* besteht aus *Unter-* und *Oberwagen*. Der Unterwagen, meist eine verdrehungssteife, geschweißte Kastenkonstruktion, enthält das *Fahr-* und das *Drehwerk* und die erforderlichen Kraftübertragungselemente. Es kommen Raupen- oder Radfahrwerke zur Anwendung. Entsprechend sind die Bezeichnungen Raupenbagger und Mobilbagger gebräuchlich. Bei den Radfahrwerken ist wegen der Luftbereifung eine zusätzliche, meist hydraulisch betätigte Abstützung erforderlich. Der Baggeroberwagen, der alle Antriebe, die Bedienungselemente, Ballastkammern und den Steuerstand aufnimmt, ist, über das Drehwerk um 360° drehbar, auf dem Unterwagen abgestützt. Die erwähnten Arbeitsausrüstungen sind mit ihren Auslegern ebenfalls am Oberwagen befestigt.

Die Leistungsübertragung erfolgt im Regelfall dieselhydraulisch.
In Sonderfällen, bei großen Maschinen, dieselelektrisch.
Die Steuerung des Baggers kann
- seilmechanisch oder
- hydraulisch

erfolgen.

Beim *seilmechanischen Antrieb* werden die Grabwerkzeuge durch Seilzüge über getrennt arbeitende Windwerke bewegt. Die Windwerke werden entweder mechanisch oder hydraulisch gesteuert. Das Schwenken des Oberwagens erfolgt vom Antrieb über ein Getriebe im Drehwerk. Das Drehmoment für das Fahrwerk wird vom Antrieb im Oberwagen über die Königswelle in den Unterwagen und von dort in das Fahrwerk geleitet. Die große Anzahl von mechanischen Teilen – Rollen, Trommeln, Kupplungen, Bremsen, Lager und Getriebe – erfordert einen hohen Wartungsaufwand und führt zusätzlich zu einem beträchtlichen Verlust an nutzbarer Energie. Der seilmechanische Antrieb hat an Bedeutung verloren. Nur in Sonderfällen, z. B. bei großen Grabentiefen, bedient man sich noch solcher Antriebe.

Der *hydraulische Antrieb* arbeitet mit einem Öldruck zwischen 150 und 300 bar, der in Ölpumpen erzeugt wird, die über ein Getriebe oder Keilriemenantriebe mit dem Motor verbunden sind.

Die Ölpumpen, im Regelfall Axial-Kolbenpumpen, sind selbstregelnd und passen sich den abgeforderten Kräften und Geschwindigkeiten selbständig an (Load-Sensing).

Dies bedeutet, dass immer nur soviel Leistung vom Motor gefordert wird, wie aktuell notwendig ist, und garantiert so eine optimale Leistungsanpassung.

An die Stelle der Einkreishydraulik ist, ihrer Vorteile wegen, seit längerem die Mehrkreishydraulik getreten, bei der über mehrere Pumpen getrennte Kreise mit Druck versorgt werden, die eine gleichzeitige, voneinander unabhängige Steuerung der einzelnen Arbeitsfunktionen zulassen. Der Öldruck wird über Leitungen und Hochdruckschläuche den Hydraulikzylindern oder Hydraulikmotoren zugeleitet, die dann die einzelnen Funktionen ausführen. Die wartungsaufwendigen Seilrollen, Seile, Bremsen, Kupplungen und Getriebe entfallen und machen den Hydraulikbagger zu einem wartungsarmen, robusten Gerät. Wie allgemein bei Hydraulikanlagen üblich, übernehmen Überdruckventile die Überlastsicherung.

Bei Baggern mit *Vollhydraulik* werden alle Bewegungsfunktionen der Arbeitsgeräte, wie auch das Fahrwerk, hydraulisch betrieben.

Bei kleineren Baggertypen mit geringerer Antriebsleistung wird wegen des ungünstigeren Wirkungsgrades der Hydraulikmotoren das Fahrwerk direkt mechanisch über die Königswelle angetrieben. In einem solchen Fall handelt es sich um eine *Teilhydraulik*.

2.3.6 Arbeitsausrüstungen

Bagger werden je nach Aufgabenstellung, Arbeitsmethode und zu lösender Bodenart mit unterschiedlichen Arbeitsausrüstungen ausgestattet, um die bestmöglichen Leistungen zu erreichen. An Ausrüstungen stehen zur Verfügung:

- Hochlöffeleinrichtung,
- Tieflöffeleinrichtung,
- Greifereinrichtung

und bei seilmechanisch angetriebenen Baggern zusätzlich

- Schürfkübeleinrichtung,
- Kranausrüstung.

Die Hoch- oder Tieflöffeleinrichtung kann außerdem durch verschiedenartige Grabschaufeln dem jeweiligen Verwendungszweck angepasst werden.

Die *Hochlöffeleinrichtung* ist für das Lösen mittelfest bis fest gelagerter Böden gedacht. Durch die Möglichkeit, den Löffel beim Hub gleichzeitig gegen die Abbaufront vorzuschieben, lassen sich hohe Reißkräfte ausüben. Durch Sprengen gelöstes Festgestein lässt sich mit diesem Gerät aufnehmen und verladen, wenn nur der Löffel groß genug ist, d. h., $\geqq 0,8 \text{ m}^3$ Inhalt hat. Mit der Hochlöffeleinrichtung erreicht der Bagger gegenüber den anderen Arbeitsausrüstungen unter sonst vergleichbaren Abbaubedingungen die höchste Arbeitsleistung. Die Entleerung erfolgt üblicherweise mittels der Löffelklappe oder eines Pendelschiebers am Boden des Grabgerätes, bei kleineren Inhalten auch durch Auskippen. In der Regel ist der Löffel mit einer Schneide ausgestattet, die aber bei festen Böden, bei denen hohe Reißkräfte ausgeübt werden müssen, durch Reißzähne ersetzt wird.

Stehen lockere bis mittelfest gelagerte Böden an oder solche, die bereits aufgelockert wurden, kann der Löffel durch eine *Ladeschaufel* ersetzt werden, die eine größere Schnittbreite besitzt. Diese Ladeschaufeln zeichnen sich durch einen vielseitigen Anwendungsbereich aus. Wandbaggerungen lassen sich mit ihnen ebenso ausführen wie Flachbaggerungen, also Planierarbeiten. Durch Nachfassen lässt sich das Grabgefäß besser füllen, so dass zusammen mit den kürzeren Spielzeiten hohe Leistungen erreicht werden können. Die Entleerung der Ladeschaufel erfolgt grundsätzlich durch Kippen.

Die *Tieflöffeleinrichtung* (Abb. 10 a und b) wird immer dann verwendet, wenn eine Baggerung unterhalb der Aufstellebene unumgänglich ist, also beim Aushub von Gräben, Baugruben und bei allen Arbeiten, die ins Grundwasser reichen, oder wenn die hohe Aufstellung den gleichzeitigen Einsatz anderer Geräte für Nacharbeiten und das Planieren der Baugrubensohle erlaubt.

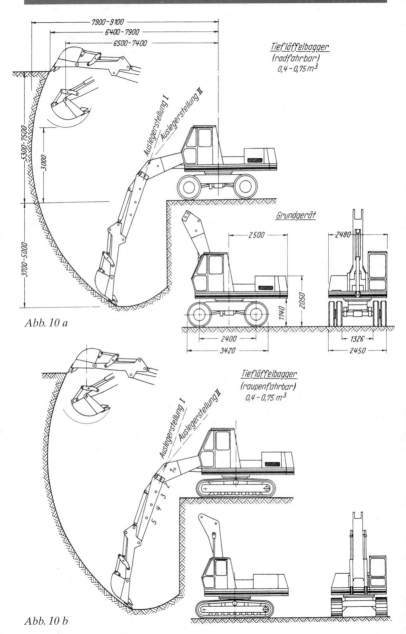

7900 – 9100
6400 – 7900
6500 – 7400

Tieflöffelbagger
(radfahrbar)
0,4 – 0,75 m³

Auslegerstellung I
Auslegerstellung II

5300 – 7500
3000
3700 – 5000

Abb. 10 a

Grundgerät

2500
2480
2050
1140
2400
3420
1326
2450

Tieflöffelbagger
(raupenfahrbar)
0,4 – 0,75 m³

Auslegerstellung I
Auslegerstellung II

1 2 3 4 5

Abb. 10 b

97

Bedingt durch die Arbeitsweise erreicht die Tieflöffeleinrichtung nur zwischen etwa 60 und 95 % der Arbeitsleistung der Hochlöffeleinrichtung. Sie ist aber besonders bei unregelmäßigen Bodenverhältnissen für den Aushub geeignet, wenn Trümmer- und Felseinschlüsse oder Fundamentreste erwartet werden. Beim Betrieb ist darauf zu achten, dass die Böschungen nicht zu steil angelegt oder gar untergraben werden, damit Bagger und Transportfahrzeuge nicht abrutschen oder abstürzen.

Auch die Tieflöffeleinrichtung kann bei geeigneten Bodenverhältnissen mit einer Ladeschaufel ausgestattet werden.

Die *Greifereinrichtung* wird, soweit sie in Verbindung mit dem seilmechanisch angetriebenen Universalbagger verwendet wird, immer aus einem Gitterausleger und dem Zweischalenmehrseilgreifer bestehen, der durch seine Eigenlast in den Boden einsinkt, sich beim Schließen der Schalen eingräbt und je nach Festigkeit des Bodens mehr oder weniger gut füllt. Beim Mehrseilgreifer ist ein Seil zum Heben und Senken des Greifers und ein weiteres zum Öffnen und Schließen vorhanden. Beim Heben und Senken läuft die Seiltrommel für das Öffnen und Schließen in der gleichen Geschwindigkeit mit. Im Gegensatz zum Einseilgreifer, der dem Turmdrehkran vorbehalten ist, kann der Mehrseilgreifer in jeder Höhenlage geöffnet und geschlossen werden. Die Leistung schwankt je nach Bodenart in weiten Grenzen. Eine wesentliche Leistungssteigerung wurde durch den Einsatz hydraulisch angetriebener Greifer erreicht, die, unmittelbar am Löffelstiel des Hydraulikbaggers befestigt, mit Druckzylindern geöffnet und geschlossen werden. Vielfach findet man noch einen Schwenkmotor, der ein Drehen des Greifers zu seiner besseren Führung ermöglicht. Da er hydraulisch in den Boden eingepresst werden kann, ist der Füllungsgrad auch bei festen Böden besser.

Damit steigt die Arbeitsleistung. Nachteilig wirkt sich die Beschränkung der Einsatztiefe durch die Länge der Ausrüstungsteile aus. Selten sind mehr als 10 m Grabtiefe zu erreichen. Die hydraulische Greifereinrichtung eignet sich besonders für maßgenauen Aushub unter beengten Arbeitsverhältnissen.

Die *Schürfkübeleinrichtung* (Schleppschaufel oder Dragline) ist nur an seilmechanisch angetriebenen Baggern in Verbindung mit dem Gitterausleger einzusetzen. Der oben und an der Zugseite offene, flache Schürfkübel hängt an seinem hinteren Ende mit einem Seil- oder Kettengehänge am Hubseil des Baggers. An der Vorder-, also Zugseite, ist das Grabseil angebracht. Der Schürfkübel wird, am Hubseil pendelnd, ausgeworfen und mit dem Grabseil eingezogen und gleichzeitig gefüllt. Die Schürfkübeleinrichtung ist durch ihre Arbeitsweise mehr für den flächenförmigen Abtrag nicht allzu fest gelagerter Bodenarten geeignet. Man setzt diese Ausrüstung gerne und mit Erfolg für Unterwasseraushub ein. Der Kübel wird dann gelocht. Die Arbeitsleistung ist wesentlich von der Kübelform, der Kübeleigenlast und nicht zuletzt von der Geschicklichkeit des Baggerführers abhängig, der das Zusammenspiel zwischen Hub- und Grabseil vollkommen beherrschen muss.

Schwere Böden verlangen schwere und schmale, lange Kübel, die auch für rollige, nichtbindige Böden verwendet werden. Klebende, bindige Bodenarten und Schlick gewinnt man besser mit leichteren, breiten, gedrungenen Kübeln.

Bei schweren Böden wird die Schneidkante des Kübels mit Reißzähnen versehen, die, je schwerer der Boden zu lösen ist, desto länger und spitzer werden.

2.3.7 Einflüsse auf die Arbeitsleistung

Die genaue rechnerische Leistungsermittlung ist ohnehin problematisch und soll hier nicht behandelt werden. Dennoch werden die Einflüsse angesprochen, damit ihnen im Einsatz eine entsprechende Beachtung geschenkt wird.

Die Baggerleistung wird außer durch Erfahrung und Eignung des Baggerführers auch beeinflusst durch:

- Art und Größe des Baggers und der Arbeitsausrüstung,
- Bodenart,
- Einsatzbedingungen und
- betriebliche Einflüsse.

Art und Größe des Universalbaggers werden nach

- dem Fassungsvermögen des Hochlöffels,
- der Motorenleistung und
- dem Seilzug an der Hauptwinde bzw. dem hydraulischen Vorschub

bestimmt.

Wenn die nutzbare Leistung eines Baggermotors beurteilt werden soll, benötigt man die Dauerleistung des voll ausgerüsteten Motors nach DIN ISO 3046-1; DIN 6271-3.

Die Angabe der Motorleistung als Höchstleistung am „nackten" Motor bei maximaler Drehzahl ist für Vergleichszwecke ungeeignet, da sie nur kurzzeitig auf dem Prüfstand erreicht werden kann, nicht aber unter normalen Arbeitsbedingungen.

Bisweilen werden Motorleistungen auch nach DIN 70 020-2 angegeben. Diese Norm ist gültig für die Nutzleistung von Kraftfahrzeugmotoren und ergibt bei Anwendung auf Erdbaumaschinen gegenüber der o.g. DIN etwas höhere Werte.

Motorleistungen ausländischer Hersteller werden häufig in SAE-PS angegeben. Die Umrechnung ist abhängig von der vorliegenden Motorstärke:

- 1 kW nach DIN = 1,5 bis 1,7 SAE-PS.

In der Regel sind in Anpassung an die auszuführenden Erdarbeiten Baggertyp und Arbeitsausrüstung für die Baustelle bereits festgelegt. Veränderungen dieses Einflussfaktors sind also ebensowenig möglich wie die Auswirkungen von zu lösenden Bodenarten, die sich in bestimmter Weise auflockern und das Grabgefäß nur teilweise füllen.

Hingegen könnte aber auf der Baustelle die Leistung durch Optimierung (Schaffung bester Bedingungen) der Einsatzbedingungen und der betrieblichen Einflüsse günstig beeinflusst werden. Zu den Einsatzbedingungen gehören:

- Schnitthöhe,
- Schwenkwinkel und
- Größe der Transportgefäße.

Da zur Füllung eines Grabgefäßes immer ein bestimmter Schürfweg notwendig ist, der von der Breite und Größe des Grabgerätes ebenso abhängig ist wie von der Bodenart, muss eine gewisse *Schnitthöhe* eingehalten werden, die für das Gerät optimale Arbeitsergebnisse bringt. Die Zusammenhänge wurden von *Schub* in einem Diagramm dargestellt (Abb. 11).

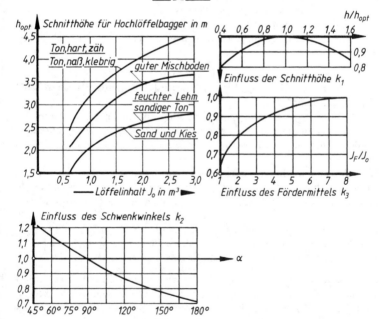

Abb. 11

Auch der *Schwenkwinkel* des Oberwagens, der erforderlich ist, um das Transportgefäß zu beladen oder den Boden abzusetzen, beeinflusst die Leistung, da diese Zeit von der reinen Gewinnungszeit abgezogen werden muss. Normalerweise geht man von einem Schwenkwinkel von 90° aus. Größere Winkel ergeben entsprechende Leistungsminderungen (Abb. 11). Ziel aller Bemühungen muss also sein, die Transportfahrzeuge so aufzustellen, dass der Schwenkwinkel möglichst klein wird, aber das Fahrzeug den Bagger in seiner Bewegungsfreiheit auch nicht einschränkt.

Die *Größe der Transportgefäße* ist insofern von Bedeutung, als der Bagger beim Laden genauer ausgerichtet werden muss, damit das Grabgefäß vollkommen in das Transportgefäß entleert werden kann. Auch an dieser Stelle bringen Zeitverluste Leistungseinbußen, die durch eine richtige Bemessung der Inhalte der Transportgeräte zu dem des Grabgefäßes auszuschalten oder zumindest einzuschränken sind (Abb. 11).

Bei Arbeiten über 1000 m über NN tritt bei Dieselantrieben ein luftdruck- und temperaturbedingter Abfall der Motorenleistung ein.

Sehr wesentlich ist der *betriebliche Einfluss*, der sich aus einer Vielzahl von Einzelfaktoren zusammensetzt. Hervorzuheben sind:

- Auswahl, Schulung und Führung des Personals,
- Pflege und Instandhaltung des Geräteparks,
- witterungs- und bodenabhängige Pflege der Transportwege und der Ladestelle,
- Organisation der Baustelle und Abstimmung der Einzelabläufe aufeinander.

Aber selbst auf einer gut organisierten und geführten Baustelle können durch nicht vermeidbare Arbeitsunterbrechungen Zeitverluste eintreten, die die tatsächlich nutzbare Einsatzdauer auf etwa 50 Minuten pro Stunde verkürzen. Weitere Einbußen können durch Witterungseinflüsse, Wasserandrang, notwendiges Umsetzen der Geräte, Wartungsarbeiten und Arbeiten zur Einhaltung des vorgeschriebenen Profils auftreten. Durch geschickte Organisation, z. B. Bereitstellung von Wasserhaltungsanlagen, Instandhaltung der Arbeits- und Transportflächen mit Gradern und Abdecken mit Befestigungsmaterial, Einhaltung der zulässigen Betriebsstunden bei Geräten und Wartung während der Stillstandszeiten, lassen sich die Ausfallzeiten erheblich vermindern. Anderenfalls können gegenüber der 50-Minuten-Stunde Betriebsabminderungen von 20 bis 40 % auftreten. Aber selbst bei gut organisierten Baustellen ohne besondere Schwierigkeiten sind Werte zwischen 15 und 20 % Abminderung kaum zu umgehen.

2.3.8 Flachbagger

Unter dem Begriff *Flachbagger* werden alle Geräte zusammengefasst, die großflächig anstehende Bodenmassen mit einem *Schneidmesser* oder einer

Pflugschar in dünnen Schichten parallel zur Oberfläche abtragen. Dabei steht das Gerät nicht wie der Universalbagger an einer Stelle, sondern übt seine Tätigkeit im Wesentlichen fahrend aus. Flachbaggergeräte sind in der Lage, alle im Erdbau auftretenden Arbeitsvorgänge – Lösen, Laden, Transport, Entladen und Verteilen – auszuführen. Entweder wird der Boden vom Gerät vor sich her geschoben, wie das bei Planierraupen und Erd- und Straßenhobeln der Fall ist, oder sie lösen den Boden, nehmen ihn auf und transportieren ihn bis zur Einbaustelle, wo er wieder verteilt wird. Man unterscheidet drei Gerätegruppen,

- Planier- und Ladegeräte,
- Schürfkübelgeräte (Scraper) und
- Erd- und Straßenhobel (Grader),

die nachfolgend mit ihren Eigenheiten besprochen werden sollen.

2.3.8.1 Planier- und Ladegeräte

Beide Geräte benutzen das gleiche Grundgerät, den raupen- oder radfahrbaren Schlepper, der überwiegend durch wasser- oder luftgekühlte Dieselmotoren angetrieben wird. Je nach Größe des Geräts liegen die Motorenleistungen zwischen etwa 15 kW bis 250 kW, vereinzelt auch noch darüber. Die Leistungsübertragung auf das Fahrwerk erfolgt bei kleineren Antriebsleistungen über mechanische Schaltgetriebe und Scheibenkupplungen. Beim Raupenfahrwerk sind zur Lenkung Lamellenkupplungen vor die Antriebsräder geschaltet (Abb. 12 a und b).

Mit steigender Motorenleistung werden Fahrer und Schaltung stark belastet, und man geht dann zur hydrodynamischen Kraftübertragung über. Zwischen Motor und Fahrwerksantrieb tritt anstelle der starren Verbindung die Kraftübertragung durch Öl. Es werden entweder *Strömungskupplungen* oder *Drehmomentwandler* benutzt. Bei beiden Leistungsübertragungen beschleunigt ein auf der Antriebswelle sitzendes Pumpenrad die Flüssigkeit, die ein im gemeinsamen Gehäuse befindliches Turbinenrad antreibt, das auf der Abtriebswelle zum Fahrwerksantrieb sitzt. Diese Anordnung schließt ein Abwürgen des Motors bei Überlast aus. Die Über- bzw. Untersetzung, d. h. also die Veränderung des Drehmoments, erfolgt bei der Strömungskupplung in einem mechanischen Getriebe. Beim Drehmomentwandler erfolgt die Übersetzung in der Kupplung durch ein mit dem Gehäuse fest verbundenes Leitrad, mit dem das Abtriebsmoment gegenüber dem Antriebsmoment gewandelt wird. Drehmomentwandler passen sich elastisch den jeweiligen Beanspruchungen an und gleichen Schwankungen in der Motorbeanspruchung aus. Allerdings ist der Übertragungswirkungsgrad gegenüber den mechanischen Getrieben geringer.

Neben der vorgenannten findet man bei einigen Radschleppern die *hydrostatische Leistungsübertragung*, die den Antrieb aller Räder durch getrennte, in

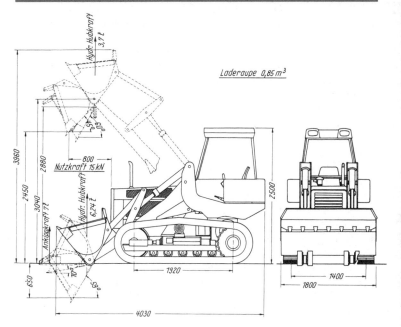

Abb. 12 a

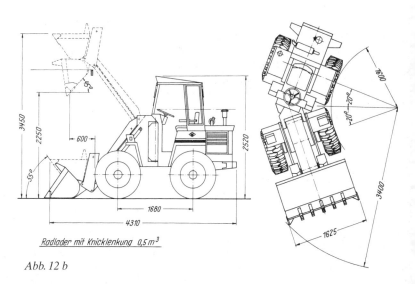

Radlader mit Knicklenkung 0,5 m³

Abb. 12 b

den Radnaben untergebrachte Hydromotoren ermöglichen. Der Wirkungs-grad dieser Übertragung ist günstiger als bei der hydrodynamischen Übertra-gung, aber immer noch niedriger als bei der mechanischen.

Raupenfahrwerke bestehen aus zwei Fahrwerksrahmen, die hinten den Antriebsturas, vorne den Spannturas, oben die Stütz- und unten die Laufrol-len tragen. Darüber spannt sich das Raupenband aus ein- oder mehrteiligen Gliedern, verbunden durch Kettenbolzen. Je nach Einsatz sind die Raupen unterschiedlich breit und profiliert. Die Bodenpressungen liegen zwischen 30 und 50 kN/m^2 bei kleinen und 60 und 80 kN/m^2 bei großen Geräten. Die maxi-malen Fahrgeschwindigkeiten betragen rund 12 km/h.

Die Lenkung erfolgt durch Abbremsen einer Raupe. Zum Teil sind auch gegenläufige Drehrichtungen der Raupen und damit ein Drehen auf der Stel-le möglich.

Bei Schleppern mit *Radfahrwerk* kann die Lenkung in drei Arten erfolgen:
- durch Lenkkupplung und Lenkbremse wie beim Raupenfahrwerk;
- durch Lenkung einer Achse – meist der Hinterachse – wie beim Lkw;
- durch Knicklenkung, bei der die Vorderachse mit der Bewegungseinrich-tung für Schild und Ladeschaufel über eine senkrechte Achse mit dem Hinterwagen verbunden ist. Die Lenkung erfolgt auf beiden Seiten über doppelt wirkende Hydraulikzylinder; die Einschläge betragen maximal 45°.

Die Reifen sind Niederdruckreifen mit 1,0 bis 1,8 bar Überdruck, die eine Walkwirkung ausüben. Für feste Böden werden möglichst glatte, geschlosse-ne Profile verwendet, während weiche Böden offene Profile mit großen Stol-len verlangen. Die weiche Bereifung und die Radaufhängung lassen auch bei Unebenheiten höhere Geschwindigkeiten, bis zu 45 km/h, zu. Nachteilig wirkt sich bei Planiergeräten der kurze Radstand aus. Außerdem sind die Boden-pressungen dreimal so hoch wie bei den Planierraupen. Auf weichen, bindigen Böden sind Raupenschlepper überlegen, wenn auch die Verdichtung durch die Walkwirkung der Reifen nicht unterschätzt werden sollte.

Wird der Schlepper mit einem Schild ausgestattet, ergibt sich ein *Planiergerät*. Man unterscheidet zwischen
- einem Querschild (Brustschild) und
- einem Schwenkschild.

Der *Querschild* steht senkrecht zur Schlepperachse, stützt sich mit zwei star-ren Streben auf den Fahrwerksrahmen ab und kann hydraulisch gehoben und gesenkt werden. Eine geringfügige Querneigung ist ebenso möglich wie eine Verstellung des Schnittwinkels bis zu 10°. Das Verhältnis der Schildhöhe zur -breite beträgt etwa 0,35. Die Gesamtgröße des Schildes richtet sich nach der installierten Motorleistung. Die Schildbreite beträgt etwa das 1,35fache der Schlepperbreite.

Der *Schwenkschild* ist auf einem Mittelzapfen gelagert und lässt sich nach beiden Seiten um 25° bis 30° verschwenken. Der Winkel zur Schlepperachse beträgt also 60° bis 75°. Der Boden gleitet am Schild entlang und lagert sich neben der Fahrspur ab. Man kann ein solches Gerät zur Pflege der Fahrwege, zur Schneeräumung und für den ersten Schnitt beim Seitenbau einsetzen.

Die Schildbetätigung erfolgt hydraulisch, wobei der Schild jeweils mit zwei doppelt wirkenden Hydraulikzylindern betätigt wird. Mit der Hydraulik ist ein millimetergenaues Heben und Senken möglich.

Baut man an den Schlepper eine Ladeschaufel an, erhält man ein *Ladegerät*, das je nach Funktionsmöglichkeit der Schaufel als

- Frontlader,
- Überkopflader,
- Schwenkschaufellader oder
- Seitenkippschaufellader

bezeichnet wird.

Häufig verwendet man der besseren Wendigkeit wegen den Radschlepper und spricht von *Radladern*. Ähnlich wie beim Hochlöffel wird die Ladeschaufel hydraulisch bewegt, allerdings mit je einem Ausleger auf jeder Schlepperseite. Langsam vorwärts fahrend wird das Ladegut schürfend aufgenommen und die Schaufel hochgekippt. Dann setzt das Gerät im rechten Winkel einschwenkend zurück und fährt vorwärts in die Ladeposition. Dabei wird die Schaufel so hoch gehoben, dass sie über dem Transportgefäß ausgekippt werden kann.

Anders als beim vorerwähnten *Frontlader* kann beim *Überkopflader* die Schaufel so weit über das Ladegerät hinweggehoben werden, dass sie über das Heck entleert werden kann. Das Transportgefäß kann näher am Ladegerät stehen, und die Schwenkbewegung beim Zurücksetzen entfällt. Bei diesen Geräten muss der Fahrer durch eine besonders robuste Ausführung des Führerhauses vor herabfallenden Brocken und durch Gitter vor dem Einklemmen im Gestänge geschützt werden.

Beim *Schwenkschaufellader*, der meist radfahrbar ist, ist die Ladeschaufel auf einem Drehschemel um mind. 180° drehbar angeordnet. Der Boden wird grundsätzlich vor Kopf aufgenommen, kann dann aber zurückstoßend in ein seitlich stehendes Transportgefäß entleert werden.

Der *Seitenkippschaufellader* arbeitet ähnlich, nur dass die angehobene Schaufel nicht geschwenkt und dann gekippt, sondern unmittelbar um eine feststehende, parallel zur Schlepperachse angeordnete Achse gekippt wird.

Die beiden letztgenannten Geräte werden überwiegend für den Baustoffumschlag eingesetzt.

2.3.8.2 Schürfkübelgeräte

Zur zweiten Gruppe der Flachbagger gehören die *Schürfkübelgeräte* (Scraper), die als

- Anhängerschürfwagen oder
- Motorschürfwagen mit ein oder zwei Motoren

üblich sind. Sie sind Lade-, Transport- und Einbaugerät in einem. Von einigen, nur noch wenig eingesetzten Sonderbauweisen abgesehen, sind sie mit Reifenfahrwerken ausgestattet. Das erlaubt hohe Transportgeschwindigkeiten.

Die *Anhängerschürfwagen* haben meist zwei Achsen und müssen je nach erforderlichem Kraftaufwand von Rad- oder Raupenschleppern geschleppt werden. Zum Heben und Senken des Kübels besitzen sie einen eigenen Antrieb. Die Steuerung ist etwas problematisch. Die Schlepperleistung lässt sich allerdings genau dem zu lösenden Boden anpassen. Dennoch sind sie in ihrer Bedeutung zurückgedrängt worden.

Statt dessen trifft man den *Motorschürfwagen* (Abb. 13) auf der Baustelle an. Mit einer Knicklenkung versehen, ist er außerordentlich wendig. Der Kübel mit Inhalten von 2 bis über 30 m³ hängt so in einem massiven Rahmen zwischen den beiden Achsen, dass die nach unten gewölbte Schneide abgelassen werden und

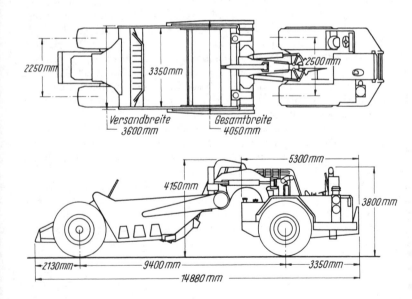

Abb. 13

in den Boden einschneiden kann. Gleichzeitig hebt sich die vordere Kübelwand (Kübelschürze) an und gibt den Innenraum frei. Durch langsames Voranfahren (2 bis 3 km/h) über eine Schürfstrecke von 30 bis 60 m wird der Boden in einer dünnen Schicht abgeschält und in den Kübel geschoben. Bindige und leicht bindige Böden, wie Schluffe und tonige Sande, eignen sich besser als nichtbindige, kohäsionslose Böden, die sich als Stauwelle vor der Schneide herschieben. Nach dem Füllen wird der Kübel in die Fahrstellung hochgezogen und mit der Kübelschürze verschlossen. Zum Füllen muss vielfach eine Schubraupe (Pusher) zu Hilfe genommen werden, die den Scraper mit dem Planierschild über den sog. Schubbock am Heck anschiebt. Die Schubraupe kann bei geschickter Organisation mehrere Schürfkübelwagen bedienen.

Die Doppelmotorscraper haben einen zusätzlichen Antrieb auf die durch die Kübellast beanspruchte Hinterachse und damit einen besseren Kraftschluss. Bei Baustellen mit starken Steigungen ergeben sich deshalb höhere Umlaufgeschwindigkeiten, möglicherweise kann auch die Schubraupe eingespart werden. Bei ebener Fahrt lässt sich ein Motor abschalten. Dennoch sind Betriebs- und Anschaffungskosten hoch.

2.3.8.3 Erd- und Straßenhobel

Die dritte Gruppe der Flachbagger bilden die *Erd- oder Straßenhobel* (Grader). Sie sind nur für bestimmte Erdarbeiten, bei denen es auf besondere Genauigkeit ankommt, also die Abschlussarbeiten, einzusetzen (Abb. 14). So trifft man sie bei

- der Herstellung des Feinplanums,
- der Herstellung und Reinigung von Banketten,
- dem Schneiden von Böschungen und Gräben und
- der Instandhaltung von Baustraßen.

Außerdem werden sie im Straßenbau zum Einbringen der Frostschutzschicht, bei der Bodenvermörtelung und als Aufreißer eingesetzt.
Die *Grader* sind immer radfahrbar, entweder mit

- Hinterradantrieb,
- Tandemantrieb, soweit zwei Hinterachsen vorhanden sind, oder
- Allradantrieb

ausgerüstet.

Der Hinterradantrieb wird nur noch bei kleineren Gradern bis zu etwa 40 kW verwendet, weil wegen der geringen Last der Kraftschluss zu ungünstig ist. Bei größeren Gradern herrscht wegen des besseren Kraftschlusses der Allradantrieb vor, soweit es sich um Zweiachsgrader handelt. Dreiachsgrader sind überwiegend mit einem Tandemantrieb ausgestattet. Da bei dieser Achsanordnung etwa 70 % der Gesamtlast auf die beiden Antriebsachsen wirken, ist der Kraftschluss günstiger.

Zweiachs-Bauart

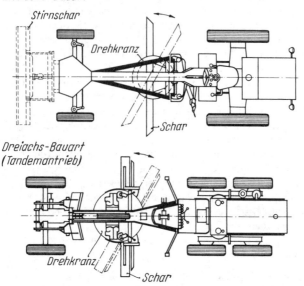

Dreiachs-Bauart
(Tandemantrieb)

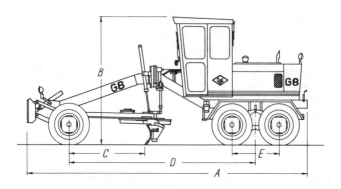

Abb. 14

Kleinere Grader werden mechanisch, z. T. mit hydraulischer Unterstützung, mit den Vorderrädern gelenkt. Nachteilig wirkt sich dabei die geringe Last auf der Vorderachse aus. Größere Geräte besitzen meist eine Allradlenkung. Geringere Wenderadien und geringere Reifenabnutzung auf der Hinterachse sind die Vorteile. Außerdem lassen sich die Achsen seitlich gegeneinander versetzen, so dass ein spurfreies Planum hergestellt werden kann. Die Sturzverstellung an den Vorderrädern (25° bis 30°) sichert eine bessere Schubübertragung und damit eine bessere Spurhaltung, wenn mit angewinkelter Schar gearbeitet wird.

An dem vorne brückenförmig hochgezogenen Hauptrahmen ist der dreieck- oder T-förmige Drehkranzrahmen vorne mit einem Kugellager, hinten mit einem Hydraulikkolben frei beweglich befestigt. An seiner Unterseite ist der Schardrehkranz mit der Schar so befestigt, dass sie damit gehoben, gesenkt, gedreht und seitlich herausgeschwenkt werden kann. Man kann z. B. die Schar im Extremfall außerhalb der Radaußenkante senkrecht stellen. Durch ihre Lage zwischen den Achsen wird eine Untersetzung der Bodenunebenheiten und damit auch ein gutes Planum in wenigen Übergängen erreicht.

Eine Reihe von Zusatzausrüstungen erlaubt einen vielseitigen Einsatz des Gerätes. Eine Stirnschar besorgt die Grobverteilung des zu planierenden Bodens. Hang-, Auskofferungs- und Kurzschar ermöglichen Arbeiten an Hängen und Böschungen sowie den Aushub oder die Pflege schmaler Rinnen.

2.3.8.4 Arbeitsleistung von Flachbaggern

Ebenso wie bei den Universalbaggern spielt auch hier die Auswahl des Gerätes sowie seine Größe und Motorenleistung eine entscheidende Rolle. Hinzu kommt noch der Einfluss der Fahrzeit, der sich natürlich auf die Gesamtleistung auswirkt.

Bei den Einsatzbedingungen muss ebenfalls beachtet werden, dass zur Füllung bei konstanter Schürfdicke ein ganz bestimmter Schürfweg zurückgelegt werden muss. Anderenfalls sinkt die Leistung wegen der nur teilweisen Füllung oder des Zeitverlustes bei mehreren Überfahrungen merklich ab.

2.4 Fördern des Bodens

Als zweiter Abschnitt des Herstellprozesses eines Erdbauwerkes schließt sich an die Gewinnung die Förderung des Bodens zur Einbaustelle an. Zunehmende Leistungen an der Gewinnungsstelle stellen immer höhere Anforderungen an die Fördereinrichtungen. Von der Planung und Durchführung der Förderarbeiten wird die gesamte Leistung entscheidend beeinflusst.

Für die Förderung gibt es grundsätzlich folgende Möglichkeiten:

- gleisgebundener Transport
- Band- oder Gurtförderung

- hydromechanische oder pneumatische Förderung
- Förderung mit Hängebahnen oder Kabelkränen
- gleisloser Transport.

Der *gleisgebundene Transport* als älteste Form wird z. B. im Tunnelbau oder Brennkohlentagebau verwendet. Durch die Gleisanlage (Spurweite 600 bzw. 900 mm) und den starren Bauzugbetrieb mit Zügen aus Muldenkippern und Elektro- oder Dieselloks ist der logistische Ablauf vorgegeben und muss in einem zeitgleich sehr engen Fenster eingehalten werden, damit keine Störungen bei der Förderung und dem Transport des Materials entstehen. Gleisbau und Unterhaltung sowie der ständige Nachbau der Gleise an der Einbaustelle verursachen hohe Kosten.

Im Tagebau (Abraum) setzt man anstelle der Gleisförderung zunehmend *Bandförderanlagen* ein, deren Verwendung wegen der großen Fördermengen und der punktförmigen Ablagerungen dort zweckmäßig ist. Die nur punktförmigen Abnahmemöglichkeiten am Bandende wirken sich im Erdbau eher nachteilig aus.

Die *hydromechanische Förderung* ist im Wesentlichen auf den Unterwasseraushub mit Spülbaggern beschränkt, bei denen der Boden (Spülgut) in Rohrleitungen mit Hilfe von Wasser gefördert und auf mit Dämmen umgebene Flächen aufgespült wird. Die *pneumatische Förderung* wird bevorzugt im Untertagebergbau für den Blasversatz eingesetzt.

Hängebahnen haben eine gewisse Bedeutung für die Förderung bei der industriellen Gewinnung von Steinen und Erden.

Unter besonderen Geländebedingungen, z. B. im Talsperren- und Deichbau, können für Dammschüttungsarbeiten *Kabelkräne* zweckmäßig sein.

Die gebräuchlichste Fördermethode im Erdbau ist der *gleislose Betrieb*. Er lässt sich am besten den wechselnden Baustellenbedingungen anpassen, erfordert aber auch vom Personal ein hohes Maß an Einsatz und Anpassungsfähigkeit. Der Wechsel der Witterung, Veränderungen in der Bodenart oder das Auftreten von Wasser fordern eine sofortige Umstellung auf die neuen Verhältnisse.

Die Wahl der Transportart und die Auswahl der Transportmittel richtet sich nach der zu fördernden Menge, der Gewinnungsart, der Baustellensituation und nicht zuletzt nach der erforderlichen Transportweite. Außer den bereits erwähnten Flachbaggern stehen

- geländegängige Spezialfahrzeuge und
- übliche Straßentransportfahrzeuge
zur Verfügung.

Weil die Flachbagger nur für kleinste bis mittlere Transportentfernungen geeignet sind (Abb. 15), werden für Entfernungen über ca. 5000 m grundsätzlich Lastkraftwagen oder Muldenkipper benutzt, die wegen ihrer Fahrwerkausstattung, Motorisierung und Fahrgeschwindigkeit besser geeignet sind.

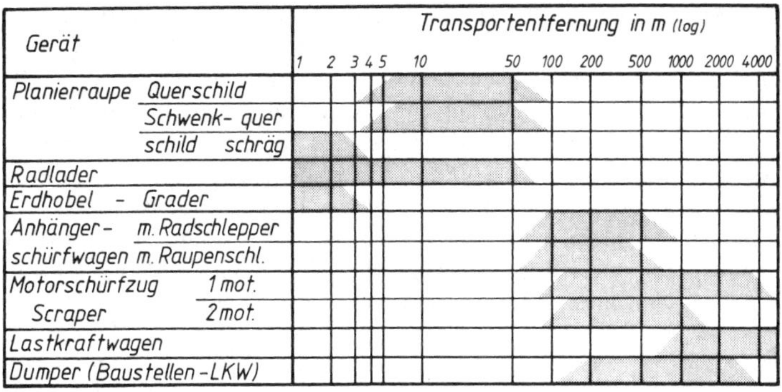

Gerät		Transportentfernung in m (log)											
		1	2	3 4 5	10	50	100	200	500	1000	2000	4000	
Planierraupe	Querschild												
	Schwenk- quer												
	schild schräg												
Radlader													
Erdhobel – Grader													
Anhänger- m. Radschlepper													
schürfwagen m. Raupenschl.													
Motorschürfzug 1 mot.													
Scraper 2 mot.													
Lastkraftwagen													
Dumper (Baustellen-LKW)													

Abb. 15: Wirtschaftliche Transportweiten für Flachbagger und LKW

Im reinen Baustellenverkehr können Fahrzeuge eingesetzt werden, die ihren Abmessungen und Rad- oder Achslasten nach auf öffentlichen Straßen nicht zugelassen werden. Sie müssen selbstverständlich betriebssicher sein und weitestgehend den gestellten Baustellenanforderungen genügen, d. h., sie sollten geländegängig und durch einen kurzen Radstand wendig sein, genügend Bodenfreiheit besitzen, möglichst geringe Bodendrücke ausüben, damit sie mit allen Wegebedingungen weitgehend zurechtkommen, so motorisiert sein, dass sie Steigungen gut überwinden können, sich gut beladen und über eine schnell arbeitende Hinterkippeinrichtung entleeren lassen. Soll während längerer Frostzeiten gearbeitet werden, muss die Mulde beheizbar sein.

Wird der Bodentransport vollkommen oder auch nur zu einem geringen Teil auf öffentlichen Straßen abgewickelt, müssen die Transportfahrzeuge die Straßenverkehrszulassung besitzen. Es sind aber nicht alle Lastkraftwagentypen mit Kippeinrichtung geeignet. Da in jedem Fall an der Lade- und der Einbaustelle im Gelände gefahren werden muss, sind nur solche Fahrzeuge zu verwenden, die einen Allradantrieb oder wenigstens eine Differentialsperre haben. Die Mulden sollten kräftig ausgebildet, nicht zu hoch und möglichst nach hinten zu kippen sein. Die üblichen Allseitenkipper mit den abklappbaren Seitenwänden kosten beim Entleeren zu viel Zeit.

Wesentlichen Einfluss auf die Größe und die Motorisierung der Transportfahrzeuge haben aber auch die Straßenverhältnisse außerhalb der Baustelle. Durchfahrtshöhen, Tragfähigkeiten von Brücken und Überfahrten, wie überhaupt die Trassierung der Transportstrecke, müssen erkundet und in die

Überlegungen mit einbezogen werden. Ein weiteres Problem ergibt sich beim Übergang von den Baustraßen auf öffentliche Straßen. Abgesehen von der Sicherung des einmündenden Baustellenverkehrs tritt ja auch noch das Problem der Straßenverschmutzung auf, das zu erheblichen Verkehrsgefährdungen führen kann. Die Einmündungen sollten, wenn es eben erreichbar ist, so gelegt werden, dass beide Richtungen – einmündender und Verkehr auf der öffentlichen Straße – genügend Sichtweite erhalten. Die Baustraße ist vor der Einmündung mit einer festen Decke zu versehen. Anstelle der Fahrbahnreinigung wird bei großen zu transportierenden Erdmassen der Einsatz einer Fahrzeugreinigungsanlage gefordert, die sich auch bei modernen Mülldeponien bewährt hat.

Die Transportwege sollten eben sein und eine Befestigung erhalten, da auf diese Art Kraftstoff eingespart, der Reifenverschleiß gemindert und insgesamt höhere Fahrgeschwindigkeiten erreicht werden können.

Die Bereifung ist dem Untergrund anzupassen. Üblich sind Niederdruckreifen mit 4,0 bis 5,5 bar Überdruck, die für den Geräteeinsatz auf der Baustelle mit groben Stollen versehen sind, um einen möglichst hohen Kraftschluss zu erreichen. Im Übrigen werden die üblichen Lkw-Reifen mit glatten Laufflächen benutzt, die auch für Schnee und Matsch geeignet sind, also ein ausgeprägtes Querprofil besitzen.

Wegen der kleineren Wendekreise werden Hinterkipper bis zu einer Lademasse von ca. 18 t und einer Motorenleistung bis zu ca. 150 kW bevorzugt zweiachsig gebaut. Für größere Fahrzeuge müssen zur Einhaltung der zulässigen Achslasten drei Achsen verwendet werden.

2.5 Baustraßen

Die Baustraßen sollten so geplant und angelegt werden, dass der Verkehr auf ihnen sicher, reibungslos und zügig abgewickelt werden kann. Die Art der Befestigung richtet sich nach Ausnutzung, Nutzungsdauer und den während der Bauzeit zu erwartenden klimatischen Verhältnissen. Man sollte von mittleren Fahrgeschwindigkeiten von etwa 30 km/h ausgehen und dementsprechend ausbauen. Die maximalen Steigungen sollten auf der normalen Strecke 8 bis 10 % und an Rampen 12 % nicht überschreiten. Die Krümmungsradien sind mit $r \geqq 40$ m ausreichend, müssen aber für höhere Fahrgeschwindigkeiten unter Umständen bis auf $r \geqq 150$ m ausgeweitet werden. Kuppen sind auf $R \geqq 500$ m und Wannen auf $R \geqq 300$ m auszurunden. Die Sichtweiten sollten ausreichend freigehalten werden, mindestens aber $w = 20$ m betragen. Aus Sicherheitsgründen sind $w = 60$ m anzustreben. Die Fahrbahnbreite ist wegen der vorhandenen Überbreiten reichlich zu bemessen ($b \geqq 3,50$ bis 4,0 m). Begegnungen sollten durch Einrichtung eines Rundverkehrs möglichst vermieden werden. Ausweichen sind keine Lösung; vielmehr sollte dann die Fahrbahnbreite für eine durchgehende Begegnung verdoppelt werden. An eine

Fahrbahnverbreiterung in den Kurven ist besonders bei engen Krümmungen zu denken.

Ein wesentlicher Punkt für die Unterhaltung und den Erhalt der Befahrbarkeit auch während ungünstiger Witterungsabschnitte ist die Einhaltung der Querneigung. Als Anhaltswerte der Querneigung für Decken können gelten:

Betonfertigteile	2,0–2,5 %
Ortbeton und Bitumen	1,5–2,0 %
Bodenstabilisierung	2,0–4,0 %
Schotter	3,5–4,0 %

Bei langen Bauzeiten, in die Frostperioden fallen können, müssen frostgefährdete Böden im Bereich der Frosteindringtiefe ersetzt werden. Das Planum wird mit einem Quergefälle von 4 % zu den Seitengräben hin angelegt, gut abgewalzt und mit der Filter- und Frostschutzschicht abgedeckt. Die Baustraße sollte $\geqq$ 30 cm über dem Gelände liegen und beiderseits Längsentwässerungsgräben oder Mulden mit einem Gefälle von mindestens 0,5 % und höchstens 6 % erhalten. Die Grabensohle sollte bei einer Mindestbreite von 40 cm wenigstens 50 cm unter Gelände liegen.

Böschungen sollten nicht steiler als 1 : 1,5 angelegt werden.

Steht tragfähiger, frostbeständiger Baugrund an, wie nichtbindige bis leichtbindige Sande und Kiese, kann die Straßendecke unmittelbar nach einer Planumsverdichtung auf einer Sauberkeits- und Ausgleichsschicht hergestellt werden. Starkbindige Böden wie Schluffe, Tone und stark tonige bzw. stark schluffige Sande sind ebenfalls geeignet, soweit sie trocken sind; sie verändern sich aber bei Wasseraufnahme. Bodenaustausch, Frostschutzschichten und eine Versiegelung des Planums durch Vermörtelung oder Stabilisierungsmaßnahmen sind erforderlich. Dann erst kann die Decke aufgebracht werden. Organische Böden sind als Untergrund ungeeignet. Wo sie nicht umgangen werden können, müssen Knüppeldämme abhelfen, also schwimmende Gründungen. Als Decken sind Betonfertigteilplatten und Ortbetonplatten wegen des enormen Aufwandes meist nicht diskutabel. Man versucht vielmehr, mit Erdstabilisierungsmaßnahmen den anstehenden Baugrund zu verbessern. Das ist zu erreichen durch eine

- Bindemittelstabilisierung mit Zement, Kalk oder Bitumen,
- mechanische Stabilisierung durch Kornverbesserung oder
- chemische Stabilisierung durch Chemikalienzugabe

und anschließende Verdichtung. Die Herstellung erfolgt dann im Mixed-in-place-Verfahren an Ort und Stelle.

Bei bindigen Böden kann mit Erfolg die Kalkstabilisierung angewendet werden.

Wenn man günstig, d. h. in geringen Entfernungen, geeignete Schüttstoffe – Schotter, Hochofenschlacke, Haldenmaterial oder geeigneten Bauschutt – in ausreichenden Mengen erhalten kann, sollten Straßen in Schüttbauweise angelegt werden. Wesentlich ist aber, dass diese Stoffe die Anforderungen des Umwelt- und Grundwasserschutzes erfüllen.

Wendekreise sind, wenn eben möglich, Wendehämmern oder Wendetrapezen vorzuziehen, die immer ein zeitaufwendiges Hin- und Herrangieren erfordern.

Die Baustraßen sind so anzulegen, dass bei Unfällen oder Pannen eine Umleitung um die Schadensstelle möglich ist.

2.6 Einbau des Bodens

Der Einbau ist der dritte und letzte Abschnitt bei der Herstellung eines Erdbauwerks. Er ist gegenüber den beiden vorangegangenen der eigentliche Bauprozess, dem außerordentliche Bedeutung zukommt und dem besondere Sorgfalt bei der Ausführung gewidmet werden muss. Man kann die gesamte Arbeit in folgende Abschnitte gliedern:

- Vorbereiten des Untergrundes (Unterbaus)
- Herstellen des Planums
- Schütten
- Verteilen
- Planieren
- Verdichten
- Profilieren und Abdecken.

Unter *Vorbereiten des Untergrundes* versteht man bisweilen nur das Abräumen und Entfernen des Oberbodens. Man sollte sich aber vor Augen halten, dass es sich um die Vorbereitung einer Bauwerksgründung handelt und dass nach Errichtung des Bauwerks keine unerwünschten Verformungen eintreten dürfen. Der Untergrund muss also unter Umständen entwässert, verdichtet und von Unregelmäßigkeiten, wie Felsbrocken, Bauwerks- und Gründungsresten sowie Baumstümpfen befreit werden. Oberflächengewässer müssen umgeleitet oder in Durchlässen oder Rohren unter dem Bauwerk hindurchgeführt werden. Quellen und Tümpel sind zu fassen bzw. trockenzulegen, Schlamm- und Schlickschichten zu entfernen und mit nichtbindigen Böden aufzufüllen. Werden in Höhe des Planums Felsbänke oder Steine von mehr als $0,1\ \mathrm{m}^3$ angetroffen, so sind sie bis 0,5 m unter Planum zu entfernen und der Hohlraum ist mit geeignetem Boden lagenweise zu verfüllen und zu verdichten. Ist die Auftragssohle mehr als unter 1:5 geneigt, ist eine Abtreppung anzulegen. Die Stufen sind nach außen leicht zu neigen und mindestens etwa 0,6 m hoch auszubilden, ansonsten richtet sich die Höhe nach der Schütthöhe und der Auftragssohle. Werden Vorschüttungen vor einem Damm angebracht oder Dämme verbreitert, ist auch dann abgetreppt anzuschließen.

Das *Schütten* erfolgt ausschließlich großflächig und in Lagen. Die *Kopfschüttung* wird wegen der nachteiligen Entmischung an der Schüttfront auch bei der Haldenschüttung kaum noch eingesetzt.

Man beginnt mit der Schüttung von Dämmen am tiefsten Punkt. In einer Schüttlage sind nur gleiche Böden einzubauen. In verschiedenen Lagen übereinander können unterschiedliche Bodenarten verwendet werden. Die einzelnen Lagen sind, von der Dammaußenseite beginnend, nach der Dammitte zu schütten. Bindige Böden sind besonders bei Verkehrsbauten mit einer Oberflächenneigung von 6 % einzubauen, lagenweise zu verdichten und sauber abzugleichen, damit das Niederschlagswasser abfließen kann. Die einzubauenden Bodenarten sind nach ihrer Lage im Schüttkörper auszuwählen und sorgfältig unter Beachtung ihrer Eigenschaften und möglichen Zustandsänderungen einzubauen und zu verdichten. Die im Leistungsverzeichnis vorgeschriebenen Abmessungen und Verfahren sind genau einzuhalten.

Zu beachten ist, dass grobes Felsmaterial und Geröll mit enger Kornabstufung nur im unteren Teil von Dämmen eingebaut werden. Die obere Schicht muss entweder zerkleinert oder feineres, abgestuftes Material so weit eingerüttelt werden, dass die nächste Schicht aus feinerem Boden nicht eingeschwemmt oder eingerüttelt werden kann. Gegebenenfalls ist diese Übergangszone durch eine Zwischenschicht filterartig aufzubauen.

Soll in Ausnahmefällen gröberes Material unmittelbar unter dem Planum als Schüttung verwendet werden, so ist die Korngrößenverteilung durch Zugabe geeigneter Korngemische so zu verändern, dass ein weitgestufter Boden entsteht, der sich gut verdichten lässt. Der Größtdurchmesser des Schüttgutes darf höchstens $2/3$ der Schütthöhe betragen.

Besser geeignet für den oberen Dammabschnitt unterhalb des Planums sind grobkörnige Bodenarten wie Kiese und Sande, gemischte Bodenarten aus Kiese, Sande mit Schluff und Tonanteilen und leichtbindige Bodenarten, die, weil weit gestuft, sich vorwiegend gut verdichten lassen. Gleiches gilt auch für Felsgestein mit einem gut abgestuften Feinkornanteil, eine Bodenart also, die auch weit gestuft ist.

Über die Eignung von Aschen aus Müllverbrennungsanlagen, Abfallstoffen aus Hütten und Kohlekraftwerken sowie des Nebengesteins der Steinkohle (Bergehalde) muss von Fall zu Fall an Hand von speziellen Untersuchungen entschieden werden.

Die *kombinierte Schüttung* von Dämmen kann nach drei Prinzipien (Abb. 16) vorgenommen werden:

■ Schüttung in Wechsellagen, wobei als Variante der bindige Erdstoff von den nichtbindigen Lagen an der Außenseite abgedeckt wird, ein Verfahren, das beim wechselweisen Einsatz von Bergehalde, Sand und Kies beliebt ist;

■ bindiger Erdkörper mit durchlässiger Grund- und Deckschicht;

■ bindiger Dammkern.

Dämme mit kombinierter Schüttung (schematisch)

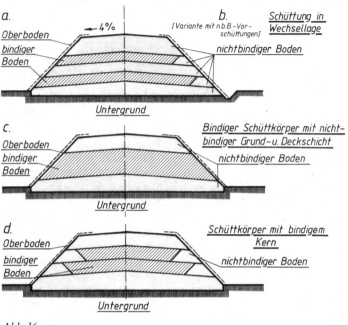

a.

Oberboden
bindiger
Boden

←—4%

b.
[Variante mit n.b.B.-Vor-
schüttungen]

Schüttung in
Wechsellage

nichtbindiger Boden

Untergrund

c.

Oberboden
bindiger
Boden

Bindiger Schüttkörper mit nichtbindiger Grund-u. Deckschicht

nichtbindiger Boden

Untergrund

d.

Oberboden
bindiger
Boden

Schüttkörper mit bindigem
Kern

nichtbindiger Boden

Untergrund

Abb. 16

Die Lagenschüttung kann horizontal oder in geneigter Lage erfolgen, wobei noch zu unterscheiden ist, ob der Transport über das bereits verdichtete Planum erfolgt oder auf dem frisch geschütteten unverdichteten Planum (Abb. 17).

Die *Lagenschüttung mit unverdichtetem Transportplanum* hat den Vorteil, dass der frisch geschüttete und verteilte Boden durch die Transportfahrzeuge vorverdichtet oder sogar völlig verdichtet wird, wenn man darauf achtet, dass die Fahrzeuge nicht Spur fahren. Es ist das typische Verfahren beim Schürfkübeleinsatz, der beim Überfahren den Kübel bis auf 10 bis 15 cm über dem Boden absenkt, die Kübelschürze öffnet und den Boden mit dem Ausstoßer, einem im Kübel von hinten nach vorne beweglichen Schild, in einer dünnen Schicht ausbringt, mit der Schneide planiert und mit den Hinterrädern vorverdichtet. Auf diese Weise erhält man ein gut vorverdichtetes Planum, das in wenigen Übergängen vollkommen verdichtet werden kann.

Nachteilig könnte sich beim Lkw-Betrieb das Befahren eines nicht voll ver-

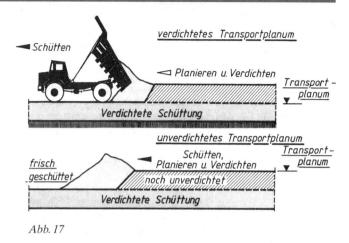

Abb. 17

dichteten, feuchten bindigen oder eines trockenen nichtbindigen Bodens aus-wirken. Daher ist für den Lkw-Betrieb die *Lagenschüttung mit verdichtetem Transportplanum* besser geeignet. Der Lkw stößt rückwärts, auf dem bereits vollkommen verdichteten Planum fahrend, gegen die Schüttfront und kippt rückwärts ab. Die auf dem nächsthöheren Schüttplanum fahrenden Planier-raupen verteilen den Boden, der dann nachfolgend verdichtet wird. Vorteilhaft ist die Trennung in Transport- und Verdichtungsebene und dass der Transport auch bei unsicheren Wetterlagen auf einem bereits fertigen Planum erfolgen kann.

Bei hohen Dammschüttungen kann auch eine geneigte Lagenschüttung vor-genommen werden. Dabei handelt es sich eigentlich um eine Kopfschüttung mit äußerst flach geneigten Schüttflächen (1 : 7) in Richtung der Dammachse. Die Transportfahrzeuge, Lkw oder Scraper, transportieren den Boden über die fertige Dammkrone an, überfahren die Kippkante talwärts und entladen. Eine nachfolgende Planierraupe verteilt den Boden und verdichtet ihn mit einer Anhängerwalze. Bei der gewählten Neigung von 1 : 7 kann der Fahrbetrieb ohne Störungen ablaufen und die Verdichtung ohne Beeinträchtigung in der geforderten Qualität erfolgen.

Dammschüttungen auf wenig tragfähigem Untergrund, z. B. im Moor, machen wegen der zu erwartenden Setzungen bei der Entwässerung des wassergesät-tigten organischen Bodens nach wie vor Schwierigkeiten, da Volumenvermin-derungen bis zu 80 % auftreten können. Man versucht, den Moorboden unter dem Damm zu entfernen, um ihn auf dem festen Untergrund zu gründen. Dafür bieten sich verschiedene Möglichkeiten:

- Verdrängung
- Auskofferung
- Moorsprengung
- senkrechte Sanddränung.

Beim *Verdrängungsverfahren* treibt man einen Damm mit Kopfschüttung in das Moor vor und versucht, mit dem Schüttmaterial die organischen Böden auszuquetschen. Der Damm sackt ein und muss so lange aufgehöht werden, bis er auf dem festen Untergrund aufsitzt oder das Gleichgewicht auf andere Weise hergestellt wurde.

Die *Moorsprengung* arbeitet zunächst nach dem gleichen Prinzip mit einer Kopfschüttung. Dann verdrängt man den Moorboden seitlich durch Sprengungen unter der Dammschüttung.

In beiden Fällen kann der Damm nicht zufriedenstellend lagenweise verdichtet werden. Hinzu kommt die Entmischung des Schüttgutes an der Schüttfront. Für beide Verfahren ist nur die nachträgliche Verdichtung im Tiefenrüttelverfahren auf die gesamte Dammhöhe möglich.

Anstelle dieser etwas unsicheren Verfahren ist die *Auskofferung* (Abb. 18) oder der Bodenersatz getreten. Der Moorboden wird zum Teil schwimmend ausgebaggert, durch nichtbindigen Boden (Sand oder Kies) ersetzt und darauf die Dammschüttung lagenweise vorgenommen. Der Austauschboden wird abgeböscht. Es sind aber auch Begrenzungen durch Spundwände ausgeführt worden.

Eine weitere Möglichkeit bietet die *Entwässerung* des Moorbodens *durch senkrechte Sanddräne*, die den sich unter Schüttlast aufbauenden Porenwasserüberdruck durch Entwässerung abbauen, damit die Setzungen erleichtert werden und in kürzerer Zeit abklingen können. Der Damm muss laufend erhöht werden, wozu aber die Lagenschüttung verwendet werden kann, wenn der Dammfuß planmäßig breiter angelegt wurde (Abb. 19).

Ein besonderes Problem stellt häufig die *Verfüllung von Baugruben und Gräben* dar, weil der Raum zwischen Verbau und Aussteifung oft sehr beengt ist und Einbau und Verdichtung der Bodenmassen in der Nähe der Bauwerke und deren Abdichtung problematisch werden. Zum Einfüllen und Verteilen bedient man sich vielfach der Universalbagger mit Greifereinrichtung, Radlader o. Ä. Rohrleitungsgräben dürfen erst 300 mm oberhalb des Rohrscheitels mit dem normalen Schüttgut aufgefüllt werden. Im Rohrbereich ist nur steinfreier, nichtbindiger Boden lagenweise einzubauen und mit Kleingeräten zu verdichten. Gleiches gilt auch für Bauwerkshinterfüllungen, bei denen ebenfalls keine Großgeräte eingesetzt werden dürfen. An schwierigen Stellen, wo eine ordnungsgemäße Verdichtung aus Platzgründen nicht möglich ist, sollte anstelle der Bodenhinterfüllung auf leichten Beton oder Dämmer übergegangen werden, um Setzungen auszuschließen.

Vollständige Beseitigung des Moores

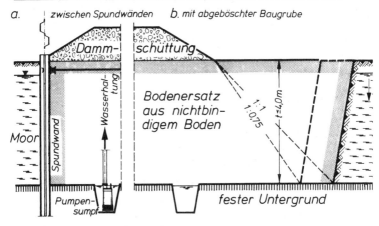

a. zwischen Spundwänden   b. mit abgeböschter Baugrube

Damm- schüttung

Wasserhaltung

Spundwand

Moor

Pumpensumpf

Bodenersatz aus nichtbindigem Boden

1:1
1:0,75

t=4,0m

fester Untergrund

Abb. 18

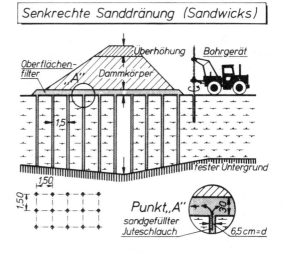

Senkrechte Sanddränung (Sandwicks)

Überhöhung   Bohrgerät

Oberflächenfilter   Dammkörper

„A"

1,5

fester Untergrund

1,50

1,50

Punkt „A"
sandgefüllter Juteschlauch

6,5 cm = d

Abb. 19

2.7 Verdichten

Zweck des Verdichtens ist es, den Boden bei künstlichen Schüttungen, wie sie für Dämme im Verkehrs- und Wasserbau sowie bei der Hinterfüllung von Bauwerken und Gräben vorkommen, wieder in eine Lagerung zu bringen, die eine Verformung unter statischen, dynamischen, hydraulischen oder temperaturbedingten Beanspruchungen und eine Beeinträchtigung der Tragfähigkeit weitgehend ausschließt.

2.7.1 Verdichtungsgeräte

Hierzu können unterschiedliche Geräte eingesetzt werden, die sich ihrer Wirkung nach in zwei Gruppen einteilen lassen:

- statisch wirkende Druckverdichtungsgeräte und
- dynamisch wirkende Impuls- oder Vibrationsverdichtungsgeräte.

Die *statische Verdichtungswirkung* wird durch überwiegend ruhende Lasten, also eine Druckverdichtung, erreicht. Geeignete Geräte sind alle Walzen (Abb. 20) sowie Rad- und Raupenfahrzeuge. Durch hohe, auf die Oberfläche aufgebrachte Lasten lagern sich die Körner im Haufwerk in eine dichtere Lagerung um. Das Hohlraumvolumen wird auf ein günstiges Maß verringert. Diese Wirkung kann durch Walken oder Kneten, wobei eine Scherwirkung im Boden ausgelöst wird, erhöht werden.

Wirklich statisch wirkt lediglich die *Glattmantelwalze*. Als gezogene, einachsige Walze mit einer Dienstmasse bis zu 12 t hat sie für die Pflege der Einbaustelle eine gewisse Bedeutung. Für die Bodenverdichtung ist sie ebenso wie die schweren, selbstfahrenden Formen, wie Tandem- und Dreiradwalze (2 bis 15 bzw. 3 bis 20 t Dienstmasse), weniger geeignet. Das Haupteinsatzgebiet ist der Deckenbau. Schwach bindige, weit gestufte Sande und Kiese können mit mittelschweren, wenig feuchten, gemischtkörnigen Böden mit schweren Walzen in 0,2 m dicken Schichten in 4 bis 8 Übergängen bei einer Arbeitsgeschwindigkeit von 1,5 km/h verdichtet werden. Bei trockenen Tonen und Schluffen versagen sie wegen der starren und glatten Walzenkörper. In jedem Falle bleibt ihre Leistung hinter der anderer Geräte zurück. Nachteilig ist auch die Wellenbildung im Planum an der gezogenen und die sichtbare Rissbildung quer zur Fahrrichtung an der angetriebenen Achse, die durch die auftretenden Horizontalkomponenten am Walzenmantel verursacht werden. Auf beiden Achsen angetriebene Walzen mit genügend großem Walzendurchmesser zeigen diesen Mangel nicht.

Die zum Teil früher verwendeten *Gürtelradwalzen* mit am Radumfang schwenkbaren Rechteckplatten, die diese Riss- und Wellenbildung nicht zeigten, sind heute nicht mehr im Einsatz.

Eine zusätzliche knetende Wirkung erreicht man mit Schaffuß- und Gitterradwalzen. Die *Schaffußwalzen* werden meist einachsig gezogen, mit Dienst-

Walzenarten

1. _Einachsanhängewalze:_ mit/ohne Vibration

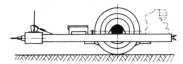

2. _Dreiradwalze:_ ohne Vibration

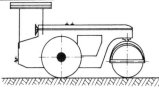

3. _Tandemwalze:_ mit/ohne Vibration

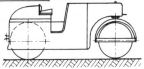

4. _Doppelvibrationswalze_

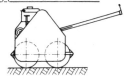

5. _Schaffuß-Vibrationswalzen_
   Vibrationswalzen, bei denen auf dem Walzkörpermantel in mehreren Reihen Füße angeordnet sind.

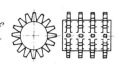

6. _Gitterrad-Vibrationswalzen_
   Vibrationswalzen, bei denen der Walzkörpermantel gitterartig ausgebildet ist.

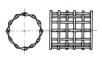

Abb. 20

7. *Gummiradwalze:*

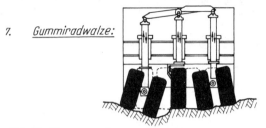

Abb. 20 (Fortsetzung)

gewichten bis zu 20 t bei Durchmessern der Walzenkörper von 1,3 bis 2,7 m verwendet. Es laufen ein oder zwei Walzenkörper nebeneinander. Teilweise findet man auch zweiachsige, selbstfahrende Typen. Auf dem Walzenmantel sind 20 cm lange, manchmal auch längere, schaffußähnliche Stempel, die entweder konisch zulaufen oder einen verdickten Fuß haben, in gegeneinander versetzten Reihen verteilt. Mit einem Einzelquerschnitt von 30 bis 60 cm² machen sie etwa 5 % der Gesamtoberfläche aus (8 bis 15 Stück/m²). Die Übertragung der gesamten statischen Last auf etwa 5 % der Walzenfläche führt zu hohen örtlichen Pressungen (etwa 400 N/cm²), wodurch ein Kneten und Zerkleinern des Bodens erfolgt. Außerdem kann das im Boden enthaltene Wasser auf diese Weise ausgepresst werden. Je mehr der Boden verdichtet ist, desto weniger sinken die Schaffüße ein. Die Schütthöhe richtet sich nach den Stempellängen. Diese Walzen sind besonders für feinkörnige, bindige, aber auch für gemischtkörnige Böden und mürbe Gesteinsböden geeignet. Wenn genügend große Flächen vorhanden sind, können solche Böden bis zu einer Lagendicke von 30 cm in 8 bis 12 Übergängen bei einer Arbeitsgeschwindigkeit von 2 bis 3 km/h voll verdichtet werden. Bei geschickter Anordnung der Geräte (Tandem- oder Dreierzug) können Höchstleistungen erzielt werden.

Gitterradwalzen sind überwiegend einachsige, gezogene Walzen mit einer Dienstmasse von 6 t, die durch Zusatzballast auf 15 t erhöht werden kann. Der Walzenmantel ist nicht geschlossen, sondern wird durch aus eckig gebogenen, zu einem Gittergeflecht gebundenen, auf zwei Scheibenräder montierten Stahlstangen gebildet. Zum Teil werden auch schon gestreckte Stahlstangen parallel zur Walzenachse verwendet. Oft liegen zwei 1,8 m breite Walzenkörper mit einem Durchmesser von 1,7 m, zu einer Einheit verbunden, nebeneinander. Die Gitterradwalzen eignen sich für mäßig bindige Sande und Kiese, auch schwach steinige, gemischtkörnige Böden und mürbe Gesteinsböden hervorragend. Für reine Sande, reine Schluffe und Tone sind sie nicht geeignet. Bei großen Flächen können sie bei Schüttlagen bis zu 30 cm Dicke, bei Fels sogar 40 cm, in 6 bis 10 Übergängen bei Arbeitsgeschwindigkeiten von 2 bis 3 km/h die volle Verdichtung erreichen. Neben der Gummiradwalze erzielen sie die höchsten Schichtleistungen.

Gummiradwalzen und Reifenfahrzeuge – hier sind besonders die Scraper zu nennen – lösen beim Überfahren walkende Verdichtungswirkungen aus. *Gummiradwalzen* sind die Geräte mit der größten Einsatzmöglichkeit. Sie werden einachsig und zweiachsig als Anhängergeräte und zweiachsig, selbstfahrend, hergestellt. In der leichteren Ausführung mit 2 bis 8 Gummireifen ausgestattet, finden sie, voll ballastiert, mit Dienstmassen bis zu 60 t, bevorzugt im Deckenbau Anwendung, während die schweren, selbstfahrenden, mit Motorleistungen bis zu 100 kW und Dienstgewichten bis zu 100 t, mit wenigen Rädern ausgestattet, hohe Reifendrücke und damit große Tiefenwirkung erzielen. Die Räder sind einzeln aufgehängt und können sich den Unebenheiten des Bodens anpassen. Bei einzelnen Fabrikaten kann der Reifendruck, der bis zu 10 bar Überdruck beträgt, durch ein Kompressorsystem im Betrieb verändert und damit den verschiedenen Bodenverhältnissen angepasst werden. Das hergestellte Erdplanum ist eben, glatt und gleichmäßig verdichtet. Selbstfahrende Walzen können schwachbindige Böden und weitgestufte Sande und Kiese in Lagen bis zu 30 cm Dicke in 6 bis 10 Übergängen mit hoher Arbeitsgeschwindigkeit (3 bis 10 km/h) gut verdichten. Für Tone und Schluffe empfiehlt sich der besseren Leistung wegen der Einsatz der schweren, gezogenen Geräte, die nach 6 bis 12 Übergängen auch diese bis zu 40 cm tief voll verdichten.

Die *dynamische Verdichtungswirkung* wird durch bewegte Massen ausgeübt, die stoß- oder impulsartig den Boden belasten. Sie leisten mit der dem Stoß innewohnenden Bewegungsenergie Arbeit am Korngerüst und verformen es. Einen solchen Vorgang nennt man Stampfen. Zu den stampfenden Geräten gehören die Fallplattenstampfer, Explosionsstampfer und die Motorstampfer.

Der *Fallplattenstampfer* oder Stampfbagger ist eine Gerätezusammenstellung aus einer Stampfplatte mit 2 bis 3 t Masse, die, federnd mit dem Universalbagger verbunden, 15 bis 25 Mal je Minute 1,5 bis 2,0 m angehoben und frei fallen gelassen wird. Bei der Arbeit steht der Bagger an einer Stelle und stampft auf einem Halbkreisbogen, jeden Schlag um eine halbe Fallplattenbreite überlappend. So wird jede Stelle zwei- bis viermal gestampft. Dann rückt der Bagger um eine halbe Stampfplattenbreite vor und setzt seine Arbeit in der gleichen Weise fort. Mit der Fallplatte können alle Böden verdichtet werden. Durch Veränderung der Fallhöhe kann man sich den Bodenverhältnissen anpassen.

Ein in den letzten Jahren weiterentwickeltes Verfahren arbeitet mit wesentlich höheren Stampfgewichten und beträchtlich größeren Fallhöhen. Die so entstehende außerordentlich hohe kinetische Energie ermöglicht erhebliche Einflusstiefen und Verdichtungsleistungen, selbst in solchen Böden, die bisher ungeeignet erschienen.

Beim Stampfen lassen sich durch die Stoßbeanspruchung Fels und grobe Lockergesteine zertrümmern, Verspannungen in plattigen Lockergesteinen aufheben, nichtbindige Böden umlagern und bindige verformen. Es ist für alle verwitterten Felsgesteine und gemischtkörnigen Böden mit bindigen Anteilen sowie harte bis steife, bindige Böden gut geeignet, wenn ihr Wassergehalt nicht zu hoch ist. In harten, bindigen Böden und Gesteinsböden lassen sich Verdichtungstiefen von über 60 cm und in anderen Böden sogar Tiefen bis zu 1,0 m erreichen. Trockene, nichtbindige Lockergesteine, besonders Sande, sind nicht geeignet, da sie seitlich ausweichen.

Mit den üblichen *Explosionsstampfern* (Abb. 21 a) lassen sich solche Verdichtungsleistungen nicht erreichen. Die kleineren Ausführungen (65 bis 100 kg, Stampfplattendurchmesser 30 cm, max. Schütthöhe 0,5 m) sind für Gräben und Bauwerkshinterfüllungen gedacht. Die größere Ausführung (500 bis 1200 kg, Stampfplattendurchmesser 70 bis 90 cm, max. Schütthöhe 1,0 m) kann für alle Verdichtungsarbeiten eingesetzt werden. Sie ist selbstbewegend und in ihrem Bewegungsablauf so eingerichtet, dass sich die Stampfstellen stets überlappen. In einem als Gehäuse ausgebildeten Zylinder wird ein Kraftstoff-Luft-Gemisch verdichtet und zur Explosion gebracht. Die Stampfplatte, die eine Einheit mit dem Kolben bildet, wird zunächst auf den Boden gedrückt, dann aber mit dem Gehäuse unter der Wucht der Explosion hochgehoben. Durch Neigung der Stampfplatte (Abb. 21 b) nach vorne erfolgt bei den größeren Geräten diese Bewegung schräg nach oben. Dadurch wird das Gerät bei jeder Stampfbewegung um 20 cm nach vorne versetzt. Herunterfallend verdichtet das Gehäuse wiederum das im Fall eingespritzte Kraftstoff-Luft-Gemisch, und der Vorgang wiederholt sich. Diese Geräte bedürfen allerdings einer sorgfältigen Wartung. Außer Gesteinsböden und nassen Ton- und Schluffböden können alle Böden verdichtet werden.

Motorstampfer sind ebenfalls kleinere Geräte zur Verdichtung von Gräben und Bauwerkshinterfüllungen. Ein Elektro- oder Verbrennungsmotor treibt einen in einem Gehäuse beweglichen Schlagkolben mit einem Kurbel- oder Exzentertrieb an, der auf eine Stampfplatte schlägt (Masse 50 bis 100 kg, Schlagzahl 400 bis 600 min^{-1}, Schütthöhe 25 bis 50 cm).

Ähnlich arbeiten auch Druckluftstampfer.

Eine andere Form der dynamischen Verdichtung ist das *Rütteln*, bei dem dem Boden Schwingungen aufgezwungen werden; er vibriert. Die Bodenkörner schwingen um ihre Ruhelage, die Oberflächenreibung wird vermindert, und die Körner können sich unter der Eigenlast des Bodens und der Auflast des Gerätes in eine nunmehr dichtere Anordnung im Kornhaufwerk begeben. Voraussetzung ist allerdings, dass genügend gut abgestuftes Korn, das die Hohlräume auszufüllen vermag, zur Verfügung steht. Man unterscheidet mehrere Geräteformen nach ihrer Wirkungsweise und dem Aufgabenbereich:

- Oberflächenrüttler
- Tiefenrüttler.

Die größte Gruppe sind die Oberflächenrüttler (Abb. 20), die entweder als
- Vibrationsplatten, selbstbewegend, gezogen oder angebaut,
- Kranrüttler oder
- Vibrationswalzen

Explosionsstampfer 100 kg

Ausgangsstellung-Zündung Freier Flug Höchste Flugstellung

Kraftstofftank

Zündmagnet

Kolbenventil

Einlaßventil

Zylinder

Kolben

Kolbenstange

Kolbenfeder

Stampfplatte

Abb. 21 a

Explosionsstampfer „Frosch"

1 Verbrennungsraum
2 Zylinder
3 Arbeitskolben

4 Pufferkolben
5 Abstützkörper

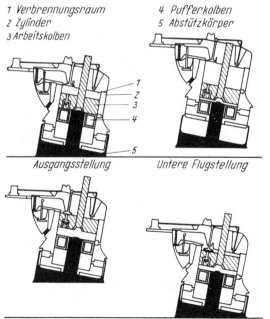

Ausgangsstellung Untere Flugstellung

Abb. 21 b Höchste Flugstellung Aufschlag und Ansaugen

verwendet werden. Bei allen Arten wird im Rüttler durch eine oder paarweise angeordnete rotierende Unwuchten eine wellenförmige, in der Höhe des Ausschlages (Amplitude) und in der Zeitdauer der Wiederkehr des Ausschlages (Frequenz) konstante Schwingung erzeugt, die durch ständigen Kontakt des Rüttlers auf den Boden übertragen wird (Auflastrüttler). Das ist aber nur möglich, wenn die erzeugte Erregerkraft merklich kleiner ist als die Eigenlast des Gerätes. Im anderen Fall (Erregerkraft > Eigenlast) hebt der Rüttler bei jedem nach oben gerichteten Schwingungsmaximum ab und fällt unter seiner Last und der Wirkung des nachfolgenden Schwingungsminimums auf die Oberfläche zurück. Das ergibt eine schnelle Folge von Stampfimpulsen, die dem *Sprungrüttler* auch die Bezeichnung Schnellschlagstampfer einbrachte. Immerhin werden bei Frequenzen zwischen 10 und 50 Hz entsprechend viele Lastwechsel je Sekunde erreicht.

Bei den *Vibrationsplatten* (Abb. 22) bilden der Schwingungserreger, meist ein Verbrennungsmotor, der eine oder mehrere Unwuchten antreibt, und die Verdichtungsplatte ein Ganzes. Je nach Art der Schwingungserregung unterscheidet man zwischen Kreisschwingern und solchen, die durch Anordnung zweier auf parallelen Achsen entgegenlaufender Unwuchten gerichtete Schwingungen erzeugen. Dadurch lassen sich waagerechte Schwingungen vollkommen ausschalten. Durch Neigen der Schwingungsebene kann eine Fortbewegung in eine bestimmte Richtung erreicht werden.

Rüttelplatten werden in unterschiedlichen Bauformen und Gewichten hergestellt. Für die Bodenverdichtung sind nur die schweren Platten mit Massen von 500 bis 800 kg und 2500 bis 2800 min^{-1} bzw. 1500 bis 2900 kg und 600

Rüttelplatte

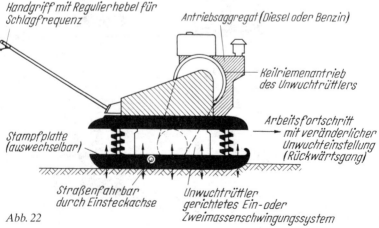

Handgriff mit Regulierhebel für Schlagfrequenz

Antriebsaggregat (Diesel oder Benzin)

Keilriemenantrieb des Unwuchtrüttlers

Arbeitsfortschritt mit veränderlicher Unwuchteinstellung (Rückwärtsgang)

Stampfplatte (auswechselbar)

Straßenfahrbar durch Einsteckachse

Unwuchtrüttler gerichtetes Ein- oder Zweimassenschwingungssystem

Abb. 22

bis 1800 min^{-1} geeignet. Sie können Sande und Kiese sowie schwachbindige Kiessande in 3 bis 5 Übergängen zwischen 50 bis 60 cm Lagendicke und Schluff sowie schluffige Mischböden bis zu 40 cm Lagendicke in 4 bis 8 Übergängen mit Erfolg verdichten. Die Frequenz sollte möglichst der Eigenfrequenz des Bodens angenähert werden und die Amplitude nicht größer werden als die möglichen elastischen Verformungen des Bodens. Zu niedrige Frequenzen lassen die Leistung schnell absinken. Paralleles Zusammenkoppeln mehrerer Geräte kann die Tiefenwirkung erhöhen; sie werden entweder von Raupenschleppern gezogen oder in Gruppen an Raupenfahrzeuge montiert. Die Energieversorgung erfolgt dann vom Fahrzeug her. Während des Transports können sie angehoben werden.

Die *Kranrüttler* stellen extrem schwere, statisch durch Zusatzlasten noch weiter ballastierte Rüttelgeräte dar, die an Baggern hängend eingesetzt werden. Üblicherweise besitzen sie einen unabhängigen Antrieb in Form eines Verbrennungsmotors, der, erschütterungssicher gelagert, den Erreger über einen Keilriemen antreibt. Wenn möglich, werden auch elektrische Antriebe verwendet. Der Rüttler besteht aus einer robusten, kreisförmigen Bodenplatte (d = 1,5 bis 2,0 m), die durch einen mit senkrechter Welle arbeitenden Kreisschwinger in horizontale Schwingungen versetzt wird. Das Gerät mit Gesamthöhen bis zu 5,0 m steht während des Verdichtungsvorganges, mit dem Hubseil gehalten, auf dem zu verdichtenden Untergrund. Der zur Vergrößerung der statischen Masse angebrachte Ballast, oft 10 bis 15 t, wird ringförmig um den Erreger so angeordnet, dass er nicht mitschwingt. Dieses Gerät eignet sich besonders beim Talsperrenbau, für Steinskelettgründungen, Unterwasserbodenverbesserung und immer, wenn Geröll, grobe Steinschüttung oder Schotterbeton verdichtet werden soll. Es können Haufwerke bis 60 cm Kantenlänge bei Schütthöhen bis zu 1,2 m im gewünschten Umfang verdichtet werden. Die Gesamtmassen können dabei bis zu 20 t betragen (Motorenleistung 40 bis 45 kW, Frequenz 25 bis 50 Hz). Frequenz und Amplitude sind der zu verdichtenden Bodenart anzupassen; feste Gesteinsböden verlangen hohe Frequenzen und niedrige Amplituden.

Vibrations- oder Rüttelwalzen können durch die Verbindung der statischen mit der dynamischen Bodenverdichtung für nahezu alle Bodenarten eingesetzt werden. Auf diese Weise können alle Walzenarten ausgerüstet werden. Der Walzenkörper wird durch einen auf die Walzenachse montierten Kreisschwinger in Schwingungen mit geringer Amplitude versetzt. Der Walzenkörper ist so zu lagern, dass der Rahmen mit Motor und Ballast nicht erschüttert wird. Die Amplituden sind so abgestimmt, dass sie der Größenordnung der elastischen Formänderungen der zu verdichtenden Fels- und Lockergesteine entsprechen. Rüttelwalzen arbeiten wegen der hohen Eigenlasten immer als Auflastvibratoren. Sie werden wie die statischen Walzen in zwei Bauformen hergestellt:

- selbstfahrende Einrad-, Tandem-, Duplex- oder Dreiradwalzen und
- einachsige Anhängewalzen.

Die *selbstfahrenden Walzen* werden überwiegend für die Verdichtung rolliger, grobkörniger Böden eingesetzt. Leichtere Arten mit 1,2 bis 2,3 t Dienstmasse bei 2400 bis 4500 min^{-1} verdichten in 4 bis 6 Übergängen Sande und Kiese bis in Tiefen von 30 cm bei einer Arbeitsgeschwindigkeit von 1,5 km/h. Sie werden für Verdichtungen an Dammrändern und in breiteren Gräben sowie für Hinterfüllungen benutzt. Die schwereren Arten, meist selbstfahrende Tandem-, aber auch Duplexwalzen, verdichten 40 bis 50 cm dicke Lagen reiner oder leichtbindiger Sandkiesböden in 3 bis 6 Übergängen bei einer Arbeitsgeschwindigkeit von 1,5 km/h (3 bis 12 t Dienstmasse, 1700 bis 4000 min^{-1}).

Die *einachsigen Anhängewalzen* werden mit Dienstgewichten zwischen 2 und 3,5 t bei 1700 bis 3000 min^{-1} und 4 bis 15 t bei 1400 bis 2400 min^{-1} eingesetzt. Bei ihnen kann das Verhältnis Erregerkraft zu Eigenlast größer gewählt werden als bei den selbstfahrenden Walzen, da für die Vorwärtsbewegung keine Bodenreibung notwendig ist. Aus dem reinen Auflastvibrator wird ein mehr springendes Gerät. Dadurch können mit den schwereren Geräten auch Tone und Schluffe bis zu 50 cm Lagendicke in 3 bis 5 Übergängen mit Arbeitsgeschwindigkeiten zwischen 1,2 und 6 km/h voll verdichtet werden. Besser eignen sich allerdings für die Verdichtung von wasserhaltigen, bindigen Böden mit Vibratoren ausgerüstete Schaffuß-, Gitterrad- und Gummiradwalzen, mit denen ausgezeichnete Verdichtungsleistungen erzielt werden können.

Schüttungen, die aus baustellenbedingten Gründen nicht, wie üblich, lagenweise geschüttet und verdichtet wurden (Kopf- und Seitenschüttungen), oder natürlich anstehende Böden mit unzureichender Lagerungsdichte lassen sich auch mit schwersten Oberflächenverdichtungsgeräten nicht zufriedenstellend nachverdichten, da ihre Wirkungstiefe selbst bei grobkörnigen, rolligen Böden nicht ausreicht. Das ist nur mit senkrecht eingebrachten *Tiefenrüttlern* möglich. Es handelt sich dabei um einen Kreisschwinger mit senkrechter Welle, der zusammen mit dem Antrieb in einem Stahlrohr ($d = 40$ cm, $l = 3,0$ m) montiert ist und an einem geeigneten Traggerät (Bagger) hängt. Bei größeren Arbeitstiefen werden elastisch mit dem Rüttler verbundene Aufhängerohre zwischengeschaltet, die der Zufuhr von Wasser und Energie dienen und das Verstürzen des freigerüttelten Loches verhindern. In rolligen, grobkörnigen Böden verwendet man das „*Rütteldruckverfahren*", bei dem der Rüttler mit an der Spitze austretendem Druckwasser unter seiner Eigenlast eingespült wird ($v = 0,3$ bis 2 m/min). Unter Rütteln, Zugabe von Wasser unter Normaldruck am oberen Ende und Sand und Kies wird der Rüttler nun langsam herausgezogen; Leistung etwa 1,0 m in 3 bis 15 Minuten. Auf diese Art können bis zu 35 m dicke Schichten nachverdichtet werden. Der Durchmesser der Bodensäulen beträgt 1,5 bis 2,5 m. Durch Anordnung im Dreiecksverband lassen sich hochwertige Flächenverdichtungen durchführen.

Feinkörnige Böden verlangen eine andere Behandlung. Mit dem „*Stopfverdichtungsverfahren*", bei dem der Rüttler eingerüttelt wird, und nach Erreichen der Solltiefe unter ständiger Zugabe von grobkörnigem Boden

(d = 20–70 mm), der unter langsamem Ziehen so lange in den umgebenden Boden eingerüttelt und eingestampft wird, bis kein Zusatzmaterial mehr aufgenommen wird, lassen sich auch solche Böden „verdichten". Es entstehen so, von unten aufbauend, Kies- oder Schottersäulen mit dem bindigen Bodenmaterial als Bindemittel ($d \cong 2,5$ m). Bemerkenswert ist, dass in Böden mit hohem Wassergehalt *mit* Spülhilfe, die den Raum um das Rohr freihält, eingerüttelt wird. Bei Böden mit geringem Wassergehalt verzichtet man auf diese Wasserzugabe.

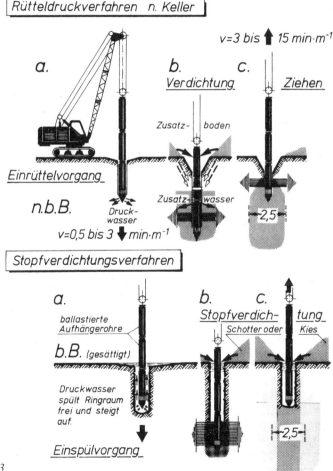

Abb. 23

2.7.2 Durchführung der Verdichtungsarbeiten

Vor Beginn der Einbauarbeiten ist zu überprüfen, ob der Untergrund durch vorangegangene Arbeiten, Befahren oder Witterungseinflüsse möglicherweise aufgelockert wurde. Aufgeweichte Bodenschichten sind in einem solchen Fall zu entfernen und der Untergrund, von der tiefsten Stelle ausgehend, so weit zu verdichten, dass die natürliche Lagerung wieder erreicht wird. Möglicherweise ist auch eine Bodenstabilisierung sinnvoll. Die Schüttung kann beim Dammbau beiderseits 1,0 m breiter als das Sollprofil erfolgen, damit lagenweise, von den Dammschultern beginnend, zur Dammmitte hin mit *einem* Verdichtungsgerät durchgehend verdichtet werden kann. Der überschüssige Boden wird später abgetragen und für die Fußausrundung oder die oberen Schüttlagen verwendet. Hierzu werden je nach Böschungshöhe Bagger mit Teleskoparm oder Schürfkübel eingesetzt. Die Schütthöhe ist den Wirkungstiefen der eingesetzten Verdichtungsgeräte anzupassen. Jedes Verdichtungsverfahren ist möglich, mit dem die geforderte Verdichtung erreicht werden kann. Auswirkungen von Emissionen, Schall und Erschütterungen auf benachbarte Bebauung sind bei der Auswahl zu berücksichtigen.

Um Nacharbeiten am Dammquerschnitt zu vermeiden, die durch das vorgenannte Verfahren erforderlich werden, können die Dammschultern auf den äußeren 2,0 m mit leichteren Geräten und entsprechend angepassten Schütthöhen verdichtet werden. Das ist immer dann sinnvoll, wenn eine Schüttung mit bindigem Kern oder eine solche in Wechsellagen mit Abdeckungen aus nichtbindigem Boden vorgenommen werden soll.

Eine weitere Möglichkeit bietet die Verdichtung der Böschungsfläche in der Falllinie des Sollprofils mit einer einachsigen, von einem geeigneten Flachbagger gezogenen Vibrationsschaffuß- oder Vibrationsgitterradwalze, je nach eingebauter Bodenart. Anschließend folgen die Feinprofilierung und das Andecken mit Oberboden.

Müssen witterungsempfindliche, also bindige Böden mit $I_P < 8$ eingebaut werden, so ist in jedem Fall ein Quergefälle von mindestens 6 % anzulegen, das nach Abschluss der Tagesleistung bzw. bei drohenden Niederschlägen sorgfältig abzuwalzen ist. Bei ungünstigen Witterungsverhältnissen ist der Einbau solcher Bodenarten zumindest zeitweise zu unterbrechen. Weiche, schluffige oder tonige Böden dürfen ohnehin weder eingebaut noch überschüttet werden. Ihr Wassergehalt ist durch Abtrocknen oder Zugaben geeigneter Stoffe, z. B. Branntkalk, so weit zu senken, dass die geforderte Verdichtung wieder erreicht werden kann. Ist das so nicht möglich, sind sie notfalls gegen geeignetere Böden auszutauschen. Feine Sande, die längere Zeit offen liegen, sind unter Umständen vor dem Austrocknen und Verwehen zu schützen. Böden mit einem höheren Wassergehalt als nach *Proctor* können in Ausnahmefällen abwechselnd mit durchgehenden Lagen aus Sand oder Kies eingebaut werden, um so die Entwässerung zu erleichtern.

2.7.3 Ablauf der Verdichtungsarbeiten

Durch eine sinnvolle Organisation ist sicherzustellen, dass der geschüttete Boden lagenweise die für die Verdichtung erforderlichen Geräteübergänge an jeder Stelle erhält und sich die Verdichtungsspuren wenigstens 15 cm überdecken. Auf ausreichend großen oder genügend breiten, langgestreckten Flächen sind gezogene oder selbstgetriebene Geräte – Rüttelplatten, Walzen und Stampfer – einzusetzen. Handgesteuerte Geräte sind auf Bauwerks- und Grabenhinterfüllungen beschränkt. Um zu einem vernünftigen Takt zwischen Schütten und Verdichten zu kommen, unterteilt man solche Flächen in Teilabschnitte, die in sich überschaubar bleiben. Die Verdichtung muss natürlich in allen Abschnitten gleich sein und bewirken, dass die Lagen und Abschnitte gut miteinander verbunden werden.

Der Arbeitsablauf verläuft nach zwei Grundschemen:

- Ringschema und
- Weberschiffchenschema,

bei denen auch gewisse gerätebedingte Spielarten auftreten. Gedrungene, auch seitlich begrenzte Flächen verdichtet man nach dem Ringschema. Das Verdichtungsgerät umfährt die Fläche immer in gleicher Drehrichtung. Wird mit Stampfern oder Rüttelplatten gearbeitet, können die Wenderadien von außen nach innen ständig kleiner werden (Abb. 24 a 1.). Mit gezogenen oder selbstfahrenden Geräten ist das wegen der Beschränkung der Wenderadien nicht durchführbar. Man hält einen festen Wendehalbmesser ein (Abb. 24 a 2.). Kombinationen aus beiden Spielarten sind auch möglich (Abb. 24 a 3.).

Verdichtung nach dem Ringschema

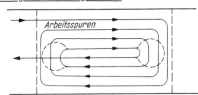

1. mit veränderlichen Wenderadien

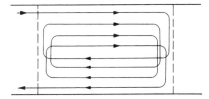

Abb. 24 a   *2. mit konstanten Wenderadien*

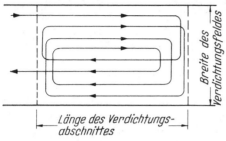

Länge des Verdichtungs-
abschnittes

3. kombinierte Form

Abb. 24 a (Fortsetzung)

Langausgedehnte Baustellen lassen sich besser hin- und herfahrend nach dem sog. Weberschiffchenschema verdichten. Die Wendeplätze liegen immer außerhalb der zu verdichtenden Teilfläche, so dass störende Auflockerungen durch das Wenden nicht zu befürchten sind. Auch bei diesem Schema kann mit konstanten oder auch mit veränderlichen Wendehalbmessern gearbeitet werden.

Verdichtung nach dem Weberschiffchenschema

a) mit Wendeplatz

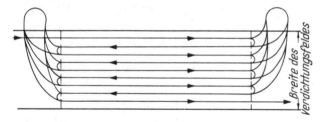

b) mit veränderlichen Wenderadien

Länge des Verdichtungsabschnittes

Abb. 24 b

2.7.4 Verdichtungs- und Verformungskontrolle

Die Verdichtungsfähigkeit eines Bodens kann vor Beginn der Arbeiten im Labor mit dem *Proctor*versuch festgestellt werden. An Hand dieser Ergebnisse wird später die erreichte Verdichtung an der Einbaustelle über eine Dichtekontrolle überprüft. Als Maßstab dient der Verdichtungsgrad

$$D_{Pr} = \varrho_d / \varrho_{Pr}$$

Darin bedeuten: ϱ_d im Feldversuch festgestellte, erreichte Trockendichte des Schüttbodens,

ϱ_{Pr} Proctordichte, höchste im Versuch bei w_{Pr} erreichte Trockendichte (Abb. 5),

w_{Pr} optimaler Wassergehalt.

Angaben über die erforderlichen Verdichtungsgrade in den unterschiedlichen Schüttungsbereichen enthält ZTVE-StB 94 und das Merkblatt für die Bodenverdichtung im Straßenbau. Dort wird im Hinblick auf bindige Böden ergänzend gefordert, dass der Luftgehalt n_a nicht größer als 12 % ihres Volumens sein darf.

Ein Maß für den jeweiligen Luftgehalt einer Probe ist der waagerechte Abstand der Sättigungskurve von der *Proctor*kurve gemäß Abb. 5. Der Anteil n_a der luftgefüllten Poren an dem gesamten Volumen der Probe kann nach DIN 18 127 ermittelt werden.

Anhaltswerte für die Geräteeignung bei der Verdichtung sowie über die Schütthöhe und die Anzahl der Übergänge können aus Tabelle 1 des Merkblattes für die Bodenverdichtung im Straßenbau entnommen werden.

Aber nicht nur die Verdichtung des Untergrundes bzw. Unterbaus im vorgeschriebenen Ausmaß ist bedeutsam, sondern auch die eintretende Verformung des Planums unter der Verkehrsbelastung. Zu große federnde (elastische) Einsenkungen unter der Last von Fahrzeugen ergäben eine hohe Beanspruchung der Decke, die dann einer rasch wechselnden Belastung mit den daraus sich ergebenden Verformungen ausgesetzt wäre. Im Plattendruckversuch muss für das Planum des Unterbaus nachgewiesen werden, dass die in ZTVE-StB 94 festgelegten Verformungsmoduln E_{v2} für den Zweitbelastungsast nicht unterschritten werden. Man benutzt den Zweitbelastungsmodul, weil er im Gegensatz zum Erstbelastungsmodul E_{v1} keine bleibenden Verformungen erfasst. Der Verformungsmodul $E_v = 1{,}5 \cdot r \cdot \Delta\sigma/\Delta s$ beschreibt die Neigung der Lastsetzungslinie aus dem Plattendruckversuch (DIN 18 134). Werden im Oberbau entsprechend dicke Tragschichten vorgesehen, z. B. Frostschutzschichten bei frostempfindlichem Untergrund, können die erforderlichen E_{v2}-Werte für das Unterbau- bzw. Untergrundplanum kleiner werden, weil die Deckenlasten auf eine größere Fläche verteilt werden.

Wie schon an anderer Stelle, taucht hier der Begriff *frostempfindlich* auf. Böden können Frosttemperaturen ausgesetzt werden, wobei bei genügender Einwirkungszeit das Porenwasser bis in Tiefen von etwa 1,0 m gefrieren kann. Sind die Bodenporen groß, untereinander verbunden und nur zum Teil mit Wasser gefüllt, wie das bei grobkörnigen Bodenarten der Fall ist, kann die 10 %ige Volumzunahme des Wassers beim Übergang in den eisförmigen Zustand keine Veränderungen am Boden hervorrufen. Der Boden wird hart, die Körner in ihrer Lage verkittet. Je feiner der Boden wird, desto mehr Wasser können die Hohlräume halten. Sie sind untereinander nicht verbunden und werden bei der Eisbildung gesprengt. Es bilden sich große, untereinander verbundene Eislinsen, die zu einer Hebung der Bodenoberfläche und zur Hohlraumbildung bei Eintritt des Tauwetters führen. Nach ZTVE-StB 94 unterscheidet man 3 Frostempfindlichkeitsklassen:

F1	nicht frostempfindlich – umfasst alle grobkörnigen Böden: GW, GI, GE, SW, SI, SE;
F2	gering bis mittel frostempfindlich – TA, OT, OH, OK. ST, SU, GT und GU nur bei einem Anteil $d < 0{,}063$ mm von 5 % bei $U > 15$ oder 15 % bei $U > 6$. Werden die U-Werte unterschritten, fallen die feinkörnig verunreinigten Grobkornböden unter F1. Dazwischen wird der zulässige Anteil an Korn $< 0{,}063$ mm linear interpoliert.
F3	sehr frostempfindlich – TL, UL, UM, TM, UA, OU, S̄T, S̄U, ḠT, ḠU. Solche Böden sind möglichst zu entwässern oder im Frosteindringbereich durch Böden der Klasse F1 in genügender Dicke zu ersetzen.

3 Bodenverbesserung und Bodenverfestigung

Unter *Bodenverbesserung* versteht man Verfahren, die zu sofort erreichbarer Verbesserung der Einbaubarkeit und Verdichtbarkeit oder zur Erleichterung der Ausführung von Bauarbeiten führen. Sie kann mit unterschiedlichen Verfahren erreicht werden:

■ mechanische Verdichtung
■ Bodenersatz oder -austausch
■ Entwässerung durch Dränung
■ Injektionen
■ Zugabe von Kalk oder Zement (hydraulische Bindemittel).

Da die ersten drei Verfahren bereits in den vorangegangenen Abschnitten angesprochen wurden, seien jetzt lediglich die beiden letzten ausführlicher erwähnt.

Injektionen (Abb. 25), also das Einpressen von Flüssigkeiten in die Bodenporen, die das Porenwasser verdrängen, den Porenraum erhärtend ausfüllen und damit das Kornhaufwerk verkitten, vermindern die Zusammendrückbarkeit und erhöhen die Scherfestigkeit von Böden. Im Erdbau kommen sie nur im Zusammenhang mit Unterfangungen und Unterfahrungen, also der Sicherung bestehender Gebäude, oder der Absicht vor, den Untergrund bei Talsperren und Deichen zu dichten. Sogenannte chemische Injektionen, bei denen Chemikalien zum Einsatz gelangen, sind aufgrund des gestiegenen

Umweltbewusstseins problematisch, weil Injektionsreste Boden und Grundwasser belasten können. Deswegen werden chemische Injektionen kaum noch genehmigt, zumal, wenn sie unterhalb des Grundwasserspiegels geplant sind. Je nach Aufgabe und Bodenart verwendet man *Suspensionen*, *Lösungen* oder *Emulsionen*.

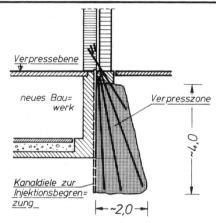

Sicherung eines Fundaments d. chem. Injektion

Verpressebene

neues Bau= werk

Verpresszone

~4,0

Kanaldiele zur Injektionsbegren= zung

~2,0

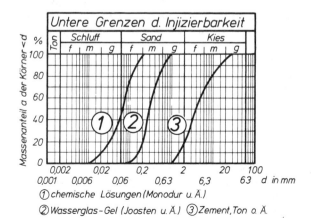

Untere Grenzen d. Injizierbarkeit

Abb. 25

① chemische Lösungen (Monodur u. Ä.)
② Wasserglas-Gel (Joosten u. Ä.) ③ Zement, Ton o. Ä.

135

In grobes Lockergestein und in Klüfte des Felsgesteins können Suspensionen aus Zement, Zement-Sand- oder Zement-Ton-Gemischen und Wasser eingepresst werden.

Die hydraulischen Bindemittel werden im Wasser auf Zeit in der Schwebe gehalten (Suspension) und transportiert. In den Poren kommt die Suspension zum Stillstand, das Bindemittelgemisch fällt aus und reagiert mit einem Teil des Wassers.

Wegen der geringen Porendurchmesser können in feinkörnigen Böden nur Lösungen, homogene Stoffgemische fester oder flüssiger Stoffe mit Flüssigkeiten, eingepresst werden. Mischt man zwei geeignete Lösungen miteinander, können sich in mehr oder weniger schnellen Reaktionen feste oder gallertartige Verbindungen bilden, die die Poren verstopfen oder die Körner verkitten. Bei der Vermischung einer *Wasserglaslösung* mit einer *Chlorkalziumlösung* bildet sich in einer schnell ablaufenden Reaktion ein stabiles *Silikatgel* (Joosten-Verfahren). Die Lösungen müssen mit getrennten Rohren eingepresst werden, und die Mischung erfolgt erst unmittelbar an der Einpressstelle. Das ist beim *Monodur-Verfahren* anders, bei dem die Reaktionszeiten etwa 24 Stunden betragen, man somit die Lösungen mischen und in einer Lanze gemeinsam einpressen kann.

Emulsionen sind Flüssigkeiten, in denen Öle und Fette in feinster Tropfenform in der Schwebe gehalten werden. Unter bestimmten Umständen kann die Emulsion brechen, die Tröpfchen vereinigen sich und fallen aus. Für Injektionen werden meist Bitumenemulsionen verwendet.

Die Bodenverbesserung mit *hydraulischen Bindemitteln*, meist mit Kalk, ist besonders bei wasserhaltigen Böden angebracht. Durch die Kalkzugabe wird der Wassergehalt sofort merklich vermindert, wodurch die Plastizitäts- und Verdichtungseigenschaften verbessert und die Tragfähigkeit erhöht werden. Langfristig treten durch die puzzolanischen oder hydraulischen Eigenschaften des Bindemittels Verfestigungen des Bodens ein, die Raumbeständigkeit, Zunahme der Festigkeit und dauerhafte Tragfähigkeit herbeiführen.

Unter *Bodenverfestigung* versteht man Verfahren, die zu einer langfristigen zusätzlichen Widerstandsfähigkeit des Bodens gegenüber Beanspruchungen aus Klima und Verkehr führen. Der Boden wird durch diese Behandlung dauerhaft tragfähig, wasserunempfindlich und frostbeständig. Die Bodenverfestigung kann unter Zugabe von

- Kalk,
- Zement oder evtl.
- Bitumen

erfolgen. Für die Verfestigung von Bodenschichten mit Kalk oder Zement bedarf es keiner besonderen Korngrößenverteilung. Allerdings sollten Böden mit hoher Fließgrenze w_L bzw. hoher Plastizitätszahl $I_P = w_L - w_P$, da sie sich schwer zerkleinern lassen, sowie felsige Böden, Torf und andere organische

Böden nicht behandelt werden. Besonders beim Baumischverfahren (mixed-in-place) lassen sie sich nur schwer verarbeiten. Bodenverfestigungen kommen sowohl für die Verfestigung der oberen Zone des Untergrundes bzw. Unterbaus in Frage als auch beim Oberbau für die Verfestigung der oberen Zone der Frostschutzschicht. Mit Erfolg wird dieses Verfahren auch für die Herstellung von Baustraßen eingesetzt. Sollen solche Schichten jedoch längere Zeit unmittelbar befahren werden, müssen sie geschützt werden, z. B. durch eine bitumenhaltige Decke.

Während der Ausführung solcher Arbeiten ist das Oberflächenwasser fernzuhalten, d. h. durch entsprechende Vorkehrungen schadlos abzuführen.

Zur bitumenhaltigen Verfestigung eignen sich im Wesentlichen nur nichtbindige Böden, Sande und Kiese aus dem Mittelkornbereich. Das gilt auch mit geringen Einschränkungen für bindige Böden mäßiger Plastizität. Tonhaltige Böden benötigen unter Umständen vor der bitumenhaltigen Verfestigung eine Vorbehandlung mit Kalk.

Das für die Zement- und Kalkverfestigung benutzte Anmachwasser hat von schädlichen Bestandteilen und Beimengungen frei zu sein.

Bei der Herstellung unterscheidet man:

- das Baumischverfahren (mixed-in-place), bei dem das Mischgerät über den für die Verfestigung vorbereiteten Boden fährt, ihn aufreißt, zerkleinert und mit dem aufgebrachten Bindemittel und evtl. notwendigen Zusatzmitteln unter Wasserzugabe mischt, und

- das Zentralmischverfahren (mixed-in-plant), bei dem der Boden ausgehoben und in zentralen Mischanlagen gemischt und wieder ausgebracht wird.

4 Böschungsneigung und Böschungsform

Die Neigung einer Böschung ist von ihrer Höhe und der Bodenart abhängig, in der sie angelegt wird. So werden Böschungen aus rolligen, nichtbindigen Böden meist flacher angelegt als solche aus bindigen Böden, bei denen neben der zwar geringeren inneren Reibung der Körner aufeinander noch die Haftfestigkeit (Kohäsion) auftritt. Die Kohäsion ist übrigens auch der Grund dafür, dass man in bindigen Böden Gräben mit senkrechten Wänden ausheben kann, die über einen längeren Zeitraum frei stehen, während das bei Sanden und Kiesen nicht oder nur über kurze Zeit gelingt. Die Böschungsneigung wird auch davon beeinflusst, ob es sich um eine Einschnittsböschung handelt, die also im gewachsenen Boden angelegt wird, oder um eine Dammböschung in aufgeschüttetem Boden. Die Dammböschung ist meist etwas flacher. Im Gegensatz zur Dammböschung, bei der Bodenart, Lagendicke und Neigung ebenso wie die Verdichtung zu beeinflussen sind, muss die Neigung, Dicke und Beschaffenheit der Schichten bei Einschnittsböschungen hingenommen, aber natürlich gebührend berücksichtigt werden. Besonderes Augenmerk ist wasserführenden Schichten zu widmen oder solchem Wasser, das an Schichtgrenzen austritt. Wenn eben möglich, sollte es vor Erreichen der Böschung in Dränen aufgefangen werden (Fangedräne). Das ist aber nur bei einer relativ flachen Lage solcher Schichten möglich. Anderenfalls müssen die Austrittstellen in der Böschung gefasst und das Wasser in gepflasterten Rinnen oder verrohrt abgeführt werden.

Sowohl bei der Damm- als auch bei der Einschnittsböschung ist dafür zu sorgen, dass das Oberflächenwasser nicht in die Böschungsflächen einsickern kann und auch keine Schäden durch oberflächlichen Abfluss eintreten. Oberflächenschäden und Einsickern in die Böschungsfläche können durch Begrünen vemieden werden. Die seitliche Einsickerung, die nur bei Einschnittsböschungen vorkommt, kann durch Fangedräne an der Böschungskrone unterbunden werden. Die Begrünung sollte nach Andecken des Oberbodens durch Einsäen geschehen, sofern man sich an einem günstigen Vegetationszeitpunkt befindet. Die Samenmischung sollte neben den verschiedenen Grassamen auch tiefwurzelnde Sorten, wie Klee und Luzerne, enthalten, damit der frisch aufgetragene Oberboden mit dem Unterboden verwurzelt wird. Kommt man mit diesen Arbeiten in den Herbst bzw. Winter, ist dringend die Andeckung mit Rasenplaggen geboten, weil die Flächen gerade in diesen niederschlagsreichen Zeiten besonders gefährdet sind. Bei steilen Böschungen sind gegebenenfalls auch rautenförmig angelegte Faschinenverbauten notwendig, die den Oberboden mit der Einsaat festhalten.

Tiefpunkten im Verlauf von Dämmen ist besonderes Augenmerk zu widmen. An den Banketten entlanglaufendes Wasser sammelt sich dort und fließt in der Falllinie die Böschung hinunter. Gepflasterte Rinnen, evtl. treppen- oder kaskadenförmig ausgebildet, verhindern schwere Böschungsschäden in Form von Erosionsrinnen.

Böschungen werden heute grundsätzlich in der natürlichen Form mit einer Fußausrundung und einer Ausrundung an der Krone angelegt.

Neigungen und Form der Böschungen werden in erdstatischen Berechnungen gefunden und festgelegt. In jedem Fall sind die Werte einzuhalten. Gleiches gilt für die Querschnitte und Gefälle der Gräben und Mulden am Böschungsfuß, die die Aufgabe haben, das Wasser vom Fuß fernzuhalten und baldigst abzuführen.

5 Entwässerung, Wasserhaltung, Grundwasserabsenkung

Das in den oberen Bodenschichten enthaltene Wasser bildet sich aus versickerndem Oberflächenwasser bzw. wird kapillar aus dem Grundwasser aufgesaugt. In engen Poren kann es entgegen der Schwerkraft gehalten werden, man nennt es auch gebundenes Wasser. Alles übrige Porenwasser tropft aus und sammelt sich in tiefer liegenden Grundwasserhorizonten. Dort sind alle Poren überflutet. In grobkörnigen Böden sind Wasserbewegungen möglich; sie sind *Grundwasserleiter*. Feinkörnige Böden lassen wegen der feinen Bodenkapillaren Wasserbewegungen kaum oder nicht zu; sie sind *Grundwasserstauer*. Durch die Wirkung des ruhenden oder strömenden Wassers wird die Standsicherheit von Erdbauwerken in unterschiedlicher Weise beeinflusst. In fein- und gemischtkörnigen Böden kann ruhendes Porenwasser die Konsistenz und damit die Scherfestigkeit und in deren Gefolge die Tragfähigkeit ungünstig verändern. Werden feinsandige, wassergesättigte Böden belastet, wird ein wesentlicher Anteil der Lasten vom Porenwasser aufgenommen. Der entstehende Porenwasserüberdruck vermindert die Reibung zwischen den Körnern und damit die Standfestigkeit. Schneidet man beim Aushub eine solche Schicht an, entsteht ein Fließgefälle. Das unter Druck stehende Wasser strömt aus und reißt das Kornhaufwerk mit sich, das kaum innere Reibung besitzt. Eine solche Fließsanderscheinung tritt unter erheblichem Volumenverlust auf. Sie kann durch den Abbau des Porenwasserdrucks mit einer Unterdruckentwässerung vermieden werden. Aber auch in gröberen Böden können Veränderungen der Grundwasserströmung, ausgelöst durch ein Fließgefälle, mehr oder weniger waagerechte Kräfte auf das Korngerüst ausüben, die das vorhandene Gleichgewicht beeinträchtigen oder völlig aufheben. Brucherscheinungen, wie Geländebruch, Böschungsbruch oder hydraulischer Grundbruch, sind dann die Folge. Verhindert man bei solchen Baumaßnahmen das Eindringen zusätzlichen Sickerwassers und entfernt vorhandenes Grund- und Schichtenwasser rechtzeitig durch geeignete Entwässerungsmaßnahmen, können solche Folgen vermieden werden.

5.1 Oberflächenentwässerung

Daher ist auf Hängen oberhalb von Böschungen auftretendes Oberflächenwasser in Gräben und Mulden aufzufangen und unschädlich in Vorfluter abzuleiten, bevor es durch Einsickerung die Böschung gefährdet. Gegebenenfalls sind solche Gräben und Mulden mit Sohl- und Böschungsdichtungen zu versehen, wenn bei geringem Sohlgefälle Einsickerungen zu befürchten sind.

Am Böschungsfuß von Einschnittsböschungen und hangseitigen Dammböschungen sind Mulden, $B = 1,0$ bis 2,5 m, mindestens 0,2 m, höchstens $B/5$ tief, anzulegen. Ihr Längsgefälle richtet sich nach dem Geländegefälle. Reicht dieses nicht aus, so vergrößert man das Sohlgefälle künstlich oder verlegt in ihrer Achse eine Sammelleitung mit Einlaufschächten. Die Muldensohle wird mit Rasen befestigt. Bei einem Gefälle < 1 % entwässert die Rasenmulde ungenügend, die Sohle ist dann durch Sohlschalen zu befestigen. Bei einem Sohlgefälle > 3 % ist eine raue Befestigung zu wählen, meist Platten. Bei noch größerem Gefälle von > 10 % wird eine Raubettmulde angelegt. Dazu werden Steine wie bei einer Straßenpacklage dicht aneinander in einer Kies-Sand-Bettung versetzt und bis zur halben Steinhöhe mit Splitt und Schotter verkeilt. Bei sehr steiler Lage sind die Rinnen durch Holzpfähle zu sichern (1 Stück/m^2 Mul-

denfläche). Straßengräben (Sohlbreite mind. 0,5 m, Tiefe > 0,5 m, Böschungsneigung 1:1,5) kommen heute nur noch bei beengten Verhältnissen vor. Mit
einem Längsgefälle > 0,3 % führen sie das Wasser unmittelbar einem Vorfluter
zu. Ihre Böschungen werden begrünt, Sohlbefestigungen erhalten sie erst bei
Gefällen > 3 %. Für die Ableitung des Oberflächenwassers über Hänge und
Böschungen werden bei Gefällen > 10 % Schussrinnen aus Betonfertigteilen
(oder gemauert), deren Querschnitt so bemessen sein muss, dass Hochwas-
ser unschädlich abgeleitet werden kann, nur noch selten verwendet. In jedem
Fall wäre am Fuß ein ausreichend großes Tosbecken anzulegen, in dem durch
geeignete Maßnahmen – raue Sohle, Steinschwellen o. Ä. – die Energie des
herabstürzenden Wassers umgewandelt wird. Aus landschaftsgestalterischen
Gründen sind die vorher beschriebenen Raubettmulden vorzuziehen.

5.2 Sickerwasserfassung

Wo das Oberflächenwasser bereits versickern konnte, ist es als ungebundenes
Bodenwasser zu fassen, bevor es Schaden am Erdkörper hervorrufen kann.
Dazu benutzt man Sickereinrichtungen aus Filtermaterial, dessen Wirkung
auf seiner relativ großen Durchlässigkeit und seiner Filterstabilität gegenüber
dem angrenzenden Boden beruht. Das gebundene Kapillar- und Haftwasser
kann mit solchen Einrichtungen nicht entzogen werden. Filtermaterial ist
filterstabil, wenn der zu entwässernde Boden nicht eingeschlämmt werden
kann. Es muss einer geeigneten Filterregel entsprechen, beispielsweise der
Filterregel von *Terzaghi* (Abb. 26). Danach darf seine Korngröße bei 15 %
Massenanteil höchstens viermal so groß sein wie die Korngröße bei 85 % Massenanteil der ungünstigsten Körnungslinie des zu entwässernden Bodens. Der
Filterkörper ist ein- oder mehrstufig aufgebaut. Aus bautechnischen Gründen
sollte jede Schicht mindestens 0,2 m dick sein. Da Filter möglichst kein Oberflächenwasser aufnehmen sollen, werden sie mit mindestens 0,2 m bindigem
Oberboden abgedichtet. Man unterscheidet

- linienförmige Sickerstränge und
- flächige Sickerschichten.

Der *Sickerstrang* nimmt das Sickerwasser auf und leitet es einem Vorfluter zu.
Er wird überwiegend zusammen mit Sickerschichten verwendet und besteht
aus einer mit Filtermaterial umhüllten Sickerrohrleitung. Arbeits- und filter-
technische Bedingungen bestimmen die Abmessungen des Sickerstranges.
Wird eine Rohrleitung eingebaut, ist die Grabenbreite > 0,8 m. Ihr Rohrscheitel liegt mindestens 0,2 m unter der Sohle der zu entwässernden Schicht. Die
Durchmesser betragen für glattwandige Rohre mindestens 8, für alle anderen
mindestens 10 cm, richten sich aber grundsätzlich nach dem Wasseranfall. Das
Sohlgefälle von 0,3 % ist nicht zu unterschreiten. Die Filterpackungen müssen den vorher beschriebenen Regeln entsprechen. Auch Sickerstränge sind
an der Oberfläche mit einer mindestens 0,2 m dicken Schicht aus bindigem

Filterregel von Terzaghi

$$\frac{d_{f\,15}}{d_{e\,85}} \leq 4 \leq \frac{d_{f\,15}}{d_{e\,15}}$$

$d_{f15}=$ *Korndurchmesser des Filtermaterials am Ordinatenpunkt 15 % seiner Kornverteilungslinie*

$d_{e85}=$ *Korndurchmesser des zu entwässernden Bodens am Ordinatenpunkt 85% seiner Kornverteilungslinie*

$d_{e15}=$ *Korndurchmesser des zu entwässernden Bodens am Ordinatenpunkt 15% seiner Kornverteilungslinie*

Beispiel für die Auswahl eines richtig abgestuften Filtermaterials :

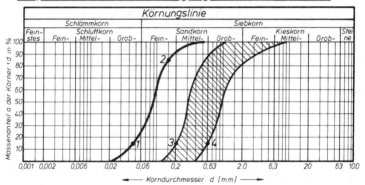

$\square\!\!\!\square\!\!\!\square$ = geeignetes Filtermaterial , $U \leq 2$

$1 \diamond d_{e15}$; $2 \diamond d_{e85}$; $3 \diamond d_{f15} = 4 d_{e15}$; $4 \diamond d_{f15} = 4 d_{e85}$

▬▬ = zu entwässernder Boden

Abb. 26

Oberboden abzudichten. Es sind möglichst geschlitzte Betonsickerrohre bzw. Kunststoffrohre zu verwenden; stumpfgestoßene Dränrohre werden nur in Ausnahmefällen eingesetzt.

Sickerschichten nehmen das Sickerwasser flächig auf. Sie werden entsprechend ihren Aufgaben und ihrer Lage als *Frostschutzschicht* oder *Auflastsickerschicht* waagerecht, als *Böschungssickerschicht* geneigt und als *Tiefensickerschicht* oder *Sickerstützscheibe* senkrecht verwendet. Bei geringem Wasseranfall kann das Wasser aus den Sickerschächten in begrünte Flächen geleitet werden, anderenfalls fasst man es in einem Sickerstrang.

Die *Frostschutzschicht* liegt auf dem geneigten Erdplanum aus bindigem, frostempfindlichem Boden auf und ist ein Teil der Straßenbefestigung. Bei nicht verfestigtem und abgedichtetem Erdplanum beträgt die Querneigung 4 %, sonst 2 %.

Die *Auflastsickerschicht* soll den hydraulischen Grundbruch vermeiden, wenn der Grundwasserspiegel ständig oder nur zeitweilig über dem Erdplanum liegt und es daher aufzubrechen droht. Sie muss durchlässiger als die darüber liegende Frostschutzschicht, aber sowohl gegenüber dieser als auch gegenüber dem Erdplanum filterstabil sein. Daher ist sie meist mehrstufig ausgebildet. Auf die Dicke der Frostschutzschicht kann sie angerechnet werden, ihre Dicke sollte aber 0,5 m nicht unterschreiten.

Die *Böschungssickerschicht* nimmt das Schichtwasser aus der Böschung auf und leitet es unschädlich ab. So kann eine Erosion am Böschungsfuß verhindert werden. Die Dicke des Filterkörpers richtet sich nach den örtlichen Gegebenheiten und nach der abzuleitenden Wassermenge, 0,5 m sollten möglichst nicht unterschritten werden.

Die *Sickerstützscheibe* dient der Vergrößerung der Standsicherheit von Einschnittsböschungen. Sie wird in der Falllinie der Böschung in Abständen von 10,0 bis 20,0 m angeordnet. Bei bereits eingetretenen Rutschungen soll sie bis unter die Gleitfläche reichen. Sie wird im Allgemeinen in Einkornporenbeton mit seitlichen Filterschichten und einem unten liegenden Vollsickerrohr, mindestens 1,2 m breit, hergestellt. Das gesammelte Wasser wird einem Sickerstrang zugeführt.

Die *Tiefensickerschicht* fängt seitlich zuströmendes Schicht- oder Sickerwasser auf. Parallel oder senkrecht zur Einschnittsböschung angeordnet, dient sie der Entwässerung tiefer Schichten. Ihre Abmessungen richten sich nach der Tiefenlage der wasserführenden Bodenschicht. Sie ist immer mit einem Sickerstrang kombiniert, der das gesammelte Wasser zum Vorfluter leitet. Ihre Breite beträgt bei mehrschichtigem Filterkörper mehr als 1,0 m. Auch sie wird an der Geländeoberfläche mit bindigem Oberboden abgedichtet.

Um *während der Bauzeit* den Gefahren von Erosionen zu begegnen, wird beim Herstellen von Schüttungen auf bindigem Boden jedes Zwischenplanum mit mindestens 6 % Quergefälle so angelegt, dass das Wasser ungehindert flächig abfließen und kaum in den Boden eindringen kann. Das fertiggestellte trockene Erd-Endplanum mit 4 % Querneigung ist entweder zu verfestigen oder durch Folien abzudichten. Das den Dammböschungen vom Erdplanum zufließende Oberflächenwasser wird vor der Böschungskante mit aufgestellten Schalbrettern abgefangen und in Längsrichtung weitergeleitet, um dann in Abständen über behelfsmäßige Mulden oder Rinnen zum Böschungsfuß abgeleitet zu werden.

5.3 Wasserhaltung in Baugruben

Wird in Gräben oder Baugruben der Grundwasserspiegel angeschnitten, ist das anfallende Wasser mit einer *offenen Wasserhaltung* oder einer *Grundwasserabsenkung* zu beseitigen (Abb. 27).

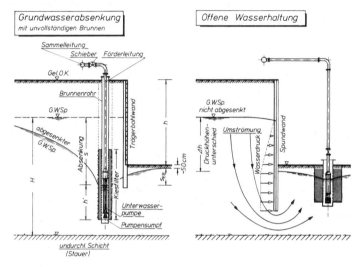

Abb. 27

Bei der *inneren Absenkung* wird nur das innerhalb der Baugrube anfallende Wasser mit im Baugrubeninneren angeordneten Brunnen oder aus Pumpensümpfen entfernt. Die geförderte Wassermenge ist deutlich niedriger als bei der äußeren Grundwasserabsenkung. Die Vorflutbeschaffung wird einfacher, der Grundwasserspiegel außerhalb der Baugrube wird weniger verändert, und mit Setzungsschäden in der Nachbarschaft ist weniger zu rechnen. Bei verbauten Baugruben muss der Verbau allerdings dann wasserdicht und für die zusätzliche Wasserdruckbelastung bemessen sein. Das bedeutet höher belastete Anker oder Steifen und schwerere Wandkonstruktionen. Je nach Wahl des Absenkverfahrens kann der Aushub erschwert werden, da der Boden relativ feucht ist. Das zwischen dem Außen- und Innenwasserspiegel entstehende Druckgefälle bewirkt eine Umströmung der Wand, die erdseits den Erddruck vergrößert und vor dem Wandfuß den Erdwiderstand vermindert. Bei ungünstigen Randbedingungen kann der Boden durch die aufwärts gerichtete Strömung vor dem Wandfuß aufbrechen. Die Standsicherheit der Wand wird durch diesen *hydraulischen Grundbruch* gefährdet.

Bei der *offenen Wasserhaltung* wird das Wasser aus Pumpensümpfen gefördert, die mit dem Aushub fortschreitend vertieft werden. Dazu benutzt man
heute überwiegend Tauchmotorpumpen. Der Durchmesser solcher Pumpensümpfe sollte reichlich bemessen werden, etwa 1,0 bis 1,5 m, damit sie auch
eine gewisse Sammelfunktion erfüllen können. Pumpensümpfe werden an
der tiefsten Stelle der Baugrube angelegt. Sie sollten etwa 1,0 bis 1,5 m tief
sein, damit genügend Gefälle von der Baugrubensohle zur Schachtunterkante
vorhanden ist. Die Aushubarbeiten erfolgen am besten im Tiefschnitt, vom
Pumpensumpf her nach außen, der Zufluss ist evtl. durch Gräben zu unterstützen. Die endgültige Baugrubensohle wird mit einer Flächendränage versehen.
Die gesamte Fläche kann auch durch eine Rohrdränung entwässert werden.
Sauger, die quer zur Anströmrichtung (Querdränung) in flachen Gräben mit
einer Filterpackung angeordnet werden, führen das Wasser zu Sammlern, die
es in den Pumpensumpf ableiten. Zur Erleichterung des Tagwasserabflusses
gibt man dem anstehenden Boden zu den Saugergräben hin ein leichtes Dach-
profil und deckt insgesamt mit etwa 0,2 m Filtermaterial ab. Die Sohle des
Pumpensumpfes sollte zum Schutz gegen eindringenden Boden ebenfalls eine
Schüttung aus Filtermaterial erhalten.

Bei der *äußeren Grundwasserabsenkung* wird der Grundwasserspiegel groß-
räumig um die Baugrube herum bis unter die Sohle abgesenkt. Mit Entwicklung der Tauchpumpe hat sich die Verwendung von Tiefbrunnen außerhalb
der Baugrube gegenüber der Staffelabsenkung mit oberhalb des Geländes stehenden Kreiselpumpen durchgesetzt. Der Vorteil der Grundwasserabsenkung
liegt im ungehinderten Aushub, in der leichten Wand- und Unterstützungs-
konstruktion und dem hier nicht auftretenden hydraulischen Grundbruch.
Dieses Verfahren lässt sich auch bei geböschten Baugrubenwänden einsetzen. Nachteilig sind die Folgen der Absenkung auf die Umgebung. So können
Wasserrechte anderer (Brunnenrechte) beeinträchtigt und Vegetations- sowie
Setzungsschäden hervorgerufen werden, da die Auswirkungen in durchlässigen Böden bei beträchtlichen Absenkungen mehrere Kilometer weit reichen
können. Wegen der möglicherweise zu erwartenden Schäden sollte in bebau-
ten Gebieten die Absenkung nicht vor Abschluss eines Beweissicherungsver-
fahrens begonnen werden, das den Zustand der Gebäude festhält. Da zum
Umweltschutz auch die Schonung des Grundwassers gehört, werden äußere
Grundwasserabsenkungen, bei denen meist verhältnismäßig viel Grundwasser
entnommen und abgepumpt werden muss, immer seltener genehmigt.

Meist werden Bohrbrunnen eingesetzt, die verrohrt bis auf die volle Tiefe
abgeteuft werden. Der Durchmesser des Bohrrohres richtet sich nach dem
zur Verfügung stehenden Bohrgerät, dem Durchmesser der verwendeten
Tauchpumpe, zwischen der und dem Filterrohr etwa 100 mm Zwischenraum
frei bleiben müssen, und der Notwendigkeit, den Ringraum zwischen dem
Bohrrohr und dem Filterrohr mit einer ausreichenden Kiesfilterschüttung versehen zu können. Üblicherweise ergibt sich daraus ein Filterrohrdurchmesser

von 350 und ein Bohrrohrdurchmesser von etwa 600 mm. Für den Aufbau der Kiesschüttung ist die Filterregel von *Terzaghi* (Abb. 26) zu beachten. Wegen der einfacheren Herstellung werden meist Mischfilter eingesetzt. Im Bohrrohr, das später gezogen wird, befindet sich unten das Filterrohr und darüber das Brunnenrohr mit gleichem Durchmesser. Der Zwischenraum zwischen Bohrrohr und Brunnenrohr wird mit Bohrgut ausgefüllt. Im Brunnenrohr befindet sich das Förderrohr mit der Tauchpumpe. Das Brunnenrohr ist oben durch einen Brunnenkopf verschlossen. Jeder Brunnen ist über einen Absperrschieber an eine Ringleitung angeschlossen, die das Wasser dem Vorfluter zuführt. Die Filterrohre bestehen meist aus verzinkten oder mit Kunststoff überzogenen Stahlschlitzbrückenfiltern. Der Filterrohrteil ist unten durch das Sumpfteil abgeschlossen.

Bei *gespanntem* oder *artesischem Grundwasser* (Abb. 28) wird ein Grundwasserleiter durch zwei Grundwasserstauer eingeengt. Das Grundwasser kann keine freie Oberfläche mehr ausbilden, sie wird vielmehr durch die Unterkante der stauenden Deckschicht gebildet. Das Wasser steht unter Druck, daher auch „gespanntes Grundwasser". In der Natur stellt sich ein Gleichgewicht zwischen der Last der Deckschicht und dem Grundwasserdruck ein, sonst stieße das Grundwasser in Form einer Steigquelle zur Oberfläche auf. Entlastet man aber eine solche Deckschicht durch einen Baugrubenaushub, kann es zu einem Durchbruch oder Aufbruch der Baugrubensohle kommen.

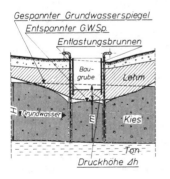

Abb. 28

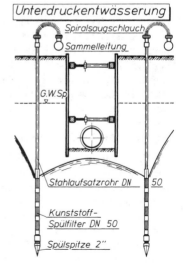

Abb. 29

Durch eine Grundwasserabsenkung senkt man den Druck so weit ab, dass Auflast und Grundwasserdruck wieder im Gleichgewicht sind. In feinkörnigen Böden ($k_f = 10^{-5}$ bis 10^{-6} m/s) kann die Kapillarität in den Poren so groß werden, dass das Wasser unter der Wirkung der Schwerkraft nicht mehr abzufließen vermag. Die Entwässerung mit den vorher beschriebenen Schwerkraftbrunnen, denen das Wasser durch Herstellen eines Fließgefälles aufgrund seiner Schwerkraft zufließt, wird durch eine *Unterdruckentwässerung* (Vakuumabsenkung) ersetzt (Abb. 29). In den Rohrleitungen und den Spülfilterbrunnen, Durchmesser 50 bis 75 mm, wird ein möglichst hoher Unterdruck, max. ca. 0,7 bar, erzeugt, der sich im Boden fortpflanzt und so das teilweise gebundene Wasser wieder zum Fließen bringt. Die Spülfilter, meist aus geschlitzten Kunststoffrohren mit einer Stahlspitze, werden mit Wasserdruck in den Boden eingespült. Ihr Abstand beträgt 1,0 bis 2,0 m, die Absenktiefe geht nicht über 6,0 m hinaus. Sie werden mit elastischen Verbindungen an eine Sammelleitung angeschlossen, meist Aluminium-Schnellkupplungsrohre. Jeder Brunnen kann durch einen Schieber abgeschaltet werden. Die Absenkung sollte dem Aushub mindestens 24 Stunden vorausgehen. Als Pumpen werden Diaphragmapumpen oder speziell für diesen Zweck hergestellte Vakuumpumpen eingesetzt, die den erforderlichen Unterdruck erzeugen können.

6 Baugruben

Die Arbeitsebene für Gründungsarbeiten aller Art und vieler sonstiger Tiefbauarbeiten liegt unter der Geländeoberfläche. Durch den Bodenaushub entstehende Höhenunterschiede werden durch geböschte oder senkrecht verbaute Wände überwunden. Sie müssen so gestaltet und bemessen sein, dass ein Nachbrechen oder -rutschen des Bodens verhindert wird und benachbarte Gebäude und Verkehrswege vor Folgeschäden – Setzungen, Schiefstellungen, Risse – geschützt werden. Die verwendeten Konstruktionen müssen allen Witterungseinflüssen ohne Einbuße der Standsicherheit widerstehen können.

6.1 Geböschte Baugrubenwände

Die Böschungsneigung ist grundsätzlich in einer Standsicherheitsuntersuchung festzulegen. Dabei beeinflussen Höhe der Geländestufe, Bodenart und Lasten am Böschungsrand ihre Größe. Für einfache, nicht zu hohe Geländesprünge können die Werte nach DIN 4124 „Baugruben und Gräben" festgelegt werden, sofern die Geländestufe niedriger als 5,0 m ist und weder benachbarte Bauwerke durch die Böschung noch sie selbst durch äußere Einflüsse – z. B. Erschütterungen – gefährdet werden. Als Anhalt können die Werte der beigefügten Tabelle 1 verwendet werden. Die kleingedruckten ergänzenden Werte sind nur als Empfehlung gedacht. Grundsätzlich sind Böschungswinkel für

Tabelle 1

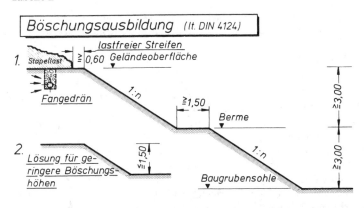

Böschungsausbildung (lt. DIN 4124)

Zusammenstellung v. Richtwerten f.d. Böschungsneig.

Bodenart nach DIN 4022	Wichte γ	Scherbeiwerte φ	c	I_p	D	Böschungs-höhe h	Böschungs-neigung n	β
fS	18,0	30°	-	-	$\geq 0,3$	unbegrenzt	1 : 2	26,6°
gS	18,0	32,5	-	-	$\geq 0,45$	"	1 : 1,7	30,5°
G,s̄,x	18,0	35,0	-	-	=0,45	"	1 : 1,5	33,7°
U	18,0	25,0	5,0	< 10	-	0 - 3,00 / 3,00-6,00	1 : 1,25 / 1 : 1,6	38,67° / 32°
U,s,t'	19,0	25,0	10,0	10-20	-	0 - 6,00	1 : 1,25	38,7°
T,u,s'	20,0	17,5	20,0	20-30	-	0 - 6,00	1 : 1,25	38,7°
T	20,0	10,0	35,0	>30	-	0 - 6,00	1 : 1,25	38,7°

Bei Böschungshöhen $h \geq 5,00$ m und Strömungswirkung ist der Standsicherheits-nachweis nach DIN 4084, *zu führen.*

nichtbindige Böden immer kleiner als für bindige. Im ersten Fall entsprechen sie ungefähr dem Winkel der inneren Reibung, während bei den bindigen Böden die Kohäsion die Standfestigkeit vergrößert. Werden die Gelände-sprünge höher als 3,0 m, müssen die Böschungsflächen durch waagerechte Ebenen – Bermen – von mindestens 1,5 m Breite unterbrochen werden. Bei längeren, ungünstigen Witterungsperioden schützt man die Böschungsflä-chen vor Erosionen durch Abdecken mit Folien oder eine bewehrte Mörtel-schicht.

6.2 Senkrecht verbaute Wände

Für Baugruben und Gräben haben sich wegen der unterschiedlichen konstruktiven Gegebenheiten auch unterschiedliche Formen entwickelt.

6.2.1 Grabenverbau

Bei den im Verhältnis zur Tiefe schmalen Grabenbauwerken ist eine Aussteifung der Wände gegeneinander meist ausführbar. Da in bindigen Böden Wände auf begrenzte Zeit senkrecht zu stehen vermögen, entwickelte sich hier für den *Handschacht* der *waagerechte Verbau*, der abschnittsweise von oben nach unten vorgebaut wird. In rolligen, nicht standfesten, also nichtbindigen Böden eilt beim *senkrechten Verbau* der Wandverbau aus senkrecht einzutreibenden Bohlen immer dem Aushub voraus. Die Verbauwände werden durch den Erddruck nahezu waagerecht beansprucht, der versucht, die Wände zum Graben hin zu verschieben. Verkehrslasten und Erschütterungen vergrößern ihn zusätzlich. In der Regel ist es notwendig, für den Verbau einen Standsicherheitsnachweis zu führen. Für Grabentiefen bis zu 5,0 m können bei sonst zutreffenden Bedingungen der waagerechte oder senkrechte Normenverbau nach DIN 4124 ohne weiteren Nachweis ausgeführt werden. Die Bedingungen lauten:

- Gelände nahezu waagerecht,
- nichtbindige oder bindige Böden in steifer bis halbfester Konsistenz,
- keine Gebäudelasten auf dem Verbau,
- Straßenfahrzeuge und Baugeräte halten ausreichend großen Abstand vom Verbau ein,
- erforderlichenfalls Lastverteilung durch Baggermatratzen, Zwillingsbereifung, Pratzen bzw. einen festen Straßenoberbau.

Für die heute üblichen *maschinellen Aushubverfahren* wurden Verbausysteme entwickelt, die den Vollaushub und den Verbau der Grabenwände ermöglichen, ohne die Sicherheitsregeln zu verletzen. In standfesten Böden werden die Gräben in voller Tiefe und Breite mit vor Kopf stehenden Tieflöffelbaggern ausgehoben. Die Stahlverbauelemente – paarig angeordnete, durch Spindelsteifen verbundene Wandplatten – werden unmittelbar anschließend von oben mit dem Bagger in den Graben eingesetzt. Im Schutz dieser Elemente können die Steifen angespannt werden. In rolligen, nichtbindigen Böden rammt man, ähnlich dem senkrechten Verbau, beiderseits Kanaldielen oder Spundbohlen ein, hebt auf volle Tiefe aus und steift mit vorgefertigten Rahmen im Schutz der Wände aus.

6.2.2 Verankerungen

Baugruben mit größeren Grundrissabmessungen lassen sich nicht mehr quer über die Baugrube aussteifen, weil die Knicklängen zu groß werden. Zur Ver-

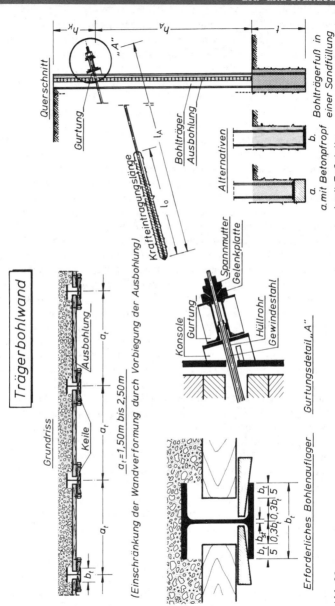

Trägerbohlwand

Abb. 30

kürzung der Knicklängen kann man sich mit Mittelrammträgern oder Kopfbändern helfen. Ein freies Arbeiten mit großen Einbauteilen oder Maschinen wird in solchen Baugruben aber sehr erschwert. Deswegen verwendet man, soweit die Baustellensituation es zulässt, *Verankerungen* (Abb. 30). Sie werden entweder eingebohrt oder eingerammt und zur Erzeugung der Reibung zwischen Boden und Anker auf eine bestimmte Länge mit Zementmörtel verpresst. Die Zugglieder, die aus einem oder mehreren Spannstählen bestehen, spannt man häufig vor, um die Verschiebungen der Wandunterstützungspunkte möglichst klein zu halten oder gänzlich auszuschalten. So können Senkungen der dahinter liegenden Erdoberfläche und der darauf stehenden Gebäude beschränkt und Schäden vermieden werden. Als Korrosionsschutz erhalten die Stähle im nichtverpressten Teil einen Kunststoffüberzug. Die einteiligen Stäbe haben ein eingeschnittenes oder aufgestauchtes Gewinde, mit dem sie mit Hilfe einer Mutter angespannt und an der Verbaukonstruktion befestigt werden können. Es ist immer darauf zu achten, dass zwischen Mutter und Ankerplatte eine Gelenkplatte liegt, die einen frei drehbaren Anschluss ermöglicht. Verankerungen aus mehreren Stählen werden zu Bündeln zusammengefasst und gemeinsam in einem kunststoffüberzogenen Rohr geführt. Die Verankerung geschieht über eine konische Einpressvorrichtung, in die die Stähle nach dem Anspannen mit einem Keil eingepresst werden. Auch hier ist auf einen gelenkigen Anschluss zu achten. In jedem Fall sind die angegebenen Ankerneigungen, Ankerlängen und vorgeschriebenen Verpressstrecken genauestens zu beachten. Keinesfalls darf sich der Verpresskörper auf der zu verankernden Konstruktion abstützen. Die aufnehmbaren Ankerkräfte reichen von 250 bis 2000 kN, wobei sich Ankerkräfte über 1000 kN nur mit Mehrstahlankern erreichen lassen. Einstahlanker werden aus hochfesten Stählen hergestellt. Mehrstahlanker bestehen aus Bündeln von Spanndrähten mit wenigstens 10 mm Durchmesser. Längs der Verpressstrecke überträgt man die Verankerungskraft mittels unmittelbarer Kraftübertragung durch Haftreibung, wofür sich gerippte Stähle besonders bewährt haben, durch Kraftübertragung über ein Haftrohr, vielfach bei Mehrstahlankern vorkommend, oder über eine am Ende der Verpressstrecke befindliche Fußplatte. Böden, in denen geankert wird, sollten als nichtbindige Böden mindestens mitteldicht gelagert sein und bindige wenigstens eine halbfeste Konsistenz besitzen. Die DIN 4125 unterscheidet zwischen Kurzzeitankern, die weniger als 2 Jahre funktionsfähig bleiben sollen, und Dauerankern.

6.3 Verbaukonstruktionen

Als Verbaukonstruktionen für solche Baugruben werden häufig *Spundwände* oder *Trägerbohlwände* eingesetzt, die später wieder entfernt werden können. Sie werden sich im Allgemeinen etwas stärker verformen als Schlitzwände oder *Bohrpfahlwände*, die als Stahlbetonkonstruktionen verformungsarm sind und oft der Kosten wegen ins Bauwerk einbezogen werden. Der für jeden Einzelfall zu erstellenden Standsicherheitsuntersuchung, die zur Konstruktion und Bemessung der Wand führt, liegt eine Erddruckverteilung zugrunde, die von der Art der Auflagerung und den Bewegungsmöglichkeiten entscheidend beeinflusst wird. Jedes Abweichen von der vorgeschriebenen Konstruktion, sei es wegen Unregelmäßigkeiten im Baugrund, aber auch wegen Ungenauigkeiten in der Ausführung, kann Folgen für die Standsicherheit haben.

Spundwände sind aus Spundbohlen in Schlössern zusammengefügte, wasserdichte Stahlwände. Die als Z- und U-Profile hergestellten Walzstahlprofile besitzen angewalzte Schlösser. Ecken und Abzweigungen werden mit Sonderprofilen oder Spezialbohlen ausgeführt.

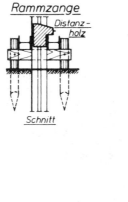
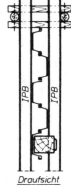

Abb. 31

Anzahl und Form sowie der Ablauf der Rammung werden im Rammplan festgelegt, sind genau einzuhalten und zu überprüfen. Beim heute üblichen Rammen mit Baggerramme und Explosionsbär wird die Bohle oben und unten am Mäkler geführt (Abb. 32). Zum einwandfreien Einhalten der Flucht hält man die Bohlen in Rammzangen (Abb. 31). Bei Z-Profilen ist unbedingt die vorgeschriebene Rammrichtung einzuhalten. Wegen der hohen Geräusch- und Erschütterungsbelästigung lassen die Immissionsschutzbestimmungen Rammarbeiten in einer geschlossenen Bebauung nicht mehr zu. Man bedient sich dann des Vibrationsverfahrens oder des Bohrpressverfahrens. Beim Bohrpressverfahren werden die Bohlen fachweise aufgestellt und paarweise hydraulisch eingepresst (Abb. 33). Als Pressenwiderlager dienen die Eigenlast des Gerätes und die nicht beteiligten Spundbohlen. Verspannungen im Boden, durch das Einpressen in der Bohlenumgebung entstanden, werden durch senkrechte Entlastungsbohrungen im Bohlental abgebaut. Beim Aushub der Baugrube verbindet man die Bohlen untereinander zur Ausrichtung durch Gurte

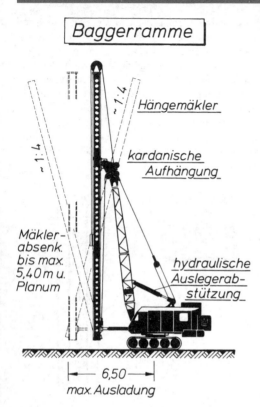

Baggerramme

Hängemäkler

kardanische Aufhängung

~ 1:4

~ 1:4

Mäkler-absenk. bis max. 5,40 m u. Planum

hydraulische Auslegerab-stützung

|← 6,50 →|
max. Ausladung

Abb. 32

oder Zangen aus Profilstahl, die dann auch als lastverteilende Balken für die Aufnahme der Aussteifung oder den Anschluss der Verankerung dienen.

Man kann aber auch jede Doppelbohle verankern und auf eine Gurtung verzichten. Bei hohen Wänden werden zur Verringerung der Verformung mehrere Ankerlagen übereinander angeordnet. Dabei können die Anker unterschiedliche Längen und Neigungen erhalten.

Trägerbohlwände besitzen als Tragelement in regelmäßigen Abständen eingerammte oder meist in Bohrlöcher gestellte Stahlträger. Um ein Nachstürzen des Bodens zu verhindern, werden die Zwischenräume mit Holzbohlen, Kanthölzern oder Rundhölzern verbaut. Der Verbau erfolgt fortlaufend mit dem Aushub und sollte bei bindigen Böden höchstens 0,5 m dahinter zurückbleiben. Nur bei standfesten, bindigen Böden darf der Wert ausnahmsweise

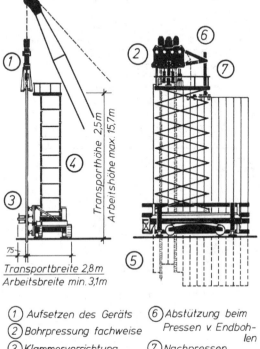

Bohrpressgerät nach Klammt

Transporthöhe 2,5m
Arbeitshöhe max. 15,7m

Transportbreite 2,8m
Arbeitsbreite min. 3,1m

1. Aufsetzen des Geräts
2. Bohrpressung fachweise
3. Klammervorrichtung
4. Klammergerüst u. Hubbühne
5. Schneckenbohrer
6. Abstützung beim Pressen v. Endbohlen
7. Nachpressen

Abb. 33

1,0 m betragen. In locker gelagerten Sanden und Kiesen müssen Aushub und Ausbau gleichlaufen. Die Ausbohlung muss mindestens auf einem Fünftel der Flanschbreite beiderseits aufliegen und ist gegen Verschieben zu sichern. Keile pressen die Bohlen gegen den hinterfüllten Boden und verhindern, bis zum Steg vorgetrieben und mit den Bohlen vernagelt, das seitliche Verschieben. Wenn die besondere Situation der Baustelle es erfordert, werden als Ausfachung (Abb. 34 a) auch Stahlbetonfertigteile, Ortbetonfüllungen und senkrecht eingerammte oder eingerüttelte Kanaldielen oder Leichtprofile, die sich über waagerechte Trägergurte auf die Bohlträger abstützen, verwendet. Der Ausbau mit Kanaldielen ist bei wasserhaltigen Feinsanden, die zum Fließen

Verschiedene Formen der Ausbohlung

a.

Bohlträger IPB   Kanaldielen

Keile u. Futter-hölzer   Gurtung IPB

b_t

$a_t \cong n \cdot b_k + b_{st}$ a_t

Ausbohlung mit Kanaldielen

$l = 5,0 - 6,0m$

C_{A1} Gurte

IPB

C_{A2}

bei größeren Baugrubentiefen werden die Kanaldielen gepfändet eingebaut.

Schnitt

b.

Bohlträger IPB

Isolier-pappe   Betonausfachung

Ausbohlung mit Stahl- oder Spritzbeton

c.

Bohlträger IPB

6 cm

U-Profil $l \cong 0,60m$

Stahlkeil

vorgehängte Bohlen

Flachstahldoppelklemme

U-Profil 2 Bohlen übergreifend

IPB

60

Schnitt

Abb. 34 a

neigen, zweckmäßig. In Einzelfällen werden auch vorgehängte Holzbohlen verwendet, die mit speziellen Flachstahl-Doppelklemmen und U-Profilen paarweise durchlaufend am Träger befestigt werden. Auch hier werden Gurtungen zur Lastverteilung und Ausrichtung benutzt. Wird jeder einzelne Bohlträger verankert, ist ein längsaussteifender druck- und zugfester Holm vorzusehen. Das verwendete Bauholz sollte Mindestabmessungen von 5 cm aufweisen. Sind die Bohlträger verlaufen oder konnten sie wegen Hindernissen nicht senkrecht gestellt werden, muss mit aufgenagelten Vertikallatten ein senkrechtes Verschieben verhindert werden (Abb. 34 b).

Beim *Rückbau* der Spund- oder Trägerbohlwände muss sorgfältig hinterfüllt und verdichtet werden und, falls nötig, umgesteift. Beides ist aufeinander abzustimmen und entsprechend der vorher durchgeführten Standsicherheitsuntersuchung auszuführen. Ebenso wie während des Vorbaus können dabei kritische Belastungszustände eintreten, die höhere Belastungen als im Endzustand bewirken. Die Anweisungen über den Bauablauf sind also sorgfältig zu beachten und auszuführen.

Bohrpfahl- und *Schlitzwände* sind dagegen verformungsarm und stellen eine vollkommen andere Art des Verbaus dar. Sie werden als Ortbetonkonstruktionen in Hohlräumen im Boden hergestellt. Für die Bohrpfahlwand werden von der Erdoberfläche aus nebeneinander angeordnete Bohrungen niedergebracht, die unmittelbar anschließend mit bewehrtem oder unbewehrtem Beton ausgefüllt werden. Die Verrohrung garantiert das Offenbleiben der Hohlräume. Da sich die einzelnen Pfähle zumindest berühren, meist aber überschneiden, ist die Wasserdichtigkeit sichergestellt. Die Herstellung erfolgt im „Pil-

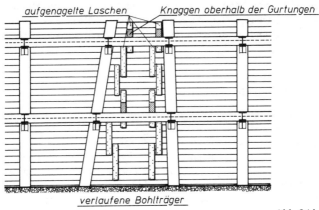

Aufhängen der Bohlen· bei verlaufenen Trägern

aufgenagelte Laschen   Knaggen oberhalb der Gurtungen

verlaufene Bohlträger

Abb. 34 b

gerschrittverfahren" mit den üblichen Pfahlherstellgeräten. Immer einen Pfahl überspringend, stellt man zunächst unbewehrte Betonpfähle her, zwischen denen man, sie anschneidend, Stahlbetonpfähle herstellt, die die Biegebeanspruchung übernehmen können. Zur besseren Ansatzgenauigkeit werden auf der Erdoberfläche Betonschablonen angefertigt. Mit den Vortreibrohren können auch Hindernisse, wie gemauerte Fundamente, durchbohrt werden. Die Pfahlwand kann wie Spund- oder Trägerbohlwände ein- oder mehrfach verankert werden. Geringfügige Neigungen (etwa 15°) sind zur Unterschneidung von Leitungen oder ähnlichen Hindernissen möglich. Bei tiefen Wänden ist der Bohrfortschritt den Erhärtungszeiten des Betons der unbewehrten Pfähle anzupassen oder das Bohrrohr mit einer Hartmetallbohrkrone zu versehen.

Die *Schlitzwand* stellt eine ähnliche Konstruktion dar. Anstelle der Bohrpfähle wird mit einem Spezialgreifer ein Bodenschlitz ausgehoben, der durch eine Stützflüssigkeit (Bentonit-Suspension) gegen das Einstürzen geschützt wird. Der Aushub wie auch das spätere Betonieren erfolgen im Schutz dieser Stützflüssigkeit. Diese Wände können ebenfalls bewehrt und somit ein- oder mehrfach verankert eingesetzt werden.

In Einzelfällen wird bei wassergesättigten, nicht standfesten Böden das *Gefrierverfahren* eingesetzt. Durch Gefrierrohre, die in vorgebohrte Löcher eingeschoben werden, strömt eine in einem Gefrieraggregat auf etwa –25 °C heruntergekühlte konzentrierte Salzlösung, die dem Boden die Wärme entzieht, und das Wasser im Boden gefriert. Das Gefrieraggregat arbeitet in derselben Weise wie ein Kompressorkühlschrank. Um das Gefrierrohr entsteht so ein zylindrischer Frostkörper von guter Festigkeit. Durch entsprechende Anordnung der Gefrierrohre kann rund um die Baugrube eine geschlossene Wand hergestellt werden, in deren Schutz der Aushub und die Gründungsarbeiten erfolgen können. Die Wände können als Schwergewichtswände, aber auch als verankerte Konstruktionen ausgeführt werden. Die Anlage muss während der gesamten Bauzeit in Betrieb gehalten werden. Nach Verfüllen der Baugrube und Abstellen der Kältezufuhr bilden sich die Frostkörper von selbst zurück.

7 Gründungen

Die Bauwerkslasten werden über Gründungen in den Baugrund eingeleitet. Dabei sollen die Einsenkungen des Fundaments, also die Setzungen, in gewissen Grenzen bleiben und bei benachbarten Fundamenten eines Bauwerks untereinander möglichst einheitlich sein, damit sich keine schädlichen Bauwerksverformungen zeigen. Auf keinen Fall dürfen Beanspruchungen auftreten, die den Boden unter dem Fundament zu Bruch gehen lassen. Wenn das Bauwerk in der von seiner Aufgabe her erforderlichen Tiefe auf einer genügend tragfähigen Schicht gegründet wird, nennt man die Gründung eine

Flachgründung. Ist das nicht möglich, werden die auftretenden Bauwerks-lasten über besondere Gründungselemente, z. B. Pfähle oder Brunnen, in tieferliegende, ausreichend dicke und tragfähige Schichten eingeleitet. Solche Gründungen nennt man *Tiefgründungen.* Meist genügen Flachgründungen. Ihre Form ergibt sich aus der Nutzung (Abb. 35). Für die Einleitung von Ein-zellasten aus Pfeilern und Stützen benutzt man *quadratische Einzelgründun-gen.* In Ausnahmefällen, z. B. bei schrägem Lastangriff, verwendet man *recht-eckige Grundrisse.* Die Kreisform kommt seltener vor. Stehen die Pfeiler dicht beieinander oder belastet eine Wand die Gründung linienförmig, wird eine *Streifengründung* eingesetzt. Im Allgemeinen werden unbewehrte Gründungs-körper aus Beton oder auch Mauerwerk verwendet, die dann eine Höhe von $d = a$ bis $2a$ besitzen. a ist der Fundamentüberstand neben der Wand oder der Stütze mit der Dicke c. Die Höhe wird von der Sohlnormalspannung und der Betongüte beeinflusst.

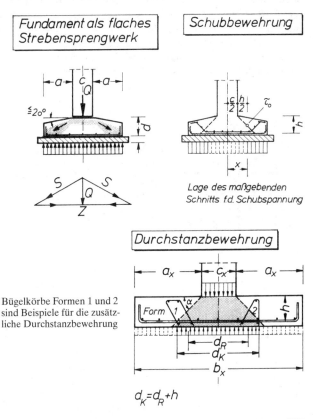

Fundament als flaches Strebensprengwerk

Schubbewehrung

Lage des maßgebenden Schnitts f.d. Schubspannung

Durchstanzbewehrung

Bügelkörbe Formen 1 und 2 sind Beispiele für die zusätz-liche Durchstanzbewehrung

$$d_K = d_R + h$$

Abb. 35

157

Wird die Gründungstiefe aus irgendeinem Grund beschränkt, z. B. durch Grundwasser, kann die Fundamenthöhe erheblich vermindert werden, wenn man eine Gründungsplatte ausführt. Allerdings muss die Gründung mindestens frostfrei, also $\geqq 80$ cm tief unter Gelände, erfolgen. Die erforderliche Gründungsfläche ergibt sich aus der zulässigen mittleren Sohlnormalspannung bzw. dem aufnehmbaren Sohldruck in DIN 1054. Diese Werte wurden aus Setzungs- und Grundbruchuntersuchungen unter Einhaltung gewisser Sicherheiten ermittelt. Die Bodenarten wurden grob vereinfacht in bindige und nichtbindige Böden aufgeteilt, mittlere Dichte bzw. gewisse Konsistenzen für die bindigen Böden vorausgesetzt und die Werte für die Streifengründung ermittelt. Je nach statischem System und den damit zusammenhängenden Empfindlichkeiten gegenüber Setzungsunterschieden kann bei nichtbindigen Böden nach Tabelle 1 „setzungsempfindliche Bauwerke" oder Tabelle 2 „setzungsunempfindliche Bauwerke" bemessen werden. Bei den bindigen Böden wird in vier Tabellen dem unterschiedlichen Tragverhalten von Schluff, gemischtkörnigen Böden, tonig schluffigen Böden und Ton Rechnung getragen. Alle Werte, von der Gründungstiefe abhängig angegeben, beziehen sich auf bestimmte Konsistenzen. Aus der Bauwerkslast P, die üblicherweise bis Oberkante Fundament angegeben wird, und einer näherungsweisen Fundamenteigenlast G lässt sich aus $P + G = Q$ die erforderliche Gründungsfläche

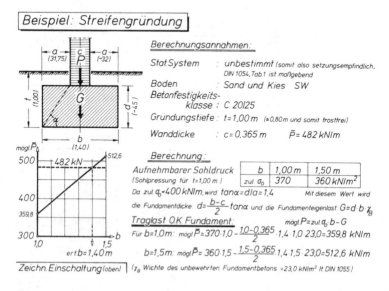

Abb. 36

erf $A = Q/\sigma_0$ ermitteln. Für Streifengründungen ergibt sich aus erf $A/1{,}00 =$ erf b die erforderliche Fundamentbreite, da die Last auch immer für einen Wandstreifen mit der Länge $l = 1{,}00$ m angegeben wird (P in kN/m). Für quadratische Einzelgründungen wird erf $b = \sqrt{\text{erf } A}$.

Etwas schwieriger ist die Berechnung für nichtbindige Böden, da sich die aufnehmbaren Sohldrücke σ_{Zul} mit der Breite des Fundaments verändern. Man ermittelt am besten die zulässige Belastung des Fundaments für zwei benachbarte zul-σ_0-Werte und erhält die notwendige Fundamentbreite durch eine zeichnerische Einschaltung, wie in einem Beispiel gezeigt wird (Abb. 36).

Für Einzelfundamente mit kreis-, quadrat- oder rechteckförmiger Grundfläche können die Tabellenwerte um 20 % erhöht werden. Grundwasser unterhalb des Fundaments und schräg angreifende Lasten fordern eine Abminderung der aufnehmbaren Sohldrücke. Bei außermittigem Lastangriff wird die Druckfläche so weit verkleinert, dass die Last wieder im Schwerpunkt der Sohlspannungsfläche angreift: $b' = b - 2e$. Die Form der Fundamente ist Abb. 37 a–c zu entnehmen. Die abgetreppte Form ist aus schaltechnischen Gründen vorzuziehen.

Stahlbetonfundamente erhalten immer eine Sauberkeitsschicht von mindestens 6 cm Dicke, die so weit übersteht, dass die Schalung aufgesetzt werden kann.

Abschließend noch ein Hinweis auf die fortschreitende Entwicklung auf dem Gebiet der Normung:

Im Hinblick auf ein neues europäisches Bemessungskonzept wurde im April 1996 die DIN V 1054 -100 zur Verfügung gestellt. Im Jahr 2003 wurde die neue DIN 1054 „Baugrund, Sicherheitsnachweise im Erd- und Grundbau" im Rahmen der weiteren Anpassung an die europäischen Normen eingeführt.

Die alte DIN 1054 „Zulässige Belastung des Baugrundes" von 1976 darf noch in einem Übergangszeitraum bis 2008 weiterhin angewandt werden.

Die neue DIN 1054 basiert auf einem Konzept mit sog. Teilsicherheitsbeiwerten. Die Berechnungen sind im Grundsatz die gleichen geblieben, jedoch haben sich viele Bezeichnungen geändert. Die zulässigen Bodenpressungen wurden beispielsweise nunmehr als aufnehmbarer Sohldruck bezeichnet.

a) *Einzelgründung*

b) *Streifengründung*

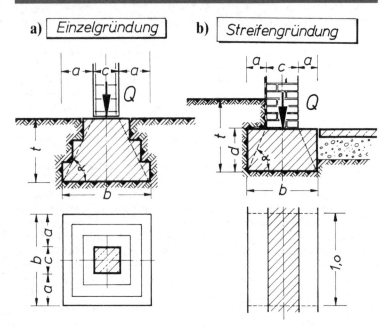

c) *Einzelgründung m. Außermitte*

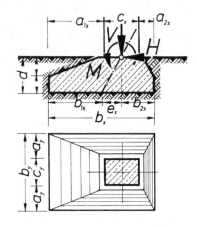

Abb. 37 a–c

8 Sanierung von kontaminierten Böden, Einkapseln von Altlasten, Deponiebau

Innerhalb des Erd- und Grundbaus erhalten Aufgabenstellungen aus dem Bereich des Umweltschutzes und der Umwelttechnik zunehmend eine größere Bedeutung. Hierbei handelt es sich vorwiegend um Arbeiten im Zusammenhang mit kontaminierten, d. h. mit Schadstoffen belasteten Böden, und um Aufgaben im Bereich des Deponiebaus. Es muss hervorgehoben werden, dass es sich bei den genannten aktuellen Aufgabengebieten überwiegend um Problemstellungen handelt, die eine intensive Zusammenarbeit verschiedenster Fachgebiete erfordern, z. B. Chemie, Medizin, Mikrobiologie, Anlagenbau, Verfahrenstechnik, Geologie und Bauwesen.

„Oberstes Ziel der Umweltpolitik ist es, die Gesundheit der Menschen durch Schutz und Erhaltung der natürlichen Lebensgrundlagen zu sichern" [Fehlau, Fortschritte der Deponietechnik, 1985].

Um dieses Ziel zu erreichen, müssen nicht nur die schädlichen Einflüsse, die gegenwärtig entstehen, z. B. bei der Abfall-Deponierung, durch Kohlekraftwerke und den Kraftfahrzeugverkehr, vermindert bzw. vermieden werden, sondern es sind darüber hinaus auch Schäden zu beheben und Gefahren zu beseitigen, die in der Vergangenheit entstanden sind.

8.1 Altlasten und kontaminierte Standorte

Als Gefahrenquellen aus früherer Zeit kommen vor allem alte Abfallablagerungen und Standorte stillgelegter Anlagen, in denen mit umweltgefährdenden Stoffen umgegangen wurde, in Betracht.

„Unter Altablagerungen sind alte, verlassene oder stillgelegte Deponien und Müllkippen, Aufhaldungen und Verfüllungen (z. B. mit Bauschutt, Produktionsrückständen), sog. wilde Ablagerungen usw. zu verstehen. Wenn sich herausstellt, dass hiervon eine Beeinträchtigung der Umwelt ausgeht, insbesondere eine unzulässige Verschmutzung des umgebenden Bodens und des Grundwassers eintritt, wird hieraus eine Altlast" [Jessberger, Altlasten und kontaminierte Standorte, 1985].

Ein sog. Altstandort ist als kontaminierter Standort einzustufen, wenn dort ein Untergrundbereich festgestellt wird, der entweder durch Lagerung oder Versickerung von schadstoffhaltigen Produkten oder Produktionsrückständen oder durch sonstige Umstände wie z. B. Ölunfälle unzulässig verschmutzt wurde [Jessberger, Altlasten und kontaminierte Standorte, 1985]. Typische Industriestandorte mit entsprechenden unverkennbaren Altlastenproblemen sind beispielsweise alte Kokereistandorte, Produktionsstätten für Pflanzenschutzmittel, metallverarbeitende Betriebe und Lösungsmittelbetriebe [Selenka, Altlasten und kontaminierte Standorte, 1986].

Die bisherigen Erfahrungen zeigen, dass von vielen bisher erfassten Altablagerungen und Altstandorten keine Gefahr ausgeht. Es ist demnach nicht gerechtfertigt, alle Altablagerungen und Altstandorte als Altlasten bzw. als kontaminierte Standorte einzustufen [*Fehlau,* Fortschritte der Deponietechnik, 1985].

Die generelle Vorgehensweise bei der Ermittlung von Altlasten und kontaminierten Standorten besteht aus den Schritten:

- Erfassung,
- Gefährdungsabschätzung und
- Sanierung.

Dabei hat die Gefährdungsabschätzung mit den Unterschritten Erstbewertung, Untersuchung und Beurteilung eine zentrale Aufgabenstellung. Ihr Ergebnis entscheidet darüber, ob eine erfasste Altablagerung bzw. ein Altstandort als Altlast anzusehen ist [*Hachen,* Altlasten und kontaminierte Standorte, 1988].

8.2 Sanierungsmöglichkeiten von Altlasten und kontaminierten Standorten

Grundlage für die Erarbeitung eines Sanierungskonzeptes ist eine eingehende Untersuchung über die Ausmaße der Altlast, die vorhandenen schädlichen Substanzen, die mittlerweile eingetretene Schadstoffausbreitung sowie Bodenaufbau und Grundwasserverhältnisse.

Im Hinblick auf die Wirkungsdauer ist zwischen Sofortmaßnahmen zur Gefahrenabwehr, vorübergehender Sanierung und endgültiger Sanierung zu unterscheiden [*Jessberger,* Altlasten und kontaminierte Standorte, 1986].

Bei der sog. in-situ-Behandlung verbleibt der kontaminierte Boden im Untergrund. Er wird dort mit geeigneten Verfahren behandelt, ohne dass Aushubarbeiten durchgeführt werden müssen.

Bei der on-site- bzw. off-site-Behandlung wird das kontaminierte Erdreich bzw. der Abfall ausgehoben und an Ort und Stelle (on site) oder an einem anderen Ort (off site) in einer gegebenenfalls auch beweglichen Anlage behandelt.

Es handelt sich im Wesentlichen um folgende Sicherungsmaßnahmen bzw. Sanierungsverfahren [*Jessberger,* 1986/1987]:

- Aushub und Umlagerung
- thermische Bodenreinigung
- mikrobiologische Behandlung
- Extraktionsverfahren
- Immobilisierung
- hydraulische und pneumatische Maßnahmen
- Einkapselung.

Als wichtigste in-situ-Verfahren sind derzeit – ausgenommen Einkapselungsverfahren – lediglich die mikrobiologische Behandlung sowie hydraulische und pneumatische Maßnahmen anzusehen [*Jessberger,* Altlasten und kontaminierte Standorte, 1987].

Durch Sicherungsmaßnahmen wie Aushub und Umlagerung, z. B. Abtransport auf eine geeignete Deponie, kann nur die Gefährdung, die an einem alten Industriestandort oder anderswo vorliegt, entfernt werden.

Mit anderen Verfahren, sog. Sanierungstechniken, lässt sich eine weitgehende, echte Beseitigung bzw. Vernichtung der Schadstoffe erreichen, z. B. durch thermische oder mikrobiologische Behandlung.

Bei einer thermischen Behandlung werden die Schadstoffe kontaminierter Böden durch Erhitzen in Drehöfen o. Ä. zerstört. Je nach Schadstoffgruppe sind zur Verdampfung bzw. Vernichtung bestimmte Temperaturen von bis über 1000 °C erforderlich. Für die flüchtigen Schadstoffe in den Abgasen werden spezielle Nachbehandlungen durchgeführt.

Bei der mikrobiologischen Bodenreinigung werden Schadstoffe, insbesondere Öle, Phenol und Benzol, durch Mikroorganismen abgebaut. Das kontaminierte Bodenmaterial wird hierzu beispielsweise in sog. Regenerationsmieten mit geeigneten Mikroorganismen zusammengebracht, wobei mittels entsprechender Nährstoffzufuhr, Belüftung, künstlicher Beregnung usw. günstige Lebensbedingungen für die eingesetzten Kleinstlebewesen erreicht werden müssen. Zum Schutz des natürlichen Untergrundes ist die Miete mit einer unteren Abdichtung zu versehen, überschüssiges Wasser aus der Berieselung wird in seitlichen Gräben aufgefangen.

Die mikrobiologische Bodenreinigung lässt sich auch so durchführen, dass der kontaminierte Boden nicht ausgehoben wird, sondern im Untergrund verbleibt und dort Wasser, Mikroorganismen und Nährstoffe meist im Kreislauf eingespeist werden.

Unter Extraktion wird die Abtrennung von Schadstoffen aus kontaminiertem Boden verstanden, und zwar durch sog. Hochdruck-Bodenwaschverfahren. Die mit den ausgewaschenen Schadstoffen belastete Waschflüssigkeit muss anschließend in geeigneter Weise weiterbehandelt werden.

Bei der Immobilisierung, auch Stabilisierung bzw. Verfestigung, wird das Ziel verfolgt, durch Zugabe von Bindemitteln eine Verfestigung des schadstoffbelasteten Materials in Verbindung mit einer Senkung bzw. Verhinderung des Schadstoffaustrages zu erreichen. Je nach Art des zu stabilisierenden Materials kommen unterschiedliche Bindemittel in Betracht.

Mit einer Absenkung des Grundwasserspiegels als hydraulischer Maßnahme kann eine Trennung zwischen einem kontaminierten Bereich und dem Grundwasser erzielt oder die Ausbreitung von verunreinigtem Grundwasser verhindert werden.

Bei anderen hydraulischen Maßnahmen wird Grundwasser abgepumpt, wobei sich bestimmte Schadstoffe im Untergrund wie z. B. Chlorkohlenwasserstoffe oder Öl mit abziehen lassen bzw. zumindest eine Verdünnung eintritt. Das Förderwasser mit den Verunreinigungen wird anschließend über Tage weiter behandelt bzw. entsorgt.

Leichtflüchtige Schadstoffe können durch Absaugen der Bodenluft aus dem Untergrund entfernt werden. Sie werden bei dieser pneumatischen Maßnahme mit dem Luftstrom ausgetragen, der mit Hilfe von Vakuumbrunnen im belasteten Boden erzeugt wird. Die abgesaugte Bodenluft ist in der Regel über Aktivkohle zu leiten, damit die Schadstoffe aus der Luft entfernt werden.

8.3 Deponiesanierung und Deponiebau

Mit Hilfe von Einkapselungsverfahren werden insbesondere Altlasten umschlossen, um die Ausbreitung von schädlichen Stoffen in den umgebenden Untergrund, das Grundwasser und auch in die Umgebungsluft zu verringern bzw. zu vermeiden.

Eine wesentliche Maßnahme besteht darin, die Oberfläche der Altlast mit einer sog. Oberflächenabdeckung zu versehen (Abb. 38). Diese hat insbesondere die Aufgabe, den Zutritt von Niederschlagswasser in die Altlast zu vermeiden und die planmäßige Ableitung sicherzustellen. Dadurch lassen sich die Durchsickerung der Altlast, der entsprechende anschließende Austritt von schadstoffbelasteten Flüssigkeiten an der Deponiesohle und die nachfolgende Beeinträchtigung des Grundwassers erheblich vermindern.

Oberflächenabdeckungen sind zumeist aus mehreren einzelnen Schichten aufgebaut, um die gewünschte, hohe wassersperrende Wirkung zu erreichen. Vielfach werden sog. mineralische Dichtungsschichten aus gering durchlässigen Bodenarten wie Schluff und Ton kombiniert mit Dichtungsbahnen aus Kunststoff.

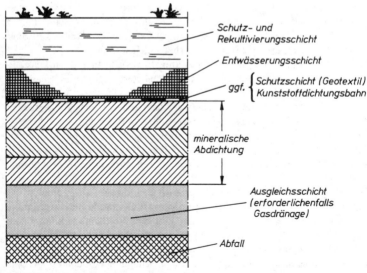

Abb. 38

Durch Aufbringen von kulturfähigem Boden wird die Rekultivierung und Begrünung ermöglicht. Mit speziellen Gasdränagen werden entstehende Deponiegase gefasst und der unkontrollierte Austritt in die Umgebungsluft verhindert.

Um Altlasten bzw. kontaminierte Bereiche einzukapseln, werden häufig vertikale Dichtwände hergestellt. Sie bilden die seitliche Barriere und werden so tief geführt, dass sie in natürliche Bodenschichten geringer Durchlässigkeit einbinden bzw. an nachträglich eingebrachte horizontale Abdichtungen unterhalb der Altlast anschließen. Als vertikale Dichtwand kommen insbesondere Schlitzwände, Dichtwände im Schlitzwandverfahren, Kombinationsdichtwände (Dichtwände mit eingehängten Kunststoffdichtungsbahnen) und Schmalwände zur Anwendung.

Bei der Planung einer neuen Deponie muss eine sorgfältige Erkundung hinsichtlich des geeigneten Standortes durchgeführt werden. Standorte mit natürlichem, ausreichend dichtem Untergrund sollten nach Möglichkeit bevorzugt werden. Bei anderen Randbedingungen werden vielfach besondere Dichtungsmaßnahmen an der Deponiebasis durchgeführt, um später den Austritt von Sickerwasser aus dem Deponiekörper in den Untergrund und den damit verbundenen Schadstoffaustrag zu vermindern bzw. zu vermeiden. Hierzu dienen die sog. Deponiebasisabdichtungen (Abb. 39).

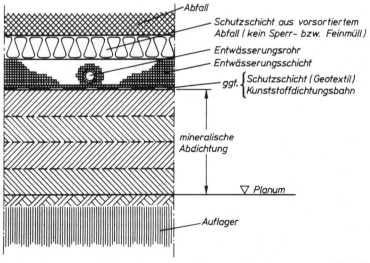

Abb. 39

Vor Herstellung der Deponiebasisabdichtung hat die Vorbereitung des Baugrundes unterhalb der vorgesehenen Deponiebasisabdichtung, das sog. Deponieauflager oder Planum, einen erheblichen Stellenwert. Durch Bodenverdichtungsmaßnahmen wird das Befahren sichergestellt und späteren Setzungserscheinungen durch die Auflast des Deponiekörpers entgegengewirkt, um Schäden an der Basisabdichtung zu vermeiden.

Bei Basisabdichtungen wird zwischen natürlichen und künstlichen Dichtungen unterschieden. Natürliche mineralische Dichtungen bestehen aus angeliefertem Bodenmaterial mit ausreichend hohem Ton- und Schluffanteil, das mit Erdbaugeräten sorgfältig aufgebracht und lagenweise verdichtet wird.

Die künstlichen Dichtungen umfassen insbesondere vorgefertigte Dichtungen, z. B. aus Kunststoffdichtungsbahnen, und örtlich gefertigte Dichtungen, z. B. aus Asphaltbeton. Als besonders wirksam sind Dichtungssysteme anzusehen, die aus mehreren Komponenten aufgebaut sind, u. a. aus mineralischer Abdichtung und aus Kunststoffdichtungsbahn.

Die Sperrwirkung oder Dichtigkeit eines mineralischen Bodens ergibt sich aus seinem Durchlässigkeitsbeiwert, der im Versuch ermittelt werden kann.

Wenn die Durchlässigkeit des natürlichen Bodens zu hoch ist, können zur Erzielung der geforderten Dichtigkeit entsprechende Bodenverbesserungsmaßnahmen sinnvoll sein, z. B. das Zufügen von Feinstmaterial bzw. Bentonit.

Ein Dränsystem in der Basisabdichtung oberhalb des eigentlichen Abdichtungssystems hat die Aufgabe, einen Aufstau von Sickerwasser bis in den Abfall hinein zu vermeiden. Das Dränsystem soll eine gute Wasserableitung gewährleisten und möglichst kontrollierbar und spülbar sein.

Die Ableitung des Sickerwassers sollte möglichst im freien Gefälle zu Sickerwasserleitungen am äußeren Deponierand erfolgen, erforderlichenfalls auch zu speziellen Pumpenschächten an Tiefstpunkten der Deponiebasis.

Schächte sind insofern problematisch, da der dortige Anschluss der Basisabdichtung und der Dräns auch bei später auftretenden Setzungsunterschieden infolge der zunehmenden Deponiekörperlast funktionstüchtig bleiben muss.

Entsprechend dem heutigen Stand der Deponietechnik wird auf dem deponierten Abfall ein Oberflächenabdichtungssystem aufgebracht. Hiermit soll der Eintrag von Niederschlagswasser in die Deponie vermieden werden. Dadurch, dass das Niederschlagswasser vom Deponiekörper ferngehalten wird, sickert entsprechend weniger Wasser durch das Deponiematerial und es können auch nur entsprechend weniger Schadstoffe in Lösung gehen. Entsprechend sinkt die Gefahr, dass beim Wiederaustritt an der Deponiebasis der dortige Untergrund und gegebenenfalls das Grundwasser gefährdet werden.

Wird Gasbildung im Deponiekörper erwartet, so wird in der Oberflächenabdichtung zwischen den Abdichtungsschichten und dem Deponiematerial eine Dränageschicht zur Gasfassung und -ableitung vorgesehen, damit schädliche Gase kontrolliert abgeführt und erforderlichenfalls behandelt werden können.

9 Schlussbemerkung

Der vorliegende Beitrag kann lediglich einen ersten Eindruck von den rasanten Entwicklungen vermitteln, die gegenwärtig auf dem Gebiet der Sanierung kontaminierter Bereiche und des Deponiebaus ablaufen.

Auf dem Gebiet der Erdbaumaschinen ging der Trend in den letzten Jahren insbesondere in Richtung auf die Steigerung von Wirtschaftlichkeit, Zuverlässigkeit und Sicherheit, Erleichterung der Bedienung und Wartung, Einsparung von Kraftstoff und Geräuschminderung. Hier sollte der vorliegende Beitrag ebenfalls nur einen allgemeinen Einblick geben, nicht aber speziellere maschinentechnische Zusammenhänge darstellen. Sinngemäß gilt dies auch für die Kapitel Baugrund und Grundbau.

Für den interessierten Leser, der über diese Grundbegriffe hinaus Kenntnisse erwerben möchte, empfiehlt es sich, die einschlägige Literatur zu studieren, die die Zusammenhänge vollkommener erklären kann, als es hier in der Kürze möglich war.

Literatur

[1] Schneider, Bautabellen, 15. Aufl., München/Unterschleißheim, Werner 2002.

[2] Schneider, Bautabellen, 16. Aufl., München/Unterschleißheim, Werner 2004.

[3] Fehlau/Stief (Herausgeber), Fortschritte der Deponietechnik 1985, Abfallwirtschaft in Forschung und Praxis, Band 15, Erich Schmidt Verlag 1986.

[4] HOCHTIEF-Prospektmappe Technik für Umweltschutz.

[5] Jessberger (Herausgeber), Altlasten und kontaminierte Standorte, Erkundung und Sanierung, RUB Bochum, Seminarhefte 1985, 1986, 1987, 1988.

[6] Jessberger (Herausgeber), Neuzeitliche Deponietechnik, RUB Bochum, Seminarheft 1987.

[7] Rübener, Erd- und Grundbau, in: Ratgeber für den Tiefbau, 3. Auflage, Werner Verlag, 1982.

[8] Rübener/Stiegler, Einführung in Theorie und Praxis der Grundbautechnik, Düsseldorf, Werner, Teil 1 1978, Teil 2 1981, Teil 3 1982.

[9] Siedek/Voß/Floß, Die Bodenprüfverfahren bei Straßenbauten, 6. Aufl., Düsseldorf, Werner 1974.

[10] Stiegler, Baugrundlehre für Ingenieure, 5. Aufl., Düsseldorf, Werner 1979.

[11] Stiegler, Erddrucklehre, Düsseldorf, Werner 1974.

[12] Theiner, Straßenbaumaschinen, in: Der Elsner, Handbuch für Straßen- und Verkehrswesen, Elsner Verlagsgesellschaft, Darmstadt 1990.

[13] Ulrichs, Deponien als geotechnische Bauwerke, Vorlesungsumdruck Universität GH Essen, 1988/89.

DIN 1054 Baugrund, Sicherheitsnachweise im Erd- und Grundbau, 01/03.

DIN 1054 Zulässige Belastung des Baugrunds, 11/76.

DIN 4021 Aufschluss durch Schürfe und Bohrungen sowie Entnahme von Proben, 10/90.

DIN 4022, Teil 1, Benennen und Beschreiben von Boden und Fels, 9/87.

DIN 4023 Baugrund- und Wasserbohrungen, Zeichnerische Darstellung der Ergebnisse, 3/84.

DIN 4124 Baugruben und Gräben, Böschungen, Arbeitsraumbreiten, Verbau, 10.02.

DIN 4125 Kurzzeitanker und Daueranker, 11/90.

DIN 18 121, T 1, Wassergehalt, Ofentrocknung, 4.98.

DIN 18 122, T 1, Zustandsgrenzen (Konsistenzgrenzen), 7.97.

DIN 18 125, T 1, Bestimmung der Dichte des Bodens, Laborversuche, 5/86.

DIN 18 125, T 2, Bestimmung der Dichte des Bodens, Feldversuche, 5/86.

DIN 18 127 Versuche und Versuchsgeräte, Proctorversuch, 11.97.

DIN 18 134 Plattendruckversuch, 1/93.

DIN 18 196 Erd- und Grundbau, Bodenklassifikation für bautechnische Zwecke, 10/88.

DIN 18 300 Erdarbeiten, VOB, Teil C, Allgemeine Technische Vertragsbedingungen für Bauleistungen, 6/96.

RAS-L Richtlinien für die Anlage von Straßen, Teil Linienführung, 1984.

RAS-Q Richtlinien für die Anlage von Straßen, Teil Querschnitte, 1982.

ZTVV-StB 81 Zusätzliche Technische Vorschriften und Richtlinien für die Ausführung von Bodenverfestigungen und Bodenverbesserungen im Straßenbau, BMV 1981.

Merkblatt für die Bodenverdichtung im Straßenbau, Forschungsgesellschaft für das Straßenwesen, 1972.

Mineralische Deponieabdichtungen, Entwurf einer Richtlinie, Abfallwirtschaft NRW Nr. 15, Herausgeber Landesamt für Wasser und Abfall NRW, Januar 1991.

ZTVE-StB 94 Zusätzliche Technische Vertragsbedingungen und Richtlinien für Erdarbeiten im Straßenbau, Ausgabe 1994.

Konstruktion und Straßenbaustoffe

Dr.-Ing. *Christoph Dröge*, Bottrop

1 Konstruktion

1.1 Straßenplanung

Die Planung von Straßen – definiert als Arbeitsablauf von der Projektidee bis zur baulichen Verwirklichung – wird in mehreren Phasen vollzogen.

Es folgen Entwurfsstufen, die aufeinander aufbauen und bei denen die Entwurfsunterlagen immer detaillierter und genauer werden. Zu jeder Phase haben Ermessensentscheidungen und Zwischenentscheidungen zu erfolgen, die sorgfältig zu dokumentieren sind. Nur so ist der logische Arbeitsablauf eines Entwurfs auch am Ende des Entwurfprozesses noch nachvollziehbar. Ein durchgängiger und integrierter Bestandteil aller Planungsphasen ist die Umweltverträglichkeit.

Den generellen Planungsablauf und die Entwurfsstufen zeigt Abb. 1 beispielhaft für ein Neubauvorhaben einer Bundesstraße. Zudem sind die wesentlichen Regelwerke der Straßenplanung zugeordnet.

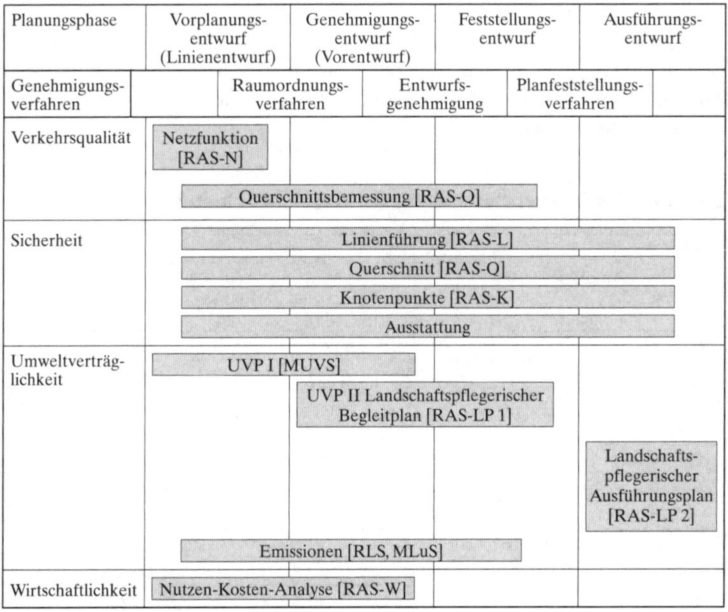

Planungsphase	Vorplanungsentwurf (Linienentwurf)	Genehmigungsentwurf (Vorentwurf)	Feststellungsentwurf	Ausführungsentwurf
Genehmigungsverfahren		Raumordnungsverfahren	Entwurfsgenehmigung	Planfeststellungsverfahren
Verkehrsqualität	Netzfunktion [RAS-N]			
	Querschnittsbemessung [RAS-Q]			
Sicherheit	Linienführung [RAS-L]			
	Querschnitt [RAS-Q]			
	Knotenpunkte [RAS-K]			
	Ausstattung			
Umweltverträglichkeit	UVP I [MUVS]			
		UVP II Landschaftspflegerischer Begleitplan [RAS-LP 1]		
				Landschaftspflegerischer Ausführungsplan [RAS-LP 2]
	Emissionen [RLS, MLuS]			
Wirtschaftlichkeit	Nutzen-Kosten-Analyse [RAS-W]			

Abb. 1: Planungsphasen u. Entwurfsrichtlinien

1.2 Straßenquerschnitt

Der Straßenquerschnitt setzt sich je nach Straßenfunktion aus unterschiedlichen Bestandteilen zusammen.

Maßgebend sind die Abmessungen eines Bemessungsfahrzeuges, die seitlichen und oberen Bewegungsspielräume sowie der Sicherheitsraum (Abb. 2).

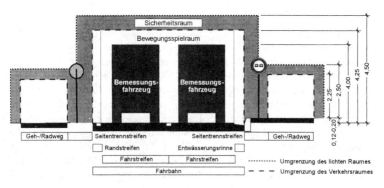

Abb. 2: Bestandteile des Straßenquerschnittes

Bestimmte typische Zusammensetzungen werden als Regelquerschnitte (RQ) bezeichnet. Die Breiten der Bestandteile der Regelquerschnitte sind in Tabelle 1 zusammengefasst.

Tabelle 1: Breiten der Bestandteile der Regelquerschnitte

Regel-querschnitt	Anzahl der Fahr-streifen	Breite					
		Fahr-streifen [m]	Rand-streifen [m]	Mittel-streifen [m]	Stand-streifen [m]	Bankette [m]	Seitentrenn-streifen [m]
RQ 35,5	6	3,75/3,50	0,75/0,50	3,50	2,50	1,50	3,00
RQ 33	6	3,50	0,50	3,00	2,00	1,50	3,00
RQ 29,5	4	3,75	0,75	3,50	2,50	1,50	3,00
RQ 26	4	3,50	0,50	3,00	2,00	1,50	3,00
RQ 20	4	3,25	0,50	2,00	–	1,50	1,75
RQ 15,5	2 + 1	3,75/3,25/3,50	0,25	–	–	2,50/1,50	1,75
RQ 10,5	2	3,50	0,25	–	–	1,50	1,75
RQ 9,5	2	3,00	0,25	–	–	1,50	1,75
RQ 7,5	2	2,75	2,75	–	–	1,00	1,25

1.3 Querneigung der Querschnittselemente

Fahrbahnen erhalten zur Abführung des Oberflächenwassers in der Geraden eine Querneigung von 2,5 %. Die Querneigung in Kurven erhöht sich aus fahrdynamischen Gründen auf bis zu 8,0 %.

Bankette und Seitenstreifen, über die die Fahrbahn entwässert wird, werden mit 12 %, sonst mit 6 % nach außen geneigt.

Geh- und Radwege sollen eine Querneigung von 2,5 % erhalten.

Damm- und Einschnittsböschungen ab 2,00 m erhalten eine einheitliche Neigung.

Die Regelneigung beträgt: $1 : n = 1 : 1,5$

Bei Böschungen unter 2,00 m Höhe soll anstelle der Regelneigung eine konstante Böschungsbreite von $b = 3,00$ m angewandt werden, so dass die Böschungsneigung mit abnehmender Böschungshöhe flacher wird.

Die Böschungshöhe h ist die Höhendifferenz zwischen der äußeren Kante des Banketts und dem Schnittpunkt der nicht ausgerundeten Böschung mit dem Gelände (siehe Abb. 3).

Böschungshöhe h	h ≧ 2,0 m	h < 2,0 m
Damm	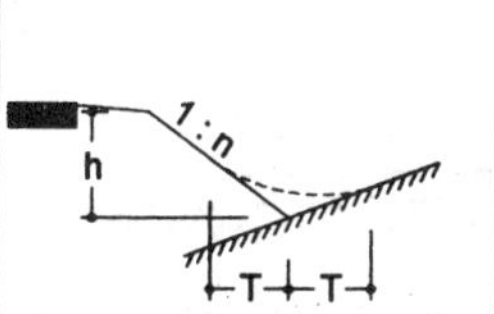	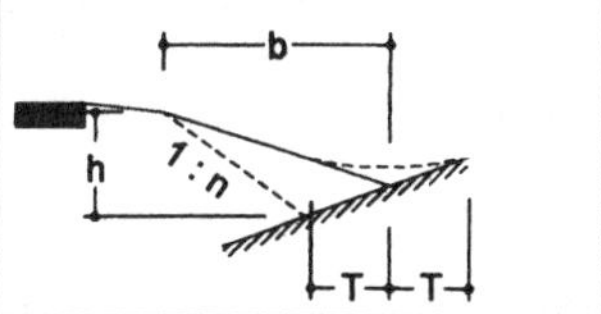
Einschnitt	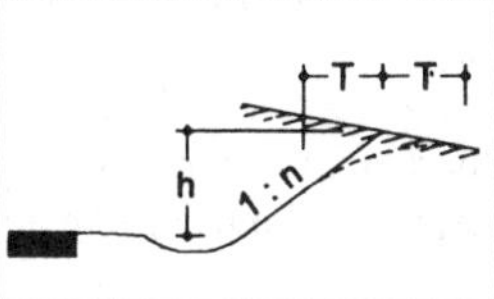	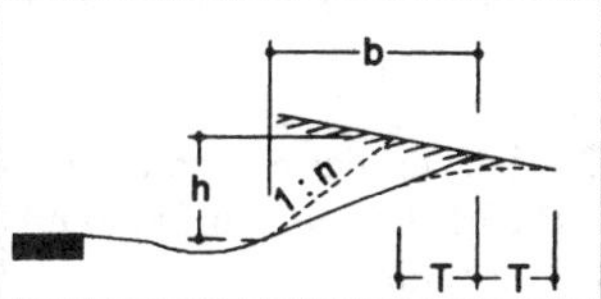
Regelböschung	1 : 1,5	b = 3,0 m
Allgem. Böschungsmaße	1 : n	b = 2 n
Tangentenlänge T der Ausrundung	3,0 m	1,5 h

Abb. 3: Ausbildung der Regelböschung

1.4 Straßenaufbau

Der konstruktive Aufbau einer Verkehrsfläche wird unterteilt in

Oberbau – Decke und eine oder mehrere Tragschichten
Unterbau – künstlich hergestellter Erdkörper zwischen
Untergrund und Oberbau
Untergrund – Unmittelbar unter dem Oberbau- oder Unterbau
angrenzender Boden bzw. Fels.

Das Planum ist dabei die bearbeitete Oberfläche des Untergrundes oder des Unterbaus mit festgelegten Merkmalen wie Tragfähigkeit, Ebenheit und Querneigung.

Ein prinzipieller Aufbau eines Straßenkörpers ist in Abb. 4 dargestellt.

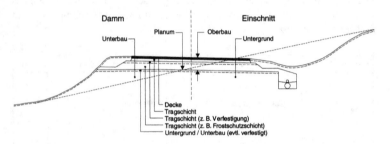

Abb. 4: Prinzipieller Aufbau eines Straßenkörpers ohne Randbebauung

Die Dicken der Schichten des Oberbaus werden durch die Zuordnung der verkehrlichen Nutzung zu Bauklassen und damit zu standardisierten Bauweisen bestimmt.

Das Verfahren berücksichtigt die Verkehrsbelastung, die Lage der Verkehrsfläche im Gelände, die Bodenverhältnisse, die Randbebauung sowie die langjährigen Erfahrungen, die mit der jeweiligen Ausführung gemacht worden sind.

Eine Übersicht von Straßenarten und verkehrlicher Nutzung sowie den zugeordneten Bauklassen gibt Abb. 5.

Straßenart/Nutzung	Bauklasse
Bundesautobahn, Landesstraße, Industriesammelstraße	SV, I, II
Hauptverkehrsstraße, Straße im Gewerbegebiet	II, III
Wohnsammelstraße, Fußgängerzone mit Ladeverkehr	III, IV
Anliegerstraße, Wohnweg	V, VI
Busfahrstreifen, Busbuchten	III
Ständig genutzte Parkfläche mit LKW-Verkehr	III, IV
Selten genutzte Parkfläche, im Wesentlichen PKW-Verkehr	V, VI
Besondere Beanspruchungen erfordern eine besondere Anpassung von Schichtdicken und Baustoffen.	

Abb. 5: Straßenarten, Nutzung und zugeordnete Bauklassen

1.5 Bauweisen

In den Tabellen 1 und 3 der Richtlinien für die Standardisierung des Oberbaus von Verkehrsflächen, RStO 01, sind die standardisierten Bauweisen mit Asphaltdecke und Pflasterdecke dargestellt (Tabellen 2 und 3).

Die Dicke der Frostschutzschicht richtet sich nach einer vorhergehenden Ermittlung des frostsicheren Oberbaus.

In den symbolisch dargestellten Aufbauten ist jeweils links der an der Schichtoberseite zu erreichende E_{v2}-Wert und rechts die Schichtdicke dargestellt. Asphalt kann bei allen Bauklassen eingesetzt werden, Pflasterdecken nur bis einschließlich Bauklasse III.

2 Baustoffe

Mit der Einführung europäischer Normen werden die deutschen Anforderungsnormen ebenfalls zurzeit (2004) überarbeitet.

2.1 Gesteine

Im Straßenbau werden gebrochene Festgesteine, Kiese und Sande verwendet. Diese Gesteinskörnungen (auch: Mineralstoffe) können natürlich, künstlich oder rezykliert sein.
Die Korngröße von Gesteinskörnungen entspricht der Nennweite des Analysensiebes, durch die das Korn gerade noch hindurch geht. Der Unterkornanteil ist derjenige Teil einer Lieferkörnung, der durch das untere, die Lieferkörnung

Tabelle 2: Bauweisen mit Asphaltdecke für Fahrbahnen nach RStO 01

(Dickenangaben in cm; ▼ E_{v2} - Mindestwerte in MN/m²)

Zeile	Bauklasse		SV	I	II	III	IV	V	VI
	Äquivalente 10-t-Achsübergänge in Mio.	B	> 32	> 10 - 32	> 3 - 10	> 0,8 - 3	> 0,3 - 0,8	> 0,1 - 0,3	≤ 0,1
	Dicke des frostsich. Oberbaues[1]		55 65 75 85	55 65 75 85	55 65 75 85	45 55 65 75	45 55 65 75	35 45 55 65	35 45 55 65

Asphalttragschicht auf Frostschutzschicht

1	Asphaltdeckschicht / Asphaltbinderschicht / Asphalttragschicht / Frostschutzschicht								
	Dicke der Frostschutzschicht		- 31[2] 41 51	25[3] 35 45 55	29[3] 39 49 59	- 33[2] 43 53	27[3] 37 47 57	21[2] 31 41 51	25 35 45 55

Asphalttragschicht und Tragschicht mit hydraulischem Bindemittel auf Frostschutzschicht bzw. Schicht aus frostunempfindlichem Material

2.1	Asphaltdeckschicht / Asphaltbinderschicht / Asphalttragschicht / Hydraulisch gebundene Tragschicht (HGT) / Frostschutzschicht								
	Dicke der Frostschutzschicht		- - 34[2] 44	- 28[3] 38 48	- 30[2] 40 50	- - 34[2] 44	- 26[3] 36 46	- 16[3] 26 36	- 16[3] 26 36

2.2	Asphaltdeckschicht / Asphaltbinderschicht / Asphalttragschicht / Verfestigung / Schicht aus frostunempfindlichem Material - weit- oder intermittierend gestuft gemäß DIN 18196 -								
	Dicke der Schicht aus frostunempfindlichem Material		10[4] 20[4] 30 40	14[4] 24 34 44	18[4] 28 38 48	12[4] 22 32 42	16[4] 26 36 46	6[4] 16[4] 26 36	6[4] 16[4] 26 36

2.3	Asphaltdeckschicht / Asphaltbinderschicht / Asphalttragschicht / Verfestigung / Schicht aus frostunempfindlichem Material - enggestuft gemäß DIN 18196 -								
	Dicke der Schicht aus frostunempfindlichem Material		5[4] 15[4] 25 35	9[4] 19[4] 29 39	13[4] 23 33 43	7[4] 17[4] 27 37	16[4] 26 36 46	6[4] 16[4] 26 36	6[4] 16[4] 26 36

Asphalttragschicht und Schottertragschicht auf Frostschutzschicht

3	Asphaltdeckschicht / Asphaltbinderschicht / Asphalttragschicht / Schottertragschicht E_{v2} ≥ 150(120) / Frostschutzschicht								
	Dicke der Frostschutzschicht		- - 30[2] 40	- - 34[2] 44	- 28[3] 38 48	- - 32[2] 42	- 26[3] 36 46	- 18[3] 28 38	- 20[3] 30 40

Asphalttragschicht und Kiestragschicht auf Frostschutzschicht

4	Asphaltdeckschicht / Asphaltbinderschicht / Asphalttragschicht / Kiestragschicht E_{v2} ≥ 150(120) / Frostschutzschicht								
	Dicke der Frostschutzschicht		- - 25[3] 35	- - 29[3] 39	- - 33[2] 43	- - 27[3] 37	- - 31[2] 41	- 23[3] 33	- 15[3] 25 35

Asphalttragschicht und Schotter- oder Kiestragschicht auf Schicht aus frostunempfindlichem Material

5	Asphaltdeckschicht / Asphaltbinderschicht / Asphalttragschicht / Schotter- oder Kiestragschicht E_{v2} ≥ 150(120) / Schicht aus frostunempfindlichem Material								
	Dicke der Schicht aus frostunempfindlichem Material		Ab 12 cm aus frostunempfindlichem Material, geringere Restdicke ist mit dem darüber liegenden Material auszugleichen						

[1] Bei abweichenden Werten sind die Dicken der Frostschutzschicht bzw. des frostunempfindlichen Materials durch Differenzbildung zu bestimmen.
[2] Mit rundkörnigen Gesteinskörnungen nur bei örtlicher Bewährung anwendbar
[3] Nur mit gebrochenen Gesteinskörnungen und bei örtlicher Bewährung anwendbar
[4] Nur auszuführen, wenn das frostunempfindliche Material und das zu verfestigende Material als eine Schicht eingebaut werden
[5] Bei Kiestragschicht in Bauklassen SV und I bis IV in 40 cm Dicke, in Bauklassen V und VI in 30 cm Dicke

Tabelle 3: Bauweisen mit Pflasterdecke für Fahrbahnen nach RStO 01

(Dickenangaben in cm; ▼ E_{v2} - Mindestwerte in MN/m²)

Zeile	Bauklasse		SV	I	II	III	IV	V	VI
	Äquivalente 10-t-Achsübergänge in Mio.	B	> 32	> 10 - 32	> 3 - 10	> 0,8 - 3	> 0,3 - 0,8	> 0,1 - 0,3	≤ 0,1
	Dicke des frostsich. Oberbaues[1]		55 | 65 | 75 | 85	55 | 65 | 75 | 85	55 | 65 | 75 | 85	45 | 55 | 65 | 75	45 | 55 | 65 | 75	35 | 45 | 55 | 65	35 | 45 | 55 | 65

1 — Schottertragschicht auf Frostschutzschicht

Pflasterdecke / Schottertragschicht / Frostschutzschicht

Dicke der Frostschutzschicht: III: - \| - \| 27[3] \| 37 — IV: - \| - \| 34[2] \| 44 — V: - \| 19[3] \| 29 \| 39 — VI: - \| 19[3] \| 29 \| 39

2 — Kiestragschicht auf Frostschutzschicht

Pflasterdecke / Kiestragschicht / Frostschutzschicht

Dicke der Frostschutzschicht: III: - \| - \| - \| 32[2] — IV: - \| - \| 29[3] \| 39 — V: - \| - \| 24[2] \| 34 — VI: - \| - \| 24[2] \| 34

3 — Schotter- oder Kiestragschicht auf Schicht aus frostunempfindlichem Material

Pflasterdecke / Schotter- oder Kiestragschicht / Schicht aus frostunempfindlichem Material

Dicke der Schicht aus frostunempfindlichem Material: Ab 12 cm aus frostunempfindlichem Material, geringere Restdicke ist mit dem darüber liegenden Material auszugleichen

4 — Asphalttragschicht auf Frostschutzschicht

Pflasterdecke / Asphalttragschicht[15] / Frostschutzschicht

Dicke der Frostschutzschicht: III: - \| 28[3] \| 38 \| 48 — IV: - \| 32[2] \| 42 \| 52 — V: - \| 24[2] \| 34 \| 44 — VI: - \| 24[2] \| 34 \| 44

5 — Asphalttragschicht und Schottertragschicht auf Frostschutzschicht

Pflasterdecke / Asphalttragschicht[15] / Schottertragschicht / Frostschutzschicht

Dicke der Frostschutzschicht: III: - \| - \| 27[3] \| 37 — IV: - \| - \| 31[2] \| 41 — V: - \| - \| 21[2] \| 31 — VI: - \| - \| 21[2] \| 31

6 — Asphalttragschicht und Kiestragschicht auf Frostschutzschicht

Pflasterdecke / Asphalttragschicht[15] / Kiestragschicht / Frostschutzschicht

Dicke der Frostschutzschicht: III: - \| - \| - \| 32[2] — IV: - \| - \| 26[3] \| 36 — V: - \| - \| 16[3] \| 26 — VI: - \| - \| 16[3] \| 26

7 — Dränbetontragschicht auf Frostschutzschicht

Pflasterdecke / Dränbetontragschicht (DBT)[15] / Frostschutzschicht

Dicke der Frostschutzschicht: III: - \| - \| 32[2] \| 42 — IV: - \| 29[3] \| 39 \| 49 — V: - \| 19[3] \| 29 \| 39 — VI: - \| 19[3] \| 29 \| 39

---

[1] Bei abweichenden Werten sind die Dicken der Frostschutzschicht bzw. des frostunempfindlichen Materials durch Differenzbildung zu bestimmen.
[2] Mit rundkörnigen Gesteinskörnungen nur bei örtlicher Bewährung anwendbar
[3] Nur mit gebrochenen Gesteinskörnungen und bei örtlicher Bewährung anwendbar

[15] Siehe ZTV P-StB
[16] Bei Kiestragschicht in Bauklassen III und IV in 40 cm Dicke, in Bauklassen V und VI in 30 cm Dicke

kennzeichnende Analysensieb, hindurchfällt; der Überkornanteil bleibt auf dem oberen Analysensieb liegen.

Die natürlichen Gesteine werden nach ihrer Entstehungsart gegliedert: Magmatische Gesteine, Sedimentgesteine und Metamorphe Gesteine.

Magmatische Gesteine (auch Eruptiv- oder Erstarrungsgesteine genannt) sind durch Erstarrung magmatischer Schmelzen entstanden. Sie sind unterteilt in

■ Tiefengesteine (auch Instrusivgesteine oder Plutonite genannt), die in tieferen Stockwerken der Erdkruste bei langsamer Abkühlung relativ grobkörnig kristallisiert sind (z. B. Granit, Gabbro).

■ Ganggesteine, die in kleinen Instrusivkörpern bei hohen Drücken schnell abgekühlt und meist mit porphyrischen Gefüge erstarrt sind. Hierzu zählen z. B. Mikrogranit, Granitporphyr, Lamprophyr und Intrusiv-Diabas.

■ Ergussgesteine (vulkanische Gesteine oder Vulkanite genannt) sind durch Austritt des Magmas (Lava) an der Erdoberfläche oder auf dem Meeresboden entstanden.

Sedimentgesteine (auch Schicht- oder Absatzgesteine genannt) sind aus Verwitterungsprodukten der Erdrinde gebildet worden (z. B. Sandstein, Grauwacke, Kalkstein).

Metamorphe Gesteine sind aus magmatischen oder Sedimentgesteinen durch Umkristallisation unter hohem Druck und Temperatur (vorwiegend im festen Zustand) hervorgegangen (z. B. Hornfels, Phyllit, Gneis, Marmor).

Qualitätskriterien und vertraglich festgelegt sind Gesteinseigenschaften wie Festigkeit, Verwitterungsbeständigkeit, Polierresistenz, Reinheit, Kornform und Korngrößenverteilung.

Im Allgemeinen dürfen an der Baustelle angelieferte Materialien folgende Unter- und Überkornanteile nicht überschreiten (Tabelle 4).

Tabelle 4: Zulässige Unter- und Überkornanteile von Lieferkörnungen

	zul. Unterkorn [M.-%]	zul. Überkorn [M.-%]
Füller	–	20
Natursand 0/2	–	25
Edelbrechsand 0/2	–	15
Brechsand-Splitt 0/5	–	20
Edelbrechsand-Splitt 1/3	10	10
Splitt	20	10
Edelsplitt	15	10
Schotter	20	10
Kies	15	10

Eine Übersicht der im Straßenbau üblichen Gesteine sowie wesentlicher Erfahrungswerte ist in Tabelle 5 gegeben.

Tabelle 5: Gesteine mit Rohdichte, Druckfestigkeit und Widerstandsfähigkeit gegen Schlag

	Gestein/Gesteinsgruppe	Rohdichte ϱ_R g/cm³	Druckfestigkeit β_D N/mm²	Widerstandsfähigkeit gegen Schlag	
				Schotter SD 10 M.-%	Splitt/Kies SZ 8/12 M.-%
1	Granit Granodiorit Syenit	2,60—2,80	160–240	10–22	12–27
2	Diorit Gabbro	2,70–3,00	170–300	8–18	10–20
3	Rhyolith Rhyodazit Trachyt Phonolith Mikrodiorit Andesit	2,50–2,85	180–300	9–22	11–23
4	Basalt Melaphyr	2,85–3,05	250–400	7–17	9–20
5	Basaltlava	2,40–2,85	80–150	13–20	16–22
6	Lavaschlacke	Anforderungen nach MLS[*)]			
7	Diabas	2,75–2,95	180–250	7–17	9–20
8	Kalkstein Dolomitstein	2,65–2,85	80–180	16–30	17–28
9	Grauwacke Quarzit Gangquarz Quarz. Sandsteine	2,60–2,75	120–300	10–22	12–27
10	Gneis Granulit Amphibolit Serpentinit	2,65–3,10	160–280	10–22	12–27
11	Kies gebochen	2,60–2,75	–	–	14–25
12	Kies rund	2,55–2,75	–	–	17–34
13	Metallhüttenschlacke MHS-1	3,40–4,00	≥ 150	15–24	18–25
14	Metallhüttenschlacke MHS-2	2,60–3,50	≥ 80	20–33	22–34
15	Hochofenstückschlacke HOS-A	2,40–2,80	–	15–24	18–25
16	Hochofenstückschlacke HOS-B	2,10–2,60	–	20–33	22–34
17	Hochofenstückschlacke HOS-C	2,10–2,60	Keine Prüfung und Kennwerte		
18	Stahlwerksschlacke	3,20–3,60	–	12–29	10–26
19	Hausmüllverbrennungsasche	–	–	–	≤ 40
20	Recycling-Baustoffe	–	–	≤ 33	≤ 28

[*)] Merkblatt über Lavaschlacke im Straßen- und Wegebau

2.2 Bitumen

Bitumen, das älteste bekannte Mineralölprodukt, besteht aufgrund seiner biologischen Herkunft hautsächlich aus Kohlenstoff und Wasserstoff. Das schwarze Vielstoffgemisch verändert sein Materialverhalten in Abhängigkeit von der Temperatur.

Durch Zugabe von Elastomeren können diese Eigenschaften verändert werden.

Eine Übersicht der handelsüblichen Straßenbaubitumen sowie der gebrauchsfertigen elastomermodifizierten Bitumen (PmB A) sowie ihrer Eigenschaften gibt Tabelle 6.

Tabelle 6: Straßenbaubitumen und PmB A mit den zugehörigen Materialeigenschaften

Straßenbaubitumen	Erweichungspunkt Ring und Kugel [°C]	Penetration [0,1 mm]	Brechpunkt n. Fraaß [°C]
20/30	57-63	20-30	—
30/45	53-59	30-45	–5
50/70	48-54	50-70	–8
70/100	43-49	70-100	–10
160/220	37-43	160-220	–15
PmB 25 A	63-71	10-40	–5
PmB 45 A	55-63	20-60	–10
PmB 65 A	48-55	50-90	–15

Wird Wasser in Bitumen sehr fein verteilt, entsteht Bitumenemulsion.
Diese ist je nach Wasseranteil und Grundbitumen als Bitumenemulsion U60K, U70K oder PmO B Art C U60K handelsüblich.
Beinhaltet die Emulsion Lösemittel, wird sie Haftkleber (HK) genannt.

2.3 Pflastersteine

Pflastersteine und Platten bestehen aus Naturstein, Beton oder Klinker.
Nach der Form werden z. B. Rechteck, Quadrat sowie zahlreiche Arten von Verbundpflastersteinen unterschieden. Zusätzlich sind wasserdurchlässige Pflastersteine im Handel.
Bei Verbundpflastersteinen vermeidet die besondere Formgebung ein Loslösen von Einzelsteinen.
Zur Ausbildung von Kurven können besondere Kurvensteinsätze verwendet werden.
Gefaste Steine haben abgeschrägte Kanten an der Oberseite.
Pflastersteine werden mit und ohne Abstandshalter in den Seitenflächen hergestellt.

Die übliche Dicke von Pflastersteinen beträgt 8 cm; Dicken von 6, 10, 12 und 14 cm sind ebenfalls im Handel.

Die eigentlichen Abmessungen und Farbgebungen der Steine sind nicht festgelegt und werden vom Hersteller angeboten. Es herrscht eine sehr breite Produktvielfalt. Die angebotene Beschaffenheit muss in Aussehen, Oberflächenstruktur und Farbe gleichmäßig angeliefert werden.

Für die Nennmaße gelten im Allgemeinen folgende Toleranzen:

Länge, Breite:	± 3 mm
Dicke:	± 4 mm
Länge Diagonal:	± 3 mm

Ebenheit und Wölbung:

Konvex	≤ 2 mm
Konkav	≤ 1,5 mm

3 Schichten

Der Oberbau einer Straße besteht aus mehreren Lagen Tragschichten und der Decke.

Die Tragschichten werden je nach der Zusammensetzung unterschieden in:

- Tragschichten ohne Bindemittel
  - Frostschutzschichten einschließlich Schichten aus frostunempfindlichen Material
  - Kies- und Schotterschichten,

- Tragschichten mit hydraulischen Bindemitteln
  - Verfestigungen
  - Hydraulisch gebundene Tragschicht (HGT)
  - Betontragschichten,

- Asphalttragschichten.

Pflasterdecken bestehen aus Plastersteinen einschließlich ihrer Bettung und Fugenfüllung. Pflastersteine bestehen aus Beton, Naturstein oder Klinker.

Plattenbeläge bestehen aus Platten einschließlich ihrer Bettung und Fugenfüllung. Platten bestehen aus Beton, Naturstein oder Klinker.

Die Fahrbahndecke aus Asphalt besteht aus einer oder zwei Binderschichten und einer darüber liegenden Deckschicht oder nur aus einer Deckschicht.

Binderschichten bestehen aus Asphaltbinder.

Die Deckschichten bestehen aus Asphaltbeton im Heiß- oder Warmeinbau, aus Gussasphalt, aus Asphaltmastix oder aus Splittmastixasphalt.

Tragdeckschichten sind einlagige Asphaltschichten. Sie erfüllen die Funktion von Tragschicht und Decke.

Als Oberflächenbehandlung wird das Anspitzen der Unterlage oder des zuvor aufgebrachten Edelsplittes mit einem bitumenhaltigen Bindemittel und das anschließende Abstreuen mit rohem oder vorbituminiertem Edelsplitt bezeichnet.

Die wesentlichen Regelwerke für die Anwendung von Baustoffen und Schichten des Oberbaus sind:

- Zusätzliche Technische Vertragsbedingungen und Richtlinien für Tragschichten im Straßenbau, ZTVT-StB,
- Technische Lieferbedingungen für Bauprodukte zur Herstellung von Pflasterdecken und Plattenbelägen, TL Pflaster-StB,
- Zusätzliche Technische Vertragsbedingungen und Richtlinien von Pflasterdecken und Plattenbelägen, ZTV Pflaster-StB,
- Zusätzliche Technische Vertragsbedingungen und Richtlinien von Fahrbahndecken aus Asphalt, ZTV Asphalt-StB.

Mit der Einführung europäischer Normen für Gesteinskörnungen, Baustoffgemische und Produktnormen wird das deutsche Regelwerk zurzeit (2004) umgestellt.

3.1 Frostschutzschichten

Frostschutzschichten sind Tragschichten ohne Bindemittel, die Frostschäden im Oberbau vermeiden sollen. Sie bestehen aus frostunempfindlichen Baustoffgemischen, die auch im verdichteten Zustand ausreichend wasserdurchlässig sind.

Es sind zu verwenden:

- Kiese und Kies-Sand-Gemische der Gruppen GE, GI und GW nach der DIN 18 196
- Kiese und Kies-Sand-Gemische der Gruppen SE, SI und SW nach der DIN 18 196
- Gemische aus Splitt und Brechsand der Lieferkörnungen 0/5 bis 0/32 sowie Gemische aus Schotter, Splitt und Brechsand der Lieferkörnungen 0/45 und 0/56.

Der Anteil der gröbsten Kornklasse einschließlich Überkornanteil im Baustoffgemisch muss mindestens 10 M.-% betragen. Der Überkornanteil darf 10 M.-% nicht überschreiten.

In den oberen 20 cm der Frostschutzschicht muss der Kornanteil über 2 mm mindestens 30 M.-% betragen und darf ca. 80 M.-% nicht überschreiten.

Die Mindest-Einbaudicke jeder Schicht oder Lage muss im verdichteten Zustand in Abhängigkeit vom Größtkorn der Lieferkörnungen bei Baustoffgemischen

- bis 32 mm   12 cm,
- bis 45 mm   15 cm,

- bis 56 mm   18 cm,
- bis 63 mm   20 cm

betragen.

Bei Verwendung von Lieferkörnungen bis zu einem Größtkorn von 22 mm für Rad- und Gehwege beträgt die Mindest-Einbaudicke jeder Schicht oder Lage im verdichteten Zustand 10 cm.

3.2 Kies- und Schottertragschichten

Kiestragschichten bestehen aus Kies-Sand-Gemischen, gegebenenfalls unter Zusatz von gebrochenen Mineralstoffen.

Schottertragschichten bestehen aus Schotter-Splitt-Sand-Gemischen oder aus Splitt-Sand-Gemischen.

Es sind zu verwenden:

- Kies-Sand-Gemische der Lieferkörnungen 0/32, 0/45 oder 0/56, gegebenenfalls unter Zusatz von gebrochenen Gesteinen,
- Splitt-Sand-Gemische der Lieferkörnungen 0/32 oder Schotter-Splitt-Sand-Gemische der Lieferkörnungen 0/45 oder 0/56.

Beispiele für die Grenzen der Korngrößenverteilung von Kies- und Schottertragschichten sind in Abb. 6 gegeben.

3.3 Verfestigungen

Verfestigungen zählen zu den Verfahren, bei denen die Widerstandsfähigkeit von Böden und Mineralstoffgemischen durch Zumischen von hydraulischen Bindemitteln und Wasser sowie durch nachträgliches Verdichten gegen Beanspruchung durch Verkehr und Klima erhöht wird; die so hergestellten Schichten werden dadurch dauerhaft tragfähig sowie frostbeständig und werden als „Verfestigungen" bezeichnet.

Die Baustoffgemische für die Verfestigungen können im Baumisch- oder Zentralmischverfahren hergestellt werden:

- Baumischverfahren
  Das Mischgerät fährt auf der für die Verfestigung vorbereiteten Schicht; es reißt diese auf und mischt das vorgesehene Bindemittel und das noch erforderliche Wasser ein.
- Zentralmischverfahren
  Der Boden oder das Baustoffgemisch wird mit dem vorgesehenen Bindemittel und dem erforderlichen Wasser (Zugabewasser) in Mischanlagen gemischt, zur Baustelle transportiert und dort eingebaut.

Für Verfestigungen sind nicht geeignet Böden oder Baustoffgemische mit über 63 mm Größtkorn.

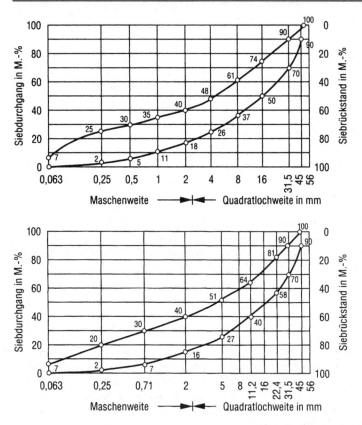

*Abb. 6: Sieblinienbereich für Kiestragschichten 0/45 und Schottertrag-
schichten 0/45*

Liegt der Kornanteil unter 0,063 mm im Boden oder Baustoffgemisch zwischen 5 und 15 M.-%, so muss bei der Eignungsprüfung der ausreichende Frostwiderstand des erhärteten Baustoffgemisches durch eine Frostprüfung nachgewiesen werden.

Als Bindemittel werden Zemente oder hydraulische Tragschichtbinder verwendet. Die Bindemittelmenge darf 3 M.-%, bezogen auf den trockenen Boden oder auf das trockene Baustoffgemisch, nicht unterschreiten.

Die zweckmäßige Zusammensetzung des Baustoffgemisches (Bindemittelgehalt, Wassergehalt, Proctordichte und Druckfestigkeit) wird durch eine Eignungsprüfung ermittelt.

Die Mindestdicke jeder Schicht oder Lage der Verfestigung muss aus bautechnischen Gründen im verdichteten Zustand beim

- Baumischverfahren 15 cm,
- Zentralmischverfahren 12 cm betragen.

3.4 Hydraulisch gebundene Tragschichten

Hydraulisch gebundene Tragschichten bestehen aus ungebrochenen und/oder gebrochenen Baustoffgemischen und hydraulischen Bindemitteln. Die Korngrößenverteilung der Baustoffgemische muss innerhalb vorgegebener Sieblinienbereiche liegen.

Es sind natürliche oder künstliche Gesteinskörnungen, ungebrochen als Kiese und Natursand, gebrochen als Schotter, Splitt und Brechsand, zu verwenden.

Der Anteil der gröbsten Kornklasse einschließlich Überkornanteil muss mindestens 10 M.-% betragen. Der Überkornanteil darf 10 M.-% nicht überschreiten.

Ein Beispiel für die Grenzen der Korngrößenverteilung ist in Abb. 7 gegeben.

Als Bindemittel werden Zement oder hydraulische Tragschichtbinder verwendet. Schnell erstarrende Bindemittel sind nicht zugelassen.

Die Bindemittelmenge darf jedoch 3 M.-%, bezogen auf das trockene Baustoffgemisch, nicht unterschreiten.

Die zweckmäßige Zusammensetzung des Baustoffgemisches wird auch hierbei durch Eignungsprüfung ermittelt.

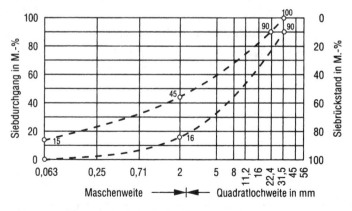

Abb. 7: Sieblinienbereich für hydraulisch gebundene Tragschichten 0/32

3.5 Asphalttragschichten

Asphalttragschichten werden im Heißeinbau hergestellt und bestehen aus Baustoffgemischen und Straßenbaubitumen.

Sie werden je nach Korngrößenverteilung nach Mischgutart AO, A, B und C unterteilt. Mischgutart C mit mindestens 60 M.-% gebrochenem Korn über 2 mm und einem Verhältnis Brechsand zu Natursand von mindestens 1 : 1 wird als Mischgutart CS bezeichnet.

Es sind natürliche oder künstliche Gesteinskörnungen, ungebrochen als Kies und Natursand, gebrochen als Splitt, Brechsand und Füller zu verwenden. Zusätzlich wird Asphaltgranulat verwendet.

Als Bindemittel werden Straßenbaubitumen 70/100 oder 50/70 eingesetzt.

Bei der Zusammensetzung des Mischgutes sind die Verkehrsbelastungen (Bauklasse), die Mischgutart und die Mischgutsorte, die Dicke bzw. Lage der Schicht sowie örtliche, klimatische und topographische Verhältnisse zu berücksichtigen.

Die zweckmäßige Zusammensetzung des Mineralstoffgemisches und die zweckmäßige Zusammensetzung des Mischgutes werden durch eine Eignungsprüfung ermittelt. Dabei müssen die Anforderungen gemäß Tabelle 7 berücksichtigt werden.

Tabelle 7: Anforderungen an Asphalttragschichten

Misch-gutart	Körnung	Körnung > 2 mm im Mine-ralstoffge-misch	Körnung < 0,09 mm im Mine-ralstoffge-misch	Überkorn höchstens	Mindest-Bindemit-telgehalt für den Regelfall Straßenbaubitumen	Marshall-Stabilität bei 60 °C mind.	Marshall-Fließwert	Hohlraum-gehalt[**] (berechnet am Marshall-Pro-bekörper)
–	mm	M.-%	M.-%	M.-%	M.-%	kN	mm	Vol.-%
AO	0/2 bis 0/32	0 bis 80	2 bis 20	20	3,3	2,0	1,5 bis 4,0	4,0 bis 20,0
A	0/2 bis 0/32	0 bis 35	4 bis 20	10	4,3	3,0	1,5 bis 4,0	4,0 bis 14,0
B	0/22; 0/32 0/16[*]	über 35 bis 60	3 bis 12	10	3,9	4,0	1,5 bis 4,0	4,0 bis 12,0
C	0/22; 0/32 0/16[*]	über 60 bis 80	3 bis 10	10	3,6	5,0	1,5 bis 4,0	4,0 bis 10,0
CS	0/22; 0/32 0/16[*]	über 60 bis 80	3 bis 10	10	3,6	8,0	1,5 bis 5,0	5,0 bis 10,0

[*] Nur für Ausgleichsschichten.
[**] Werden mehr als 20 M.-% kapillarporöse Mineralstoffe mit offenen Poren im Mineralstoffgemisch verwendet, gelten die in Spalte (9) genannten Werte für die Wasseraufnahme nach der DIN 1996-8.

Die Mindest-Einbaudicke jeder Schicht oder Lage muss im verdichteten Zustand 8 cm betragen.

Bei Ausgleichsschichten muss die Mindest-Einbaudicke im verdichteten Zustand 6 cm, mindestens jedoch das 2,5fache des Größtkorndurchmessers betragen. Bei vorgesehenen Einbaudicken von 16 cm und mehr ist auch ein mehrschichtiger Einbau möglich.

3.6 Pflasterdecken

Die Herstellung von Pflasterdecken und Plattenbelägen setzt voraus, dass die Unterlage geeignet ist; insbesondere muss sie ausreichend standfest, tragfähig, wasserdurchlässig sowie profilgerecht und eben sein.

Sofern die Unterlage nicht geeignet ist, ist zu prüfen, welche besonderen Maßnahmen vorgesehen werden müssen: z. B. Entfernen nicht standfester oder nicht ausreichend durchlässiger Schichten sowie größerer Unebenheiten.

Bei nicht ausreichend wasserdurchlässiger Unterlage, z. B. vorhandene Fahrbahndecken aus Asphalt oder Beton, unterirdische Bauwerke oder Tragschichten in Wassergewinnungsgebieten, muss die Ableitung des einsickernden Wassers durch ausreichendes Gefälle und/oder durch eine Dränage dauerhaft sichergestellt sein.

Damit kein Bettungsmaterial in die Unterlage eindringen kann, muss das Baustoffgemisch der Tragschicht ohne Bindemittel weit gestuft sein.

In besonderen Fällen kann ein geotextiler Filter zwischen Bettung und Tragschicht vorgesehen werden.

Für Bettung und Fugenfüllung sind natürliche und künstliche Gesteinskörnungen verwendbar. Dabei müssen die nachfolgenden Grenzen für die Korngrößenverteilung eingehalten werden.

Material:	Zulässiger Überkornanteil:
Brechsand-Splitt 0/5	≤ 10 M.-% bis 8 mm
Brechsand-Splitt 0/8	≤ 10 M.-% bis 11,2 mm
Natursand-Kies 0/4	≤ 10 M.-% bis 8 mm
Natursand-Kies 0/8	≤ 10 M.-% bis 11,2 mm

Es ist ein Bettungsmaterial zu verwenden, das einerseits aufgrund seiner Materialeigenschaften ausreichende Festigkeit aufweist sowie ausreichend wasserdurchlässig ist und andererseits nicht in die Unterlage eingespült wird. Der Kornanteil < 0,09 mm des Bettungsmaterials darf nicht mehr als 6,0 M.-% ± 3,0 M.-% (absolut) betragen. Das Größtkorn darf 8 mm nicht überschreiten.

Als Fugenmaterial ist ein Material zu verwenden, das sich einerseits in die Fugen einbringen lässt, andererseits aber dem Aussaugen möglichst großen Widerstand entgegenbringt.

Die Korngrößenverteilung des Fugenmaterials ist auf die Korngrößenverteilung des Bettungsmaterials abzustimmen, sodass eine ausreichende Filterstabilität der Materialien untereinander gewährleistet ist.

Bei verstärkter Einwirkung, z. B. durch Sogwirkung des Verkehrs, durch Wasser, Kraftstoffe und Öle kann ein Verguss mit Fugenmasse zweckmäßig sein, die für die vorgesehene Beanspruchung ausreichend beständig ist.

Für die Wahl der Dicke und Anordnung der Schichten sind die RStO maßgebend. Bei Verkehrsflächen mit hohen Horizontalbeanspruchungen, wie z. B. an Steigungsstrecken, Verzögerungs- oder Beschleunigungsstrecken sowie mit Rangierverkehr, ist zusätzlich abzuwägen, ob durch die Verwendung von Steinen mit größerer Dicke die Stabilität der Pflasterdecke erhöht werden kann.

Mosaikpflastersteine nach DIN 18 502 oder entsprechende Steine aus Beton oder Klinker sind für Verkehrsflächen, die mit Kraftfahrzeugen befahren werden, ungeeignet.

Kleinpflastersteine nach DIN 18 502 oder entsprechende Steine aus Beton oder Klinker sind nur für Verkehrsflächen mit Verkehrsbelastungen der Bauklasse V und VI der RStO geeignet. Für Verkehrsflächen der Bauklassen III und IV sind besondere Maßnahmen (z. B. Verband) vorzusehen.

3.7 Asphaltdecken

Bei der Zusammensetzung des Mischgutes für Asphaltbinder und Asphaltdeckschicht sind die Verkehrsbelastungen (Bauklasse), die Mischgutsorte, die Dicke bzw. die Einbaulage der Schicht sowie örtliche, klimatische und topographische Verhältnisse zu berücksichtigen. Eine Zuordnung gibt Tabelle 8.

Die zweckmäßige Zusammensetzung des Baustoffgemisches und des Mischgutes werden durch Eignungsprüfungen ermittelt.

Es wird angegeben:

- Art und Herkunft des Mischgutes,
- Art und Herkunft sowie Zusammensetzung der Gesteinskörnungen,
- Bindemittelsorte,
- Bindemittelgehalt in M.-%,
- Art und Menge der Zusätze, soweit enthalten,
- bei Mitverwendung von Asphaltgranulat: Art und Menge in M.-%,
- bei erweiterter Eignungsprüfung die Ergebnisse zusätzlicher Prüfungen.

Tabelle 8: Zuordnung von Bauklasse und Mischgutsorte nach ZTV Asphalt-StB

Beanspruchung	Bauklasse/ Flächenart	Asphaltbinder	Asphaltbeton	Splittmastixasphalt	Gussasphalt
normale oder besondere	SV + I	0/22 S 0/16 S	– –	0/11 S 0/8 S	0/11 S
	II	0/22 S 0/16 S	(0/16 S) 0/11 S	0/11 S 0/8 S	
besondere	III + StSLW	(0/22 S) 0/16 S	(0/16 S) 0/11 S	0/11 S 0/8 S	0/11 S

Beanspruchung	Bauklasse/ Flächenart	Asphalt-binder	Asphalt-beton	Splittmastix-asphalt	Gussasphalt
normale	III + IV	0/16	0/11 (0/8)	0/8 (0/5)	(0/11) (0/8)
	V + VI	–	0/11 0/8	0/8 0/5	(0/11) (0/8)
	St LLW Rad- und Gehwege	–	0/11 0/8 0/5	0/8 0/5	(0/8) (0/5)
( ): Nur in Ausnahmefällen.					

Während des Lagerns und Beförderns von Asphaltdeckenmischgut müssen die nachfolgend angegebenen Temperaturen eingehalten werden (Tabelle 9).

Tabelle 9: Niedrigste und höchste zulässige Temperatur des Mischgutes in °C*) nach ZTV Asphalt-StB

Art und Sorte des Bindemittels im Mischgut	Asphalt-binder	Asphalt-beton (Heiß-einbau)	Splitt mastix-asphalt	Guss-asphalt	Asphalt-mastix	Trag-deck-schicht-mischgut	Asphalt-beton (Warm-einbau)
20/30				200–250			
30/45	130–190			200–250	180–220		
50/70	120–180	130–180	150–180	200–250	180–220		
70/100	120–180	130–180	150–180		180–220	120–180	
160/220		120–170	120–170		170–210	100–170	
FB 500							60–130

*) Die unteren Grenzwerte gelten für das abgeladene Mischgut beim Einbau; die oberen Grenzwerte gelten für das Mischgut beim Verlassen des Mischers bzw. des Silos. Bei polymermodifiziertem Bitumen (PmB) entsprechen die zulässigen Mischguttemperaturen den jeweiligen Grenzwerten, die für die Straßenbaubitumen angegeben sind. Bei Splittmastixasphalt mit PmB 45 beträgt die niedrigste und höchste zulässige Temperatur des Mischgutes 150 °C bzw. 180 °C.

Gussasphalt ist in fahrbaren Kochern ständig zu rühren. Bei langen Verweilzeiten in den Kochern, die möglichst zu vermeiden sind, muss die Temperatur niedriger gehalten werden. Sie darf bei Verweilzeiten über 2 Stunden höchstens 240 °C und über 6 Stunden höchstens 230 °C betragen. Die Zeit vom Herstellen des Mischgutes bis zum Entleeren des Kochers darf nicht mehr als 12 Stunden betragen.

Asphaltbinder

Die Zusammensetzung von Asphaltbindern ist so abgestimmt, dass damit standfeste Schichten hergestellt werden können, deren Lagerungsdichte und Korngrößenverteilung unter Verkehr sich nur wenig verändern.

In der Regel ist ein einlagiger Einbau vorzusehen.
Es gelten die Anforderungen gemäß Tabelle 10.

Asphaltbeton

Die Zusammensetzung von Asphaltbeton ist so abgestimmt, dass damit widerstandsfähige und verkehrssichere Deckschichten hergestellt werden können, die nur noch einen geringen Hohlraumgehalt aufweisen und deren Lagerungsdichte und Korngrößenverteilung unter Verkehr sich nur wenig verändern.
Es gelten die Anforderungen gemäß Tabelle 11.
Abstumpfungsmaßnahmen sind zur Erhöhung der Anfangsgriffigkeit erforderlich. Eine Abstumpfung kann z. B. erreicht werden durch Abstreuen und Einwalzen von rohem oder bindemittelumhülltem Edelbrechsand und/oder Edelsplitt.
Als Richtwerte für die aufzubringende Menge des Abstreumaterials werden empfohlen:

- Edelbrechsand/Splitt der Lieferkörnung 1/3   0,5 bis 1,0 kg/m²,
- Edelsplitt der Lieferkörnung 2/5   1,0 bis 2,0 kg/m².

Splittmastixasphalt

Bei Splittmastixasphalt ergibt ein hoher Splittgehalt ein in sich abgestütztes Splittgerüst, dessen Hohlräume mit Asphaltmastix weitgehend ausgefüllt sind. Die gleichzeitige Verwendung hoher Bindemittelgehalte erfordert die Zugabe stabilisierender Zusätze, um eine Entmischung bei Herstellung, Transport, Einbau und Verdichtung des Splittmastmixasphaltes zu verhindern.
Das Mischgut muss den Anforderungen gemäß Tabelle 12 entsprechen.
Wie bei Asphaltbeton sind Abstumpfungsmaßnahmen zur Erhöhung der Anfangsgriffigkeit erforderlich.

Gussasphalt

Gussasphalt ist eine dichte Masse aus Splitt, Sand, Füller und Straßenbaubitumen, deren Mineralstoffgemisch hohlraumarm zusammengesetzt ist. Der Bindemittelgehalt ist auf die Hohlräume des Mineralstoffgemisches so abgestimmt, dass diese im Einbauzustand voll ausgefüllt sind oder ein geringer Überschuss an Bindemittel vorhanden ist und dass damit widerstandsfähige und verkehrssichere Deckschichten hergestellt werden können. Gussasphalt ist in heißem Zustand gieß- und streichbar und bedarf beim Einbau keiner Verdichtung. Die Oberfläche wird unmittelbar nach dem Einbau des Gussasphaltes durch Aufrauen oder Abstumpfen nachbehandelt.
Zum Aufrauen wird leicht mit Bindemittel umhüllter Edelsplitt der Lieferkörnung 2/5 und/oder 5/8 in Mengen von 5–18 kg/m² aufgebracht.
Gussasphaltmischgut entspricht den Anforderungen gemäß Tabelle 13.

Tabelle 10: Anforderungen an Asphaltbinder

Asphaltbinder		0/22 S	0/16 S	0/16	0/11
1. Mineralstoffe		Edelsplitt, Edelbrechsand Gesteinsmehl		Edelsplitt, Edelbrechsand, Natursand, Gesteinsmehl	
Körnung	mm	0/22	0/16	0/16	0/11
Kornanteil < 0,09 mm	M.-%	4 bis 8	4 bis 8	3 bis 9	3 bis 9
Kornanteil > 2 mm	M.-%	70 bis 80	70 bis 75	60 bis 75	50 bis 70
Kornanteil > 8 mm	M.-%	–	–	–	≥ 20
Kornanteil > 11,2 mm	M.-%	–	≥ 25	≥ 20	≤ 10
Kornanteil > 16 mm	M.-%	≥ 25	≤ 10	≤ 10	–
Kornanteil > 22,4 mm	M.-%	≤ 10	–	–	–
Brechsand-Natursand-Verhältnis		1:0[1]	1:0[1]	$\geq 1:1$	$\geq 1:1$
2. Bindemittel					
Bindemittelsorte/-art		(50/70)[2], 30/45 PmB 45	(50/70)[2] 30/45 PmB 45	50/70, 70/100 (30/45)[2]	50/70 70/100
Bindemittelgehalt	M.-%	4,0 bis 5,0	4,2 bis 5,5	4,0 bis 6,0	4,5 bis 6,5
3. Mischgut					
Marshall-Probekörper Verdichtungstemperatur[3]	°C	135 ± 5			
Hohlraumgehalt[4]	Vol.-%	5,0 bis 7,0	4,0 bis 7,0	3,0 bis 7,0	3,0 bis 7,0
4. Schicht					
Einbaudicke	*cm*	*7,0 bis 10,0*	*5,0 bis 8,5*	*4,0 bis 8,5*	*nur zum Profil- ausgleich, nicht für Bauklas- sen SV, I bis III u. Verkehrs- flächen mit beson- deren Beanspru- chungen*
oder					
Einbaugewicht	*kg/m²*	*170 bis 250*	*125 bis 210*	*95 bis 210*	
Verdichtungsgrad	*%*	*≥ 97*	*≥ 97*	*≥ 97*	*≥ 96 bei Dicken ≥ 3 cm*

[1] Bei Zugabe von Asphaltgranulat als Fräsasphalt aus Decken darf der Natursand- anteil im resultierenden Mischgut höchstens 5 M.-% betragen.

[2] Nur in besonderen Fällen.

[3] Die Marshall-Probekörper sind bei Verwendung von PmB 45 bei 145 ± 5 °C her- zustellen.

[4] Bei > 20 M.-% Hochofen- oder Metallhüttenschlacke im Mineralstoffgemisch ist statt der Berechnung des Hohlraumgehaltes die Bestimmung der Wasseraufnah- me durchzuführen. Es gelten dieselben Grenzwerte.

Tabelle 11: Anforderungen an Asphaltbeton

Asphaltbeton (H)		0/16 S	0/11 S	0/11	0/8	0/5
1. Mineralstoffe		Edelsplitt, Edelbrechsand, Natursand, Gesteinsmehl				
Körnung	mm	0/16	0/11	0/11	0/8	0/5
Kornanteil < 0,09 mm	M.-%	6 bis 10	6 bis 10	7 bis 13	7 bis 13	8 bis 15
Kornanteil > 2 mm	M.-%	55 bis 65	50 bis 60	40 bis 60	35 bis 60	30 bis 50
Kornanteil > 5 mm	M.-%	–	–	–	$\geq$ 15	$\leq$ 10
Kornanteil > 8 mm	M.-%	25 bis 40	15 bis 30	$\geq$ 15	$\leq$ 10	–
Kornanteil > 11,2 mm	M.-%	$\geq$ 15	$\leq$ 10	$\leq$ 10	–	–
Kornanteil > 16 mm	M.-%	$\leq$ 10	–	–	–	–
Brechsand-Natursand-Verhältnis		$\geq$ 1:1	$\geq$ 1:1	$\geq$ 1:1[3]	$\geq$ 1:1[3]	–
2. Bindemittel						
Bindemittelsorte		50/70 (70/100)[1]	50/70 (70/100)[1]	70/100 (50/70)[1]	70/100 (50/70)[1]	70/100 (160/220)[1]
Bindemittelgehalt	M.-%	5,2 bis 6,5	5,9 bis 7,2	6,2 bis 7,5	6,4 bis 7,7	6,8 bis 8,0
3. Mischgut Marshall-Probekörper Verdichtungstemperatur °C Hohlraumgehalt[2] Vol.-%		135 ± 5				
a. Baukl. II, III[4] u. St SLW		3,0 bis 5,0	3,0 bis 5,0			
b. Baukl. III u. IV				2,0 bis 4,0	2,0 bis 4,0	
c. Baukl. V, VI, St LLW u. Wege				1,0 bis 3,0	1,0 bis 3,0	1,0 bis 3,0
4. Schicht						
Einbaudicke cm oder		5,0 bis 6,0	4,0 bis 5,0	3,5 bis 4,5	3,0 bis 4,0	2,0 bis 3,0
Einbaugewicht kg/m²		120 bis 150	95 bis 125	85 bis 115	75 bis 100	45 bis 75
Verdichtungsgrad %		$\geq$ 97	$\geq$ 97	$\geq$ 97	$\geq$ 97	$\geq$ 96
Hohlraumgehalt Vol.-%		$\leq$ 7,0	$\leq$ 7,0	$\leq$ 6,0	$\leq$ 6,0	$\leq$ 6,0

[1] Nur in besonderen Fällen.
[2] Bei > 20 M.-% Hochofen- oder Metallhüttenschlacke ist statt der Berechnung des Hohlraumgehaltes die Bestimmung der Wasseraufnahme durchzuführen. Es gelten dieselben Grenzwerte.
[3] Nur bei Bauklasse III.
[4] Nur bei Bauklasse III für Verkehrsflächen mit besonderen Beanspruchungen.

Tabelle 12: Anforderungen an Splittmastixasphalt

Splittmastixasphalt		0/11 S	0/8 S	0/8	0/5
1. Mineralstoffe		Edelsplitt, Edelbrechsand, Gesteinsmehl		Edelsplitt, Edelbrechsand, Natursand, Gesteinsmehl	
Körnung	mm	0/11	0/8	0/8	0/5
Kornanteil < 0,09 mm	M.-%	9 bis 13	10 bis 13	8 bis 13	8 bis 13
Kornanteil > 2 mm	M.-%	73 bis 80	73 bis 80	70 bis 80	60 bis 70
Kornanteil > 5 mm	M.-%	60 bis 70	55 bis 70	45 bis 70	$\leq$ 10
Kornanteil > 8 mm	M.-%	$\geq$ 40	$\leq$ 10	$\leq$ 10	–
Kornanteil > 11,2 mm	M.-%	$\leq$ 10	–	–	–
Brechsand-Natursand-Verhältnis		1:0	1:0	$\geq$ 1:1	$\geq$ 1:1
2. Bindemittel					
Bindemittelsorte/-art		50/70 (PmB 45)[1]	50/70 (PmB 45)[1]	70/100	70/100 (160/220)[1]
Bindemittelgehalt	M.-%	$\geq$ 6,5	$\geq$ 7,0	$\geq$ 7,0	$\geq$ 7,2
3. Stabilisierende Zusätze Gehalt im Mischgut M.-%		0,3 bis 1,5			

Splittmastixasphalt	0/11 S	0/8 S	0/8	0/5
4. Mischgut				
Marshall-Probekörper				
Verdichtungstemperatur[2] °C		135 ± 5		
Hohlraumgehalt Vol.-%	3,0 bis 4,0	3,0 bis 4,0	2,0 bis 4,0	2,0 bis 4,0
5. Schicht				
Einbaudicke cm	*3,5 bis 4,0*	*3,0 bis 4,0*	*2,0 bis 4,0*	*2,0 bis 4,0*
oder				
Einbaugewicht kg/m²	*85 bis 100*	*70 bis 100*	*45 bis 100*	*45 bis 75*
in Ausnahmefällen, z. B. bei				
unebener Unterlage				
Einbaudicke cm	*2,5 bis 5,0*	*2,0 bis 4,0*	*–*	*–*
oder				
Einbaugewicht kg/m²	*60 bis 125*	*45 bis 100*	*–*	*–*
Verdichtungsgrad %		≥ 97		
Hohlraumgehalt Vol.-%		≤ 6,0		

[1] Nur in besonderen Fällen.
[2] Die Marshall-Probekörper sind bei Verwendung von PmB 45 bei 145 ± 5 °C herzustellen.

Tabelle 13: Anforderungen an Gussasphalt

Gussasphalt	0/11 S	0/11	0/8	0/5
1. Mineralstoffe	Edelsplitt, Edelbrechsand, Natursand, Gesteinsmehl			
Körnung mm	0/11		0/8	0/5
Kornanteil < 0,09 mm M.-%	20 bis 30		22 bis 32	24 bis 34
Kornanteil > 2 mm M.-%	45 bis 55		40 bis 50	35 bis 45
Kornanteil > 5 mm M.-%	–		≥ 15	≤ 10
Kornanteil > 8 mm M.-%	≥ 15		≤ 10	–
Kornanteil > 11,2 mm M.-%	≤ 10		–	–
Brechsand-Natursand-Verhältnis	≥ 1:2	–	–	–
2. Bindemittel				
Bindemittelsorte	30/45 (20/30)[1]	30/45 (50/70)[1]		
Bindemittelgehalt M.-%	6,5 bis 8,0		6,8 bis 8,0	7,0 bis 8,5
Erweichungspunkt RuK				
nach der Extraktion °C	≤ 71[2]	≤ 71	≤ 71	≤ 71
3. Mischgut				
Eindringtiefe 5 cm² bei 40 °C am				
Probewürfel				
nach 30 min. mm	1,0 bis 3,5	1,0 bis 5,0	1,0 bis 5,0	1,0 bis 5,0[3]
Zunahme in weiteren 30 min. mm	≤ 0,4	≤ 0,6	≤ 0,6	≤ 0,6

[1] Nur in besonderen Fällen.
[2] Bei Verwendung von Straßenbaubitumen 20/30 EP ≤ 75 °C.
[3] Bei Rad- und Gehwegen ≤ 10 mm.

Tragdeckschicht-Mischgut

Die Zusammensetzung von Tragdeckschicht-Mischgut ist so abgestimmt, dass damit widerstandsfähige und verkehrssichere Tragdeckschichten hergestellt werden können, die nur noch einen geringen Hohlraumgehalt aufweisen und deren Lagerungsdichte und Korngrößenverteilung unter Verkehr sich nur wenig verändern.

Anforderungen an das Mischgut sind in Tabelle 14 dargestellt.

Tabelle 14: Anforderungen an Tragdeckschicht-Mischgut

Tragdeckschicht-Mischgut		0/16
1. Mineralstoffe		Splitt und/oder Kies, Brechsand, und/oder Natursand, Gesteinsmehl
Körnung	mm	0/16
Kornanteil < 0,09 mm	M.-%	7 bis 12
Kornanteil > 2 mm	M.-%	50 bis 70
Kornanteil > 11,2 mm	M.-%	10 bis 20
Kornanteil > 16 mm	M.-%	≤ 10
2. Bindemittel		
Bindemittelsorte		70/100, 160/220
Bindemittelgehalt	M.-%	≥ 5,2
3. Mischgut		
Marshall-Probekörper		
Verdichtungstemperatur	°C	135 ± 5
Hohlraumgehalt[1]	Vol.-%	1,0 bis 3,0
Marshall-Stabilität	kN	≥ 4,0
Marshall-Fließwert	mm	2,0 bis 5,0
4. Schicht		
Einbaudicke	*cm*	*5,0 bis 10,0*
oder		
Einbaugewicht	*kg/m²*	*120 bis 250*
Verdichtungsgrad	%	≥ 96
Hohlraumgehalt	Vol.-%	≤ 7,0

[1] Bei > 20 M.-% Hochofen- oder Metallhüttenschlacke im Mineralstoffgemisch ist statt der Berechnung des Hohlraumgehaltes die Bestimmung der Wasseraufnahme durchzuführen. Es gelten dieselben Werte.

Herstellung von Straßen- und Verkehrsflächen

Dipl.-Ing. *Dieter Ginsberg*, Pulheim

1 Tragschichten

Tragschichten sind entsprechend den Begriffsbestimmungen der Straßenbautechnik der untere Teil des Oberbaus zwischen dem Untergrund bzw. dem Unterbau und der Decke.

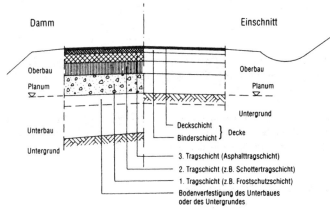

Abb. 1 a: Beispielhafter Aufbau einer Straßenbefestigung

Die Tragschichten haben einmal die Aufgabe, die Verkehrslasten auf den Untergrund zu übertragen und zu verteilen, so dass die zulässigen Belastungen des Untergrundes nicht überschritten werden; zum anderen haben sie Schutz gegen Frost- und Tauschäden zu gewährleisten.

Als untere Tragschichten werden preisgünstigere und weniger tragfähige Bauweisen gewählt, darüber in Abhängigkeit von der Bauklasse nach den „Richtlinien für die Standardisierung des Oberbaus von Verkehrsflächen" RStO 01, hochwertigere Tragschichten mit zunehmender Festigkeit.

Bessere Lastverteilung wird bewirkt durch

1. die Form der Gesteinskörner
   - gebrochen besser als ungebrochen
   - kubisch besser als plattig
   - gemischtkörnig besser als gleichkörnig
2. Bindemittelzusatz
3. größere Dicken
4. optimale Verdichtung und wenig Hohlräume.

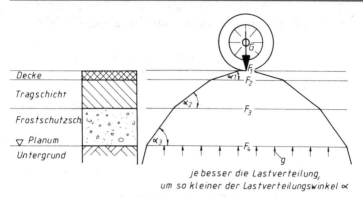

Abb. 1 b: *Schematische Darstellung der Lastverteilung auf die einzelnen*
Schichten einer Straßenbefestigung

Die Dicke einer Tragschicht ist also abhängig von der Frostempfindlichkeit
des Bodens, der Tragfähigkeit des Untergrundes bzw. des Unterbaus, von der
Größe der Verkehrsbelastung und von der Zusammensetzung des Baustoffes.

Man unterscheidet:

- Tragschichten ohne Bindemittel
  - Frostschutzschichten
  - Kiestragschichten und Schottertragschichten
- Tragschichten mit hydraulischen Bindemitteln
  - Verfestigungen
  - Hydraulisch gebundene Tragschichten (HGT)
  - Betontragschichten
- Asphalttragschichten.

Darüber hinaus zählen als Sonderbauweisen z. B. Dränbetontragschichten,
Asphalttragschichten im Kalteinbau, Tragschichten aus Walzbeton, wärmedämmende Tragschichten oder Tragschichten mit wiederverwendbaren Ausbaustoffen zu den Tragschichten nach besonderen Verfahren.

Die Anforderungen für die Ausführung sind für die verschiedenen Bauweisen
in den „Zusätzlichen Technischen Vertragsbedingungen und Richtlinien für
Tragschichten im Straßenbau" ZTVT-StB festgelegt.

Tragschichten für ländliche Wege sind in den „Zusätzlichen Technischen Vertragsbedingungen" ZTV-LW behandelt.

Abzüge sind möglich:

1. Bei Unterschreitung des Grenzwertes des vereinbarten Einbaugewichtes
   oder der vereinbarten Einbaudicke.

2. Bei Unterschreitung der Bindemittelmenge bzw. des Bindemittelgehaltes bei Verfestigungen unter Asphaltschichten bzw. bei Asphalttragschichten.
3. Bei Unterschreitung des Grenzwertes für den Verdichtungsgrad bei Tragschichten mit hydraulischen Bindemitteln und Asphalttragschichten.
4. Bei Unterschreitung des Grenzwertes für die Druckfestigkeit bei Tragschichten mit hydraulischen Bindemitteln.

Die zur Anwendung kommende Bauweise unterliegt in Bezug auf Baustoffe, Baustoffgemische und der fertigen Leistung folgenden Prüfungen:
1. Eignungsprüfung zum Nachweis der Eignung der Baustoffe und deren Gemische.
2. Eigenüberwachungsprüfung zur Überwachung der Güteeigenschaften durch den Auftragnehmer.
3. Kontrollprüfung zur Feststellung der Güteeigenschaften durch den Auftraggeber.

Es kommen außer den Prüfverfahren für die Baustoffe folgende Prüfverfahren für die Überprüfung des Einbaus zur Anwendung:
1. Berechnung des Verdichtungsgrades (D_{Pr}) mittels Proctorversuch.
2. Bestimmung des Verformungsmoduls (E_{v2}-Wert) durch Plattendruckversuch mit der 30-cm-Platte.
3. Bestimmung der Druckfestigkeiten bei Verfestigungen an Probekörpern i. d. R. mit einer Höhe von 125 mm und einem Durchmesser von 150 mm nach 28 Tagen.
4. Bestimmung der Betondruckfestigkeit an Betonwürfeln von 20 cm Kantenlänge nach 28 Tagen.
5. Bestimmung der profilgerechten Lage durch Nivellement oder Abstandsmessung von einer Schnur.
6. Bestimmung der Ebenheit mit der 4 m langen Messstrecke.
7. Bestimmung der Einbaudicke nach TPD-StB „Technische Prüfvorschrift zur Bestimmung der Dicke von Oberbauschichten".

Für die Randausbildung (s. auch Abb. 2) gilt folgender Baugrundsatz:
Die Randausbildung ist bei fehlender Randeinfassung geböscht herzustellen, wobei die einzelnen Schichten nach unten verbreitert werden.

1.1 Tragschichten ohne Bindemittel

Einbauverfahren:
Der Transport des Materials soll auf sauberer Ladefläche erfolgen. Das Abkippen soll langsam bei gleichzeitigem Vorziehen des Fahrzeuges vorgenommen werden.
Der Einbau erfolgt mittels Fertiger, Grader oder Planierraupe je nach Baustellenbedingungen, Beschaffenheit der Unterlage und Dicke und Breite der einzubauenden Schichten unter Beachtung des günstigsten Wassergehaltes.

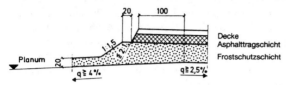

a) *Asphaltdecke auf Frostschutzschicht*

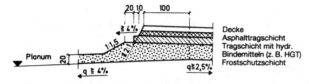

b) *Asphaltdecke auf HGT*

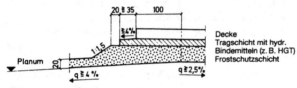

c) *Betondecke auf HGT*

Abb. 2: *Randausbildung für Tragschichten nach ZTVT-StB*

Im Allgemeinen werden die 2. und 3. Tragschicht mit Fertiger ohne Zwischenlagerung eingebaut.

Die Mindestdicke der einzubauenden Lage soll das 2,5fache des Größtkornes einer Mischung, mindestens aber 10 cm nicht unterschreiten, höchstens jedoch 25 cm betragen.

Folgende Einbauverfahren können angewandt werden:

1. Vor-Kopf-Kipp-Verfahren
   Bei Nichtbefahrbarkeit der Unterlage Vor-Kopf-Kippen, dann mit Frontschild des Graders oder mit Planierraupe verteilen.

2. Langmahdverfahren
   Seitliches Abkippen, dann durch Grader mit schräggestelltem Mittelschild bei möglichst geringen Materialbewegungen verteilen.

3. Fertigereinbau
   Vorteile: größte Maßgenauigkeit, Vorverdichtung durch Rüttelbohle ist günstig für Weiterverdichtung der oberen Lage bei der Körnung 0/32 mm, Einbaubreiten bis max. 4,5 m vornehmen, um Entmischungen zu vermeiden.

Verdichtung:
Zum Einsatz kommen Vibrationswalzen und statische Walzen, z. B. mittelschwere Vibrationswalzen und gekoppelte Plattenrüttler sowie schwere Gummiradwalzen und schwere statische Walzen bei Lagen bis 30 cm Dicke.
Verdichtet wird von den Außenseiten bis zur Mitte, jeweils um eine halbe Verdichtungsbreite versetzt.

1.1.1 Frostschutzschichten

Die Frostschutzschicht ist die 1. Tragschicht, die unmittelbar über dem Planum des frostempfindlichen Untergrundes oder Unterbaus liegt. Sie soll Frostschäden im Oberbau vermeiden und besteht aus frostunempfindlichen Mineralstoffgemischen, die auch im verdichteten Zustand ausreichend wasserdurchlässig sind, z. B. Kies-Sand-Gemische, auch mit gebrochenen Mineralstoffen.
Die Unterlage muss tragfähig und das Planum entsprechend den Anforderungen der ZTVE-StB, „Zusätzliche Technische Vertragsbedingungen und Richtlinien für Erdarbeiten im Straßenbau", profilgerecht und eben sein.
Die Frostschutzschicht soll so angeordnet werden, dass jederzeit eine einwandfreie Entwässerung sowohl im Bau- als auch im Betriebszustand gewährleistet ist, um Frostschäden im Aufbau zu vermeiden. In der Regel wird der hochliegende Rand der Fahrbahnbefestigung bis 1 m vom Rand mit 4 % Gegengefälle ausgebildet (s. Abb. 2). Die Dicke ist von der Frostempfindlichkeit des Bodens abhängig.
Die Dicke der Frostschutzschicht ergibt sich aus der Differenz zwischen der Mindestdicke d_0 und der jeweils nach RStO erforderlichen Dicke der Schichten über der Frostschutzschicht.
Die Mindestdicke jeder Lage im verdichteten Zustand hängt vom Größtkorn ab, z. B. bis 63 mm Größtkorn 20 cm Dicke, oder bis 32 mm 12 cm Dicke.
Anforderungen an Baustoffe und deren Gemische siehe am Ende dieses Abschnitts.

Ausgangswerte für die Bestimmung der Mindestdicke des frostsicheren Straßenaufbaus nach RStO:

Zeile	Frostempfind-lichkeitsklasse	Dicke in cm bei Bauklasse		
		SV/I/II	III/IV	V/VI
1	F2	55	50	40
2	F3	65	60	50

Mehrdicken bis +15 cm oder Minderdicken bis –10 cm (A–D) werden je nach Ausführungsart und örtlichen Bedingungen nach RStO vorgenommen.

Dabei bedeuten:

F_2 gering bis mittel frostempfindlich, wie gemischtkörnige Böden mit
5–15 % Kornanteil ≤ 0,06 mm

F_3 sehr frostempfindlich, wie Schluffe oder gemischtkörnige Böden mit
15–40 % Kornanteil ≤ 0,06 mm

Der Einbau der Frostschutzschicht erfolgt auf einem trockenen und nach ZTVE-StB hergestellten Planum meist im Vor-Kopf-Kipp-Verfahren in einer Schicht mittels Planierraupe oder Grader, so dass Entmischungen vermieden werden.

Für die Verdichtung muss das Material ausreichend erdfeucht sein. Um eine optimale Verdichtung zu erreichen, muss ggf. vor der Verdichtung Wasser verteilt werden.

Es werden Flächenrüttler, selbstfahrende oder Anhänge-Vibrationswalzen eingesetzt.

Leistung und Zahl der Übergänge müssen der Schichtdicke und dem Verdichtungsgrad angepasst sein.

Lassen sich die Anforderungen hinsichtlich des Verdichtungsgrades oder Verformungsmoduls nicht durch Verdichten erreichen, sind andere Maßnahmen vorzusehen, wie z. B.:

■ Herstellen eines verbesserten oder verfestigten Untergrundes oder Unterbaus

■ Verbesserung der Kornzusammensetzung

■ Verfestigung der obersten Lage mit Bindemittel

■ Vergrößerung der Dicke

■ Ersatz der Frostschutzschicht durch eine dickere Kies- oder Schottertragschicht

■ Herstellen eines ausschließlich mit Bindemittel gebundenen Oberbaus.

Anforderungen:

■ Korngrößenverteilung:	Kornanteile gem. ZTUT-StB je nach Bauklasse (siehe Kapitel „Konstruktion und Straßenbaustoffe")
■ Verdichtungsgrad:	$D_{Pr} \geq 100$ % entspr. $\dfrac{E_{v2}}{E_{v1}} \leq 2,5\ (2,2)$
	$D_{Pr} \geq 103$ % entspr. $\dfrac{E_{v2}}{E_{v1}} \leq 2,2$
■ Verformungsmodul:	■ BKl. SV, I bis IV: $E_{v2} \geq 120$ MN/m^2
	■ BKl. V, VI: $E_{v2} \geq 100$ MN/m^2
■ Profilgerechte Lage:	innerhalb ± 2 cm der Sollhöhe
■ Ebenheit:	Abweichung ≤ 3 cm je 4 m Messstrecke
■ Einbaudicke:	keine Unterschreitung der Mindestdicken

1.1.2 Kies- und Schottertragschichten

Kies- und Schottertragschichten werden, wenn sie nicht gleichzeitig die Frost-schutzschicht ersetzen, als nächste Schicht eingebaut. Es werden wegen der Belastung dennoch höhere Anforderungen an die Baustoffe und die Gemische (siehe Kapitel „Konstruktion und Straßenbaustoffe") sowie den Einbau gestellt. Die Einbaudicken werden entsprechend RStO festgelegt, wobei die Mindesteinbaudicke jeder Schicht oder Lage im verdichteten Zustand in Abhängigkeit vom Größtkorn 12 bis 18 cm beträgt.

Es kommen Kies-Sand-Gemische oder Schotter-Splitt-Sand-Gemische 0/32, 0/45 oder 0/56 nach vorgeschriebenen Sieblinienbereichen zur Anwendung.

Das Gemisch wird im Zentralmischverfahren hergestellt, ausreichend genässt, in einer Lage so eingebaut, dass es sich nicht entmischt und in mehreren Arbeitsgängen verdichtet.

Der Einbau geschieht in der Regel mit Fertiger ohne Zwischenlagerung, die Verdichtung erfolgt durch Flächenrüttler oder Vibrationswalzen (s. Einbau-verfahren) in mehreren Arbeitsgängen.

Anforderungen:

- Korngrößenverteilung: nach vorgegebenen Sieblinienbereichen

- Verdichtungsgrad: $D_{\text{Pr}} \geq 103\ \%$ entspr. $\dfrac{E_{\text{v2}}}{E_{\text{v1}}} \leq 2{,}2$

- Verformungsmodul: E_{v2}-Wert, der in Abhängigkeit von Frostschutzschicht und Dicke, unterschiedlich von Kies- oder Schotterschicht, je nach Bauklasse $E_{\text{v2}} \geq 120$ bis $180\ \text{MN/m}^2$ beträgt.

- Profilgerechte Lage: innerhalb ±2 cm der Sollhöhe

- Ebenheit: Abweichung ≤ 2 cm je 4 m Messstrecke

- Einbaudicke/-gewicht: Unterschreitung ≤ 3,5 cm für Einzelwert, sowie im Mittel ≤ 10 %

1.2 Tragschichten mit hydraulischen Bindemitteln

1.2.1 Verfestigungen

Bei Verfestigungen von frostsicheren Böden nach ZTVT-StB wird durch Zumischen von hydraulischen Bindemitteln und Wasser mit nachträglicher Verdichtung die Tragfähigkeit und Frostbeständigkeit dauerhaft erhöht. Sie werden damit als Tragschichten Bestandteile des Oberbaus einer Verkehrsflä-che. Im Gegensatz dazu werden **Bodenverfestigungen** in der oberen Zone des Untergrundes oder Unterbaus und **Bodenverbesserungen** zur Verbesserung der Einbaufähigkeit bei Erdarbeiten aller Art angewendet. Diese sind in der ZTVE-StB behandelt.

Wird die obere Zone der Frostschutzschicht mit Bindemitteln nach ZTVT-StB verfestigt, so wird diese Schicht als 2. Tragschicht bezeichnet.

Als Bindemittel von Verfestigungen kommen Zement oder hydraulische Tragschichtbinder zur Anwendung.

Die Bindemittelmenge richtet sich nach bestimmten Kriterien der Böden gemäß Eignungsprüfung.

Die Mindestdicke beträgt beim Baumischverfahren (mixed-in-place) 15 cm, beim Zentralmischverfahren (mixed-in-plant) 12 cm im verdichteten Zustand.

Beim Baumischverfahren fährt das Mischgerät auf dem vorbereiteten Boden, es reisst dabei den Boden auf, zerkleinert ihn und mischt das Bindemittel, gegebenenfalls Zusatzstoffe und noch erforderliches Wasser ein. Auf die Herstellung der Anschlüsse ist dabei besondere Sorgfalt zu legen.

Beim Zentralmischverfahren wird der Boden zusammen mit den Bindemitteln sowie gegebenenfalls den Zusatzstoffen und dem noch erforderlichen Wasser in Mischanlagen gemischt, zur Einbaustelle transportiert und dort mittels Fertiger eingebaut.

Nach dem Einbau wird das Boden-Bindemittel-Gemisch gleichmäßig mittels Plattenverdichter oder Gummiradwalze verdichtet.

Verfestigungen werden mit und ohne Kerben hergestellt.

Die Verfestigung ist 3 Tage feucht zu halten oder im feuchten Zustand mit einem kalt zu verarbeitenden bitumenhaltigen Bindemittel anzusprühen, oder mit einer Folie abzudecken. Sie darf erst befahren werden, wenn sie ausreichend erhärtet ist.

Die Herstellung von Verfestigungen bei Frost sind nicht zulässig.

Anforderungen:

■ Verdichtungsgrad:	$D_{Pr} \geq 100\ \%$ des vorgesehenen Bodens
	$D_{Pr} \geq 98\ \%$ der verfestigten Schicht
■ Profilgerechte Lage:	innerhalb $\pm 1,5$ cm der Sollhöhe bzw. innerhalb $+0,5$ bis $-1,5$ cm unter Betondecken
■ Ebenheit:	≤ 3 cm je 4 m Messstrecke bzw. $\leq 1,5$ cm je 4 m Messstrecke unter Asphaltschichten
■ Einbaudicke:	≥ 15 cm beim Baumischverfahren
	≥ 12 cm beim Zentralmischverfahren
	Unterschreitung: Mittelwert $\leq 10\ \%$
■ Druckfestigkeit:	unter Betondecken nach 28 Tagen:
	zwischen 6 und 10 N/mm², je nach Anzahl der Proben
■ Bindemittelmenge:	unter Asphaltschichten:
	Abweichung lt. Eignungsprüfung
	Mittelwert $\geq 5\ \%$ bzw. $\leq 8\ \%$
	Einzelwerte $\geq 10\ \%$ bzw. $\leq 15\ \%$

1.2.2 Hydraulisch gebundene Tragschichten

Das Baustoffgemisch der hydraulisch gebundenen Tragschicht (HGT) wird entsprechend der Eignungsprüfung im Zentralmischverfahren (mixed-in-plant) hergestellt und in der Regel mit Fertiger eingebaut.

Es kommen zur Anwendung:

Korngemische 0/32 oder 0/45 aus ungebrochenen und/oder gebrochenen Mineralstoffen mit mindestens 3 Masse-% hydraulischen Bindemitteln. Auch ist die Mitverwendung von Recyclingbaustoffen z. B. Asphaltgranulat möglich. Die eingebaute Schicht ist mindestens drei Tage lang feucht zu halten oder gegen Austrocknen zu schützen, z. B. durch Aufbringen einer Bitumenemulsion oder Folie. Die Unterlage ist gegebenenfalls vorher anzufeuchten.

Zum Entspannen werden in die frische HGT Kerben in Längs- und Querrichtung maschinell eingedrückt, wenn die mittlere Druckfestigkeit entsprechend der Eignungsprüfung 9 N/mm^2 überschreitet oder die Einbaudicke mehr als 20 cm beträgt bzw. die darüber liegende Asphaltschicht unter 14 cm Dicke eingebaut wird.

Der Abstand der Kerben beträgt 2,5 bis 5,0 m, wobei deren Tiefe mindestens 35 % der Einbaudicke betragen muss.

Unter Betondecken müssen alle Kerben und Arbeitsnähte der HGT mit der Lage der Fugen in der Decke übereinstimmen. Werden keine Kerben eingebracht, können, falls erforderlich, zur Entspannung der HGT und gezielten Rissbildung, das Fallschwert eingesetzt oder Fugen eingeschnitten werden.

Die Einbaudicke beträgt in Abhängigkeit vom Größtkorn bei 0/32 ≥ 12 cm und bei 0/45 ≥ 15 cm.

Die Tragschicht muss in einer Lage gleichmäßig eingebaut und verdichtet werden und vor Beginn des Erstarrens verarbeitet sein.

Bei einer Lufttemperatur unter +5 °C darf das Gemisch nicht verarbeitet werden. Ist während der ersten sieben Tage Frost zu erwarten, muss die Tragschicht geschützt werden.

Anforderungen:

■ Korngrößenverteilung:	nach Sieblinienbereichen
■ Verdichtungsgrad:	≥ 98 %
■ Druckfestigkeit nach 28 Tagen:	≥ 3,5 N/mm^2 unter Asphaltschichten ≥ 6 bis 10 N/mm^2 unter Betondecken
■ Profilgerechte Lage:	innerhalb ± 1,5 cm der Sollhöhe; unter Betondecken ± 0,5 bis −1,5 cm
■ Ebenheit:	Abweichung ≤ 1,5 cm je 4 m Messstrecke
■ Einbaudicke:	Unterschreitung ≤ 3 cm für Einzelwert, sowie im Mittel ≤ 10 %

1.2.3 Betontragschichten

Betontragschichten werden aus Beton der Druckfestigkeitsklassen C 12/15 oder C 20/25 nach DIN EN 206-1 hergestellt und im Allgemeinen nur für Straßen der Bauklassen SV, I und II angewandt. Der Zement muss mindestens der Festigkeitsklasse 32,5 entsprechen. Der Einsatz von Fließmitteln ist möglich. Es sind Fugen als Schein- und Pressfugen im Abstand von höchstens 5 m auszubilden (siehe unter Abschn. 2.2 Betondecken).
Die Mindestdicke der Betontragschicht beträgt 12 bzw. 15 cm bei Verwendung von Innenrüttlern.
Der Einbau erfolgt in einer Lage, die gleichmäßig verdichtet werden muss. Der Frischbeton darf beim Einbau nicht kälter als +5 °C und nicht wärmer als 30 °C sein. Der Beton ist 3 Tage feucht zu halten oder gegen Austrocknung gem. ZTV Beton-StB zu schützen, gegebenenfalls ist die Unterlage anzufeuchten. Der Einbau erfolgt mit Fertigern, die Verdichtung mit Walzen, Plattenrüttlern oder Innenrüttlern.

Anforderungen:

■ Betondruckfestigkeit:	nach DIN 1045-3, Anhang A und B
■ Profilgerechte Lage:	innerhalb +0,5 bis −1,5 cm der Sollhöhe
■ Ebenheit:	Abweichung ≤ 1,0 cm je 4 m Messstrecke
■ Einbaudicke:	Unterschreitung ≤ 2,5 cm, sowie im Mittel ≤ 10 %

1.3 Asphalttragschichten

Asphalttragschichten werden aus korngestuften Mineralstoffgemischen ungebrochener oder gebrochener Mineralstoffe und Straßenbaubitumen hergestellt und im „Heißeinbau" eingebaut und verdichtet. Auch die Mitverwendung von Ausbauasphalt ist möglich.
Je nach Kornzusammensetzung und Sandanteil werden fünf Mischgutarten AO, A, B, C und CS unterschieden (siehe Kapitel „Konstruktion und Straßenbaustoffe").
Die Typen C und CS können als hochwertige Tragschichten bei allen Bauklassen verwendet werden, wobei CS für besondere Beanspruchung vorgesehen ist. Zu der besonderen Beanspruchung zählen z. B. Spurverkehr, langsam fahrender Schwerverkehr und Standverkehr sowie hohen Temperaturen ausgesetzte Beläge.
Der Einbau jeder Schicht kann lagenweise erfolgen. Die Einbaudicke jeder Schicht oder Lage muss im verdichteten Zustand mindestens 8 cm, bei Ausgleichsschichten 6 cm und mindestens das 2,5fache des Größtkorndurchmessers betragen. Die Ränder sind mindestens im Verhältnis 2:1 abzuböschen. Asphalttragschichten dürfen nicht eingebaut werden, wenn die Lufttempe-

raturen unter -3 °C betragen, die Unterlage mit Schnee und Eis versehen ist oder sich darauf ein geschlossener Wasserfilm gebildet hat.

Zum besseren Verbund der einzelnen Schichten oder Lagen ist es zweckmäßig, die jeweilige Oberfläche mit 0,3 kg/m^2 Haftkleber oder 0,4 kg/m^2 unstabiler kationischer Bitumenemulsion abzusprühen.

Die Nähte der einzelnen Schichten oder Lagen sind gegeneinander zu versetzen. Die Verdichtung einschließlich der Ränder erfolgt maschinell so heiß wie eben möglich. Die Einbautemperaturen entsprechen dem Asphaltbinder. Die Regeln für Einbau und Verdichtung sind unter Abschnitt 2.1 Fahrbahndecken aus Asphalt behandelt.

Anforderungen:

■ Mischgut:	s. ZTVT-StB
■ Verdichtungsgrad:	Mischgutart AO, A mind. 96 % Mischgutart B, C, CS mind. 97 %
■ Profilgerechte Lage:	innerhalb $\pm 1{,}0$ cm der Sollhöhe, sowie innerhalb $\pm 0{,}5$ bzw. $-1{,}5$ cm unter Betondecken
■ Ebenheit:	Abweichung $\leq 1{,}0$ cm je 4 m Messstrecke
■ Einbaudicke:	Unterschreitung $\leq 2{,}5$ cm, sowie im Mittel ≤ 10 %

2 Fahrbahndecken

2.1 Fahrbahndecken aus Asphalt

Die Asphaltdecke mit bituminösen Bindemitteln ist mit über 80 % neben der Betondecke (2 %) und der Pflasterdecke (3 %) die weitaus am häufigsten vertretene Befestigung unseres öffentlichen Straßennetzes.

Unter bituminös versteht man die Sammelbezeichnung für die Bindemittel Bitumen, Teer und Naturasphalte sowie deren Gemische mit Mineralstoffen. Straßenteere sollen wegen der schädlichen Bestandteile für Umwelt und Mensch jedoch nicht mehr als Bindemittel im Straßenbau verwendet werden.

Eine gute Fahrbahndecke muss:

tragfähig, standfest, eben, griffig, dicht und verschleißfest sein und einen hohen Verformungswiderstand besitzen. Je nach ihrer Beanspruchung und den geforderten Eigenschaften besteht die Fahrbahndecke aus Asphalt aus einer oder zwei Binderschichten und einer darüber liegenden Deckschicht oder nur aus einer Deckschicht.

Je nach geforderten Eigenschaften an die Asphaltdecke lassen die technischen Vorschriften Veränderungen der Mischgutzusammensetzung zu.

Das Mischgut besteht aus einem kornabgestuften Mineralstoffgemisch, Füller und Straßenbaubitumen oder polymermodifiziertem Bitumen (PmB) als Bindemittel.

Die für die jeweilige Ausführung maßgeblichen Werte werden gemäß einer Eignungsprüfung vertraglich vereinbart.

Die verschiedenen Arten von Asphaltdecken sind in den „Zusätzlichen Technischen Vertragsbedingungen und Richtlinien für den Bau von Fahrbahndecken aus Asphalt", ZTV Asphalt-StB, behandelt.

Es werden unterschieden:

- Binderschichten:
    - Asphaltbinder

- Deckschichten:
    - Asphaltbeton (Heißeinbau)
    - Splittmastixasphalt
    - Gussasphalt
    - Asphaltmastix
    - Asphaltbeton (Warmeinbau)

- Tragdeckschichten.

Für den Flugplatzbau gilt zusätzlich das „Merkblatt für den Bau von Flugbetriebsflächen aus Asphalt".

Darüber hinaus sind im Rahmen der Vorschriften eine Vielzahl von speziellen Bauweisen entwickelt worden, die für den jeweiligen Spezialfall verbesserte Eigenschaften erzielen sollen. Die Zugabe von Naturasphalten soll die Verarbeitung und Standfestigkeit erhöhen. Polymermodifizierte Asphalte (PmB-Asphalte) enthalten Kunststoffzusätze und sollen bessere Haltbarkeit und Standfestigkeit für bestimmte Witterungseinflüsse erreichen. Zusätze wie Faserstoffe, Kieselsäure u. a. bewirken bessere Verarbeitung und Standfestigkeit. Elastomermodifizierte Asphalte sollen durch Zusatz von Gummi eine höhere Ermüdungsbeständigkeit erreichen.

Weitere Sonderbauweisen der verschiedenen Straßenbaufirmen, wie z. B.

- Walzasphalt
- Dränasphalt
- lärmmindernde Decken
- eishemmende Deckschicht
- halbstarre Beläge
- Reparaturasphalt
- farbige Fahrbahndecken,

sind aufgrund der speziellen Anforderungen an die Deckschicht entwickelt worden.

In Abhängigkeit von der Beanspruchung und Bauklasse kommen folgende Mischgutarten zur Anwendung:

Tabelle 1: Zweckmäßige Mischgutarten und Mischgutsorten im Heißeinbau nach ZTV Asphalt-StB

Beanspruchung	Bauklasse/ Flächenart	Asphalt-binder	Asphalt-beton	Splittmastix-asphalt	Gussasphalt
normale oder besondere	SV + I	0/22 S 0/16 S	– –	0/11 S 0/8 S	0/11 S
	II	0/22 S 0/16 S	(0/16 S) 0/11 S	0/11 S 0/8 S	
besondere	III + StSLW	(0/22 S) 0/16 S	(0/16 S) 0/11 S	0/11 S 0/8 S	0/11 S
normale	III + IV	0/16	0/11 (0/8)	0/8 (0/5)	(0/11) (0/8)
	V + VI	–	0/11 0/8	0/8 0/5	(0/11) (0/8)
	St LLW Rad- und Gehwege	–	0/11 0/8 0/5	0/8 0/5	(0/8) (0/5)
( ): Nur in Ausnahmefällen.					

Die Anforderungen und Zusammensetzung der Baustoffe bzw. Baustoffgemische sind in einem gesonderten Kapitel („Konstruktion und Straßenbaustoffe") dargestellt.

Die Deckschichten werden in der Regel auf eine oder zwei Binderschichten verlegt oder auch auf einer anderen geeigneten Unterlage.

Die Hauptaufgabe der Binderschicht ist es, die durch den rollenden Verkehr auftretenden Schubkräfte aufzunehmen. Es ist daher wichtig, dass die einzelnen Schichten eine innige Verbindung erhalten.

Vor dem Einbau der Deck- oder Binderschichten ist es daher unbedingt erforderlich, die Unterlage auf ihre Eignung zu überprüfen.

Sie muss:

1. ausreichend standfest und tragfähig sein
2. profilgerecht und eben sein
3. frei von schädlichen Verschmutzungen sein
4. schnee- und eisfrei sein.

Sind diese Voraussetzungen nicht erfüllt, sind durch geeignete Maßnahmen die geforderten Bedingungen zu schaffen. Die Unterlage sollte den Anforderungen der jeweils dafür maßgebenden Technischen Regelwerke entsprechen: z. B. durch Entfernen nicht standfester Schichten, Beseitigen von überfetteten Reparaturstellen, Schlaglöchern, offenen Fugen und Rissen; auch große Unebenheiten und Verschmutzungen sollten beseitigt werden.

Das Mischgut wird heiß aufbereitet, mit Fertiger eingebaut, soweit nicht ausnahmsweise Handeinbau erforderlich ist, und mit Walzen verdichtet.

Vorprofilieren ist dann erforderlich, wenn Abweichungen von Ebenheit, Sollhöhe bzw. Querneigung vorliegen oder größere Spuren, Absackungen oder Löcher aufgefüllt werden müssen. Das Mischgut muss entsprechend der Einbaudicke ausgewählt werden.

Kalt- und Warmmischgut darf auf keinen Fall unter Heißmischgut verwendet werden.

Geräte zum Vorprofilieren:

- Hängende Schultern aufhöhen: mit Grader
- Wellen und Spuren auffüllen: mit Grader oder Fertiger
- Einzelflächen, Schlaglöcher: von Hand

Regel zum Vorprofilieren:

Die Oberfläche der einzelnen Lagen immer parallel zur endgültigen Fahrbahnfläche einbauen.

Der Einbau soll möglichst in der warmen Jahreszeit erfolgen. Wenn sich infolge Regen ein geschlossener Wasserfilm gebildet hat, darf kein Mischgut eingebaut werden.

Zur Erreichung einer innigen Verbindung und Verklebung der einzelnen Schichten wird die jeweilige Unterlage mit Haftkleber oder einer Bitumenemulsion vorgespritzt. Beim Einbau von Gussasphalt oder Asphaltmastix darf die Unterlage nicht eingesprüht werden.

Anionische und kationische Emulsionen dürfen dabei nicht in derselben Spritzmaschine verarbeitet werden, ohne dass diese vorher gesäubert wird.

Regel:

So wenig wie nötig, aber gleichmäßig einsprühen.

Haftkleber	0,15–0,25 kg/m^2
Emulsion	0,20–0,40 kg/m^2

Einbau

Beim Einbau der Decke ist besonders auf einen zügigen Einbau und eine zügige Verdichtung zu achten.

Mischen, Befördern, Einbauen und Verdichtung sind gerätemäßig aufeinander abzustimmen.

Das Mischgut darf sich beim Befördern nicht entmischen und muss beim Einbau die notwendige Temperatur haben.

Temperaturen des Bindemittels und des Mischgutes siehe Tabelle 2.

Tabelle 2: Niedrigste und höchste zulässige Temperatur des Mischgutes in °C[*)] nach ZTV Asphalt-StB

Art und Sorte des Bindemittels im Mischgut	Asphaltbinder	Asphaltbeton (Heißeinbau)	Splittmastixasphalt	Gussasphalt	Asphaltmastix	Tragdeckschichtmischgut	Asphaltbeton (Warmeinbau)
20/30				200–250			
30/45	130–190			200–250	180–220		
50/70	120–180	130–180	150–180	200–250	180–220		
70/100	120–180	130–180	150–180		180–220	120–180	
160/220		120–170	120–170		170–210	100–170	
FB 500							60–130

[*)] Die unteren Grenzwerte gelten für das abgeladene Mischgut beim Einbau; die oberen Grenzwerte gelten für das Mischgut beim Verlassen des Mischers bzw. des Silos.
Bei polymermodifiziertem Bitumen (PmB) entsprechen die zulässigen Mischguttemperaturen den jeweiligen Grenzwerten, die für die Straßenbaubitumen angegeben sind.
Bei Splittmastixasphalt mit PmB 45 beträgt die niedrigste und höchste zulässige Temperatur des Mischgutes 150 °C bzw. 180 °C.

Es darf kein Einbau der Deckschicht bei Lufttemperaturen unter + 3 °C und der Binderschicht bei unter 0 °C vorgenommen werden.

Der maschinelle Einbau der Binder- und Deckschicht geschieht mit einem Fertiger mit schwimmender Einbaubohle und automatischer Nivelliereinrichtung. Beim Einstellen des Fertigers ist darauf zu achten, dass

- die Einbaubreite nicht zu groß ist, um Entmischung zu vermeiden,
- die Mindestdicke der Schicht das 2- bis 3fache des Größtkornes beträgt,
- die Frequenz der Bohle für die Vorverdichtung dem Mischgut entspricht.

Vor dem Einbau ist zu prüfen, ob der Fertiger betriebsbereit ist:

- Funktionskontrolle
- Vorheizen der Bohle
- Einsprühen des Kübels mit Trennmittel
- Einstellen der Nivelliereinrichtung.

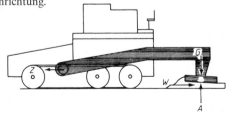

Abb. 3: Fertiger mit Schwimmender Einbaubohle

Das Gewicht der Bohle G ist im Gleichgewicht mit dem dynamischen Auftrieb A.

Beim Einbau ist darauf zu achten, dass

- LKW nicht gegen den Fertiger stoßen,
- der Fertiger gleichmäßig vorfährt,
- bei Unterbrechungen ausgefahren und eine Quernaht angelegt wird.

Die Ränder von Binderschichten, Deckschichten aus Asphaltbeton und Splittmastixasphalt sowie von Tragdeckschichten sind abzuböschen, sofern keine
Randeinfassungen vorhanden sind. Die einzelnen Schichten werden nach
unten hin so verbreitert, dass die Ränder nicht steiler als 2 zu 1 gegen die Auf-
lagerfläche geneigt sind (s. Abb. 2). Die Ränder von Gussasphaltdeckschichten
werden jedoch senkrecht ausgebildet.

Bei vorhandener Randeinfassung ist die Deckschicht 1 cm höher einzubauen,
bei einseitiger Querneigung jedoch nur der tieferliegende Rand.

Bei mehrschichtigem oder mehrlagigem Einbau sind die Nähte der einzelnen
Schichten gegeneinander zu versetzen.

Längsnähte sind bei Deckschichten, wenn nötig, vorzuwärmen und die Seitenflächen mit Bindemittel gleichmäßig anzustreichen, um eine einwandfreie
Verbindung zu gewährleisten.

Verdichtung:

Die Vorverdichtung geschieht durch die Vibrationsbohle am Fertiger. Im
Walzgang wird das Mischgut durch

- den 1. Walzgang zusammengedrückt (Vorwalzen),
- den 2. Walzgang verdichtet (Hauptwalzen),
- das Endwalzen geglättet und gebügelt.

Vor dem Walzen sollen die profilmäßige Lage und Ebenheit überprüft werden,
um hier etwa notwendige Korrekturen durchzuführen. Es können eingesetzt
werden:

1. statische Glattmantelwalzen (Tandemwalzen oder 3-Rad-Walzen)
2. Gummiradwalzen
3. Vibrationswalzen.

Art, Gewicht und Anzahl der Walzen sind auf die Einbauleistung, Schichtdicke, Mischgut sowie auf die Witterung, Jahreszeit und örtlichen Verhältnisse
abzustimmen.

Statische Tandemwalzen 2–4 t

Für den 1. Walzgang auf 4–8 cm dicken Lagen

Statische Tandemwalzen 6–10 t

Für den 1. Walzgang auf 8–18 cm dicken Lagen und für den 2. Walzgang von
2–8 cm dicken Lagen.

Dreiradwalze 10–12 t

Für den 2. Walzgang auf bis zu 10 cm dicken Lagen und für den 1. Walzgang
von Quer- oder Längsnähten sowie zum Endwalzen.

Gummiradwalze 8–22 t

Für den 2. Walzgang von 2–18 cm dicken Asphaltlagen zum Schließen der Oberfläche von Deckschichten besonders bei kühler Witterung. Es besteht die Möglichkeit, durch unterschiedlichen Reifendruck die Reifenaufstandsfläche und den Kontaktdruck zu verändern. Dadurch können Anwendungsbereich und Einsatzmöglichkeit erweitert werden.

Vibrationswalze 2–10 t

Vibrationsverdichtung darf nur bei Mischguttemperaturen ≥ 100 °C und erst nach einem statischen Walzübergang erfolgen.

Für den 1. Walzgang ohne Vibration wie statische Tandemwalzen und mit Vibration für den 2. Walzgang von 2–18 cm dicken Lagen sowie für die Verdichtung von Quer- und Längsnähten.

Walzenregeln für bitumenhaltiges Mischgut:

1. „Eine Walze ist keine Walze." Immer 2 Walzen vorhalten.
2. Antriebsachse muss zum Fertiger hin weisen, Ausnahme an steilen Steigungen.
3. Im Regelfall sofort und so dicht wie möglich an den Fertiger.
4. Vom Rand zur Mitte, bei einseitiger Querneigung vom tiefen zum höheren Rand.
5. Walze nie auf der heißen, sondern auf der erkalteten Lage wenden.
6. Ruckfrei und immer ohne Vibration umsteuern.
7. Abstellen der Walze nur auf standfesten Deckenabschnitten.
8. Bei Längsnähten Bandage nur 10 cm auf heißem Mischgut laufen lassen, dann von der Außenkante zur Mitte walzen.

Deckschichten sollen griffig sein.

Die Griffigkeitsanforderungen für das Messverfahren SCRIM an die fertige Deckschicht für die Abnahme und bis zum Ablauf der Verjährungsfrist der Gewährleistung sind in Tabelle 3 angegeben.

Tabelle 3: Griffigkeitsgrenzwerte für Straßen gem. ZTV Asphalt-StB

Die Griffigkeit der fertigen Oberfläche der Deckschicht auf Straßen der Bauklassen SV und I bis VI darf für das Messverfahren SCRIM die nachfolgend angegebenen Grenzwerte für den Einzelwert eines 100-m-Abschnittes um nicht mehr als 0,03 unterschreiten:

■ Für die Abnahme
     ■ bei 80 km/h $\mu_{SCRIM} = 0{,}46$
     ■ bei 60 km/h $\mu_{SCRIM} = 0{,}53$
     ■ bei 40 km/h $\mu_{SCRIM} = 0{,}60$.

■ Bis zum Ablauf der Verjährungsfrist für die Gewährleistung
     ■ bei 80 km/h $\mu_{SCRIM} = 0{,}43$
     ■ bei 60 km/h $\mu_{SCRIM} = 0{,}50$
     ■ bei 40 km/h $\mu_{SCRIM} = 0{,}56$.

Zur Erhöhung der Anfangsgriffigkeit kann eine Abstumpfung durch Abstreuen und Einwalzen von bindemittelumhülltem Edelbrechsand oder Splitt 2/5 mm vorgenommen werden.

Die verdichtete Decke muss auch an den Rändern und Nähten eine gleichmäßige Verteilung und Oberflächenbeschaffenheit aufweisen.

Abweichungen von der geforderten Querneigung der Straßenoberfläche dürfen i. d. R. nicht mehr als ±0,4 % betragen.

Bei Über- oder Unterschreitung folgender, in den Vorschriften festgelegten Grenzwerte sind Abzüge möglich.

1. Unterschreitung des Einbaugewichtes oder der Einbaudicke
2. Unterschreitung des Bindemittelgehaltes
3. Unterschreitung des Verdichtungsgrades
4. Überschreitung des Grenzwertes für Unebenheiten in der oberen Schicht (s. Tabelle 4).

Tabelle 4: Grenzwerte für die Unebenheit bei maschinellem Einbau auf Straßen der Bauklassen SV, I bis VI[*)] nach ZTV Asphalt-StB

	Unebenheit in mm innerhalb einer 4 m langen Messstrecke		
	Tragdeck-schichten	Binder-schichten	Deck-schichten
a) auf nicht mit Bindemittel gebundener Unterlage	≤ 10	≤ 10	–
b) auf mit Bindemittel gebundener Unterlage mit zulässiger Unebenheit über 6 mm	≤ 10	≤ 6	≤ 6
c) auf Asphaltunterlage mit zulässiger Unebenheit von höchstens 6 mm	–	–	≤ 4
[*)] In anderen Fällen siehe DIN 18 317, Abschnitte 3.3.1.5 und 3.3.2.3.			

2.1.1 Asphaltbinder

Die Asphaltbinder zählen zu der Decke und sollen neben den vertikalen Verkehrslasten im Besonderen die Belastungen aus den Schubkräften des fließenden Verkehrs aufnehmen, weshalb beim Einbau auf eine möglichst gute Verklebung sowohl mit der Unterlage als auch mit der darüber liegenden Deckschicht geachtet werden muss.

Der Einbau erfolgt im Heißeinbau in der Regel einlagig mit Fertiger und Walzenverdichtung. Durch eine abgestimmte Mischung und entsprechende Einbaugeräte soll eine sehr standfeste Schicht entstehen, die sich unter Verkehrsbelastung nur wenig verändert.

Anforderungen an die Schicht:

Asphaltbinder		0/22	0/16 S	0/16	0/11
Schicht Einbaudicke	[cm]	7,0–10,0	5,0–8,5	4,0–8,5	nur zum Profilausgleich, nicht für Bauklassen SV, I bis III u. Straßen mit besonderen Beanspruchungen
oder Einbaugewicht	[kg/m²]	170–250	125–210	95–210	
Verdichtungsgrad	[%]	≥ 97	≥ 97	≥ 97	≥ 96 bei Dicken ≥ 3 cm

2.1.2 Asphaltbeton im Heißeinbau

Asphaltbeton stellt als oberste Schicht die eigentliche Verschleißschicht einer Asphaltdecke dar und hat daher hinsichtlich Mischgutzusammensetzung und fertigem Einbau höchsten Anforderungen gerecht zu werden.

Eine gleichmäßige Oberflächenstruktur auch in Nahtbereichen muss gewährleistet sein. Das Mischgut wird einlagig mit Fertiger eingebaut und mit Walzen verdichtet. Nur dann lässt sich in der fertigen Schicht die erforderliche größte Standfestigkeit und Alterungsbeständigkeit bei geringem Hohlraumgehalt erreichen. Der Einbau sollte daher bei optimalen Witterungsbedingungen und abgestimmtem Geräteeinsatz mit kontinuierlicher Mischgutanlieferung erfolgen.

Zur optimalen Verkehrssicherheit ist eine ausreichende Rauigkeit der Oberfläche erforderlich. Zur Erhöhung der Anfangsgriffigkeit kann auf die noch heiße Deckschicht roher oder bindemittelumhüllter Edelbrechsand oder Edelsplitt 2/5 eingebracht und eingewalzt werden. Das lose Material ist vor Verkehrsfreigabe zu entfernen.

Anforderungen an die Schicht:

Asphaltbeton (H)		0/16 S	0/11 S	0/11	0/8	0/5
Schicht Einbaudicke oder	[cm]	5,0 – 6,0	4,0 – 5,0	3,5 – 4,5	3,0 – 4,0	2,0 – 3,0
Einbaugewicht	[kg/m²]	120 – 150	95 – 125	85 – 115	75 – 100	45 – 75
Verdichtungsgrad	[%]	≥ 97	≥ 97	≥ 97	≥ 97	≥ 96
Hohlraumgehalt	[Vol.-%]	≤ 7,0	≤ 7,0	≤ 6,0	≤ 6,0	≤ 6,0

2.1.3 Splittmastixasphalt

Das Mischgut wird einlagig heiß mit Fertiger eingebaut und mit Walzen verdichtet. Durch den hohen Splittgehalt des Korngerüstes mit Ausfallkörnung und gleichzeitig hohem Bitumengehalt der Mörtelmischung wird eine höhere Widerstandsfähigkeit und Alterungsbeständigkeit der Deckschicht in Verbindung mit einem geringen Hohlraumgehalt erreicht.

Auch für Sanierungsmaßnahmen von unebenen Decken oder zur Profilverbesserung ist Splittmastixasphalt besonders geeignet, da das Mischgut sich zum Einbau ungleichmäßiger und dünner Schichten eignet. Wie beim Asphaltbeton können zur Verbesserung der Anfangsgriffigkeit Sand oder Splitt in die heiße Oberfläche eingewalzt werden.

Anforderungen an die Schicht:

Splittmastixasphalt		0/11 S	0/8 S	0/8	0/5
Schicht					
Einbaudicke	[cm]	3,5–5,0	3,0–4,0	2,0–4,0	2,0–4,0
Einbaugewicht	[kg/m²]	85–125	70–100	45–100	45–75
Verdichtungsgrad	[%]	≥ 97	≥ 97	≥ 97	≥ 97
Hohlraumgehalt	[Vol.-%]	≤ 6,0	≤ 6,0	≤ 6,0	≤ 6,0

2.1.4 Gussasphalt und Asphaltmastix

Zu den Gussdecken gehören
- Gussasphaltdeckschichten
- Asphaltmastixdeckschichten.

Die Gussasphaltdeckschicht ist die wohl hochwertigste und teuerste bitumenhaltige Deckschicht und kommt daher bei stark belasteten Autobahnen und Landstraßen zur Anwendung.

Das Mischgut ist eine dichte Masse und besteht aus Splitt, Sand, Füller und Straßenbaubitumen.

Die Verarbeitungstemperatur des Gussasphaltes beträgt 220 bis 250 °C. Das Mischgut kann von Hand verstrichen oder maschinell verteilt werden.

Da der Gussasphalt sofort beim Einbau seine dichteste Lagerung erreicht, ist eine Walzverdichtung nicht erforderlich.

Gussasphalt kann auf fast allen standfesten Unterlagen, wie Beton, Schotter, Pflaster und bitumenhaltigen Unterlagen, eingebaut werden. Sie müssen jedoch unnachgiebig und gleichmäßig verfestigt sein und eine Ebenflächigkeit von ≤ 1,0 cm auf 4 m Messstrecke haben. Unebenheiten sind mit bitumenhaltigem Schotter oder Splitt geeigneter Korngröße vorher zu beseitigen. Die Dicke darf bei Fahrbahndecken 2,5 cm nicht unterschreiten. Bei Dicken über 4 cm ist mehrlagig einzubauen.

Das Gefälle der Straße darf 5 % nicht überschreiten. Das resultierende Gefälle aus Längs- und Querneigung soll nicht größer als 7 % sein.

Eine Abstumpfung wird durch Einreiben von etwa 3 kg/m^2 staubfreiem und trockenem Edelbrechsand erreicht.

Auf Fahrbahnen wird in die noch heiße Oberfläche 5 bis 8 kg/m^2 leicht mit Bindemittel umhüllter Edelsplitt 2/5 von Hand oder maschinell aufgestreut und mit einer leichten Handwalze oder mit einer schienengeführten Riffelwalze eingedrückt.

Die Zusammensetzung des Gussasphalts richtet sich nach der Art des Einbaus. Bei maschinellem Einbau kann der Gussasphalt steifer, d. h. höherer Splittgehalt und weniger Bindemittelgehalt, eingestellt sein.

Der Gussasphalt wird zur Einbaustelle in fahrbaren Motorkochern mit maschinell angetriebenem Rührwerk transportiert und dort bei maschinellem Einbau direkt vor die Einbaubohle abgelassen oder mit Eimer oder Karren zur Einbaustelle transportiert.

Der Einbau erfolgt bei trockener Witterung und trockenem Unterbau von Hand mittels Spachteln oder maschinell mittels Verteilergerät mit heizbarer Abziehbohle.

Das Einbaugerät wird i. Allg. auf seitlichen Schienen geführt oder bei größerer Breite auf einem Raupenfahrwerk. Es soll bei Bundesautobahnen über die ganze Fahrbahnbreite führen, so dass keine Fugen entstehen.

Zur Vermeidung der beim Einbau von Gussasphalt zuweilen entstehenden Wasserdampfkanülen und -blasen wird die Methode des „gewalzten Gussasphaltes" angewandt.

Hier wird mit einer erhöhten Splittmenge, etwa 15 bis 18 kg/m^2 Edelsplitt 2/5 oder 5/8 mm abgestreut und diese mit einer Gummiradwalze oder Glattmantelwalze direkt hinter dem Fertiger eingedrückt. Eine trockene Unterlage ist bei dieser Bauweise nicht unbedingt erforderlich.

Asphaltmastixdeckschichten werden aus Mastix (Sand, Füller, Straßenbaubitumen) mit aufgestreutem und eingewalztem groben Splitt hergestellt. Sie werden auf bitumenhaltigen Decken, Pflasterdecken o. a. Unterlagen als Dünnbelag oder als Mastix-Oberflächenschutzschicht angewendet und sind außergewöhnlich dauerhaft.

Der Transport erfolgt wie beim Gussasphalt in heizbaren Kochern. Die Einbautemperatur des Mastix soll zwischen 170 und 220 °C betragen. Der Einbau erfolgt mit Schiebern oder sonstigen Verteilergeräten.

In die noch heiße Mastix wird 15 bis 25 kg/m^2 leicht mit Bindemittel umhüllter Edelsplitt 5/8, 8/11 oder 11/16 mm mit schwerer Walze eingedrückt.

Nicht festhaftender Splitt muss bei Gussasphalt und Asphaltmastix durch Abwalzen mit schwerer Glattmantelwalze oder anderen geeigneten Maßnahmen gelöst werden und zusammen mit dem losen Abstreumaterial entfernt werden.

Anforderungen an die Schicht:

Gussasphalt	0/11 S	0/11	0/8	0/5
Schicht Einbaudicke (einschl. Abstreumaterial) [cm]	3,5 – 4,0		2,5 – 3,5	2,0 – 3,0
oder Einbaugewicht (einschl. Abstreumaterial) [kg/m^2]	80 – 100		65 – 85	45 – 75
Abstreumaterial/-menge Edelsplitt 2/5 mm Edelsplitt 2/5 und/oder 5/8 mm Edelbrechsand oder Natursand	5 bis 8 kg/m^2 15 bis 18 kg/m^2 2 bis 3 kg/m^2			

Asphaltmastix	0/2
Schicht Einbaugewicht der Asphaltmastix [kg/m^2] Abstreumaterial Abstreumenge [kg/m^2]	15 – 25 Edelsplitt 5/8, 8/11 oder 11/16 mm 15 – 25

2.1.5 Tragdeckschicht-Mischgut

Tragdeckschichten bestehen aus korngestuftem Mineralstoffgemisch und bitumenhaltigen Bindemitteln.

Bei etwa 5,2 Gew.-% Bindemittelanteil in der Körnung 0/16 mm werden diese nach ZTV Asphalt-StB so zusammengesetzt, dass sie ohne Deckschicht ausreichend widerstandsfähig gegen Witterungseinflüsse sind.

Angewandt werden die Tragdeckschichten auf Straßen untergeordneter Bedeutung sowie für leichten Verkehr, wie z. B. auf ländlichen Wegen, Parkplätzen, Geh- oder Radwegen.

Tragdeckschichten werden einlagig 5 bis 10 cm dick eingebaut und verdichtet.

Geräte siehe unter Asphaltdecken.

Anforderungen an die Schicht:

Tragdeckschicht	0/16
Schicht Einbaudicke [cm] oder	5,0 – 10,0
Einbaugewicht [kg/m^2] Verdichtungsgrad [%] Hohlraumgehalt [Vol.-%]	120 – 250 $\geq$ 96 $\leq$ 7,0

Die beim bitumenhaltigen Mischgut üblichen Einbauregeln sind daher zu beachten.

Die heiße Oberfläche soll mit 2 bis 4 kg/m² rohem oder bindemittelumhülltem Sand abgestreut werden, wenn mit starker Verschmutzung der Oberfläche zu rechnen ist. Für ländliche Wege gelten ZTV-LW.

2.1.6 Asphaltbeton (Warmeinbau)

Asphaltbeton im Warmeinbau kommt nur als Deckschicht untergeordneter Straßen und Wege sowie sonstiger Verkehrsflächen zur Anwendung. Die warme Einbaufähigkeit wird durch Fluxmittel im Bitumen erreicht.

Das Mischgut wird einlagig mit Fertiger eingebaut und mit Walzen verdichtet. Nach der Verdichtung müssen in der Deckschicht anfangs noch genügend Hohlräume und offene Poren vorhanden sein, um die Verdunstung der Fluxmittel zu ermöglichen. Die endgültige Verdichtung erfolgt erst durch die Nachverdichtung des Verkehrs.

Zur Verbesserung der Rauigkeit kann in die warme Oberfläche etwa 2 kg/m² bindemittelumhüllter Brechsand eingewalzt werden.

Anforderungen an die Schicht:

Asphaltbeton (W)	0/11	0/8	0/5
Schicht Einbaugewicht [kg/m²]	45 – 55	35 – 45	25 – 35

2.1.7 Oberflächenschutzschichten

Für Oberflächenschutzschichten gelten die „Zusätzlichen Technischen Vertragsbedingungen und Richtlinien für die bauliche Erhaltung von Vekehrsflächen – Asphaltbauweise", ZTV BEA-StB.

Oberflächenschutzschichten sind dünne bitumenhaltige Überzüge auf Decken, die durch Verschleiß rau und porös geworden sind und vor Eindringen von Regen und Schmutz geschützt werden sollen, um größere Schäden zu vermeiden.

Die Anwendung soll nur in den Sommermonaten erfolgen.

Dazu zählen:

- Oberflächenbehandlungen (OB)
- dünne Schichten im Kalteinbau (DSK)
- dünne Schichten im Heißeinbau.

2.1.7.1 Oberflächenbehandlungen (OB)

Die Anwendung erfolgt bei wenig belasteten Straßen der Bauklassen III bis VI auf Wegen und anderen Verkehrsflächen als vorbeugende (konservierende) Maßnahme sowie zur Verbesserung der Griffigkeit und der Sichtbedingungen bei Nacht und Nässe. Es ist bei der geringen Dicke auf eine sorgfältige Säuberung vor dem Einbau Wert zu legen, um den Schutz zu gewährleisten.

Nach der Anzahl der Arbeitsgänge werden unterschieden:

- Oberflächenbehandlung mit einfacher Splittabstreuung
- Oberflächenbehandlung mit doppelter Splittabstreuung
- Oberflächenbehandlung mit Splittvorlage.

Hier wird das Bindemittel, heute meist eine unstabile anionische oder kationische Bitumenemulsion, bei warmer Witterung kalt aufgespritzt, vor dem Brechen (Anhaften) mit Roh-Splitt nachgestreut und sofort mittels Gummirad- oder Glattmantelwalze angedrückt. Loser Splitt muss entfernt werden. Bei kühler Witterung ist eine Erwärmung notwendig.

Auf eine gleichmäßige Verteilung des Bindemittels und des Splittes ist zu achten, um eine gleichmäßige Struktur der Oberfläche zu erreichen. Die Ausführung erfolgt meist maschinell mit Rampenspritzgerät und Splittstreuer, mit denen ein hohes Maß an Genauigkeit und Gleichmäßigkeit erreicht wird.

Kleine Flächen werden von Hand eingebaut. Auf eine kurze Aufeinanderfolge der einzelnen Arbeitsgänge insbesondere bei doppelter Absplittung ist Wert zu legen.

Vor dem Aufbringen der OB sind Schlaglöcher, offene Fugen, Risse und grobe Unebenheiten durch Vorflicken zu beseitigen.

Erst nach Beendigung des Brechvorganges darf die Fläche für den Verkehr freigegeben werden.

Richtwerte für den Baustoffbedarf von Oberflächenbehandlungen siehe Tabelle 5.

2.1.7.2 Dünne Schichten im Kalteinbau (DSK)

Dünne Schichten im Kalteinbau sind Gemische aus korngestuften Mineralstoffen, polymermodifizierter kationischer Bitumenemulsion, Zusätzen und Wasser. Sie kommen dort zur Anwendung, wo die Einbaudicke begrenzt ist und dienen zur Verbesserung der Griffigkeit und Verschleißsicherheit infolge Abrieb.

Das Mischgut wird auf der Baustelle in selbstfahrenden Mischanlagen kontinuierlich hergestellt und ein- oder mehrlagig mittels angehängten, steuerbaren Verteilergeräten eingebaut. Auf die höhengleiche Ausbildung der Nähte ist dabei zu achten.

Die Schicht muss spätestens nach 30 Minuten nach Herstellung befahrbar sein.

Das Einbaugewicht beträt 10 bis 30 kg/m^2.

Tabelle 5: Baustoffe für Oberflächenbehandlungen nach ZTV BEA-StB

Bindemittelart	Bindemittelsorte	Lage bzw. Schicht	Bindemittelmenge kg/m²	Edelsplittmenge in kg/m² bei Körnung		
				8/11	5/8	2/5
1. Oberflächenbehandlung mit einfacher Splittabstreuung						
Unstabile Bitumen-emulsion	U 70 K		1,5 bis 2,0	–	11 bis 17	–
Polymermodifizierte unstabile Bitumen-emulsion	PmOB (C/D) U 70 K		1,2 bis 1,6	–	–	9 bis 14
Polymermodifizier-tes Heißbitumen	PmOB (A/B)		1,0 bis 1,4	–	9 bis 15	
			0,9 bis 1,1	–	–	8 bis 12
2. Oberflächenbehandlung mit doppelter Splittabstreuung						
Unstabile Bitumen-emulsion	U 70 K	1. Lage	1,6 bis 2,2	10 bis 13	–	–
		2. Lage	–	–	–	3 bis 6
Polymermodifizierte unstabile Bitumen-emulsion	PmOB (C/D) U 70 K	1. Lage	1,4 bis 1,8	–	10 bis 12	–
		2. Lage	–	–	–	3 bis 6
Polymermodifizier-tes Heißbitumen	PmOB (A/B)	1. Lage	1,2 bis 1,3	10 bis 13	–	–
		2. Lage	–	–	–	2 bis 5
		1. Lage	1,1 bis 1,2	–	9 bis 12	–
		2. Lage	–	–	–	2 bis 5
3. Oberflächenbehandlung mit Splittvorlage						
Polymermodifizierte unstabile Bitumen-emulsion	PmOB (C/D) U 70 K	1. Schicht	–	10 bis 13	–	
		2. Schicht	1,8 bis 2,3	–	(10 bis 15)*	10 bis 13
		1. Schicht	–	–	9 bis 12	
		2. Schicht	1,7 bis 2,1	–	–	10 bis 13
Polymermodifizier-tes Heißbitumen	PmOB (A/B)	1. Schicht	–	10 bis 13	–	
		2. Schicht	1,3 bis 1,6	–	(10 bis 12)*	10 bis 13
		1. Schicht	–	–	9 bis 12	
		2. Schicht	1,2 bis 1,5	–	–	10 bis 13

* alternativ möglich
– nicht geeignet

2.1.7.3 Dünne Schichten im Heißeinbau

Dünne Schichten im Heißeinbau bestehen aus Asphaltbeton, Splittmastixasphalt oder Gussasphalt der Körnungen 0/5 oder 0/8.
Die Anwendung soll nur auf Verkehrsflächen der Bauklassen V und VI sowie auf ländlichen Wegen erfolgen.
Wegen der schnellen Auskühlung sollen diese Beläge nur bei günstigen Witterungsverhältnissen hergestellt werden.
Die statisch wirkenden Glattmantelwalzen sollen deshalb so dicht wie möglich hinter dem Fertiger fahren. Die Oberfläche ist abzustumpfen oder aufzurauen.
Das Einbaugewicht beträgt 30 bis 50 kg/m².

2.1.8 Recycling von Asphaltdecken

Das „Gesetz zur Förderung der Kreislaufwirtschaft und Sicherung der umweltverträglichen Beseitigung von Abfällen" (Kreislaufwirtschafts- und Abfallge-
setz, KrW/AbfG von 1996) schreibt die Verwendung von Abfällen vor, was
bei der Herstellung von Verkehrsflächen eine Wiederverwendung von Straßenbefestigungen (Recycling) erforderlich macht. Dazu werden verschiedene
Verfahren angewandt, z. B.:

- Verbleib der vorhandenen Befestigung z. B. als Tragschicht für Hocheinbau,
- Ausbau, Aufbereitung und Wiedereinbau in getrennten Arbeitsschritten an
  verschiedenen Orten,
- Wiederverwendung von Asphaltdecken an Ort und Stelle durch „Rückformen,
- Kaltrecycling durch Fräsen oder Schälen des Asphalts.

Das **Rückformen** der Verkehrsflächen aus Asphalt geschieht maschinell mit
Großgeräten, die die Arbeitsgänge Aufheizen, Auflockern und Verteilen,
gegebenenfalls mit Materialzugabe und Mischen in getrennten Geräten oder
in Kompaktgeräten, vornehmen. Die Geräteentwicklung ist noch nicht abgeschlossen. So sind neuerdings schon Geräte im Einsatz, die das Rückformen
(Remix) und Aufbringen einer neuen Deckschicht in einem Arbeitsgang
ermöglichen (Remix-plus).

In den „Zusätzlichen Technischen Vertragsbedingungen und Richtlinien für
die Bauliche Erhaltung von Verkehrsflächen – Asphaltbauweisen" (ZTV
BEA-StB 98) wird das Rückformen (RF) von Asphalt beschrieben.

In „Merkblatt für das Rückformen von Asphaltschichten" (M RF) werden
weitergehende Anwendungen und Sonderfälle behandelt.

Folgende Bauverfahren werden unterschieden:

1. Reshape:
Rückformen ohne Materialzugabe.
Die Schicht wird aufgeheizt, mit höhenverstellbarem Werkzeug aufgelockert
und das aufgelockerte Material querverteilt. Die nachfolgende Einbaubohle
baut das Material profilgerecht ein, die anschließende Verdichtung erfolgt
mittels schwerer Walzen.

2. Repave:
Rückformen unter Mischgutzugabe ohne Mischen.
Hier wird auf die nach dem Reshapeverfahren querverteilte Oberfläche neues
Mischgut entsprechend ZTV-Asphalt in gleichmäßiger Dicke zugegeben, mit
der Einbaubohle eingebaut und gemeinsam mit der alten Schicht mit Walzen
verdichtet. Die zugegebenen Mengen liegen zwischen 10 und 45 kg je m².

3. Remix:
Rückformen unter Materialzugabe mit Mischen
Das aufgelockerte Material wird mit dem zugegebenen neuen Mischgut vor
dem Einbau mittels Zwangsmischer gemischt und nach dem Einbau mit Walzen verdichtet.

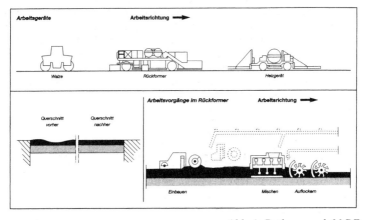

Abb. 4: Reshape nach M RF

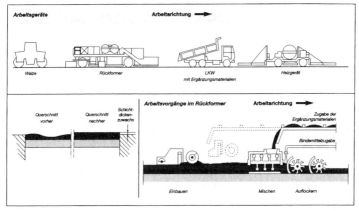

Abb. 5: Repave nach M RF

Eine Weiterentwicklung ist das Remix-plus-Verfahren mit Einmischen von neuem Bindemittel und gleichzeitigem Aufbringen einer zusätzlichen neuen Beschichtung.

Beim Remix-compact-Verfahren wird nach dem Remix-Verfahren mit einem unmittelbar hinter dem Rückformer fahrenden zusätzlichen Fertiger eine neue Deckschicht nach ZTV Asphalt-StB heiß auf heiß mit reduzierter Dicke eingebaut. Beide Schichten werden zusammen verdichtet.

Für alle Bauverfahren sind vor der Ausführung umfangreiche Voruntersuchungen an der alten Fahrbahnbefestigung notwendig. Voraussetzung für die wirtschaftliche Anwendung dieser Verfahren ist eine ausreichend große und gleichmäßig beschaffene Fläche. Für den Einsatz sind geeignete Witterungsverhältnisse wie Lufttemperaturen über 10 °C und Trockenheit erforderlich. Die Anforderungen der rückgeformten Deckschichten entsprechen hinsichtlich Ebenheit, Verdichtungsgrad und Griffigkeit der ZTV Asphalt-StB. Zusätzlich ist die Zusammensetzung des Ergänzungsmischguts nach den jeweils maßgebenden Vertragsbedingungen zu prüfen.

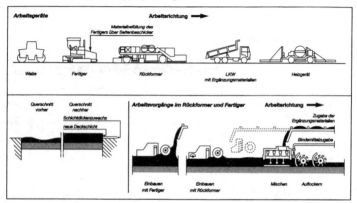

Abb. 6: Remix compact nach M RF

2.2 Betondecken

Fahrbahndecken aus Beton sind Befestigungen von Verkehrsflächen, bei denen die Decke und die 3. Tragschicht teilweise oder ganz die Fahrbahndecke bilden.

Sie zählen zur „starren" Bauweise im Gegensatz zur „flexiblen" Bauweise aus mit Bitumen gebundenen Mineralstoffen.

Betondecken können aus an Ort und Stelle eingebautem Frischbeton oder als Sonderbauweisen aus vorgefertigten Betonteilen, aus Spannbeton, mit besonderer Bewehrung, z. B. Stahlfasern, oder aus Walzbeton hergestellt werden.

In den „Zusätzlichen Technischen Vertragsbedingungen und Richtlinien für den Bau von Fahrbahndecken aus Beton" ZTV Beton-StB werden unterschieden:

■ Decken aus Beton
■ Decken aus Beton mit Fließmittel (FM).

Bei den Bauklassen SV, I bis III ist in der Regel unter der Decke eine hydraulisch gebundene Tragschicht nach ZTVT-StB anzuordnen.

Es kann auch eine Asphalttragschicht zur Anwendung kommen.

Eine Frostschutzschicht als 1. Tragschicht ist anzuordnen, wenn der Unterbau oder Untergrund aus Böden der Frostempfindlichkeit Klasse F 2 oder F 3 besteht.

Für die Zusammensetzung und Herstellung sowie die Anforderungen und Prüfung der Betondecken gelten folgende Vorschriften:

- ZTV Beton-StB
- ATV DIN 18 316
- DIN 1045
- DIN EN 206-1

Für Flugplätze gilt zusätzlich das „Merkblatt für den Bau von Flugbetriebsflächen aus Beton".

Folgende Deckendicken sind nach RStO vorgeschrieben:

Bauklassen SV, I bis III

auf Tragschicht mit hydraulischem Bindemittel	27–23 cm
auf Asphalttragschicht	26–22 cm
auf Schottertragschicht	30–26 cm
Bauklassen IV bis VI	22–16 cm.

Die Zusammensetzung des Betons wird aufgrund einer Eignungsprüfung festgelegt, um die jeweils geforderten Eigenschaften, wie die Betonfestigkeit und den Luftgehalt, zu erreichen.

Als Bindemittel wird i. d. R. ein Portlandzement CEM I der Festigkeitsklasse 32,5 R nach DIN EN 197-1 verwendet.

Luftporenbildner werden dem frischen Beton als Zusatzmittel gegen Frostschäden beigemischt, so dass ein Luftgehalt von mindestens 3,5 % im Frischbeton entsteht.

Der Betondeckenbau erfordert größte Sorgfalt hinsichtlich Dosierung, Mischen, Transport, Einbau und Verdichtung und setzt fachliches Können und Erfahrung voraus.

Die Unterlage muss standfest, profilgerecht, eben, tragfähig und erosionsbeständig sein. Die Lage von Kerben muss der Lage der Fugen in der Decke entsprechen.

Für die Bauklassen SV, I bis III wird der angefahrene Beton in schienengeführte Betonverteilergeräte oder Gleitschalungsfertiger gekippt und gleichmäßig über die ganze Breite verteilt (s. Abb. 7).

Der Einbau erfolgt zwischen stehender oder geschleppter Schalung.

Kommen Schalungsschienen zur Anwendung, so erfüllen diese gleichzeitig mehrere Aufgaben:

- seitliches Widerlager
- Einhaltung der Sollhöhe
- Aufnahme der Schienen zum Führen des Gerätes.

Nach dem Verteilen des Betons erfolgen das Verdichten gleichmäßig über den gesamten Qerschnitt mit einem Betonfertiger, das Einsetzen und Einrütteln der Dübel mit dem Dübelsetzgerät und das Einsetzen der evtl. erforderlichen Anker mit dem Ankersetzgerät.

Nach einem zweiten Verdichtungsvorgang erfolgt die Fertigstellung der Decke mit einem Glätter, dem zur Erzielung der größtmöglichen Ebenheit bei den Bauklassen SV, I bis III zusätzlich ein Längsglätter beigefügt werden muss.

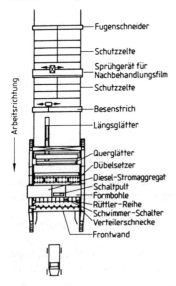

Abb. 7: *Schematische Darstellung eines Gleitschalungsfertigers für einlagigen Einbau von Straßenbeton*

In den heute zum Einsatz kommenden Geräten sind die einzelnen Vorrichtungen meist in einem Kompaktgerät zusammengefasst.

Die abschließende Oberflächenbearbeitung zur Erzielung einer ausreichenden Rauheit für die ausreichende Griffigkeit kann durch Abziehen mit einem Jutetuch in Längsrichtung oder durch Aufbringen eines Besenstrichs mittels eines 45 cm breiten Stahlbesens erfolgen.

Die Grenzwerte μ_{SCRIM} für die Feststellung der Griffigkeit sind in der ZTV-Beton festgelegt.

Als Schutzmaßnahmen sind während der Deckenherstellung bei Bauklasse SV, I bis III Zelte vorgeschrieben. Nach der Deckenherstellung können zum Schutz gegen Witterungseinflüsse niedrige Zelte für 2 Stunden oder andere Maßnahmen zur Anwendung gelangen.

Für die Nachbehandlung der frischen Betondecke sind folgende Verfahren möglich:

■ Nassnachbehandlung, durch ständiges Feuchthalten über mindestens 3 Tage
■ Aufbringen von Nachbehandlungsmitteln
■ Abdecken mit Folien
■ Aufbringen von wasserhaltenden Abdeckungen, z. B. Jutetuch.

Eine Imprägnierung, als Schutz gegen Frost- und Tausalzschäden, kann zweckmäßig sein.

Außerdem muss die Decke bei zu hoher Temperatur gekühlt und bei Gefahr von Abkühlung mit wärmedämmenden Stoffen geschützt werden. Bei Lufttemperaturen unter +5 °C und über +25 °C sind besondere Maßnahmen zu ergreifen. Betoneinbau bei einer Lufttemperatur unter –3 °C ist unzulässig. Das Einschneiden der Scheinfugen sollte so früh wie möglich erfolgen.

Die Decke darf erst nach ausreichender Erhärtung, d. h., 60 bis 70 % der geforderten Druckfestigkeit müssen erreicht sein, für den Verkehr freigegeben werden.

Der Einbau von Beton in 2 Lagen oder Schichten soll „frisch auf frisch" erfolgen, wobei beide Lagen in einem Arbeitsgang verdichtet werden dürfen. Bei getrennter Verdichtung soll der Oberbeton spätestens 1 Stunde nach dem Unterbeton verdichtet sein.

Abb. 8: Einbau von Beton in zwei Lagen (schematisch)

Decken der Verkehrsklassen IV bis VI und Handfelder werden mit Rüttelbohlen oder Kleingeräten ohne Fahrvorrichtung und Führung verdichtet.

Zur Rationalisierung im Betonstraßenbau haben in den letzten Jahren der Einsatz von Gleitschalungsfertigern, wo auf die seitliche Schalungsschienen verzichtet wird, sowie der weitgehende Verzicht auf Raumfugen und die Bewehrung wesentlich beigetragen.

Fugenausbildung

Zur Vermeidung von wilden Rissen und zum Ausgleich der Längenänderungen ist jede Decke quer zur Fahrtrichtung durch Querfugen, die als Raum-, Schein- oder Pressfugen auszubilden, und in Fahrtrichtung durch Längsfugen, die als Schein- oder Pressfugen auszubilden sind, in Felder einzuteilen.

Die Felder sollen in der Regel nicht länger als das 25fache der Plattendicke (ca. 5 bis 7 m, max. 7,50 m) sein.

Bei einer Straßenbreite von mehr als 4 m werden eine und bei mehr als 10 m zwei Längsfugen angeordnet.

Raumfugen werden durch bleibende komprimierbare Einlagen aus Weichholzbrettern oder Weichfaserplatten, die über die gesamte Deckendicke reichen, von 13 bis 18 mm Dicke ausgebildet.

Nach dem Erhärten des Betons wird der obere Teil ausgeschnitten und der Spalt mit einer Fugendichtung aus einer heiß oder kalt verarbeiteten, meist bitumenhaltigen Vergussmasse, ausgefüllt (kann bei den Bauklassen V und VI entfallen).

Einzelheiten der Ausführung und Verfüllung der Fugen sind in der ZTV Fug-StB geregelt.

Als Fugenfüllstoffe können auch elastische Profile unter Vorspannung in den Fugenspalt eingeklebt werden.

Scheinfugen werden entweder in den frischen Beton eingerüttelt, gezogen oder frühzeitig eingeschnitten und müssen mindestens 25 % und höchstens 30 % der Deckendicke tief sein.

Ist eine Fugenfüllung vorgesehen, so ist die Fugenkerbe an der Deckenoberfläche auf einen Spalt zu erweitern, dessen Breite und Tiefe auf den vorgesehenen Fugenfüllstoff abgestimmt sein muss.

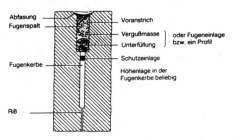

Abb. 9: Regelausführung einer geschnittenen Scheinfuge nach ZTV Fug-StB

Pressfugen entstehen bei der zeitlich versetzten Herstellung der Fertigungsstreifen (Tagesfugen). Sie erhalten einen Spalt, der auf den vorgesehenen Fugenfüllstoff abgestimmt sein muss, i. d. R. 10 mm breit und 15 mm tief.

Bei den Bauklassen SV, I bis III sind in der Fahrtrichtung an den Querfugen Dübel und an den Längsfugen Anker vorzusehen.

Dübel bestehen aus kunststoffbeschichteten, runden und glatten Stahlstäben $\varnothing$ 25 mm, sind mindestens 50 cm lang, und dienen der Lastübertragung und Sicherung der gleichen Höhenlage der Platten.

Bei **Raumfugen** ist auf jeden Dübel eine Blech- oder Kunststoffhülse aufzustecken. Sie werden im Abstand von 25 bis 50 cm in Plattenmitte verlegt.

Anker bestehen bei Bauklasse SV, I bis III aus Betonstabstahl $\varnothing$ 20 mm, mindestens 80 cm lang, sonst $\varnothing$ 16 mm, sind mindestens 60 cm lang und sollen ein horizontales Auseinanderwandern der Platten verhindern. Sie sind in der Mitte auf einer Länge von 20 cm kunststoffbeschichtet. Auch Schraubanker sind zugelassen. Auf geraden Strecken werden 3 bis 5 Anker je Platte im unteren Drittel verlegt.

Stahleinlagen werden in Endfeldern und dort eingebaut, wo ungleichmäßige Setzungen zu erwarten sind, oder bei größeren Plattenlängen.

Die Stahlmenge beträgt bei den Bauklassen SV, I bis III mindestens 3 kg/m^2 Baustahl IV (sonst 2 kg/m^2). Die Stahleinlagen sind 5 bis 7 cm unter der Deckenoberfläche einzusetzen.

Betondecken mit Fließmittel (FM)

Bei kleinen Flächen, wo der Einsatz eines Einbauzuges unwirtschaftlich ist, sowie bei Reparaturfeldern, wo eine schnelle Verkehrsfreigabe (1 bis 2 Tage) notwendig ist, wird dem normalen Straßenbeton unmittelbar vor der Verarbeitung ein Betonverflüssiger (FM-Mittel) zugesetzt, wodurch dieser ein um mindestens 10 cm vergrößertes Ausbreitmaß erhält (Fließbeton).

In den „Besonderen Regelungen für Decken aus Beton mit Fließmitteln" der ZTV Beton-StB werden unterschieden:

■ Frühhochfester Straßenbeton mit FM (Konsistenz KP)

■ „weicher" Straßenbeton mit FM (Konsistenz KR).

Der Fließbeton muss innerhalb von 30 Minuten verarbeitet werden. Die Verdichtung ist auf die Konsistenz abzustimmen. Das Abziehen kann bei kleineren Feldern mit handgeführten Abziehbohlen und bei großen Breiten mit maschinell angetriebenen Bohlen erfolgen.

Anforderungen:

Betonfestigkeit	Würfeldruckfestigkeit nach 28 Tagen, s. Tab. 1, ZTV Beton-StB 01	
	BKl. SV, I bis IV	≥ 40 N/mm^2
	BKl. V bis VI	≥ 30 N/mm^2
	Fließbeton zusätzl. Tab. 8, ZTV Beton-StB 01	≥ 18 bis 28 N/mm^2 nach 2 Tagen
Luftgehalt	s. Tab. 2, ZTV Beton-StB 01	$\geq 3,5$ bis 5,0 Vol.-%
Dicke	Abweichung	$\leq 0,5$ cm der Solldicke
Lage der Dübel	Abweichungen von Schräglage	≤ 20 mm
	Höhenlage	± 20 mm
	seitlich der Fuge	± 50 mm
Profilgerechte Lage	innerhalb ± 20 mm der Sollhöhe	
Ebenheit	BKl. SV, I bis III BKl. IV bis VI	≤ 4 mm je 4 m Messstrecke ≤ 6 mm je 4 m Messstrecke
Griffigkeit	μ_{SCRIM} bei Abnahme, je nach Messgeschwindigkeit, s. Tab. 4 ZTV Beton-StB 01	0,46 bis 0,60

Abzüge sind möglich für:
1. Unterschreitung der vereinbarten Betondruckfestigkeit
2. Unterschreitung der vereinbarten Einbaudicke
3. Überschreitung des Grenzwertes für die Ebenheit der Deckenoberfläche.

2.3 Pflasterdecken

Decken aus Pflaster, insbesondere Natursteinpflaster, sind mit die ältesten Straßenbefestigungen überhaupt.

Sie verloren ihre Bedeutung als Straßenbefestigung, da sie den heutigen Verkehrsbelastungen nicht mehr genügen, haben aber in Fußgängerstraßen und Parkplätzen einen neuen Aufschwung erlebt.

Man unterscheidet bei der Pflasterbauweise Pflasterdecken aus Naturstein und aus Kunststeinen.

Es gelten die „Zusätzlichen Technischen Vertragsbedingungen und Richtlinien für den Bau von Pflasterdecken und Plattenbelägen", ZTVP-StB 2000 und die ATV DIN 18 318. Die Bemessung erfolgt nach RStO „Richtlinien für die Standardisierung des Oberbaus von Verkehrsflächen".

Zur Pflasterdecke oder zum Plattenbelag gehören die Bettung, die Pflastersteine/Platten und die Fugenfüllung als oberste Schicht des Oberbaus (s. Abb. 10).

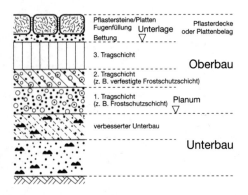

Abb. 10: Pflasterbauweise (Beispiel)

2.3.1 Natursteinpflaster

Angewendet werden folgende Verbände:

Für Großpflaster: Reihenverband
                                           Polygonalverband (Netzverband)
                                           Diagonalverband

zusätzlich für Kleinpflaster
und Mosaikpflaster: Segmentbogen
Schuppen

Im Verband sollten die Steine nach DIN EN 1926 und DIN 18 502 möglichst
1/2 bis 1/3 überbinden, so dass keine durchgehenden Fugen entstehen.

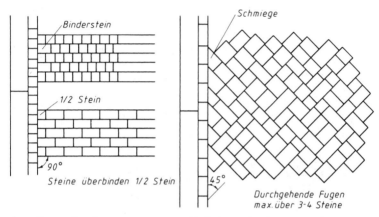

a) Reihenverband   b) Polygonal- oder Netzverband

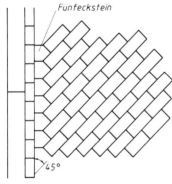

c) Diagonal-, Fischgrätverband

Abb. 11: Pflasterverbände

Das Pflasterbett wird meist auf einer Tragschicht nach ZTVT-StB aufgebaut.
Es besteht aus Kiessand 0/2 bis 0/4 mm oder Brechsand-Splittgemisch 0/5 oder

Zementmörtelmischung. Die Mindestdicke muss nach dem Rammen 3 bis 4 cm bei Kleinpflaster und Mosaikpflaster betragen, bei Großpflaster 4 bis 6 cm.

Die vorgesehene Höhenlage und Richtung werden mittels Schnüren festgelegt, wobei der „Rammschlag" berücksichtigt werden muss, um den die Steine sich nach dem Rammen oder Abrütteln in das Bett eindrücken. Die Steine werden handwerksmäßig mit dem Pflasterhammer versetzt. Sie müssen im Verband etwa 2/3 ihrer Höhe in der Bettung sitzen und sind hammerfest zu versetzen, d. h., 3 bis 5 Schläge mit dem Pflasterhammer bekommen.

Die Fugen sollen nicht breiter als 15 mm sein, bei Kleinpflaster und Mosaikpflaster etwa 10 mm, und werden nach dem Setzen mit Sand oder Splitt eingefegt oder eingeschlämmt und anschließend gerammt oder mit einer Rüttelplatte abgerüttelt, anschließend mit Sand abgedeckt und nach Fugenschluss abgefegt.

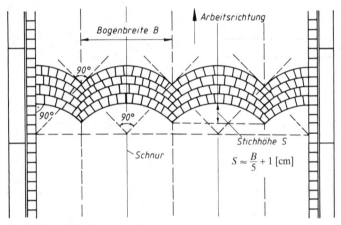

d) Segmentbögen

Abb. 11: Pflasterverbände (Fortsetzung)

Bogengröße

Steingröße cm	Bogenbreite cm	Stichhöhe cm
6/ 8	80 – 100	22 – 24
8/10	110 – 135	24 – 27
10/12	135 – 170	27 – 32

Ist ein Fugenverguss oder Fugenfüllung vorgesehen, werden die mindestens 8 mm breiten Fugen 3 cm tief ausgekratzt und mit bitumenhaltiger Fugenvergussmasse oder Zementmörtel vergossen oder mit Splitt 2/5 verfüllt.

e) Schuppen

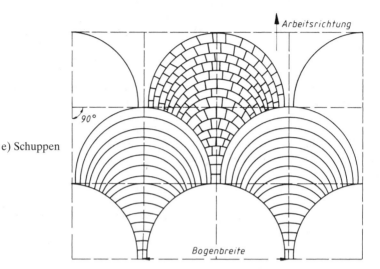

Abb. 11: Pflasterverbände (Fortsetzung)

Bogengröße

Steingröße cm	Bogenbreite cm
3/5	ca. 80
4/6	ca. 100
5/7	ca. 120

2.3.2 Kunststeinpflaster

Man unterscheidet:
1. Betonsteinpflaster
   a) Rechteckpflaster
   b) Verbundpflaster
2. Klinkerpflaster
3. Schlackensteinpflaster.

Beim **Betonsteinpflaster** mit Pflastersteinen aus Beton nach DIN 18 501 wird das Pflasterbett aus Sand 0/3, Splitt 2/5, Brechsand-Splittgemisch 0/5 oder Sand-Zement-Mischung MV 1:8 vor dem Verlegen über Lehren, wie z. B. Rohre oder Hölzer, mittels Brett profilmäßig abgezogen, wobei etwa 1,5 bis 2 cm für die Verdichtung zu berücksichtigen sind.

Das Pflasterbett, i. Allg. 5 cm dick, darf danach nicht mehr betreten werden.

Die Steine werden über die fertig verlegte Fläche antransportiert, mit Fugenbreite von 3 bis 5 mm verlegt und die Fugen kontinuierlich mit Verlegefortschritt mit Sand oder Splitt verfüllt.

Die Flächen müssen zum Abrütteln an den Seiten durch Bordsteine oder vorübergehend durch Hölzer o. Ä. fixiert werden, um Verschiebungen zu vermeiden.

Das Pflasterbett muss nach dem Rütteln mindestens 3 cm und darf höchstens 5 cm dick sein. Anschließend wird eingesandet und abgefegt.

Wie bei Natursteinpflaster ist auch eine Fugenverfüllung mit bitumenhaltigem Verguss oder Zementmörtel möglich. Die Fugenbreite muss dann jedoch 8 mm betragen.

Verbundsteine geben aufgrund ihrer Form einen besonders guten Pflasterverband.

Durch den Einsatz von Verlegekarren zum Transport oder Verlegegeräten, die quadratmeterweises Verlegen ermöglichen und den dadurch möglichen Einsatz von ungelernten Hilfskräften, sind Verbundsteinpflasterbeläge mittlerweile eine wirtschaftliche Alternative z. B. zur bitumenhaltigen Befestigung geworden.

Klinkerpflaster

Der Anteil für Straßenbefestigung ist zugunsten des Betonsteinpflasters zurückgegangen. Heute wird es nur noch für Gehwege, Parkplätze und Wohnstraßen verwandt.

Die Pflasterklinker nach DIN 18 503 werden in einem Pflasterbett wie bei Betonsteinpflaster von mindestens 3 cm und höchstens 5 cm (verdichtet) hochkant als Rollschicht oder flach als Flachschicht mit dem Holzstiel des Kleinpflasterhammers hammerfest im Reihen-, Diagonal- oder Polygonalverband verlegt.

Zumeist wird auch Klinkerpflaster heute als Flachschicht auf vorher abgezogenem Sandbett verlegt und mit dem Hammer festgeklopft oder mit einer Rüttelplatte mit Gummirollen nach dem Einschlämmen abgerüttelt.

Anforderungen entsprechend dem Betonsteinpflaster.

Schlackensteinpflaster

Schlackensteinpflaster wird überwiegend als Großsteinpflaster 16/16/14 cm, als Hochofenschlackenstein oder als Kupferschlackenstein hergestellt.

Als Verband kommt der Reihenverband zur Anwendung.

Das Pflasterbett besteht aus Kiessand 0/2 bis 0/3 oder Sand-Zement-Mischung von mindestens 4 cm Dicke (verdichtet).

Die Großpflastersteine werden handwerksmäßig mit dem Großpflasterhammer mit Fugen von höchstens 15 mm versetzt.

Nach dem Einschlämmen mit Sand, Kiessand oder Splitt wird der Belag abgerammt oder mit der Rüttelplatte abgerüttelt.

Für die Fugenfüllung ist die Fuge des Pflasters nach dem Rammen oder Rütteln etwa 3 cm auszukratzen und mit Zementmörtel MV 1:4 oder bitumenhaltiger Vergussmasse oder mit Asphaltsplitt aufzufüllen.

Anforderungen entsprechen dem Betonsteinpflaster.

2.3.3 Plattenbeläge

Plattenbeläge aus Beton, Klinker oder Naturstein kommen hauptsächlich für Gehwege in Betracht.

Betonplatten 4 bis 6 cm dick mit Seitenlängen von 30 bis 50 cm nach DIN 485 werden in eine Bettung aus Sand oder Splitt, Brechsand-Splitt-Gemisch 0/5 oder Sand-Zement-Mischung MV 1:8 oder Zementmörtel (erdfeucht) in ein mit der Mauerkelle vorbereitetes Bett verlegt. Dann wird mit dem Gummihammer oder Nylonhammer die Platte festgeklopft.

Die Dicke der verdichteten Bettung soll zwischen 3 und 5 cm liegen.

Oft werden die Platten auch auf abgezogenem Pflasterbett wie Betonsteinpflaster verlegt und mittels Rüttelplatte mit Gummirollen abgerüttelt.

Das Fugenbild soll gleichmäßig mit ca. 3 mm breiten Fugen verlegt sein. Die Fugen sind mit Verlegefortschritt mit Sand oder Splitt einzuschlämmen.

Die Schrägneigung der Plattenoberfläche sollte 2 % nicht unterschreiten.

Kleinere Flächen oder Anschlüsse werden zugeschnitten oder mit Mosaiksteinen ausgepflastert.

Als Verband kommt der Reihenverband quer oder parallel zum Bordstein, der Diagonalverband oder der Römische Verband in Frage.

Die Anforderungen an die fertige Befestigung entsprechen den jeweiligen Vorschriften der gewählten Bauweise.

Anforderungen:

Sollhöhe:	innerhalb ± 2 cm	
Ebenheit:	Kunststeinpflaster, Platten, Mosaikpflaster	
		≤ 1 cm je 4 m Messstrecke
	Natursteinpflaster	
		≤ 2 cm je 4 m Messstrecke
Querneigung:	Natursteinpflaster	≥ 3,5 %
	Kunststeinpflaster	≥ 2,5 %
	Plattenbeläge aus Beton	≥ 2,5 %
	aus Naturstein	≥ 3,0 %
	Rinnenbahnen	
	Längsgefälle	≥ 0,5 %

3 Einfassungen und Fertigteile

3.1 Bord- und Einfassungssteine

Bordsteine haben die Aufgabe,
- den Fahrbahnrand zu befestigen,
- ein Widerlager für die Straßenbefestigung zu bilden, was besonders wichtig bei Pflasterdecken ist,
- für Führung von Oberflächenwasser zusammen mit einer Rinne zu sorgen,
- eine optische Trennung von Verkehrs- und Fußgängerflächen zu bilden.

Bordsteine aus Beton sind in DIN 483 in 4 Formen genormt:
H: Hochbordsteine mit 4 Größen   R: Rundbordsteine mit 2 Größen
T: Tiefbordsteine mit 4 Größen   F: Flachbordsteine mit 1 Größe

Bordsteine und Einfassungssteine werden in einer Bettung aus Beton C 12/15, 20 cm dick, lot- und fluchtgerecht versetzt und mit einer etwa 15 cm dicken Rückenstütze versehen, die zusammen mit der Bettung mittels Schalung aus Holzbohlen eingebaut und verdichtet wird.
Die Bordsteine werden meist mit dem Gummi- oder Nylonhammer oder mit dem Klopfer rammfest in den frischen Beton versetzt.
Die Steine sollten mit etwa 5 bis 10 mm breiten Fugen, die nicht verfugt werden brauchen, versetzt werden, um ein Abspringen der Kanten infolge Wärmeausdehnung des Betons zu vermeiden.
Innen- und Außenbögen werden mit Kurvensteinen hergestellt, deren Anzahl vorher aus dem jeweiligen Winkel und Radius ermittelt wird.

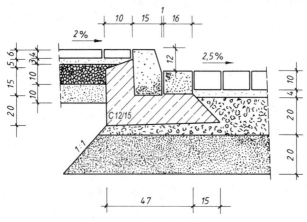

Abb. 12: Hochbordstein mit Rinne auf Unterbeton mit Rückenstütze

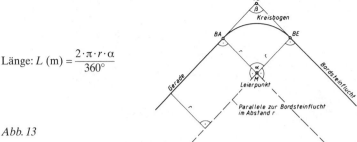

Länge: L (m) $= \dfrac{2 \cdot \pi \cdot r \cdot \alpha}{360°}$

Abb. 13

Die Bordsteinflucht im Bogen wird meist vom Leierpunkt aus abgesteckt.

Bordsteine aus Naturstein nach DIN EN 1343 haben heute ihre Bedeutung verloren. Sie werden mit den verschiedensten Flächenbeschaffenheiten gefertigt, wie gestockt, gespritzt, scharriert oder ebenflächig.
Versetzt werden die Steine in Beton mit Rückenstütze wie Betonbordsteine mit dem Großpflasterhammer.

3.2 Entwässerungsrinnen

Zusammen mit den Hochborden sollte die jeweils vorgesehene Rinne „frisch in frisch" hergestellt werden.
Solche Rinnen werden aus:

- Pflaster – Natur- oder Betonsteine, 1-reihig oder 2-reihig von 13 bis 33 cm Breite,
- Rinnenplatten aus Beton von 15 bis 30 cm Breite,
- Gussasphalt von 20 bis 50 cm Breite
gefertigt.

Das Längsgefälle soll mindestens 0,5 % betragen (5 mm/m). Dieses geringe Gefälle erfordert ein genaues Arbeiten.
Man unterscheidet (s. Abb. 14):

- Bordrinne
- Pendel-Bordrinne
- Spitzrinne.

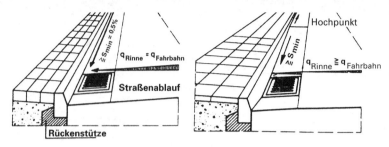

a) *Bordrinne*   b) *Pendel-Bordrinne*

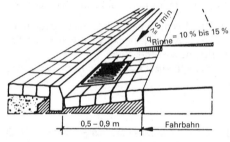

c) *Spitzrinne (auch als Pendel-Spitzrinne q_R, wechselt von 5 bis 15 %)*

Abb. 14:   Straßenrinnen am Hochbord nach den „Richtlinien für die Anlage von Straßen, Teil Entwässerung" RAS-Ew

3.3 Fertigteile

3.3.1 Straßenabläufe

Als Straßenabläufe (DIN 4052 und DIN 1213) für Oberflächenwasser dienen Seiteneinläufe und Roste mit Quer- oder Längsstäben.

Bei Landstraßen kann bis zu 500 m², bei Stadtstraßen bis zu 400 m² Straßenfläche an einen Ablauf angeschlossen werden.

Bei starkem Gefälle oder großem Wasseranfall werden mehrere Abläufe hintereinander angeordnet oder Sonderformen verwandt, wie z. B. Bergeinläufe.

Straßenabläufe werden aus mehreren Einzelteilen zusammengesetzt, z. B.

a) Straßenabläufe für Trockenschlamm (s. Abb. 15a)

   aus: Aufsatz, Auflagering, verzinkter Eimer, Schaft, Boden mit Streckmuffe L, DN 150, Gesamtgewicht etwa 333 kg

b) Straßenabläufe für Nassschlamm (s. Abb. 15b)

   aus: Aufsatz, Auflagering, Schaft, Muffenteil mit Steckmuffe L, DN 150, Zwischenteil, Boden, Gesamtgewicht etwa 1124 kg.

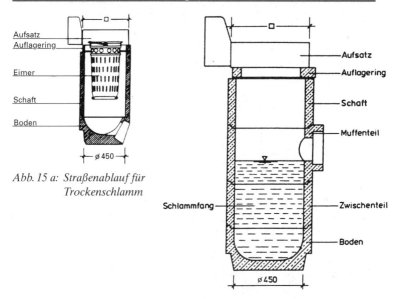

Abb. 15 a: Straßenablauf für Trockenschlamm

Abb. 15 b: Straßenablauf für Nassschlamm

Der Aufsatz besteht meist aus Grauguss in Verbindung mit Beton (Begu).
Es kommen verschiedene Aufsatzformen zur Anwendung:

- Pultform
- Rinnenform (meist für Fahrbahnen)
- Muldenform
- Sonderform.

Sie sind klassifiziert in DIN 1213 und nach der Einbaustelle in die Klassen A 15, B 125, C 250, D 400, E 600, F 900 aufgeteilt. Für den Einbau in Bordrinnen für Straßen gilt die Klasse C.
Der Straßenablauf ist höhen- und fluchtgerecht auf ein etwa 15 cm dickes Fundament aus Beton C 8/10 auf verdichtetem Untergrund einzubauen.

3.3.2 Kastenrinnen und Schlitzrinnen

Kasten- und Schlitzrinnen sind Straßenrinnen mit U-förmigem oder kreisförmigem Querschnitt aus Beton- oder Polyesterbeton.
Sie werden dort eingesetzt, wo die Punktentwässerung keine einwandfreie Entwässerung mehr gewährleistet.
Kastenrinnen besitzen eine Abdeckung aus Gusseisen, verzinktem Stahl oder Lochplatten.

Fall 1 Verbundpflaster   Fall 2 Asphalt

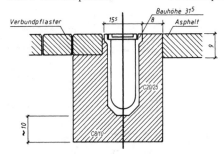

Fall 3 Asphalt mit Betonläufer   Fall 4 Beton

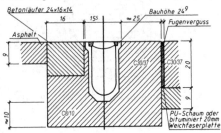

Abb. 16 a:
Entwässerungsrinnen aus
Fertigteilen, Kastenrinne

Schlitzrinnen haben keine Abdeckung, sondern das Wasser gelangt durch einen Schlitz in die Rinne.

Kasten- und Schlitzrinnen mit gleichbleibendem Querschnitt müssen ein Längsgefälle erhalten.

Solche mit Eigengefälle sind für Entwässerungen von waagerechten Flächen vorzusehen.

Sie werden in ein 10 bis 15 cm dickes Betonbett mit seitlicher Betonabstützung versetzt.

3.3.3 Schachtabdeckungen für Entwässerungsanlagen

Schachtabdeckungen für Entwässerungsanlagen nach DIN 1229 dienen als Zugang zu den Prüfschächten für Kanalleitungen.

Es werden unterschieden:
1. runde Form mit und ohne Entlüftung
2. quadratische Form mit und ohne Entlüftung.

Dazu gibt es Sonderausführungen dieser Formen, wie
- Tagwasserdicht oder
- Rückstausicher mit Verriegelung.

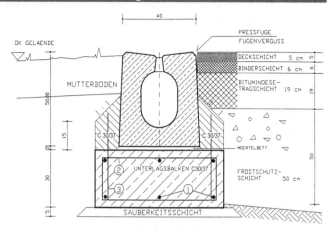

Abb. 16 b: Entwässerungsrinnen aus Fertigteilen, Schlitzrinne

Sie sind klassifiziert nach der Einbaustelle in die Klassen A, B, D, E, F und bestehen aus Grauguss und Beton C35/45 (Begu).
Für Straßen gilt die Klasse D, die einer Prüflast von 400 kN entspricht.
Die Bestandteile der Schachtabdeckung sind:

■ Rahmen und Deckel,

■ verzinkter Schmutzfänger,

■ Auflagerringe zur Regulierung der Höhe $\varnothing$ 625 mm in 8, 6 und 4 cm Dicke.

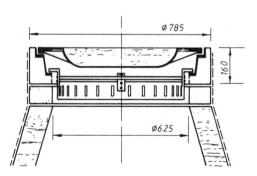

Abb. 17:
Schachtabdeckung mit
Schmutzfänger und Aus-
gleichsring

4 Rad- und Gehwege

Für Rad- und Gehwege genügt eine Mindestdicke des Oberbaus von 30 cm (in geschlossener Ortslage 20 cm).
Im Allgemeinen werden die Regelungen für Planum, Frostschutzschicht oder Schottertragschicht in den entsprechenden Richtlinien für Bauklasse V zugrunde gelegt.

Folgende Ausführungen nach RStO sind möglich:
1. Befestigung mit Asphaltdecke
   z. B.: 8 bis 10 cm dicke Tragdeckschicht nach ZTV Asphalt
          20,0 cm Frostschutzschicht
2. Befestigung mit Betondecken
   z. B.: 12,0 cm Betondecken nach ZTV Beton
          18,0 cm Frostschutzschicht
3. Befestigung mit Pflasterdecke oder Plattenbelag
   z. B.: 8,0 cm Pflasterdecke oder Plattenbelag
          3,0 cm Bettung aus Sand oder Mörtel
          15,0 cm Schotter- oder Kiestragschicht
          14,0 cm Frostschutzschicht.

5 Erhaltung von Straßen und Verkehrsflächen

Die ständige Beanspruchung der Straßen durch Klima und Verkehr erfordern regelmäßige Zustandserfassung und Erhaltungsmaßnahmen, um die Gebrauchssicherheit zu gewährleisten.

Zur Erhaltung zählen:
1. Betriebliche Erhaltung
   ■ Kontrolle mit Ermittlung der Schadensursache
   ■ Wartung (Betriebliche Unterhaltung)
2. Bauliche Erhaltung
   ■ Instandhaltung (Bauliche Unterhaltung)
   ■ Instandsetzung
   ■ Erneuerung.

5.1 Bauliche Erhaltung

Es gelten für Asphaltbauweisen die „Zusätzlichen Technischen Vertragsbedingungen und Richtlinien für die bauliche Erhaltung von Verkehrsflächen-Asphaltbauweisen", ZTV BEA-StB, und für Betonbauweisen die „Zusätzlichen Technischen Vertragsbedingungen und Richtlinien für die bauliche Erhaltung von Verkehrsflächen-Betonbauweisen", ZTV-BEB-StB.

Verfahren für **Asphaltbauweisen** nach ZTV BEA-StB:

Instandhaltung: Anspritzen und Absplitten, Aufbringen von bitumenhaltigen Schlämmen und Porenfüllmasse, Ausbessern mit Asphaltmischgut, Verfüllen und Vergießen, Aufrauen, Abfräsen von Unebenheiten.

Instandsetzung: Oberflächenbehandlungen, dünne Schichten im Kalt- und Heißeinbau, Rückformen, Ersatz einer Deckschicht nach ZTV Asphalt-StB bis 4 cm Dicke.

Erneuerung: Hocheinbau, Tiefeinbau und Kombination von Hoch- und Tiefeinbau nach RStO.

Verfahren für **Betonbauweisen** nach ZTV BEB-StB:

Instandhaltung: Ausbessern von Fugenfüllungen, Aufweiten und Verfüllen von Rissen, Verdübeln und Verankern, Ausbessern von Kantenschäden und Eckabbrüchen, Abtragen von Beton.

Instandsetzung: Ersatz von Fugenfüllungen, Heben und Festlegen von Platten, Ersatz von Platten und Plattenteilen, streifenweiser Ersatz, Oberflächenbehandlung mit Reaktionsharz und Oberflächenbeschichtung mit Reaktionsmörtel.

Erneuerung: Hocheinbau, Tiefeinbau und Kombination von Hoch- und Tiefeinbau nach RStO.

Verfahren für **Pflasterbauweisen:**

Eine Erneuerung der Pflasterbauweise kann nur erfolgen, wenn die vorhandene Unterlage ausreichend tragfähig und eben ist sowie eine ausreichende Wasserdurchlässigkeit gewährleistet ist. Hierbei ist die ZTV P-StB zu beachten.

Bau von Abwasserleitungen und -kanälen

Helmuth Friede, Bad Honnef

1 Grundsätzliches

Die Kanalisation hat die Aufgabe, Abwasser aus Siedlungsgebieten sicher aufzunehmen und es, ohne Schaden anzurichten, geruchlos und möglichst frisch einer Abwasserbehandlungsanlage zuzuleiten.

Die Zuständigkeiten für das Wasserrecht von Bund und Ländern, für Gesetzgebung und den Vollzug der Gesetze werden in den Grundzügen durch das Grundgesetz festgelegt. Die Gesetzgebung ist zwischen Bund und Ländern aufgeteilt. Wenn es um die Benutzung der Gewässer geht, gilt das Wasserhaushaltsgesetz und das jeweils geltende Landeswassergesetz. Dem Bund fehlt jede Vollzugskompetenz für den Bereich der Wasserwirtschaft. Es ist Sache der Länder, das Wasserhaushaltsgesetz und das jeweils geltende Landeswassergesetz zusammen mit den Landesbehörden auszulegen und anzuwenden.

Nach § 7a WHG darf eine Erlaubnis für das Einleiten von Abwasser nur erteilt werden, wenn die Schadstofffracht des Abwassers so gering gehalten wird, wie dies bei Einhaltung der von der Bundesregierung in sogenannten Abwasser-Verwaltungsvorschriften formulierten Anforderungen erreichbar ist. Mindestens einzuhalten ist jedoch die nach den allgemein anerkannten Regeln der Technik mögliche Verringerung der Schadstofffracht des Abwassers. Grundsätzlich werden diese Anforderungen auch an Einleitungen in öffentliche Kanalisation (Indirekteinleitungen) gestellt.

Die Anforderungen nach § 7a WHG sind anwendbar auf das Einleiten von Abwasser. Der Begriff „Abwasser" ist allerdings im WHG nicht bundesrechtlich definiert. In den meisten Landeswassergesetzen finden sich zwar mehr oder weniger ähnliche Begriffsbestimmungen, so z. B. in § 45a BadWürttWG, Art. 41a BayWG, § 51 HessWG, § 51 LWG NW, § 51 LWG Rh.-Pf. oder § 49 SaarlWG. Es ist allerdings anerkannt, dass diese landesrechtlichen Begriffsbestimmungen für den bundesrechtlichen Abwasserbegriff nach dem WHG nicht maßgebend sein können.

Nach heute in Rechtsprechung und Literatur ganz überwiegend vertretener Auffassung ist der Abwasserbegriff des WHG weit zu verstehen. Er umfasst die unter die DIN 4045 (Abwasserwesen, Fachausdrücke und Begriffsbestimmungen) fallenden, nach häuslichem oder gewerblichem Gebrauch veränderten, insbesondere verunreinigten, abfließenden und von Niederschlägen stammenden und in die Kanalisation gelangenden Wässer, aber auch wasserhaltige Produktionsrückstände.

Abwasser im Sinne von § 7a WHG ist jedes durch menschliche Einwirkungen im weitesten Sinne veränderte und zur Beseitigung anstehende Wasser oder

Wassergemisch ohne Rücksicht auf seine Entstehung, seinen Wassergehalt oder seine Schädlichkeit.

Der Abwasserbegriff setzt voraus, dass das zur Beseitigung anstehende Wasser oder Wassergemisch durch menschlichen Gebrauch verändert worden ist. Nicht als Abwasser anzusehen sind deshalb beispielsweise gehobene Grundwässer, z. B. auch die Grubenwässer des Bergbaus, solange sie nicht durch menschlichen Gebrauch verändert oder kontaminiert, etwa mit anderen Abwässern vermischt worden sind. Ebenfalls nicht unter den Abwasserbegriff fallen z. B. nach herrschender Auffassung direkt in den Untergrund versickernde Dachtraufenwässer sowie in Drainageleitungen zur Bodenentwässerung gesammeltes Grundwasser. Für die Einleitung solcher zur Beseitigung anstehender, nicht veränderter Wässer gilt § 7a WHG nicht; Anforderungen an ihre Einleitung kann die Wasserbehörde jedoch immissionsbezogen aus Bewirtschaftungsgründen stellen.

Der Begriff der Abwasserbeseitigung im Sinne des WHG wird durch § 18a WHG inhaltlich geregelt. Danach umfasst die Abwasserbeseitigung „das Sammeln, Fortleiten, Behandeln, Einleiten, Versickern, Verregnen und Verrieseln von Abwasser sowie das Entwässern von Klärschlamm im Zusammenhang mit der Abwasserbeseitigung". Damit fallen unter den Begriff der Abwasserbeseitigung nicht nur Maßnahmen, die in Verbindung mit dem wasserrechtlichen Benutzungstatbestand des Einleitens stehen, sondern auch Tätigkeiten ohne direkten Bezug zum Gewässer, wie z. B. das Verregnen und Verrieseln von Abwasser oder das Entwässern von Klärschlamm.

Sammeln von Abwasser umfasst sowohl das Erfassen und Zusammenführen von Abwasser von den einzelnen Anfallorten durch Rohrleitungen oder Gräben als auch z. B. die Fäkaliensammlung aus Gruben und die Sammlung von Klärschlamm aus kleinen Kläranlagen mit Hilfe von Fahrzeugen. Der Transport von Klärschlamm zu einem Ort für die landwirtschaftliche Verwertung ist kein Sammeln.

Fortleiten des Abwassers ist seine Weiterbeförderung in Abwasserleitungen und -kanälen bis zur Einleitungs- oder Abwasserbehandlungsstelle (Kläranlage, Felder zur Verrieselung bzw. Verregnung). Anlagen zum Fortleiten sind auch Pumpanlagen, Hebewerke, Fahrzeuge zum Entleeren von Fäkaliengruben oder zum Transport von flüssigen Gewerberückständen und Rückhaltebecken. Wiederverwertungskreisläufe für Abwässer innerhalb von Betrieben bzw. die Verwendung von Brauchwasser als Kühlwasser stellen dagegen kein Fortleiten von Abwasser dar.

Behandeln von Abwasser ist jede Einwirkung auf seine chemische, physikalische oder biologische Beschaffenheit, die auf eine Verminderung der Schadstofffracht abzielt. Dazu zählen die Abwasserreinigung in Kläranlagen wie auch die biologische Selbstreinigung in Absetzteichen und Nachklärteichen und die Reinigung von Niederschlagswasser in Regenabsetzbecken. Eine Wiederaufbereitung von betrieblichem Abwasser für die Rückführung in den betrieblichen Kreislauf ist keine Behandlung, sondern eine rechtsfreie betriebsinterne Maßnahme.

Als öffentliche Kanalisation kann jede Ableitung – Entsorgung – von Abwasser und Niederschlagswasser verstanden werden, die der Allgemeinheit dient. Analog zur Begriffsverwendung der öffentlichen Wasserversorgung – die dadurch ausgezeichnet ist, dass sie der Versorgung im Dienste der Allgemeinheit dient – ist der Begriff der öffentlichen Kanalisation von der Form des Rechtsträgers unabhängig. Damit handelt es sich um eine öffentliche Kanalisation, wenn

- die Abwasserableitung der Entsorgung der Allgemeinheit dient (Entwässerungskanäle, die der Entwässerung von Straßen und Eisenbahnwegen dienen, gelten auch dann nicht als öffentliche Kanalisation, wenn sie von Trägern öffentlicher Aufgaben errichtet werden),
- die Abwassereinleitung in geschlossenen oder offenen Kanälen erfolgt, d. h. eine technische Anlage errichtet wurde, die der Entsorgung dienlich ist (ein natürliches Gewässer erfüllt diese Voraussetzung nicht).

Straßenentwässerungskanäle werden allerdings dann der öffentlichen Kanalisation zugerechnet, wenn sie nicht nur der Straßenentwässerung und der Ableitung des Niederschlagswassers dienen, unabhängig davon, ob diese Kanäle dem gesetzlichen Träger der öffentlichen Abwasserbeseitigung unterstellt sind oder nicht. Die Anzahl der an den Kanal zusätzlich Angeschlossenen ist dabei nicht maßgeblich. Es genügt, wenn die Kanalisation der örtlich angrenzenden Allgemeinheit zur Abwasserbeseitigung zur Verfügung steht. Schmutz- und Niederschlagswasser können getrennt oder gemischt abgeleitet werden. Die Kanalisation wird danach als Trennsystem oder als Mischsystem unterirdisch angelegt.

Ein Abwasserkanal soll nach bautechnischen, inspektionstechnischen und reinigungstechnischen Überlegungen in der Richtung und in der Neigung geradlinig verlaufen.

Kanalabschnitte werden durch Schächte begrenzt. Solch ein Abschnitt heißt Haltung. Schächte werden in regelmäßigen Abständen eingebaut, um den Zugang zur Kanalisation zu ermöglichen und um die Kanalisation zu lüften. Schächte müssen darüber hinaus angelegt werden, wenn die vorgegebene Haltungslänge erreicht worden ist, bei Richtungsänderung, Gefälleänderung, Änderung der Querschnittsgröße, Änderung der Querschnittsform, bei Wechsel des Rohrmaterials und beim Zusammenführen von Kanälen.

Die Anlage einer Kanalisation erfordert hohe Investitionen, und sie soll über viele Jahrzehnte ihre Aufgabe erfüllen. Voraussetzung dafür sind eine wohldurchdachte Planung, die sorgfältige und güteüberwachte Herstellung und die regelmäßige Instandhaltung. Instandhaltung bestehend aus Reinigung, Inspektion, Sanierung und ggf. Erneuerung.

Der Abwasserkanal ist ein Ingenieurbauwerk. Er soll nach den Vorstellungen der Bürger und des Betreibers viele Jahrzehnte standsicher und betriebssicher bleiben. Der Hersteller eines Abwasserkanals muss deshalb wissen, dass das Zusammenwirken von Rohr, Rohrverbindung, Rohrauflagerung, Einbetten, Zufüllen und Überschütten von großer Bedeutung für Standsicherheit und Betriebssicherheit ist. Das gilt grundsätzlich auch für die Schächte.

Der Hersteller eines Kanals mag dazu neigen, über die Standsicherheit und Dichtheit nur im Rahmen der Gewährleistung nachzudenken, er wird aber als Kanalbenutzer durch den Betreiber zu Gebühren veranlagt. Wird ein Kanal wegen bautechnischer Mängel vorzeitig erneuert werden müssen, so beeinflussen die vorzeitigen Erneuerungsinvestitionen wesentlich die Höhe der Gebühren. Das um so stärker, wenn durch undichte Kanäle das Grundwasser verunreinigt wird.

Wer sorgfältig baut, schont letztendlich den eigenen Geldbeutel!

Es gibt genügend wissenschaftliche Erkenntnisse und noch mehr praktische Erfahrungen über den fachgerechten Bau von Abwasserkanälen. Sie sind in Normen und Richtlinien niedergelegt.

Von allgemeiner Bedeutung sind u. a. (jeweils in der gültigen Fassung):

DIN-EN-Normen, DIN-Normen

DIN EN 476	Allgemeine Anforderungen an Bauteile für Abwasserkanäle und -leitungen für Schwerkraftentwässerungssysteme
DIN EN 752	Entwässerungssysteme außerhalb von Gebäuden
DIN EN 1091	Unterdruckentwässerungssysteme außerhalb von Gebäuden, Leistungsanforderungen
DIN EN 1295-1	Statische Berechnung von erdverlegten Rohrleitungen unter verschiedenen Belastungsbedingungen – Teil 1 Allgemeine Anforderungen
DIN EN 1610	Verlegung und Prüfung von Abwasserleitungen und -kanälen
DIN 1986-30	Entwässerungsanlagen für Gebäude und Grundstücke – Teil 30: Instandhaltung
DIN V 4034	(Vornorm) Schächte aus Beton-, Stahlfaserbeton- und Stahlbetonfertigteilen für Abwasserleitungen und -kanäle – Typ 1 und Typ 2
DIN 4060	Rohrverbindungen von Abwasserkanälen und -leitungen mit Elastomerdichtungen – Anforderungen und Prüfungen an Rohrverbindungen, die Elastomerdichtungen enthalten
DIN 4094	Baugrund – Felduntersuchungen
DIN 4124	Baugruben und Gräben – Böschungen, Verbau, Arbeitsraumbreiten
DIN EN 12 056	Schwerkraftentwässerungsanlagen innerhalb von Gebäuden
DIN EN 12 889	Grabenlose Verlegung und Prüfung von Abwasserleitungen und -kanälen
DIN EN 13 566	Kunststoff-Rohrleitungssysteme für die Renovierung von erdverlegten drucklosen Entwässerungsnetzen (Freispiegelleitungen)
DIN EN 13 380	Allgemeine Anforderungen an Bauteile für die Renovie-

	rung und Reparatur von Abwasserleitungen und -kanälen außerhalb von Gebäuden
DIN EN 13 508	Erfassung des Zustandes von Entwässerungssystemen außerhalb von Gebäuden
DIN 18 196	Erd- und Grundbau; Bodenklassifikation für bautechnische Zwecke

ATV-DVWK Regelwerk

ATV-DVWK-A 125	Rohrvortrieb
ATV-DVWK-A 127	Statische Berechnung von Entwässerungskanälen und -leitungen
ATV-DVWK-A 139	Einbau und Prüfung von Abwasserleitungen und -kanälen
ATV-DVWK-A 142	Abwasserkanäle und -leitungen in Wassergewinnungsgebieten
ATV-DVWK-A 157	Bauwerke der Kanalisation
ATV-DVWK-A 161	Statische Berechnung von Vortriebsrohren
ATV-DVWK-M 143	Inspektion, Instandhaltung, Sanierung und Erneuerung von Abwasserkanälen und -leitungen
ATV-DVWK-M 146	Ausführungsbeispiele zum ATV-DVWK-Arbeitsblatt A 142 Abwasserkanäle und -leitungen in Wassergewinnungsgebieten
ATV-DVWK-M 149	Zustandserfassung, -klassifizierung und -bewertung von Entwässerungssystemen außerhalb von Gebäuden
ATV-DVWK-M 154	Geruchsemissionen aus Entwässerungssystemen
ATV-DVWK-M 197	Entwurf Ausschreibung von Kanalreinigungsleistungen mit dem Hochdruckspülverfahren

Zusätzliche Technische Vertragsbedingungen

ZTVE-Stb 94	Zusätzliche Technische Vertragsbedingungen für Erdarbeiten in Straßenbau (Fassung 1997)
ZTVA-Stb 97	Zusätzliche Technische Vertragsbedingungen und Richtlinien für Aufgrabungen in Verkehrsflächen

Vorschriften der GUV

GUV 7.4	Ortsentwässerung
GUV 17.6	Sicherheitsregeln für Arbeiten in umschlossenen Räumen von abwassertechnischen Anlagen – Betrieb

VOB

VOB Teil C	Vergabe- und Vertragsordnung für Bauleistungen, Teil C: Allgemeine Technische Vorschriften für Bauleistungen

RAL

RAL-GZ 961	Gütesicherung RAL-GZ 961: Herstellung und Instandhaltung von Abwasserleitungen und -kanälen

Wer die Festlegungen der Regelwerke, die Bestimmungen in den Normen, Arbeitsblättern, Merkblättern und Richtlinien beachtet, kann sicher sein, die ihm obliegenden Sorgfaltspflichten zum Bau dauerhaft dichter Abwasserleitungen und -kanäle zu erfüllen.

Die Vorgaben des Planers, des Statikers und der technischen Regelwerke sind insbesondere bei folgenden Arbeiten zu beachten:

- Aushub des Leitungsgrabens (Grabenform und Grabenbreite)
- Verbau
- Rohrauflager, Rohreinbettung
- Herstellen der Rohrverbindung
- Überschütten, Verfüllung des Leitungsgrabens
- Rückbau des Grabenverbaus
- Prüfungen und Abnahme: Verdichtung des Bodens, Wasserdichtheit von Leitungen, Kanälen und Schächten.

Ergeben sich während der Bauausführung Abweichungen gegenüber den Festlegungen im Bauvertrag, so ist unbedingt zu prüfen, ob die Rohrleitung durch veränderte Einbaubedingungen Schaden nehmen kann. In Zweifelsfällen sollte eine neue statische Berechnung die notwendige Entscheidungshilfe sein.

Die Bestimmungen in den aufgeführten Normen und Arbeitsblättern gelten für Abwasserleitungen auf Grundstücken, für Kanalneubauten auf der grünen Wiese und für Kanalerneuerungen in Straßen unter stärkster Verkehrsbelastung in gleicher Weise. Sie können jedoch in Einzelfällen ergänzt oder verschärft werden (z. B. Abwasserhaltung bei Kanalerneuerungen).

2 Bau von Abwasserleitungen und Abwasserkanälen

Beim Bau von Abwasserleitungen und Abwasserkanälen unterscheidet man die offene Bauweise und die geschlossene Bauweise.

Unter offener Bauweise versteht man Bauverfahren, die es ermöglichen, Kanäle in einer offenen Baugrube herzustellen oder zu erneuern.

Vorteile:

- Eindeutige Kenntnisse des Baugrundes
- Einwandfreie Ausrichtung nach Lage und Gefälle
- Übersicht über Anschlüsse von Grundstücken
- Erneuerung in gleicher Trasse und Tiefe möglich.

Nachteile:

- Schwieriges Arbeiten in großen Tiefen
- Beeinträchtigung des Verkehrsraumes für Kraftfahrzeuge, Radfahrer und Fußgänger
- Behinderung der Zufahrten zu Häusern, der Straßenreinigung, der Müllabfuhr
- Platzmangel für Arbeitsvorgänge
- Belästigung durch Geräusche

- Abhängigkeit vom Wetter
- Gefahren für Straßenbäume
- Oft umfangreiche Straßenerneuerungen.

Unter geschlossener Bauweise versteht man Bauverfahren, die es ermöglichen, Kanäle unterirdisch herzustellen oder zu erneuern.

Vorteile:

- Keine Begrenzung der Einbautiefe
- Geringe Beeinträchtigung der Verkehrsräume
- Sehr geringe Beeinträchtigung der Zufahrten zu Häusern, der Straßenreinigung, der Müllabfuhr
- Kaum Belästigungen für Radfahrer und Fußgänger
- Geringe Geräuschbelästigungen
- Unterfahren von Gebäuden und Bäumen ist möglich
- Kaum Abhängigkeit vom Wetter
- Geringe Straßenerneuerung.

Nachteile:

- Risiko bei wenig erkundetem Baugrund durch unbekannte Hindernisse
- Problematisches Herstellen von Anschlüssen.

Derzeit überwiegt die offene Bauweise bei Neubau und Erneuerung. Die Anwendung der geschlossenen Bauweise beim Neubau begehbarer Kanäle ist heute kein technisches Problem mehr. Entscheidend ist die Wirtschaftlichkeit im Einzelfall. Eine stürmische Entwicklung hat eingesetzt bei der Entwicklung geschlossener Bauverfahren für den Neubau nicht begehbarer Kanäle und für die Erneuerung schadhafter Kanäle.

2.1 Bau von Abwasserleitungen

Der Bau von Grundstücksentwässerungsanlagen wird in DIN 1986 „Entwässerungsanlagen für Gebäude und Grundstücke" geregelt. Rohre, Formstücke und Zubehörteile sind prüfzeichenpflichtig.

Der erdverlegte Teil der Grundstücksentwässerung besteht aus mehreren Leitungsteilen und vielen Formstücken. Es gibt die Grundleitung, die im Erdreich und im Fundamentbereich liegt und das Abwasser dem Anschlusskanal zuführt. Der Anschlusskanal liegt zwischen dem öffentlichen Straßenkanal und der Grundstücksgrenze oder einer Reinigungsöffnung nahe der Grundstücksgrenze. Die Grundleitung liegt zum größten Teil unter dem Gebäude und ist nach Fertigstellung des Gebäudes in der Regel nicht mehr erreichbar. Dem sorgfältigen Einbau der Rohre kommt hier größte Bedeutung zu, damit die einwandfreie Funktion über Jahrzehnte möglich ist. Beim Anschlusskanal ist ebensolche Sorgfalt geboten, jedoch ist die Zugänglichkeit im Schadensfall in der Regel möglich.

Wohnhäuser und gewerblich genutzte Gebäude werden im Allgemeinen unterkellert. Nach dem Einmessen des Grundrisses wird eine Baugrube für das Kellergeschoss ausgehoben. Von der Sohle dieser Baugrube aus werden nach Plan flache Leitungsgräben ausgehoben, in denen Rohre nach DIN EN 1610 ergänzt durch ATV-DVWK-A 139 verlegt werden. Die Grundleitung muss mit Gefälle zum Anschlusskanal und somit zum Straßenkanal verlegt werden. In DIN 1986 werden Maximal- und Minimalgefälle angegeben. Linienführung und Durchmesser werden nach örtlichen Gegebenheiten bestimmt. Außer den Rohren werden Formstücke benötigt. In Abzweigen werden Leitungen zusammengeführt, bei Richtungsänderungen benutzt man Bögen mit entsprechender Gradzahl, jedoch höchstens 45°. Dichte Abwasserleitungen kann man nur mit solchen Formstücken herstellen. Baustellengefertigte Abzweige und Richtungsänderungen durch Abknicken in der Verbindung sind unzulässig, denn das entspricht nicht den allgemein anerkannten Regeln der Bautechnik und ist Pfusch am Bau. Es ist daher dringend geboten, dass derjenige, der eine Grundstücksentwässerungsanlage baut, mit den Regeln der DIN 1986 und mit den Verlegerichtlinien des verwendeten Rohrmaterials bestens vertraut ist.

Im Übergangsbereich von Grundleitung und Anschlusskanal muss häufig ein Rohr durch ein Fundament geführt werden. Da sich jedes Bauwerk setzt, müssen bei Rohrdurchführungen Setzungsdifferenzen ausgeglichen werden. Die einfachste Maßnahme besteht in einer Aussparung, in der der Freiraum doppelt so groß wie die zu erwartenden Setzungen ist und mit deformationsfähigem Material ausgefüllt wird. Im Bereich von Fugen müssen die Rohrverbindungen gelenkig sein.

Zwischen Grundleitung und Anschlusskanal wird eine Revisionsmöglichkeit als Formstück oder als Schacht eingebaut. Sie soll auf der Grundstücksgrenze oder nahe dabei liegen. Das ist so festgelegt worden, weil der Anschlusskanal bereits zur öffentlichen Kanalisation gehören kann.

Der Anschlusskanal wird überwiegend in offener Bauweise hergestellt, die geschlossene Bauweise gewinnt jedoch dort an Bedeutung, wo der Anschlusskanal eine bereits fertiggestellte Straße oder ein Hindernis (z. B. Schallschutzwall) kreuzen muss.

Die Bauweisen werden im Abschnit 2.2 „Bau von Abwasserkanälen" behandelt.

Anschlusskanäle können selten an vorgelegte Abzweige im Straßenkanal geführt werden, es wird in der Regel, ausgelöst durch die individuelle Planung einer Grundstücksentwässerungsanlage, eine neue Öffnung im Straßenkanal hergestellt werden müssen. Bei der Auswertung baulicher Schäden an der Kanalisation hat sich herausgestellt, dass in der Vergangenheit an diesen Stellen schwere Baufehler begangen worden sind. Man muss alles versuchen, diese Fehler zu vermeiden, sie sogar gezielt zu verhindern.

Man wird deshalb bei kleineren Nennweiten und geeignetem Rohrmaterial Abzweige einbauen oder die neue Öffnung durch eine Kernbohrung herstellen.

Für die Kernbohrung gibt es der Nennweite angepasste Anschlussstutzen mit Bohrringen für rechtwinklige Anschlüsse oder Sattelstücke zum Aufkleben oder Aufschrauben bei Schräganschlüssen. Die Einbauvorschriften der Hersteller für Anschlussstutzen und Sattelstücke müssen beachtet werden.

2.2 Bau von Abwasserkanälen

Der Hersteller eines Abwasserkanals muss den baureifen Plan und die Ausschreibungsunterlagen studiert und die Arbeitsvorbereitung und den Bauablauf darauf abgestimmt haben, bevor mit der Bauausführung begonnen wird. Neben den Angaben in den baureifen Plänen und in den Ausschreibungsunterlagen müssen Aussagen vorliegen über

- Leitungen und Kabel, die parallel zur Baugrube liegen oder die Baugrube kreuzen.
- Betreiber der Leitungen und Kabel und deren Bedingungen für das Freilegen und Wiederverfüllen. Eine besondere Bedeutung haben die Sicherheitsabstände.
- Vermessungspunkte, mit deren Hilfe Trasse und Tiefe des Kanals eingemessen und kontrolliert werden können.
- Verkehrsführung im Baustellenbereich für Kraftfahrzeuge, Radfahrer und Fußgänger. Die Sicherheit von Schulwegen ist besonders wichtig. Wasserrechtliche Bedingungen für das Absenken und Einleiten von Grundwasser.
- Bedingungen für das Einleiten von Grundwasser in die Kanalisation unter Beachtung der Leistungsfähigkeit der Kanalquerschnitte bei Trockenwetter und Regenwetter, der Belastung der Kläranlage, der Benutzungsgebühren.
- Sicherheit der Baustelle bei Kanalerneuerung und der damit verbundenen Abwasserhaltung.
- Informationen der Anlieger über das Geschehen und Hinweise auf Geräusche und Erschütterungen.
- Verlegerichtlinien für das gewählte Rohrmaterial.

2.2.1 Offene Bauweise

2.2.1.1 Herstellen des Rohrgrabens

Für die Herstellung des Rohrgrabens gilt DIN 4124. Man kennt unverbaute und verbaute Gräben. Dafür sind in der DIN 4124 Mindestanforderungen für Böschungswinkel, für Baugrubentiefen, für lichte Baugrubenbreiten und für die verschiedenen Arten des Verbaus festgelegt worden.

Für das Anlegen des Rohrgrabens ist die wegen der Arbeitssicherheit beim Verlegen der Rohre wichtige lichte Baugrubenbreite zu beachten. Sie ist abhängig vom äußeren Rohrdurchmesser bei kreisförmigen Querschnitten oder von der größten Außenbreite eines Rohres bei nichtkreisförmigen Querschnitten und von der Baugrubentiefe.

Beim Anlegen einer geböschten Baugrube sind Geländeform und Böschungswinkel zu beachten. Ein Vermessungstechniker kann dabei gut helfen. Beim Anlegen einer zu verbauenden Baugrube ermittelt man den Abstand der Erdwände dadurch, dass man die Stärke der Verkleidung zweimal zur lichten Breite addiert. Dabei muss man allerdings beim gestuften Verbau aufpassen.

Hält man sich an die Mindestanforderungen der DIN 4124, sind die Bedingungen für die Arbeitssicherheit, Standsicherheit von Straßenkonstruktionen und von Häusern eingehalten. Der Abwasserkanal, den es zu bauen gilt, wird dauerhaft standfest sein.

Weicht man, warum auch immer, von den Mindestanforderungen ab oder werden die Abmessungen oder der Verbau aus zwingenden Gründen geändert, muss zur Sicherheit für den Kanal die statische Berechnung mit den veränderten Einbaubedingungen geprüft werden. Nachlässigkeit kann zur vorzeitigen Zerstörung des Kanals führen. Der Hersteller haftet für solche Schäden.

Hinweise aus der Baupraxis:

- Beim Herstellen eines Rohrgrabens auf der „grünen Wiese" dürfte es keine Schwierigkeiten geben. Allerdings sollen dabei auch schon unbekannte Überlandleitungen gefunden worden sein.

- Muss ein Rohrgraben in einer Straße angelegt werden, so muss die Straßendecke sorgfältig aufgeschnitten werden, damit die Kosten für die Wiederherstellung der Straßendecke so gering wie möglich bleiben (ggf. Schräganschnitt).

- Kabel und Leitungen können zur Veränderung der Kanaltrasse führen. Deshalb ist die Lage von Kabeln und Leitungen sorgfältig, vielleicht auch durch Suchgräben, herauszufinden. Durch zu früh eingebrachten senkrechten Verbau ist es schon zu kostspieligen „Treffern" gekommen.

- Bei Kanalerneuerungen muss die Lage von Anschlusskanälen möglichst genau ermittelt werden, damit Abwasser nicht unkontrolliert in den Untergrund fließt, wenn Anschlusskanäle beim Einbringen des Verbaus oder beim Aushub zerstört werden.

- Die Konstruktion des Verbaus, hierbei insbesondere die Position von Aussteifungen, muss auf die Baulänge der einzubauenden Rohre so weit abgestimmt werden, dass das mit Gefahren verbundene Umsteifen auf ein Minimum begrenzt werden kann.

- Der Verbau muss bei kreuzenden Kabeln und Leitungen sorgfältig durch von Hand angepasste Teile geschlossen werden.

- Der Einsatz von Verbauplatten führt beim Kreuzen von Kabeln, Leitungen und Anschlusskanälen immer zu technischen Schwierigkeiten und beim nicht fachgerechten Rückbau zur Ausbildung von Gleitfugen im seitlichen Erdreich und damit zu Setzungen, die Häuser gefährden können.

- Beim Einbringen des senkrechten Verbaus durch Vibration können Schwingungen weit neben der Baugrube auftreten.

- Der waagerechte Verbau erfordert ein hohes Maß an Sorgfalt, damit die Standsicherheit nicht leidet. Gefährliche Phasen gibt es beim Rückbau, weil das Erdreich ausgetrocknet ist.

- Die Grabensohle ist entsprechend dem vorgesehenen Gefälle herzurichten.

- Die Grabensohle muss frei von Grundwasser und Abwasser sein. Dafür muss das Grundwasser abgesenkt und das Abwasser in geschlossenen Leitungen durch die Baugrube geführt werden. Der Arbeitsraum dafür ist zu bedenken und bei der Ermittlung der Grabenbreite zu beachten.

- Gefährdet sind parallel zum Rohrgraben verlaufende Gasleitungen durch Setzungen. Dabei können Anschlussleitungen abgetrennt werden. Durch ausströmendes Gas sind Wohnhäuser explodiert.

2.2.1.2 Verlegen und Einbau der Rohre

Die Art der Rohrauflagerung, die spannungsfreie Rohrverbindung und Rohrdichtung und die Art der Rohreinbettung, damit die Qualität der Bauausführung in der Leitungszone, haben erheblichen Einfluss auf die Tragfähigkeit und Dichtheit der Rohrleitung und somit auf die Lebensdauer des Kanals. Als Auflager wird der Bereich zwischen der Grabensohle und der durch den Auflagerwinkel gegebenen Höhe am Rohrumfang bezeichnet.

Die Bettung kann bei trag- und verdichtungsfähigen Böden aus dem gewach-

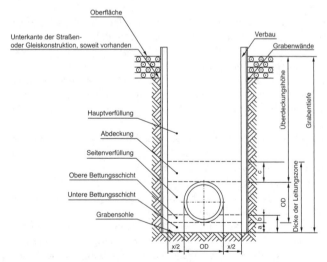

Abb. 1: Rohr, Hauptverfüllung und Leitungszone nach DIN EN 1610

senen Boden entsprechend der Form der Rohraußenwand so herausgeformt werden, dass das Rohr auf der ganzen Länge satt aufliegt. Für die Verbindungselemente müssen Mulden ausgebildet werden. Das Rohr kann auf ebener Grabensohle mit den Mulden für die Verbindungselemente verlegt werden, wenn durch seitliches Unterstopfen und Verdichten die Bettung auf gleich guter Lagerungsdichte wie im gewachsenen Boden hergestellt wird.

Bei Steinen, Fels, hartem Ton und anderen festen Böden ist die direkte Auflagerung untersagt. Die Grabensohle muss dann tiefer ausgehoben werden, damit eine Bettung aus Sand oder anderem geeignetem Material hergestellt werden kann. Dabei sind spezielle Regeln zu beachten.

Bei mangelnder Tragfähigkeit des Untergrundes und bei stark wechselnden Bodenarten erreicht man die Verbesserung der Bettung durch eine Betonplatte mit Mulde für die Verbindungselemente.

Für Großrohre wird – unabhängig von der Tragfähigkeit des Untergrundes – häufig zunächst eine ebene Betonplatte hergestellt. Auf ihr werden die Rohre auf Keilen so hoch verlegt, dass eine Verfüllung mit Beton möglich ist.

Ist der Untergrund nicht tragfähig, so sind immer besondere technische Vorkehrungen erforderlich, die bei der Vielfalt der Fälle sehr verschieden sein können. Sie reichen von der Stahlbetonplatte bis zur Pfahlgründung.

Muss man bei besonders hohen Belastungen eine große Dicke der oberen Bettungsschicht, bzw. im Auflager einen großen Auflagerwinkel erreichen, so wird ein Betonauflager die geeignete Auflageart sein.

Die Lieferung von Rohren erfolgt in den meisten Fällen so, dass auf der Baustelle für sachgemäßes Abladen und sachgemäßes Lagern zu sorgen ist. Verbindungselemente und Dichtungselemente sind vor Verschmutzung und Beschädigung zu schützen. Großrohre sind häufig nach einem Verlegeplan nummeriert.

Vor dem Ablassen in den Rohrgraben sind die Rohre sorgfältig auf wahrnehmbare Beschädigungen zu untersuchen und erforderlichenfalls zu säubern. Das gilt besonders für Verbindungselemente und Dichtungen. Die Rohre müssen so auf die Grabensohle abgelassen werden, damit das Zusammenführen der Rohre in Richtung der Rohrachse möglich ist, weil das Zentrieren in der Rohrverbindung durch die Dichtung spannungsfrei erfolgen muss, um die optimale Wirkung der Dichtung zu erzielen. Für das Zusammenführen gibt es geeignete Geräte und Hinweise in den Verlegerichtlinien der Rohrhersteller. Nach dem Zusammenführen wird das Rohr dem Bauplan entsprechend in Richtung und Gefälle ausgerichtet. Dafür gibt es geeignete Geräte. Sie reichen von der Wasserwaage in der Grundstücksentwässerung bis zum Kanalbau-Laser für Straßenkanäle.

Die Rohrverbindungen müssen gegen Wasserdruck von innen und von außen dicht sein und das Eindringen von Wurzeln verhindern. Deshalb wird man die Dichtheit nach dem Einbetten der Rohre durch einen Wasserdruckversuch nach DIN EN 1610, ergänzt durch ATV-DVWK-A 139, prüfen. Ein Abwasserkanal muss gegen 5 m Wassersäule dicht sein. Die Druckprobe mit Wasser ist nicht immer bequem durchzuführen, sie entlarvt jedoch Pfusch beim Verlegen und Materialfehler sofort. Nach DIN EN 1610 kann auch mit Luftdruck geprüft werden.

Das Einbetten der Rohre nach DIN EN 1610, ergänzt durch ATV-DVWK-A 139, ist das Verfüllen seitlich der Rohre und der Abdeckung. Mindestwerte der Abdeckung sind 150 mm über dem Rohrschaft und 100 mm über der Verbindung. Beim Einbetten kommt es darauf an, die obere Bettungsschicht durch gutes Unterfüllen und sorgfältiges Verdichten von Boden oder Beton auszubilden. Das Material dafür muss auf beiden Seiten eingebracht und verdichtet werden, damit das Rohr nicht verschoben werden kann. Es ist unabdingbar erforderlich, beim lagenweisen Einbetten ebenso lagenweise den Verbau zu entfernen, um so in der Leitungszone eine Verzahnung von anstehendem Erdreich und Füllboden zu erreichen.

Für die Verdichtung des Füllmaterials in der Leitungszone dürfen nur leichte Verdichtungsgeräte eingesetzt werden. Schwere Verdichtungsgeräte sind erst 1,0 m über dem Rohrscheitel zulässig. Das Merkblatt für das Zufüllen von Leitungsgräben enthält darüber genaue Angaben. Zusätzliche Angaben sind dem Arbeitsblatt ATV-DVWK-A 139 zu entnehmen.

Hinweise aus der Baupraxis:

- Es gibt eine herstellungstechnisch bedingte Wechselwirkung zwischen dem Zentrieren der Rohre, dem Einrichten nach Lage und Gefälle und dem Herstellen der Bettung, die unbedingt bekannt sein muss.

- Das Spitzende des einen Rohres zentriert sich automatisch im Verbindungselement des anderen Rohres, wenn die Rohre, möglichst mit fest eingebauten Dichtungselementen versehen, axial zusammengezogen werden. Verbindungselemente und Dichtungselemente haben geringe Herstellungstoleranzen. Verhindert man das freie Zentrieren, gibt es Spannungen im Verbindungselement und ungleichmäßige Verpressung der Dichtung. Das kann zu Rissen und zur Undichtigkeit führen. Es ist daher zu empfehlen, ein Rohr im Fördergerät hängend in das schon aufgelagerte Rohr axial einzuführen, es hängend einzurichten und so zu fixieren, damit es beim Herstellen der Bettung nicht verschoben wird. So kann man auch Toleranzen beim Rohraußendurchmesser begegnen und ein sattes Aufliegen erreichen.

- ATV-DVWK-A 127 unterscheidet biegesteife und biegeweiche Rohre. Biegeweiche Rohre verformen sich unter Belastung. Bei nachlässiger Einbettung biegeweicher Rohre ist die Verformung groß. Das führt zu betriebstechnischen Schwierigkeiten.

- Nach Fertigstellung der Leitungszone sind Lage und Gefälle der Rohrleitung zu kontrollieren, damit Verschiebungen ohne großen technischen Aufwand beseitigt werden können.

- Es ist wichtig – im Rahmen der Eigenüberwachung –, die Verdichtung des

Füllbodens in der Leitungszone mit einer Rammsonde fortlaufend zu kontrollieren. Kommt die schlechte Verdichtung erst heraus, wenn der Rohrgraben ganz verfüllt ist, wird das Nachverdichten recht teuer.

■ Die Dichtigkeitsprüfung mit einem Wasserdruckversuch nach DIN EN 1610, ergänzt durch ATV-DVWK-A 139, ist mit Umständen verbunden, und viele am Bau Beteiligte drücken sich gerne davor. Der Unternehmer sollte dieser Versuchung jedoch nicht nachgeben. Nach DIN EN 1610 ist die Wasserdichtheit nach dem Verfüllen zu prüfen!

■ Bei Kanalneubauten mit kleinen Querschnitten wird man haltungsweise abdrücken, nachdem alle Abzweige und Einmündungen wasserdicht und druckfest verschlossen und verschiebungssicher verankert worden sind. Das „Woher das Wasser nehmen und wohin damit?" ist ein lösbares Problem.

■ Bei Kanalneubauten mit großen Querschnitten beschränkt man sich auf die Prüfung der Dichtheit bei den Verbindungen. Muffenprüfgeräte dafür sind auf dem Markt. Eingearbeitete und wohlausgerüstete Subunternehmer bieten sich dafür an. Muffenprüfungen sind auch bei Kanalerneuerungen mit großen Querschnitten möglich, solange Abwasser ferngehalten wird.

■ Bei Kanalerneuerungen mit kleinen Querschnitten verursacht die Dichtheitprüfung die größten Umstände, denn das Abwasser muss haltungsweise ferngehalten werden und Anschlüsse sind erst nach der Prüfung möglich. Die Haltung muss deshalb lange offen bleiben.

2.2.1.3 Anschlüsse

Bei Kanalneubauten kann man Anschlüsse an die Kanalisation vorsehen, wenn die Position von Straßenabläufen und die zukünftige Lage von Grundleitungen auf Grundstücken bekannt sind. Man kann dann Abzweige und Rohre mit Seitenzuläufen einbauen.

Bei flachliegenden Kanälen verschließt man die Abzweige und Zuläufe bis zur späteren Verwendung. Der Verschluss muss auch in der verfüllten Baugrube dicht bleiben, damit kein Abwasser austreten kann. Bei tiefliegenden Kanälen zieht man, um später Geld zu sparen, innerhalb des Rohrgrabens ein Stück des Anschlusskanals hoch. Die Hochführung muss eingemessen werden und so standsicher sein, dass sie beim Verfüllen und Verdichten des Grabens keinen Schaden nimmt.

Die Hochführungen werden zweckmäßigerweise kaminartig einbetoniert über einem Fundament, das bis zur Baugrubensohle reicht.

Bei Kanalerneuerungen müssen die Seitenzuläufe in der Regel der jeweiligen Lage des Anschlusskanals angepasst werden. Dafür baut man geschickter weise noch auf dem Rohrlagerplatz einen Seitenzulauf mit Kernbohrgerät und Bohrstutzen oder Sattelstück sauber ein. Nach dem Verlegen und Einbetten müssen Anschlusskanal und Seitenzulauf sorgfältig wasserdicht und hydraulisch glatt verbunden werden.

2.2.1.4 Verfüllen des Rohrgrabens

Oberhalb der Leitungszone wird der Rohrgraben nach den Regeln der DIN EN 1610, ergänzt durch ATV-DVWK-A 139, verfüllt. Es sind andere Verdichtungsgeräte als in der Leitungszone zulässig, schwere Geräte erst ab 1,0 m über dem Rohrscheitel. Beim Einsatz schwererer Verdichtungsgeräte dürfen auch größere Schütthöhen gewählt werden. Vorrangig bleibt der lagenweise Einbau bei ständiger Verdichtung des Bodens.

Es ist erwiesen, dass eine einwandfreie mechanische Bodenverdichtung auch im verbauten Graben möglich ist. Bodenverdichtungsgeräte müssen deshalb nicht nur nach ihrer technischen Wirksamkeit, sondern auch nach ihrer Bedienungsfähigkeit im Rohrgraben ausgewählt werden.

Verdichtungsgeräte und das Vorgehen beim Verdichten sind an anderer Stelle dieses Ratgebers beschrieben worden.

Besonders zu betrachten ist die Zurücknahme des Verbaus. Erstrebenswert ist die Zurücknahme im Takt der Verfüllung, um Verfüllung und Grabenwand gut zu verzahnen, damit die senkrechte Belastung der Rohre gemildert wird, im Wesentlichen jedoch, damit Setzungen der Straßenkonstruktion, parallel verlaufender Leitungen und nahe beim Rohrgraben liegender Bauwerke vermieden werden. Das kann man jedoch nicht mit allen Verbauarten erreichen. Nur beim waagerechten Verbau oder beim Verbau mit Platten, der im Verfüllungstakt ausgebaut oder gezogen werden muss, ist die Normalausführung nach DIN EN 1610, ergänzt durch ATV-DVWK-A 139, möglich. Beim senkrechten Verbau mit Kanaldielen oder Spundwandprofilen kann man nur möglichst intensiv gegen den Verbau lagenweise verdichten, nach dem Ziehen des Verbaus den Verdichtungsgrad mit der Rammsonde prüfen und den Schlitz, den das Verbauprofil ausgefüllt hatte, nachverdichten. Dafür gibt es einige technische Verfahren, über deren Anwendbarkeit man sich von Fall zu Fall informieren müsste. Beim senkrechten Verbau liegt das Problem nicht beim taktweisen Ziehen, sondern beim Einbringen von Füllboden über den hochstehenden Verbau hinweg und tief hinunter in den Rohrgraben.

Leitungen und Kabel, die für die Herstellung des Grabens freigelegt werden mussten, sollten unter Beobachtung durch deren Betreiber wieder eingebaut werden.

Es ist gewiss nicht ganz einfach, diese kreuzenden Baukörper setzungsfrei wieder einzubetten. Vorsicht ist geboten, um Spätschäden auszuschließen.

Hochgeführte Anschlüsse dürfen nicht mit schwerem Verdichtungsgrad überfahren werden, denn sie würden ganz sicher dabei beschädigt. Eine weitverbreitete Unart ist es, Füllboden vom LKW aus in hohen Lagen in den Graben zu schütten.

Die Auswertung zahlreicher Rammsondierungen dokumentiert, dass danach nur selten der Füllboden bis auf die zulässige Schütthöhe auseinandergezogen wird. Eher wird Hoffnung auf die Verdichtungsarbeit eines schweren Gerätes gesetzt, aber dessen Wirkung reicht auch nicht über 0,50 m Schütthöhe hinaus.

Straßenschäden sind die Folge, wenn die Lagerungsdichte im Erdreich geringer ist als die bei der Grabenverfüllung erzielte Lagerungsdichte und die Nachverdichtung im Erdreich unbemerkt bleibt. Der Vorbeugung dienen Rammsondierungen im Erdreich links und rechts vom Rohrgraben und vielleicht der Rat eines Erdbaufachmannes zur Auswahl einer geeigneten Kornabstufung beim Verfüllboden und zur Festlegung der geeigneten Verdichtungsarbeit.

2.2.1.5 Rohre, Formstücke, Verbindungselemente und Dichtungen im Kanalbau

Rohrleitungen können durch Mauern oder Betonieren in der Baugrube hergestellt werden. Diese Herstellungsart wird in diesem Beitrag nicht behandelt. Sie gilt als Sonderbauweise.

Heute überwiegt ganz eindeutig das Verlegen vorgefertigter Rohre. An diese Rohre gibt es folgende Anforderungen:

- Die Rohrlänge muss mit dem Verbau harmonieren.
- Das Rohr, die Verbindungen und die Dichtungen müssen der technischen Lebensdauer entsprechend standsicher sein.
- Das Rohr, die Verbindungselemente und die Dichtungen müssen korrosionsbeständig sein.
- Rohre, Verbindungen und Dichtungen müssen dauerhaft dicht sein.
- Die Baustoffe müssen genormt sein.

Alle Anforderungen gelten ebenso für Formstücke.

Bei biegesteifen Rohren haben sich als Rohrverbindungen Glockenmuffen bewährt. Dichtungen sind heute im Wesentlichen fest in der Muffe eingebaute oder auf dem Spitzende fest aufgezogene Gleitdichtungen. Bei biegeweichen Rohren gibt es neben den bewährten Systemen auch geschweißte und geklebte Verbindungen.

In der Grundstücksentwässerung überwiegen Rohre aus Steinzeug und Kunststoff, Rohre aus Faserzement und duktilem Guss haben einen weniger großen Marktanteil, Rohre aus Beton scheiden bei Nennweiten unter DN 250 aus.

In der Kanalisation überwiegen Rohre aus Steinzeug, Beton und Stahlbeton. Für Rohre aus Faserzement, Kunststoff, duktilem Guss und Stahl gibt es besondere Anwendungsfälle. Der Korrosionsschutz ist zu beachten.

Rohre, Formstücke, Verbindungselemente und Dichtungen müssen genormt sein. Das ist nach außen erkennbar durch die dauerhafte Kennzeichnung des Materials nach den DIN-Vorschriften.

Neben den Normen müssen Lagerungsbedingungen und Verlegerichtlinien der Rohrhersteller beachtet werden.

Material ohne Norm-Kennzeichnung sollte nicht eingebaut werden, denn nur für genormtes Material gibt es die Güteüberwachung.

Rohre und Formstücke aus Steinzeug

Rohre und Formstücke aus Steinzeug sind in der DIN EN 295 genormt und entsprechend dieser Norm gekennzeichnet.

Die wesentlichen technischen Merkmale sind dauerhaft auf dem Produkt angegeben sind und enthalten die Angaben:

- Europäische Norm EN 295
- Nennweite
- Herstellerkennzeichen
- Tragfähigkeit
- Herstelldatum
- Verbindungssystem.

Steinzeugrohre und -formstücke sowie deren Rohrverbindungen sind in der DIN EN 295 genormt. Diese Norm gliedert sich wie folgt:

- Teil 1: Anforderungen
- Teil 2: Güteüberwachung und Probenahme
- Teil 3: Prüfverfahren
- Teil 4: Anforderungen an Sonderformstücke, Übergangsbauteile und Zubehörteile
- Teil 5: Anforderungen an gelochte Rohre und Formstücke
- Teil 6: Anforderungen für Steinzeugschächte
- Teil 7: Anforderungen an Steinzeugrohre und -verbindungen beim Rohrvortrieb.

Über die vorgenannten Regeln der DIN EN 295 hinaus, haben die im Fachverband Steinzeugindustrie e. V. zusammengeschlossenen Produzenten eine Werknorm WN 295 mit ergänzenden technischen Lieferbedingungen erstellt. Kennzeichnend für Rohre und Formstücke aus Steinzeug ist, dass sie biegesteif sind, dass die Verbindungen als flexibel klassifiziert sind und dass beide eine sehr hohe Korrosionsbeständigkeit haben. Die Rohre können innen und außen glasiert oder unglasiert sein.

Sie haben kreisförmige Querschnitte. Es gibt ein umfangreiches Lieferprogramm mit komplettem Zubehör.

Verbindungen bei DN 100 bis DN 200 werden als Steckmuffenverbindungen werkseitig mit der Steckmuffe L hergestellt. Das Spitzende dieser Rohre ist dann ohne Verbindungselement.

Die Nennweiten DN 250 bis 1400 sind je nach Fertigung ausgestattet mit der Steckmuffenverbindung S (geschliffenen Muffeninnenseite mit Dichtring am Spitzende) oder K (Dicht- und Ausgleichselemente in der Muffe und am Spitzende).

Die Rohre DN 200 bis DN 1400 werden auf Grund ihrer Tragfähigkeit unterschieden nach Normal- und Hochlastrohren und besitzen eine Regelbaulänge von 2,50 m.

Die Verbindungen sind vor dem Einbau zu kontrollieren und mit Gleitmittel, das vom Rohrhersteller geliefert wird, dann zusammenzufügen. Die bei Rohren mit Steckmuffe K und S vorhandene Lagekennzeichnung beim Einbau ist einzuhalten.

Werkseitig mit glatten Enden hergestellte Rohre werden mit Überschiebkupplungen verbunden.

Der Einbau der Steinzeugrohre und Formstücke erfolgt auf der Grundlage der DIN EN 1610. Dort sind die für den Einbau und für Kontrollen maßgebenden technischen Grundlagen enthalten.

Rohre und Formstücke aus Beton

Nach DIN 4032 haben Betonrohre kreisförmige und eiförmige Abflussquerschnitte. Betonrohre sind biegesteife Rohre. Kreisförmige Rohre werden ohne oder mit Fuß, mit Glockenmuffe, mit normaler oder mit verstärkter Wanddicke hergestellt.

Eiförmige Rohre werden stets mit Fuß und Glockenmuffe produziert.

Sonderformen mit Wanddicken und Scheiteldruckkräften entsprechend den statischen Erfordernissen sind zulässig.

In der Grundstücksentwässerung werden Betonrohre heute nur noch selten verwendet, obwohl auch die Nennweiten von DN 100 bis DN 250 genormt sind.

Das Hauptanwendungsgebiet ist die Kanalisation für kreisförmige Rohre mit den Nennweiten von DN 300 bis DN 1500 und für eiförmige Rohre mit den Nennweiten von Ei 500/750 bis Ei 1200/1800. Kreisförmige Rohre haben in der Regel für die Verbindung Glockenmuffen mit fest eingebauter Gleitdichtung. Für Rohre mit normalen Wanddicken ist immer ein Tragfähigkeitsnachweis erforderlich. Wandverstärkte Rohre sind für den Einbaubereich zwischen 1 m und etwa 4 m Erdüberdeckung mit bestimmter Verkehrslast und Einbettung bestimmt. Die Baulänge liegt zwischen 2,00 m und 3,00 m.

Das Formstückprogramm umfasst in erster Linie Rohre mit Seitenzuläufen. Die Normen DIN 4032 und DIN 4035 sind nur noch bis zum 23.11.2004 gültig und werden danach ersetzt, durch DIN EN 1916 in Verbindung mit DIN V 1201. Zusätzlich ist DIN V 1202 für die statische Berechnung zu beachten.

Rohre und Formstücke aus Stahlbeton

Für Rohre und Formstücke aus Stahlbeton gelten die Bestimmungen der DIN 4035. Stahlbetonrohre sind biegesteif. Der Abflussquerschnitt ist überwiegend kreisförmig, jedoch sind auch Rohre mit Trockenwetterrinnen oder Drachenprofil üblich. Darüber hinaus werden eine Reihe von Sonderquerschnitten produziert, so insbesondere Ei-, Maul- und Rechteckquerschnitte.

Für die Verbindung sind Glockenmuffen und für größere Querschnitte auch Falzmuffen gebräuchlich.

Sie werden i. Allg. mit Gleitringen gedichtet.

Kreisförmige Rohre werden in den Nennweiten von DN 250 bis DN 4000 und größer mit Baulängen bis 3,00 m hergestellt.

Das Formstückprogramm umfasst hauptsächlich Rohre mit Seitenzuläufen, Krümmer, die aus Rohrteilen zusammengesetzt werden, und Tangentialschächte.

Stahlbetonrohre werden für alle Bereiche der Kanalisation eingesetzt.

Rohre und Formstücke werden für die jeweiligen Einbaubedingungen speziell bemessen.

Für besondere Einbaufälle und Betriebsbedingungen gibt es Stahlbetonvortriebsrohre, Stahlbetondruckrohre, Spannbetonrohre und Spannbetondruckrohre.

Rohre und Formstücke aus Kunststoff

Kunststoffrohre zählen zu den biegeweichen Rohren. Sie sind in der Grundstücksentwässerung weiter verbreitet als in der Kanalisation. Für die Verlegung im Erdreich sind Rohre aus PVC (Polyvinylchlorid) und aus PE (Polyethylen) gebräuchlich.

Der Einsatz von PVC-Rohren in der Grundstücksentwässerung und in der Kanalisation begann offiziell im Sommer 1966, nachdem dafür das Prüfzeichen erteilt worden war. Die DIN 19 534 – Rohre und Formstücke aus PVC-hart für erdverlegte Abwasserkanäle und Abwasserleitungen – erschien 1967.

PVC-Rohre haben kreisförmige Querschnitte in den Nennweiten von DN 100 bis DN 600. Das Verbindungselement Steckmuffe wird mit einem Rollring gedichtet. PVC-Rohre werden in Baulängen bis 5 m hergestellt, sie können jedoch problemlos auf das erforderliche Maß gekürzt werden, weil am Spitzende kein Dichtungselement angebracht ist. Die Rohre können wegen des geringen Gewichtes ohne Hebezeug verlegt werden. Trotz der großen Baulänge ist das Ablassen in den Rohrgraben ohne Umspreizen möglich. Beim Herstellen der Verbindung müssen Spitzende, Muffe und Dichtring gesäubert, das Spitzende angeschrägt und mit einem Gleitmittel (kein Fett oder Öl) versehen werden. Man kann das Spitzende dann bis zum Anschlag einschieben, muss es jedoch um ein vorgegebenes Maß wieder herausziehen, um die Längsdehnung zu ermöglichen. Einzelheiten muss man unbedingt der Verlegeanleitung entnehmen. Darin stehen auch die für biegeweiche Rohre geltenden Einbettungsbedingungen in der Leitungszone. Dabei ist besonders zu beachten, dass PVC-Rohre beim fehlerhaften seitlichen Verdichten aufschwimmen können. Der gelenkige Anschluss an einen Schacht wird mit einem speziellen Schachtfutter vorgenommen. Bei der Lagerung auf der Baustelle ist das thermoplastische Verhalten zu beachten. Rohre und Formstücke sind vor zu starker Sonneneinstrahlung zu schützen, und sie werden bei Temperaturen unter 5 °C bereits recht spröde.

Polyethylen-Rohre nach DIN 19 537 sind kreisrund, und sie werden in den Nennweiten von DN 100 bis DN 1200 mit glatten Enden hergestellt. Steckverbindungen als Überschieb-Doppelmuffe oder als angeschweißte Muffe, beide mit Rollring-Dichtungen, sind nur bis zur Nennweite DN 300 gebräuchlich. Hauptsächlich wird jedoch die Heizelementstumpfschweißung angewendet. Die Verlegung der PE-Rohre nach DIN 19 537 darf nur geschultes Personal durchführen.

Neben den Rohren steht ein gutes Formstücksortiment zur Verfügung. Darunter befindet sich ein Formstück für den gelenkigen Anschluss an Schächte. Die Verlegerichtlinien sind unbedingt einzuhalten.

Rohre und Formstücke aus anderem Material

Einen gewissen Marktanteil haben Faserzementrohre nach DIN 19 840. Diese Rohrart ist herstellungsbedingt kreisrund und mit Nennweiten zwischen DN 50 und DN 2000 genormt. Beachtenswert ist bei diesem System die Rohrverbindung Reka-Kupplung der Firma Eternit, eine Überschiebmuffe mit eingebauten Dichtungselementen, die werkstoffgleich und so gut wie toleranzlos ist.

Für besondere Einbaubedingungen und für besondere Betriebsbedingungen stehen noch Stahlrohre, duktile Gussrohre, glasfaserverstärkte Kunststoffrohre, Polymerbetonrohre, Beton-Keramik-Rohre und Beton-Kunststoff-Rohre zur Verfügung.

Besondere Einbaubedingungen gelten zum Beispiel für Abwasserdruckleitungen und Abwasserdüker, besondere Betriebsbedingungen sind zum Beispiel bei Abwasser mit aggressiven Inhaltsstoffen oder bei Hauptkanälen mit geringerer Durchlüftung zu beachten.

In solchen Fällen werden in den Bauplänen zum Rohrmaterial spezielle Angaben gemacht und bereits in der Ausschreibung genannt. Sicher wird in solchen Fällen auch die Bauweise vorgegeben.

2.2.2 Geschlossene Bauweisen

Die geschlossene Bauweise ist für große Querschnitte seit langer Zeit nach allgemein anerkannten Regeln der Technik möglich, für die nicht begehbaren Querschnitte kleiner DN 1000 sind in den letzten fünf Jahren Verfahren entwickelt worden, die bei der technischen und wirtschaftlichen Prüfung von Angeboten Beachtung finden müssen. Alle Verfahren erfordern:

- eine Vielzahl spezifischer Arbeitsgeräte,
- besonders geschultes und erfahrenes Personal,
- besondere Einrichtungen für die Steuerung,
- besondere Einrichtungen für die Vermessung,
- eine intensive Erkundung des Untergrundes,
- besondere Maßnahmen bei Anschlusskanälen und Seiteneinläufen.

Große Querschnitte baut man nach den bekannten Stollen- oder Tunnelbauverfahren, wobei ein zunächst bergmännisch aufgefahrener Stollen oder Tunnel nachträglich ausgekleidet wird. Zur Auskleidung kann man zum Beispiel Rohre einziehen oder einschieben.

Beim Vorpressverfahren schiebt man sofort die Rohre mit einem Schneidschuh an der Spitze mit Hilfe hydraulischer Pressen ins Erdreich und entfernt von Hand oder maschinell gleichzeitig im Innern oder an der Spitze des Rohrstranges das anstehende Erdreich. Für beide Bauverfahren benötigt man einen Start- und einen Zielschacht. Der Schneidschuh ist von Hand steuerbar, so dass Abweichungen von Richtung und Höhe ausgeglichen werden können. Voraussetzung ist eine gründliche vermessungstechnische Begleitung der Arbeiten. Bei großen Querschnitten werden bei der Auskleidung oder beim Vortrieb Stahlbetonrohre verwendet, die besondere Verbindungs- und Dichtungselemente haben müssen.

Mit den beschriebenen Verfahren sind bisher überwiegend Neubaustrecken aufgefahren worden. Aus einem Rohrgraben oder bei genügender Größe des Hauptkanals kann man Anschlusskanäle mit einem leichten Erdbohrgerät herstellen. Mit diesen Geräten kann man auch Straßen, Gleise, Gräben und Erdwälle auf Längen zwischen 30 m und 40 m unterbohren. Der Boden wird mit einer Bohr- und Förderschnecke durchbohrt und das Bohrgut zurückgeholt. Der Bohrkopf kann direkt vor oder vor dem Ende des Mantelrohres laufen. Das Mantelrohr ist zugleich die spätere Abwasserleitung.

Für den Neubau nicht begehbarer Kanäle ist die Technik des handgesteuerten Vorpressverfahrens im Wesentlichen in eine ferngesteuerte Vorpresstechnik entwickelt worden. Kernstück ist eine spezielle Messtechnik, deren Ergebnisse in einem Rechner in Steuerbefehle umgesetzt werden.

Bei der Erneuerung oder Sanierung nicht begehbarer Kanäle gibt es einige typische Verfahren. Beim Lining werden in die schadhafte Haltung neue Rohre eingeschoben (Rohrlining) oder ein Schlauch aus Spezialmaterial eingebracht (Schlauchlining). Bei beiden Verfahren können Seitenzuläufe nur dann technisch einwandfrei und auch korrosionsfest in einer offenen Baugrube angeschlossen werden. Darüber hinaus müssen häufig auch die Anschlusskanäle im Bereich der Seitenzuläufe repariert werden. Mit Hilfe einiger Spezialgeräte und unter Kontrolle eines Fernauges repariert man schadhafte Stellen durch Verpressen mit Kunstharzen oder ähnlichen Stoffen.

Beim Berstverfahren (pipe-cracking, Berstlining) wird ein Verdrängungskörper mit Hilfe von Seil und Winde durch die schadhafte Kanalhaltung gezogen, um die Rohrwandung zu zerstören und so weit in das Erdreich zu verdrängen, dass unmittelbar hinter dem Verdrängungskörper eine neue Rohrleitung gleicher oder größerer Nennweite eingeschoben werden kann. Es ist keine Bodenentnahme erforderlich. Die Arbeiten können von großen Schächten oder von speziellen Start- und Zielbaugruben aus durchgeführt werden. Das funktioniert aber nur bei kreisförmigen Rohrquerschnitten, spröden und unbewehrten Rohren und verdichtungsfähigem Boden in der Leitungszone. Alle im Bereich der zu erneuernden Haltung angeschlossenen Anschlusskanäle müssen in offener Bauweise zunächst abgetrennt und später wieder angeschlossen werden.

Beim Pipe-eating-Verfahren wird die zu sanierende Leitung mit einer ferngesteuerten Vortriebsmaschine überfahren, zerstört und abgefördert. Die neue Leitung mit gleichem oder größerem Durchmesser wird nachgeschoben. Auch dieses Verfahren funktioniert nur bei kreisrunden Querschnitten, die abzubauenden Rohre müssen für den Brecher im Rohrkopf geeignet sein. Anschlüsse für Anschlusskanäle sind wie beim Berstverfahren zu behandeln. Die Arbeiten können nur von geeigneten Start- und Zielbaugruben aus durchgeführt werden.

Bei den beschriebenen Verfahren sind besondere Überlegungen für eine Grundwasserabsenkung und die Abwasserhaltung anzustellen.

3 Bau von Schächten

Die Schächte in der Kanalisation müssen ebenso wie die Rohrleitungen gewissenhaft nach allgemein anerkannten Regeln gebaut werden. Der Hersteller wird dafür entweder Baupläne bekommen oder auf Regelblätter hingewiesen. Ein Regelwerk bietet die ATV-DVWK – Deutsche Vereinigung für Wasserwirtschaft, Abwasser und Abfall e. V. mit ihrem Arbeitsblatt A 241 – Bauwerke der Ortsentwässerung – an.

Alle Schächte bestehen nach A 241 aus dem Unterteil (auch Kammer genannt) und dem Oberteil. Für die Herstellung sind, soweit möglich, genormte Bauelemente zu verwenden. Genormt sind die Schachtabdeckung, die Betonteile (Ausgleichring, Schachthals, Schachtring, Auflagestück) und die Einstiegshilfen einschließlich deren Anordnung.

Die lichten Abmessungen eines Schachtunterteiles richten sich nach den Nennweiten und nach der Anzahl der ankommenden und der abgehenden Kanäle. Das Schachtunterteil muss so geräumig sein, dass Inspektion und Reinigung der Kanäle vom Schacht aus möglich sind. Bei quadratischen Unterteilen sind 1 m Wandlänge, bei runden Unterteilen 1,2 m Durchmesser als Mindestabmessungen günstig. Größere Schächte sollen im Grundriss eckig und nur in Ausnahmefällen rund angelegt werden. Das Gerinne muss hydraulisch günstig angelegt werden, damit der Abfluss nicht behindert wird.

Im Schachtoberteil müssen Schachtringe und Schachthals über der Einstiegswand des Unterteils eine durchgehende Senkrechte bilden, damit dort der Steiggang aus Steigeisen oder Steigbügeln begehsicher montiert werden kann. Betriebstechnisch wird der zweiläufige Steiggang empfohlen, weil im Bereich des Schachthalses beim Begehen mehr Kniefreiheit herrscht, und weil zwischen den Steigeisen Steigsicherungen angebracht werden können.

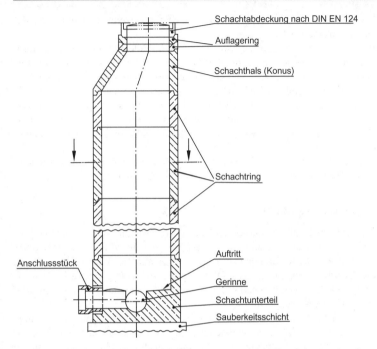

Schachtabdeckung nach DIN EN 124

Auflagering

Schachthals (Konus)

Schachtring

Auftritt

Anschlussstück

Gerinne

Schachtunterteil

Sauberkeitsschicht

Abb. 2: Schächte aus Beton-, Stahlfaserbeton- und Stahlbetonfertigteilen für Abwasserleitungen und -kanäle (DIN V 4043-1 (04.03))

Rohrleitungen und Schächte müssen gelenkig miteinander verbunden werden, um Scherbeanspruchungen durch unterschiedliche Setzung von Rohrleitung und Schacht zu vermeiden.

Auch Schächte sind auf Wasserdichtheit zu prüfen (ATV-DVWK-A 139). Normalschächte werden in regelmäßiger Form und in großer Anzahl ausgeführt. Das Arbeitsblatt A 241 bietet zahlreiche Beispiele. Der Hersteller von Schächten sollte dieses Arbeitsblatt ständig in der neuesten Fassung vorliegen haben.

Schachtunterteile können als Fertigteile angeliefert oder vor Ort aus Beton oder Mauerwerk hergestellt werden.

Alle Schächte müssen selbstverständlich wasserdicht sein. Bei Schachtunterteilen ist das ohne technische Schwierigkeiten zu erreichen, bei Schachtoberteilen sollten Verbindungs- und Dichtungselemente gewählt werden, die der Falzmuffe mit Gleitring gleichen. Die Wandstärke bei den Fertigteilen muss so groß sein, dass nach dem Einbau der Steighilfen keine Schwachstellen in den Wänden entstehen.

Bei offener Bauweise werden Schächte fortlaufend mit der Rohrleitung gebaut. Für den Bau eines Schachtes muss der Rohrleitungsgraben zu einer Schachtbaugrube erweitert werden. Selbstverständlich gelten für Schachtbaugruben die gleichen bautechnischen und sicherheitstechnischen Regeln wie für die Rohrgräben. Allerdings müssen bei der Anlage des Verbaus zwei Schwierigkeiten gemeistert werden.

■ An den Übergängen vom Verbau des Grabens auf den Verbau der Schachtbaugrube müssen die zumeist rechtwinkligen Ecken besonders sorgfältig verbaut werden. Schwachstellen an diesen Stellen führen sehr schnell zu erheblicher Auflockerung des Erdreiches. Der Einsatz spezieller Verbauelemente ist zu empfehlen.

■ Die Arbeiten für den Schachtbau erfordern das hindernisfreie Bewegen von Schalung, Bewehrung und Betoniereinrichtungen, im Extremfall das Herablassen eines vorgefertigten Schachtunterteiles. Die Versteifung des Verbaus muss daher als Rahmen ausgeführt werden. Für Schachtbaugruben ist der senkrechte stählerne Verbau allgemein empfehlenswert. Zur Sicherheit sollte die Standsicherheit für den Verbau nachgewiesen werden, weil in der Regel vom Normverbau abgewichen wird.

Bei geschlossener Bauweise stehen zunächst die Start- und Zielbaugruben für den Einbau von Schächten zur Verfügung. Diese Baugruben sind wegen der besonderen Arbeitsbedingungen für den Bau der Rohrleitung schon geräumig genug, um später einen Schacht einbauen zu können. Ist der Abstand zwischen Start- und Zielbaugrube größer als der Regelabstand von Schächten, so werden die Zwischenschächte häufig im Absenkverfahren eingebaut. Dabei werden runde oder rechteckige Betonfertigteile wie ein Brunnen bis unter die Sohle der fertigen Leitung gegründet, die Leitung dementsprechend geöffnet und mit dem Schachtteil wasserdicht verbunden.

4 Güteüberwachung beim Bau von Abwasserleitungen und -kanälen

Wenn Aufträge an Firmen vergeben werden, deren einzige Qualifikation darin besteht, das billigste Angebot abgegeben zu haben, ist fachgerechte Ausführung nicht zu erwarten. Nur durch erhebliche Ausweitung des Überwachungsaufwandes der Ausführung wäre eine ordnungsgemäße Abwicklung des Bauablaufes ggf. zu gewährleisten. Dies ist nicht praktikabel und wirklichkeitsfremd.
In solchen Fällen kommt es auch zu folgenden Äußerungen (Zitat):
„Immer häufiger finden wir Bauunternehmer auf den Baustellen, deren Mitarbeiter den Eindruck hinterlassen, noch nie ein Abwasserrohr in der Hand gehabt zu haben. Wie lässt sich vor Auftragsvergabe erkennen, ob es sich um

eine Firma mit der erforderlichen Fachkunde, Leistungsfähigkeit und Zuverlässigkeit handelt?"

Wegen ihrer ökologischen und ökonomischen Verantwortung bestehen verantwortungsbewusste öffentliche Auftraggeber auf der Durchsetzung der Ausführung, die im Vertrag gefordert und in den Regelwerken beschrieben ist. Durch Verdichtungskontrollen des Bodens und Überprüfung der Wasserdichtheit der Kanäle und Leitungen einschließlich der Schächte wird festgestellt, ob die zugesagte Leistung erbracht wurde. Bei Sanierungsmaßnahmen werden verfahrensbedingte Prüfungen durchgeführt. Gleiches gilt bei Inspektionen und Kanalreinigungen. Nicht immer besteht in der Fachwelt Einigkeit, bestehende Anforderungen auch durchzusetzen, obwohl eine Vernachlässigung der Ausführung und Überwachung zu Lasten der Lebensdauer und Wasserdichtheit der Kanäle und Leitungen geht. Die geforderten Nachweise wie zum Beispiel der Verdichtungsleistung beim Einbau des Bodens sowie die geforderten Wasserdichtheitsprüfungen sind aber unerlässlich, um die Standfestigkeit und Dichtheit des Abwasserkanals sicherstellen und spätere Wartungs- und Instandhaltungskosten so gering wie möglich halten zu können. Nur so werden Abwassergebühren für den Bürger in erträglichen Grenzen gehalten.

Verstöße bei der Herstellung, Sanierung, Inspektion und Reinigung von Kanälen als Folge nicht konsequenter Durchsetzung der Rahmenbedingungen – oft in Verbindung mit Vergaben zu nicht auskömmlichen Preisen werden immer häufiger beobachtet. Erfahrungen – nicht nur bei der RAL-Güteüberwachung – belegen dies.

Werden bei der Überwachung schwerwiegende Verstöße festgestellt und diese vom neutralen Güteausschuss der RAL-Gütegemeinschaft geahndet, kann einer betroffenen Firma das Gütezeichen entzogen werden. Entzug bedeutet, dass die Fachkunde, Leistungsfähigkeit und Zuverlässigkeit einer Firma erneut überprüft werden müssen, bevor es zu weiteren Aufträgen an ein solches Unternehmen kommen kann. Bis dahin kann und sollte die Firma gemäß VOB Teil A, DIN 1960, § 8, 5.(1) c) von der Auftragsvergabe ausgeschlossen werden.

Die unter Mitarbeit öffentlicher Auftraggeber und Firmen aufgestellten Güte- und Prüfbestimmungen der Gütegemeinschaft gelten für die Herstellung, Sanierung, Inspektion und Reinigung von Abwasserkanälen. Firmen, die Leistungen gemäß den Güte- und Prüfbestimmungen erbringen, können für diese Leistungen das RAL-Gütezeichen „Kanalbau" benutzen, sobald der Firma das Recht zum Führen des RAL-Gütezeichens verliehen wurde und die Einhaltung der festgelegten Güte überwacht wird.

Durch die vertragliche Verpflichtung, bauausführende Firmen, Sanierungsfirmen und Inspektions- sowie Reinigungsfirmen Arbeiten entsprechend den Anforderungen der Güte- und Prüfbestimmungen durchführen zu lassen, erreichen öffentliche Auftraggeber und Ingenieurbüros, dass die Arbeiten güteüberwacht abgewickelt werden. Güteüberwachung wird damit wichtige

Ergänzung und Instrument beim Bau, der Erneuerung, Sanierung, Inspektion und Reinigung von Abwasserkanälen.

Werden Auftragnehmer güteüberwacht, erhält der Auftraggeber durch den Fremdüberwacher die Bestätigung, dass es sich um eine erfahrene Fachfirma handelt, die die Rahmenbedingungen zu erfüllen in der Lage ist, und dass neben der Fremdüberwachung eine Eigenüberwachung als Voraussetzung für fachgerechtes Arbeiten durchgeführt wird.

Auftraggeber fordern deshalb in Ergänzung ihrer eigenen Überwachung im Rahmen ihrer Vorsorge und Verantwortung in der Ausschreibung neben güteüberwachten Baustoffen auch die güteüberwachte Fachfirma (Textauszug Auftragsvergabe):

> Bewerber müssen die erforderliche Fachkunde, Leistungsfähigkeit und Zuverlässigkeit sowie eine Gütesicherung – bestehend aus Fremd- und Eigenüberwachung – nachweisen. Die Anforderungen der vom Deutschen Institut für Gütesicherung und Kennzeichnung e.V. herausgegebenen RAL-Gütesicherung GZ 961[1] sind zu erfüllen.
>
> Die Anforderungen sind erfüllt, wenn der Bieter die Qualifikation und Gütesicherung des Unternehmens nach RAL-GZ 961 mit dem Besitz des entsprechenden RAL-Gütezeichens Kanalbau nachweist.
>
> Ersatzweise sind die Anforderungen erfüllt, wenn der Bieter die Qualifikation des Unternehmens durch ein Prüfzeugnis, entsprechend Güte- und Prüfbestimmungen Abschnitt 4.1 Erstprüfung, nachweist und der Bieter eine Verpflichtung vorlegt, dass er im Auftragsfall für die Dauer der Werkleistung einen Vertrag zur RAL-Gütesicherung nach Güte- und Prüfbestimmungen RAL-GZ 961 Abschnitt 4.3 abschließt und die zugehörige Eigenüberwachung nach Abschnitt 4.2 durchführt.

In letzter Zeit wurden von verschiedenen Stellen rechtliche Bedenken dahin gehend geäußert, dass es unzulässig sei, die erwähnten ergänzenden Vertragsbedingungen nach VOB Teil A, DIN 1960, § 25 in die Leistungsbeschreibung zu integrieren. Diese rechtlichen Bedenken sind nicht gerechtfertigt.

Im Rahmen eines Gutachtens von RA W. Hanhart [3] – zu beziehen bei der Gütegemeinschaft – wurde geklärt, ob und ggf. in welchem Umfang es zulässig ist, ergänzende Kriterien im Rahmen der Angebotswertung nach VOB/A § 25 betreffend Fachkunde, Leistungsfähigkeit und Zuverlässigkeit zu konkretisieren, etwa durch ergänzende Vertragsbedingungen. Nachfolgend sind die wichtigsten Schlussfolgerungen genannt:

---

[1] Zu beziehen bei:
Gütegemeinschaft „Güteschutz Kanalbau", Postfach 13 69, 53583 Bad Honnef, Tel.: 0 22 24/93 84-0, Fax: 0 22 24/93 84-84, E-Mail: info@kanalbau.com, http://www.kanalbau.com.
Beuth-Verlag GmbH, Burggrafenstr. 6, 10787 Berlin, Tel.: 0 30/26 01-0, Fax: 0 30/26 01-1260, E-Mail: info@beuth.de, http://www.beuth.de.

„Für öffentliche und mit öffentlichen Mitteln finanzierte Baumaßnahmen, also insbesondere für Ausschreibungen und Vergaben von Bund, Ländern und Gemeinden, ist die Anwendung der VOB zwingend vorgeschrieben. Die Wertungskriterien der VOB sind jedoch nicht erschöpfend, so dass eine Erweiterung der beispielhaft in der VOB aufgezählten Prüfungs- und Wertungskriterien grundsätzlich dann zulässig ist, wenn den gleichfalls in der VOB verankerten Grundsätzen des uneingeschränkten Wettbewerbs, der Gleichbehandlung und der Verhältnismäßigkeit entsprochen wird.

Nach den einschlägigen Kommentierungen sind zusätzliche Nachweisforderungen, wie die Güte- und Prüfbestimmungen des „Güteschutz Kanalbau", unbedenklich und somit nicht zu beanstanden, wenn der geforderte zusätzliche Nachweis zwar sachlich höhere bestimmte Anforderungen stellt, sich der Nachweis aber ohne besondere Schwierigkeiten führen lässt. Ein Nachweis ‚ohne besondere Schwierigkeiten' kann dann unterstellt werden, wenn dieser nicht mit unverhältnismäßig hohen Kosten oder z. B. der Mitgliedschaft in einem Verein mit schwierigen Zugangsmöglichkeiten oder mit unverhältnismäßig hohen Mitgliedsbeiträgen verbunden ist, weil darin eine Wettbewerbsbeschränkung gesehen werden müsste."

Eine Wettbewerbsbeschränkung ist beim Güteschutz Kanalbau nicht zu erkennen, da die Zugangsmöglichkeiten zum Güteschutz Kanalbau weder schwierig noch mit hohen Beiträgen verbunden sind. Die vom Auftraggeber, den UVV, den Sicherheitsregeln und den technischen Regelwerken geforderten Rahmenbedingungen sind aber zu erfüllen. Der oben zitierte, von öffentlichen Auftraggebern vorgeschlagene Mustertext berücksichtigt alle Forderungen hinsichtlich wettbewerbsneutraler Formulierungen. Er kann in dieser Form unbedenklich verwendet werden.

Konsequente Auftragsvergabe ausschließlich an Firmen mit Güteüberwachung ist die Grundlage dafür, dass ordnungsgemäße Auftragsabwicklung für Firmen, die sich freiwillig einer Güteüberwachung unterziehen, nicht zum Wettbewerbsnachteil wird.

5 Wirtschaftlichkeit und Güteüberwachung

Eine von der Gütegemeinschaft Güteschutz Kanalbau in Auftrag gegebene Studie wurde im Rahmen einer Pressekonferenz in Bonn am 21. November 1995 der Öffentlichkeit vorgestellt. Die Studie kommt zu dem Ergebnis, dass die Nutzungsdauer von Entwässerungskanälen erhöht wird, wenn die Qualität der Bauausführung steigt.

Viele Entwässerungskanäle sind nicht nach den Mindestanforderungen der technischen Regelwerke gebaut worden. Geht man von einer nur 50 Prozent längeren Nutzungsdauer von Abwasserkanälen und einer entsprechenden Anpassung des Abschreibungszeitraums aus, so die Studie der Diebold Deutschland GmbH, reduzieren sich die jährlichen Abschreibungsbeträge um ein Drittel, das Einsparpotential liegt bei etwa 7 Prozent der Gesamtkosten und damit unmittelbar auch bei 7 Prozent der Gebühren für den Bürger. Für Deutschland, wo 1994 rund 2,8 Milliarden € in den Kanalbau investiert wurden, bedeutet dies eine Reduzierung des Investitionsvolumens um 0,9 Milliarden € jährlich. Dies könnte in einem durchschnittlichen Vier-Personen-Haushalt zu 27 € Einsparungen pro Jahr durch niedrigere Abwassergebühren führen.

Nach Schätzungen der ATV-DVWK – Deutsche Vereinigung für Wasserwirtschaft, Abwasser und Abfall e. V. sind 20 Prozent des 390 000 Kilometer langen öffentlichen Kanalnetzes der Bundesrepublik sanierungs- bzw. instandhaltungsbedürftig. Das bedeutet, dass die Kommunen in den kommenden Jahren bis zu 50 Milliarden € aufbringen müssen, um allein die Schäden im öffentlichen Kanalnetz zu beheben. Der Güteschutz Kanalbau geht davon aus, dass 50 bis 80 Prozent der jetzt notwendig werdenden Sanierungen aus mangelnder ursprünglicher Bauausführung resultieren.

Wird der Bau vom Güteschutz Kanalbau überwacht, bietet dies Vorteile sowohl für die Auftraggeber als auch für die Leistungserbringer. Die Kommunen sparen unmittelbar bei den administrativen Kosten für die Überwachung der Baumaßnahmen, bei den Investitions- und Betriebskosten eigener Gütesicherung und Güteüberwachung. Die Baufirmen erreichen höhere Leistungstransparenz im Wettbewerb um öffentliche Aufträge. Darüber hinaus sind Bauausführungsmängel in hohem Maße umweltschädigend. Zwischen defekten Entwässerungskanälen und Grundwasserverunreinigungen besteht ein direkter Zusammenhang. Abwässer versickern unkontrolliert und ungereinigt im Boden, die darin gelösten Schadstoffe gelangen in das Grundwasser und gefährden das Trinkwasser. Besonders schwer wiegt das Problem in Industriegebieten mit starker Abwasserbelastung. Es besteht auch die Möglichkeit, dass Fremdwasser in undichte Kanäle eindringt. Die Folge sind überlastete Leitungen, überforderte Kläranlagen, sinkende Grundwasserspiegel und Straßenschäden durch eingebrochene Kanäle.

Die 1995 durchgeführte Untersuchung der Beratungsgesellschaft Diebold umfasst Umfragen, Expertengespräche und Fallstudien. An den Umfragen und Expertengesprächen haben Auftraggeber, Bauunternehmer und Ingenieurbüros aus den alten und neuen Bundesländern teilgenommen. Insgesamt 530 Fragebogen- und 7 Intensivinterviews bilden die Datenbasis für die Aussagen zum Thema Güteschutz im Kanalbau. Drei Fallstudien – in Berlin-Marzahn, Berlin-Hellersdorf und Berlin-Neukölln – ermöglichten es, die ökonomischen Vorteile der Güteüberwachung im Kanalbau zu quantifizieren.

Die Befragten sind sich darüber klar, dass ordnungsgemäße Bauausführung und Kosten über die gesamte Lebensdauer eng zusammenhängen. 90 Prozent der 43 Auftraggeber, die sich an der Umfrage beteiligt haben, gehen von einer längeren Nutzungsdauer der Anlagen beim güteüberwachten Kanalbau aus, knapp zwei Drittel von niedrigeren Betriebs- und Instandhaltungskosten. Vorteile wie geringere volkswirtschaftliche Kosten, höhere Entsorgungssicherheit und bessere Umweltverträglichkeit sehen 50 bis 60 Prozent der befragten Auftraggeber. Die Einhaltung von Mindestanforderungen ist für Firmen gleichermaßen lohnend wie für Auftraggeber. Die Einhaltung der Mindestanforderungen liegt auch im öffentlichen Interesse.

Die Bevölkerung hat Anspruch darauf, dass das Abwasser zuverlässig und umweltgerecht beseitigt wird, und sie hat Anspruch darauf, dass öffentliche Mittel nicht in schlecht gebaute Kanäle investiert werden, die für die nachfolgenden Generationen gewaltige Sanierungskosten verursachen.

6 RAL-Gütezeichen Kanalbau und ISO-Qualitätssicherung, Konkurrenz oder sinnvolle Ergänzung?

Seit Anfang der 80er-Jahre wird über Qualitätssicherungs- (QS) und Qualitätsmanagementsysteme (QM) und deren Nutzen heftig diskutiert. Die Diskussion wird oft durch Missverständnisse und fehlende Einschätzungen erschwert. Jahre der Aufklärungsarbeit haben bis heute nicht immer zu einer differenzierten Einschätzung seitens aller Beteiligten geführt. Mehr als 10 000 Unternehmen sind bundesweit bereits nach ISO 9000 zertifiziert. Doch je mehr sich die Qualitätsnorm durchsetzt, desto lauter wird die Kritik: Norm ohne Nutzen! Das geordnete Chaos! Feigenblattfunktion der ISO! Die Systematisierung des Selbstverständlichen!

Die zielorientierte Einführung und Anwendung von QS/QM-Systemen wird in letzter Zeit von Firmen der Baubranche zunehmend diskutiert. RAL-Gütesicherung bzw. RAL-Güteüberwachung Kanalbau einerseits und QS/QM andererseits geraten dabei zwangsläufig in die Diskussion. Ergänzen sich RAL-Güteüberwachung Kanalbau und Qualitätssicherung?

Seitens des RAL – Deutsches Institut für Gütesicherung und Kennzeichnung e.V. – heißt es: „Ein Gütezeichen macht eine klare Aussage zur Qualität eines Produktes bzw. einer Bauleistung. Es weist aus, dass jedes mit ihm gekennzeichnete Produkt oder eine Bauleistung mindestens allen Einzelanforderungen entspricht, die in den RAL-Güte- und Prüfbestimmungen und in den dort genannten technischen Regelwerken und gesetzlichen Vorschriften definiert und festgelegt sind." Das Gütezeichen Kanalbau macht solche Aussagen für die Bereiche offener Kanalbau, unterirdischer Rohrvortrieb, Sanierung, Inspektion und Reinigung von Abwasserkanälen.

Insgesamt ist die beim Abwasserkanal zu sichernde Güte dessen dauerhafte Wasserdichtheit und Standfestigkeit. Deshalb existiert auch notwendigerweise eine Abfolge von Eigen- und Fremdüberwachungen bei Firmen mit dem Gütezeichen Kanalbau. Das Gütezeichen Kanalbau gilt bei öffentlichen Auftraggebern als Voraussetzung für fachgerechte Herstellung, Sanierung, Inspektion und Reinigung von Abwasserkanälen. Das Güteniveau ist in den Güte- und Prüfbestimmungen des RAL – RAL-GZ 961 – für alle Gütezeicheninhaber festgeschrieben.

QS/QM-Systeme haben eine andere Zielrichtung. Sie sind Beschreibungen mit Aussagen zum Fertigungsablauf, Organisationsstruktur und Weisungsbefugnissen.

Zur Qualität der Abwasserkanäle machen sie keine Aussage. Der Begriff „Qualität" ist dabei wertneutral definiert, da für den einzelnen Betrieb völlig eigenständige Parameter in Bezug auf Qualität definiert werden. QS/QM-Systeme gelten daher grundsätzlich für eine einzelne Firma und legen nicht die Güte der Bauausführung fest (vgl. hierzu auch die Vorworte zu den Normen DIN ISO 9000 ff. bzw. EN 29 000 ff.). Zusammengefasst formuliert RAL: „Bei QM-Systemen steht die Organisation der Arbeitsabläufe im Vordergrund."

Diese prinzipiellen Unterschiede von Güteüberwachung und QS/QM in Aussage und Zielsetzung machen deutlich, dass beide Ansätze nur in Konkurrenz gesehen werden können, wenn beide oder wenigstens eins von beiden Systemen grundsätzlich missverstanden werden. Die Gegenüberstellung zeigt vielmehr, dass ein Versprechen von Güte überhaupt nur dann möglich ist, wenn diese Güte definiert und deren Einhaltung sichergestellt ist.

Resultierend zur Betrachtung Gütezeichen und/oder QM/QS kann einvernehmlich formuliert werden:

Gütezeichen und QM/QS unterscheiden sich in Ziel und Aussage grundsätzlich voneinander; können sich gegenseitig ergänzen, aber nicht in ihrer Aussage ersetzen.

Werden QS/QM in die Gütesicherung einbezogen, sind sie Instrument der RAL-Gütesicherung. Dann besteht die Verknüpfung von Gütezeichen und QS/QM darin, dass ein QS/QM-System die Abläufe – nicht aber die Höhe der Anforderungen – bei der Durchführung der Eigenüberwachung regelt.

Ein Nebeneinander von Gütesicherung und QS/QM ist problemlos möglich, wenn die Kennzeichnung von Leistungen – Bau, Sanierung, Inspektion und Reinigung – durch das RAL-Gütezeichen Kanalbau nicht mit der Zertifizierung von QM-Systemen vermengt wird.

Literatur

[1] Diebold Deutschland GmbH Management- und Technologieberatung, Eschborn, „Die wirtschaftliche Bedeutung des Güteschutzes beim Bau von Abwasserkanälen"

[2] Güteschutz Kanalbau e. V., „Güte- und Prüfbestimmungen für die Herstellung und Instandhaltung von Abwasserleitungen und -kanälen"

[3] Rechtsanwalt W. Hanhart, Koblenz „Bedeutung und Anwendbarkeit der ‚Güte- und Prüfbestimmungen' des Güteschutz Kanalbau e. v. als ergänzende Kriterien im Rahmen der Angebotswertung nach § 25 VOB/A"

[4] Steinzeug-Handbuch, Steinzeug-Gesellschaft mbH, Köln

[5] Kunststoffrohr-Handbuch, Vulcan-Verlag

[6] Duktile Gussrohre für die Abwasserentsorgung, Thyssen-Guss AG

[7] Eternit-Kanalrohre, Eternit AG, Berlin

[8] Arbeitsblätter der ATV-DVWK – Deutsche Vereinigung für Wasserwirtschaft, Abwasser und Abfall e. V., Hennef

[9] Normblätter des DIN Deutschen Instituts für Normung, Berlin

[10] Qualitätsrichtlinie der FBS, Fachvereinigung Beton- und Stahlbetonrohre e. V., Bonn

[11] Handbuch für Rohre aus Beton, Stahlbeton, Spannbeton, Bauverlag GmbH, Wiesbaden

Rohrleitungsbau

Marc T. Bücker, Velbert

1 Einleitung

Gemeinhin gilt das Rad als die bedeutendste Erfindung des Menschen; für die technische Entwicklung der Menschheit war aber das Rohr und die daraus gebaute Rohrleitung mindestens ebenso wichtig. Mobilität von Menschen und der Transport von Gütern und Rohstoffen waren und sind wichtige Voraussetzungen für das Funktionieren arbeitsteiliger technisierter Gesellschaften. Rad und Rohr sind hierfür nach wie vor unverzichtbare Garanten.

Der wichtigste Rohstoff Wasser wurde von jeher durch Rohrleitungen transportiert. Rohrleitungen – in der Natur als Vorbild in Blutadern, Grashalmen und vielem mehr mannigfaltig vorhanden – stellten neben offen Gerinne die einzige Möglichkeit dar, größere Ansiedlungen weitab von natürlichen Wasservorkommen mit dem lebenswichtigen Rohstoff zu versorgen.

Bereits im letzten Jahrtausend vor Christus waren im Mittelmeerraum die für die Wasserfortleitung erforderlichen Elemente wie Rohre, Gerinne und Speicher bekannt. Zur Trinkwasserversorgung bauten die Römer nicht nur Talsperren, sondern auch Leitungen von mehr als 100 km Länge, die in Form von gemauerten und abgedeckten Kanälen als Freispiegelleitung erstellt wurden. Täler wurden mittels Kanalbrücken oder Aquädukten überwunden.

Die hochtechnisierten Bauwerke unserer heutigen Gesellschaft müssen mit flüssigen, dampf- und gasförmigen Stoffen und manchmal auch mit festen Stoffen (z. B. Granulat, Getreide) ver- und entsorgt werden. Dazu dienen drucklose Freispiegelleitungen, bei denen der Wasserspiegel frei liegt und die Flüssigkeit dem Gefälle folgt, ebenso wie Druckrohrleitungen, in denen das Transportmedium durch Druck befördert wird. Üblicherweise sind die Entsorgungsleitungen des Kanalbaus drucklos im Gegensatz zu den Versorgungsleitungen des Rohrleitungsbaus, die grundsätzlich mit Druck betrieben werden.

Die heutigen Rohrleitungssysteme zum Wassertransport stellen von der Fernleitung bis zur Verteilung in den Städten bedeutende wirtschaftliche Anlagen dar. Hinzu kommen die Rohrleitungen der Gas- und Fernwärmeversorgung, aber auch Leitungen der Mineralölwirtschaft und anderer chemischer Produkte.

Insgesamt liegen unterirdisch in Deutschland etwa 540 000 km Wasserversorgungsleitungen, 335 000 km Gasleitungen, 250 000 km Hausanschlussleitungen und 446 000 km Abwasserleitungen. Diese müssen gewartet, instandgesetzt und nach Bedarf saniert werden, hinzu kommen jährlich mehrere tausend Kilometer neuverlegte Leitungen.

Wasser wird aus dem Grundwasser (teilweise uferfiltriert), aus Talsperren und Seen als Rohwasser gefördert, in Wasserwerken zum Lebensmittel Trinkwasser aufbereitet und durch Zubringerleitungen (ZW) zwischen 4 und 16 bar in die Versorgungsnetze eingespeist. Von dort gelangt es durch Hauptleitungen (HW) und Versorgungsleitungen (VW) zu den Hausanschlüssen (AW) der Verbraucher. Beim Endverbraucher sollten 2 bar nicht unterschritten werden und auch nicht mehr als 6 bar herrschen, da sonst die Hausarmaturen zu stark belastet werden.

Vom Wasserwerk wird das Wasser in der Regel in Hochbehälter auf höher gelegenem Gelände oder in Wassertürme gepumpt, um durch den geodätischen Höhenunterschied den Druck für das Versorgungsnetz aufzubauen (50 m = 5 bar). Die Hochbehälter speichern zudem das Wasser für die Verbrauchsspitzen des Tages und nehmen die Feuerlöschreserve für einen Tag auf.

Erdgas muss in der Regel über weite Entfernungen (von den Erdgasfeldern, teilweise aus dem Meeresbereich) und mit hohen Drücken (70 bar und mehr) zu den Verbrauchsbereichen transportiert werden. Aus diesen Netzen werden die Gasversorgungsunternehmen sowie größere Industrieabnehmer beliefert. Die Kleinabnehmer in Städten und Siedlungsgebieten werden über Hochdruck- (> 1 bar), Mitteldruck- (≥ 100 mbar bis 1000 mbar) und Niederdrucknetze (< 100 mbar) versorgt.

Fernwärmerohrleitungen, die der Versorgung von Industrie und Haushalten dienen und von Kraftwerken mit heißem Wasser gespeist werden, findet man teilweise oberirdisch, meistens aber erdverlegt als wärmeisolierte Doppelrohrleitungen (Vor- und Rücklauf).

Die im Binnenland liegenden Raffinerien erhalten das benötigte Erdöl entweder direkt aus den Fördergebieten oder aus den von Tankern versorgten Häfen über „Pipelines". Benzin- oder Kerosin-Rohrleitungen dienen der Versorgung von Flugplätzen und Industrieanlagen. Zahlreiche Rohrleitungen für unterschiedliche Zwecke sind erforderlich, um die verschiedensten Produkte innerhalb von Industrieanlagen zu ermöglichen oder um den Transport von Produkten zwischen Industriebetrieben durchzuführen. Dazu gehören z. B. Soleleitungen, Acetylen- und Sauerstoffleitungen, Granulatleitungen sowie viele andere Rohrleitungen für Flüssigkeiten und Gase.

2 Grundlagen und Begriffe

2.1 Die Rohrleitung als Bauwerk

Für die *Herstellung von Rohrleitungen* sind die Leistungsbereiche des Tiefbaus und des Rohrbaus fest miteinander verbunden, voneinander abhängig und aufeinander abzustimmen. Bei einer Rohrleitung handelt es sich ebenso wie bei den anderen Maßnahmen des Hoch- und Tiefbaus um ein hochwertiges und anspruchsvolles Ingenieurbauwerk, bei dem alle Einzelheiten der Planung und Ausführung richtig zueinander passen müssen. Nur durch das Zusammenwirken von Rohren, Rohrverbindungen, Rohrauflagerung, Einbettung und Überschüttung werden die Voraussetzungen für die Stand- und Betriebssicherheit der Rohrleitung geschaffen. Auch die besonderen Einbauten (z. B. Armaturen, Widerlager, Schächte, Festpunkte) und die Sonderbauwerke (z. B. Dükerungen, Mantelrohrstrecken, Stationsanlagen) sind wichtige Bestandteile für eine dauerhaft funktionsfähige Rohrleitung.

Jede Rohrleitung ist somit im technischen, aber auch im juristischen Sinne ein unteilbares Bauwerk.

Jede Maßnahme zum *Bau einer Rohrleitung* wird von einer Vielzahl von gesetzlichen Vorschriften, Technischen Regeln und Richtlinien sowie von technischen Vertragsbedingungen beeinflusst. Die gesetzlichen Vorschriften sind immer und überall und von allen Beteiligten einzuhalten; dazu gehören z. B. auch die Unfallverhütungsvorschriften der Berufsgenossenschaften, die Straßenverkehrsordnung und Verwaltungsvorschriften im Einzelfall. Technische Regeln und Richtlinien werden für den Rohrleitungsbau von mehreren Institutionen herausgegeben; vorrangig sind jedoch die Technischen Regeln und Normen von

DVGW	Deutscher Verein des Gas- und Wasserfaches e. V. (Bonn)
DIN	Deutsches Institut für Normung e. V. (Berlin)

aber auch

AGFW	Arbeitsgemeinschaft Fernwärme e. V. (Frankfurt)
DVS	Deutscher Verband für Schweißtechnik e. V. (Düsseldorf)
VDTÜV	Vereinigung des Technischen Überwachungsvereins.

Von den Festlegungen in Technischen Regelwerken darf abgewichen werden, wenn die mindestens gleiche Sicherheit und Zweckmäßigkeit auch auf andere Weise gewährleistet werden kann. Technische Vertragsbedingungen (z. B. als VOB Teil C) gelten nur für den vereinbarten Einzelfall und regeln lediglich den Ausgleich zwischen den Leistungen des Auftragnehmers (AN) und den zugehörigen Vergütungen des Auftraggebers (AG).

2.2 Begriffe

Trinkwasser:
Für den menschlichen Genuss geeignetes Trinkwasser mit Güteeigenschaften entsprechend der Trinkwasserverordnung (TVO).

Brenngase:
Brenngase sind gasförmige Brennstoffe, die an Haushalte, Gewerbe- und Industriebetriebe zur allgemeinen Verwendung (überwiegend zur Erzeugung von Wärme) entsprechend DVGW-Arbeitsblatt G 260 geliefert werden.

Druckleitungen:
Druckleitungen sind Rohrleitungen, bei denen das Medium unter einem gegenüber dem atmosphärischen Druck erhöhten Innendruck steht.

Systembetriebsdruck (DP):
Höchster vom Planer festgelegter Betriebsdruck des Rohrleitungssystems oder einer Druckzone (mit Berücksichtigung von Druckstößen = MDP).

Betriebsdruck (OP):
Innendruck, der zu einem bestimmten Zeitpunkt an einer bestimmten Stelle im Wasserversorgungssystem auftritt.

Systemprüfdruck (STP):
Hydrostatischer Druck, der für die Prüfung der Unversehrtheit und Dichtheit einer neuverlegten Rohrleitung angewandt wird.

Nenndruck (PN):
Der Nenndruck ist die Bezeichnung für eine ausgewählte Druck-Temperatur-abhängigkeit, die zur Normung von Bauteilen herangezogen wird. Der Zahlen-wert des Nenndruckes für ein genormtes Bauteil aus dem in der Norm genann-ten Werkstoff gibt den zulässigen Betriebsdruck (PB) in bar bei 20 °C an.

Nennweite (DN):
Die Nennweite ist eine Kenngröße, die bei Rohrleitungen als kennzeichnen-des Merkmal zueinander passender Teile (Rohre, Verbindungen, Formstücke, Armaturen etc.) benutzt wird. Die Nennweite hat keine Einheit, entspricht aber annähernd dem lichten Durchmesser in Millimeter.

3 Rohrwerkstoffe

Für den Bau, die Instandsetzung und Sanierung von Rohrleitungen stehen heute eine Vielzahl von Rohrwerkstoffen zur Verfügung. Die Eigenschaften der von der Industrie angebotenen Werkstoffe müssen möglichst exakt auf die Anforderungen der Rohrleitung abgestimmt sein. Dabei gibt es nicht den ide-alen Werkstoff, sondern von Fall zu Fall muss man zwischen besser und weni-ger geeigneten Rohrwerkstoffen unterscheiden mit folgenden chemischen und physikalischen Eigenschaften:

- Dichte und Härte
- Festigkeit und Elastizität

- Thermische und elektrische Leitfähigkeit
- Verarbeitbarkeit (z. B. Schweißfähigkeit, Verlegetechniken, Vortriebsfähigkeit)
- Umweltverträglichkeit und Korrosionsbeständigkeit
- Langlebigkeit.

Die Auswahl hängt im Wesentlichen von den Anforderungsfaktoren ab:

- Transportmedium: Durchflussmenge, Durchflussgeschwindigkeit, Strömungsverhältnisse
- Innendruck
- Außendruck: durch Erdreich, Verkehr, Bodenbewegungen, Grundwasser
- Kosten: Material, Verlegung, Gewicht, Baulängen, Verbindungen, Folgekosten
- Angriffe auf die Leitung: Frost, Korrosion, Ablagerungen, Transportmedium
- Trassen- und Baugrundverhältnisse: Boden und Bodenarten, Höhenunterschiede, Hindernisse
- Betriebsdauer
- Dichtheitskriterien.

Nicht der Rohrwerkstoff, sondern das Gesamtsystem aus Rohren, Verbindungen und Armaturen ist entscheidend für die Wahl. Dabei spielen auch die Verfügbarkeit der Materialien, die Tradition und Erfahrung der am Bau Beteiligten eine Rolle. Da die Kosten des reinen Tiefbaus mit ca. 70 % mehr als doppelt so hoch sind wie die Kosten des reinen Rohrleitungsbaus mit ca. 30 %, ist eine Optimierung der Investitionskosten in erster Linie durch organisatorische und bautechnische Innovationen im Bereich des Erdbaus zu erreichen, z. B. durch die modernen Rohrvortriebstechniken des grabenlosen Bauens. Allerdings nimmt durch die angespannte Lage der öffentlichen Haushalte der Kostendruck auch in Bezug auf die Rohrwerkstoffe zu, auch und gerade zu Lasten der Qualität und der Langlebigkeit.

Traditionell ist der überwiegende Teil (fast 50 %) der erdverlegten Wasserleitungen aus Gusseisen, geringer ist der Anteil an Stahl, Faserzement und Stahlbeton. Bei Gasleitungen besteht mehr als die Hälfte aus Stahl, nur weniger als 10 % noch aus Gusseisen. In beiden Bereichen wächst der Anteil der Kunststoffrohre kontinuierlich. Preisvorteile und das große Innovationspotential sind die wichtigsten Gründe.

3.1 Rohre aus duktilem Gusseisen

Duktiles Gusseisen ist ein Eisenkohlenstoff-Gusswerkstoff, dessen als Graphit enthaltener Kohlenstoffanteil nahezu vollständig in kugeliger Form vorliegt. Duktiles Gussrohr ist im Gegensatz zum alten Graugussrohr in einem weiten Bereich verformbar und stahlähnlich.

Leider ist es auch korrosionsanfälliger als das Graugussrohr und wird daher überwiegend mit einer äußeren PE-Ummantelung als passivem Korrosionsschutz eingesetzt.

Duktile Gussrohre werden aus flüssigem Roheisen in sich drehenden Formen (Kokillen) geschleudert (Schleudergussverfahren); die Formstücke werden in Sandformen gegossen (Sandguss). Gussrohre werden überwiegend für Wasserleitungen verwendet, ganz selten nur noch für Gasleitungen (meist in Bergsenkungsgebieten wegen der Beweglichkeit der kurzen Rohre in den Muffen). Die Wasserrohre werden innen mit einer Zementmörtelauskleidung zur Vermeidung von Korrosion und Ablagerungen versehen.

Duktiles Gusseisen für die Herstellung von Rohren und Formstücken ist bereits einheitlich in DIN EN 545 für Wasserleitungen und in DIN EN 969 für Gasleitungen genormt. Festgelegt sind eine *Zugfestigkeit* von mindestens 420 N/mm^2 (für Formstücke 400 N/mm^2) und eine Bruchdehnung von mindestens 10 % (für Rohre bis DN 1000). Die Rohre sind relativ schwer und kurz (i. d. R. 6,00 m Baulänge); es stehen drei Wanddickenklassen (K 8; K 9; K 10) zur Verfügung. Innendrücke von über 60 bar sind möglich.

Duktiles Gusseisen kann nur für besondere Anwendungsfälle geschweißt werden (Flansche, Stutzen). Für *die Verbindun*gen steht jedoch eine große Zahl von Muffenverbindungen (fast ausschließlich als Steckmuffen) zur Verfügung. Für Abgänge, Richtungsänderungen, Endverschlüsse und Nennweitenübergänge gibt es ein umfassendes Programm von genormten Formstücken aus duktilem Gusseisen.

Der *Einsatz von duktilen Gussrohren* erfolgt überwiegend für den Bau von Wasserverteilungsnetzen und Zubringerleitungen. Die Eigenschaften wie hohe Zugfestigkeit, einfache Verbindungstechnik, Abwinkelbarkeit und Längsbeweglichkeit ermöglichen die Anpassung an unterschiedliche Gegebenheiten und somit einen vielseitigen Einsatz.

3.2 Rohre aus Stahl

Das Stahlrohr hat einen weiten Anwendungsbereich hinsichtlich der darin transportierten Medien, der Nennweiten, der zulässigen Betriebsdrücke und der Temperaturen.

Die *Anforderungen an Stahlrohre* und an die sonstigen Rohrleitungsteile sind für Gasleitungen in EN 10 208-1 und -2 und für Wasserleitungen in EN 10 224 und EN 10 220 festgelegt. Je nach verwendeter Stahlsorte liegen die Zugfestigkeiten zwischen 330 und 930 N/mm^2, die Streckgrenzen zwischen 210 und 690 N/mm^2 und die Bruchdehnungen zwischen 19 und 29%. Stähle für den Rohrleitungsbau werden nach der EN 10 027 bezeichnet und tragen den Kennbuchstaben L. Maßgeblich ist für die Kennzeichnung nicht mehr die Zugfestigkeit wie bei den älteren Stählen, sondern die Streckgrenze: St 37-2, für Allg. Baustahl, Zugfestigkeit 360 N/mm², Gütegruppe 2. L 360 MB, Stahl für Rohrleitungsbau, Streckgrenze 360 N/mm², thermomechanisch gewalzt.

Für Stahlrohre sind *Schweißverbindungen* eine Technik, die es ermöglicht, gleiche Eigenschaften wie im Grundwerkstoff zu erreichen. Geschweißte Verbindungen können durchstrahlt oder mit Ultraschall auf der Baustelle geprüft werden. Flansch- oder Schraubverbindungen werden bei Anlagen und Reparaturen angewendet. Für Wasserleitungen werden die Stahlrohre mit einer Zementmörtelauskleidung und einer angeformten Muffe versehen; diese Rohre mit Steckmuffenverbindungen kommen überwiegend für Verteilungsnetze mit kleinem Rohrdurchmesser zum Einsatz.

Das elastische und plastische *Verformungsvermögen* von Stahlrohren erleichtert den Einbauvorgang, da Richtungsänderungen (Bögen) auch durch Kaltverformungen oder durch elastische Bögen möglich sind.

Nachteilig ist die *Korrosionsempfindlichkeit* der Stahlrohre; daher müssen die Rohre durch werksseitige Umhüllungen (meistens aus PE) geschützt werden. Wasserleitungsrohre aus Stahl werden häufig noch mit einer Faserzementmörtelummantelung als mechanischen Schutz für die PE-Umhüllung versehen. Eine korrosive Beeinträchtigung der Rohre kann weitgehend durch Anwendung des kathodischen Korrosionsschutzes verhindert werden. Dazu wird ein vorher ermitteltes negatives Schutzpotential gegen das umgebende Erdreich durch Fremdstromanlagen (teilweise noch durch „Opferanoden") auf das Rohr gebracht. Dazu muss die Leitung durchgehend elektrisch leitfähig sein, was bei Schweißverbindungen im Gegensatz zu Muffenverbindungen problemloser ist. Bei Gasleitungen über 4 bar Betriebsdruck ist der kathodische Korrosionsschutz unabdingbar.

Nach der Art der Herstellung sind nahtlose Rohre und längsnaht- bzw. spiralnahtgeschweißte Rohre zu unterscheiden.

Nahtlose Rohre werden im Warmverfahren nach dem Schrägwalz-Pilgerschrit, dem Stopfenwalz- oder dem Stoßbankverfahren hergestellt. Ausgangspunkt sind bei allen Verfahren auf Walztemperatur erhitzte Stahlblöcke. Nahtlose Stahlrohre werden bis zu einem äußeren Durchmesser von 558 mm gefertigt.

Zur *Herstellung längsgeschweißter Rohre* werden Bleche im Kaltverfahren zu einem Schlitzrohr verformt und anschließend automatisch längs nach dem Unterpulververfahren verschweißt. Nach diesen Verfahren werden Großrohre bis in den Bereich von 1600 mm äußerer Durchmesser bei 30 mm Wanddicke hergestellt.

In den Abmessungen bis 508 mm Außendurchmesser werden Stahlleitungsrohre auch nach dem HFI-Verfahren verschweißt (Hochfrequenz-induktivlängsnahtgeschweißt). Das Verschweißen der Längsnaht erfolgt durch elektrisches Pressschweißen mit hochfrequentem Strom. Als Ausgangsmaterial dient Warmbandstahl, aus dem die Rohre praktisch endlos gefertigt und zum Schluss auf die gewünschte Einzellänge abgeschnitten werden.

Bei der Herstellung von schraubennahtgeschweißten Rohren wird ein Warmband schraubenlinienförmig zum zylindrischen Rohr gebogen und nach dem Unterpulververfahren von innen und außen geschweißt.

Bei den aus Blechen hergestellten längs- oder spiralnahtgeschweißten Rohren ist die Möglichkeit gegeben, Rohre mit geringeren Wanddicken herzustellen als nach dem nahtlosen Verfahren. Durch Verwendung hochfester Stähle mit Streckgrenzen von 480 N/mm^2 werden Stahlleitungsrohre mit großen Durchmessern für zulässige Betriebsdrücke bis 70 bar und mehr gefertigt.

Ein wesentliches Kriterium für die Anwendungsbereiche ist die *Wärmeausdehnung*. Bei Stählen liegt der Wärmeausdehnungskoeffizient bei 0,0115 mm/m K für den Bereich zwischen 0 °C und 100 °C. Als Faustfomel gilt, dass sich ein Stahlrohr von 1 m Länge bei einer Erwärmung von 0 °C auf 100 °C um etwa 1 mm ausdehnt oder aber ein Rohr von 100 m Länge bei 1 K Erwärmung ebenfalls um 1 mm länger wird.

Die im Erdreich auftretenden geringen Temperaturunterschiede können von Stahlrohren auch ohne *Dehnungsmöglichkeit* (z. B. in Muffen) kompensiert werden; die dadurch bedingten zusätzlichen Spannungen sind vernachlässigbar klein. Bei im Freien verlegten oder bei warmgehenden Rohrleitungen (z. B. Fernwärmeleitungen) müssen jedoch Dehnungsmöglichkeiten (Stopfbuchsdehner, Wellrohrdehner, Gelenkkompensatoren) vorgesehen werden.

Stahlrohre decken den *gesamten Bereich des Rohrleitungstransportes* ab. Dazu gehören somit Gas- und Wasserleitungen, Fernwärmeleitungen, Feststoffleitungen, Mineralöl- und Benzin-Leitungen, Chemieleitungen, Dampfhochdruckleitungen u. a. m. Da alle Konstruktionen durch Formstücke und Verbindungen aus Stahl hergestellt werden können, ist die Anpassung an alle Anforderungen ohne Einschränkung möglich.

3.3 Rohre aus Kunststoffen

Von den Eigenschaften der Kunststoffrohre sind die hohe chemische Beständigkeit und die Unfähigkeit, elektrochemische Reaktionen einzugehen, die bedeutendsten. Hierdurch wird eine Korrosion nahezu ausgeschlossen.

Es gibt drei Gruppen von Kunststoffen: Thermo-, Elasto- und Duroplaste. Für die Rohrherstellung kommen fast ausschließlich Thermoplaste in Frage, wovon Polyvinylchlorid (PVC) und Polyethylen (PE) den überwiegenden Bereich der Gas- und Wasserversorgung abdecken.

PVC entsteht auf der Basis von *Vinylchlorid* durch Polymerisation. Die Bezeichnung PVC-4 (unplasticised PVC) bedeutet, dass es sich hierbei um ein weichmacherfreies PVC handelt. Kennzeichnendste Eigenschaft ist neben verhältnismäßig hoher Härte und Formbeständigkeit nahezu uneingeschränkte Beständigkeit gegen Säuren und Laugen. In bestimmten chemischen Stoffen (z. B. Estern, chlorierte Kohlenwasserstoffe) ist PVC löslich. Durch die Möglichkeit des Anlösens (z. B. mit Tetrahydrofuran, THF) können Teile aus PVC hart miteinander verklebt werden. Meistens werden PVC-Rohre mittels nicht längskraftschlüssiger Steckverbindungen zusammengefügt.

Für PVC-Rohre beträgt die *Zeitstandsfestigkeit* 25 N/mm² und die Dehnung etwa 12 %. Bei der Berechnung von PVC-Rohren geht man von einem Sicherheitsfaktor 2,5 aus, so dass sich eine zulässige Spannung von 10 N/mm² ergibt.

Weil Entsorgung und Recycling von PVC problematisch sind, ist die Bedeutung dieses Werkstoffes in den letzten Jahren geringer geworden. Für Gasrohrleitungen werden PVC-Rohre nur noch in Ausnahmefällen eingesetzt, weil die Verklebung den Anforderungen nicht entsprach und weil die Steckverbindungen vielfach (wegen der möglichen Dehnungen) ungeeignet sind.

Polyethylen entsteht auf der Basis von Ethylen durch Polymerisation des Polyethylen. Bei den Rohstoffen für die Rohrherstellung unterschied man früher zwischen Werkstoffen mit niedriger Dichte, PE-LD (etwa 0,92 bis 0,93 g/cm³) und hoher Dichte, PE-HD ($\geq$ 0,94 g/cm³).

Heute werden die unterschiedlichen Polyethylene nach MRS-Gruppen unterschieden; dabei steht MRS für Minimum Required Strength nach 50 Jahren bei 20 °C. Zur Verfügung stehen folgende PE-Materialien bzw. Rohrtypen: PE 80, PE 100, PE-Mehrschichtrohr, PE-Xa.

PE 80 entspricht in etwa dem alten PE-HD. Die Zahl hinter dem PE bedeutet die 10fache Mindestfestigkeit MRS, also 8,0 N/mm². Gegenüber PE 100 verliert das PE 80 immer mehr an Bedeutung. PE 80 wird bei Wasser schwarz mit blauen Streifen eingefärbt, PE 100 blau! PE 80-Gasrohre sind gelb und PE 100-Gasrohre orange. PE ist hoch flexibel und korrosionsbeständig. PE-Rohre werden als Stangenware (12 m), als Ringbünde ($d = 180$ mm; 100 m) und als Trommelware (mehrere 100 m) geliefert. Die Verbindungen können gesteckt oder verschweißt werden. Wegen der hohen Flexibilität eignen sich PE-Rohre hervorragend für die grabenlose Verlegung. PE-Rohre gibt es in verschiedenen Rohrreihen, SDR (Standard Dimension Ratio) = Verhältnis von Rohraußendurchmesser zur Rohrwanddicke (SDR 11 = 225 × 20,5), Betriebsdrücke von über 20 bar sind möglich.

PE-Xa entsteht durch den Zusatz von Peroxid. Dadurch vernetzen sich die linearen Molekülketten räumlich. Das Rohr wird flexibel, spannungsrissunempfindlich, mechanisch höher belastbar. Das hellblau eingefärbte Rohr ist hinsichtlich der Bettung wesentlich unempfindlicher als das normale PE.

Aus thermoplastischen Kunststoffen werden für den Rohrleitungsbau auch noch Rohre und Rohrleistungsteile aus *Polypropylen (PP)* und aus *Polybutan (PB)* hergestellt; sie werden jedoch überwiegend in Industrieanlagen verwendet.

Während PVC als in der Praxis nicht schweißbar gilt, sind Schweißverbindungen für alle übrigen Thermoplaste zugelassen; bei kleineren Rohrdurchmessern sind mechanische Steckmuffenverbindungen üblich.

Duroplaste (Duromere) werden für die Herstellung von Rohren und Rohrleitungsteilen aus glasfaserverstärktem Kunststoff (GFK) verwendet. Dabei handelt es sich um

- Polyesterharz mit Glasfasern (GF-UP)
- Epoxidharz mit Glasfasern (GF-EP).

Rohre aus GFK werden in speziellen Anlagen durch Schleudern oder Wickeln hergestellt; sie können nicht geschweißt, aber überwiegend verklebt werden. GFK-Rohre (DN 100 bis DN 2400) sind hart, aber (begrenzt) elastisch und relativ leicht. Hohe Zugfestigkeiten (bei 360 N/mm^2) und hohe Chemikalienbeständigkeiten sind weitere Vorteile. Nur bei größeren Dimensionen sind die Rohre eine wirtschaftliche Alternative zu Guss und Stahl.

Beim Einbau von Rohren aus Kunststoffen sind die sehr hohen temperaturabhängigen *Längenänderungen* zu berücksichtigen. Sie betragen bei PE etwa 0,20 mm/m K und sind damit etwa 20 mal so hoch wie bei Stahl. Die Ausdehnungswerte für PVC liegen bei etwa 0,08 mm/m K, für PB bei 0,15 mm/m K und für PP bei 0,18 mm/m K.

3.4 Rohre aus Faserzement

Die bis vor 20 Jahren in großem Umfang für den Bau von Trinkwasserleitungen eingesetzten *Rohrsysteme aus Asbestzement (AZ)* dürfen wegen der krebserregenden biologischen Wirkungen der Asbestfasern nicht mehr verwendet werden. Asbest wurde in die höchste Gefährdungsgruppe der Gefahrstoffverordnung (GefStoffV) eingestuft. Bei Instandhaltungs-, Sanierungs-, Abbruch- und Entsorgungsarbeiten sind die Technischen Regeln für Gefahrstoffe – Asbest – (TRGS 519) zu beachten sowie weitere Merkblätter, Richtlinien und Regelungen der Berufsgenossenschaften.

Der Baustoff Asbest wird durch den asbestfreien Verbundwerkstoff *Faserzement (FZ)* ersetzt; er besteht aus einer homogenen Mischung aus Zement, Wasser und synthetisch-organischen Fasern. Die Herstellung der Rohre erfolgt durch Aufwicklung eines nur 0,1 mm dicken entwässerten Filmes auf eine Stahlwalze unter hohem Druck. Dabei dienen die Fasern als leistungsfähige Armierung des Rohres.

Die Verbindung der Rohre erfolgt durch *Steckverbindungen* wie sie bei den AZ-Rohren üblich waren. Zugehörige Formstücke werden im Allgemeinen aus duktilem Gusseisen oder – bei großen Nennweiten – auch aus Stahl hergestellt. Der Einsatz dieses Rohrsystems dient heute vorrangig dem Transport von Abwasser im freien Gelände. Faserzementdruckrohre und Verbindungen sind in der EN 512 genormt, die Hinweise für die Verlegung in der EN 1444.

3.5 Rohre aus Spannbeton

Druckrohre aus Spannbeton (Spb) sind *Beton-Fertigteile*, die in zentralen Betonwerken hergestellt werden. Bei Spannbeton handelt es sich um eine

Verbundkonstruktion, die aus dem *Verbundwerkstoff Beton* (Zuschlagstoffe bis 20 mm Korndurchmesser, Zement als hydraulisches Bindemittel und Wasser) und dem Stahl-Spanndraht besteht. Dadurch wird die hohe Druckfestigkeit des Betons genutzt und gleichzeitig die geringe Zugfestigkeit durch die im Beton eingebetteten Spanndrähte so eliminiert, dass an keiner Stelle des Betonrohres Zugspannungen auftreten.

Formstücke werden entweder als Stahlbetonformstücke mit einbetonierten Stahlformteilen oder als Formstücke aus Gusseisen oder Stahl hergestellt. Für die Rohrverbindungen dienen überwiegend angeformte Glockenmuffen mit Rollgummidichtung.

Als *Einsatzbereiche* für Spannbetonrohre gelten Zubringer- und Rohrfernleitungen großer Nennweiten, meistens für Betriebsdrücke unter 16 bar. Die Rohre werden für jeden Einzelfall gesondert bemessen und hergestellt; die Nennweiten liegen zwischen DN 600 und DN 4000 (kleinere und größere Nennweiten sind möglich), und die Herstellungslängen betragen 5 bis 8 m.

4 Rohrverbindungen

Rohrverbindungen müssen bei maximal auftretenden Innendrücken und bei den von außen auf sie wirkenden Kräften dicht sein und ansonsten auch den gleichen Anforderungen genügen, die an die übrigen Rohre und Rohrleitungsteile gestellt werden.

Hinsichtlich der *Innendrücke* sind zu unterscheiden:

- längskraftschlüssige Rohrverbindungen, die Längskräfte aufnehmen und übertragen können (z. B. Schweißverbindungen, Flanschverbindungen),
- nicht längskraftschlüssige Rohrverbindungen, die keine Längskräfte in axialer Richtung aufnehmen und übertragen können. (z. B. Steckverbindungen).

Hinsichtlich *von außen einwirkender Kräfte* sind zu unterscheiden:

- bewegliche Rohrverbindungen, die eine begrenzte Längsverschiebbarkeit erlauben (z. B. Steckverbindungen),
- starre Rohrverbindungen, die keine Längsverschiebbarkeit ermöglichen (z. B. Schweißverbindungen, Flanschverbindungen).

Hinsichtlich der *Montage- und Demontage* sind zu unterscheiden:

- lösbare Rohrverbindungen, deren Einzelteile wieder demontiert werden können (z. B. Flanschverbindung, Schraubverbindung),
- nicht lösbare Rohrverbindungen, die nur durch Zerstörung der Verbindung demontiert werden können (z. B. Schweißverbindung, Klebeverbindung).

Die Auswahl der für den betreffenden Verwendungsfall am besten geeigneten Verbindungsart ist eine wichtige Voraussetzung für die dauerhafte Betriebssicherheit der Rohrleitung.

4.1 Verbindungen für Stahlrohre

Für erdverlegte Stahlrohrleitungen werden überwiegend angewendet:
- Schweißverbindungen (Stumpfnaht, teilweise Kehlnaht)
- Steckmuffenverbindungen (gummigedichtet, teilweise längskraftschlüssig).

Für besondere Einsatzzwecke sind noch verfügbar:
- Flanschverbindungen (für Armaturen, Formstücke u. a. m.)
- Schraubmuffenverbindungen (für Reparaturen u. a. m.).

Für den *Bau von Gasrohrleitungen* werden andere als Schweißverbindungen nur noch in der Installation verwendet; bei der Herstellung der Schweißverbindungen ist das elektrische Lichtbogenschweißverfahren auch für kleine Rohrdurchmesser einsetzbar, so dass das Gasschmelzschweißen auf Ausnahmefälle beschränkt ist.

Beim *Gasschmelzschweißen* wird die Schmelzwärme durch Verbrennen eines Gemisches aus Acetylen und Sauerstoff erreicht. Wirtschaftlich ist die Anwendung nur für Rohre bis DN 100 und bis 5 mm Wanddicke; bei Kombination der Heizflamme mit zugeführtem Sauerstoff in einer Düse kommt es zu einem heißen Schneidstrahl, der zum Trennen von Stahlrohren mittels Handbrennern oder geführten Ringdüsen eingesetzt wird.

Für das *Lichtbogen-Handschweißen* sind Unterscheidungen üblich nach der Art der eingesetzten Elektroden (z. B. basisch oder zelluloseumhüllt) und nach der Schweißrichtung (z. B. steigend oder fallend). Das Fallnahtschweißen mit zelluloseumhüllten Elektroden ist vorteilhaft, weil hohe Abschmelzleistungen (1,6 bis 1,8 kg/h) und damit hohe Schweißgeschwindigkeiten erreicht werden; außerdem ist die Wärmeeinbringung der einzelnen dünnen Schweißlagen geringer und deren mechanische Gütewerte meistens besser als bei der Steigenahtschweißung.

Für die Herstellung von *Schweißverbindungen bei ZM-ausgekleideten Rohren* (mit Auskleidung bis zu den Stirnflächen) darf nur die Fallnahttechnik angewendet werden; die Vorbereitung der Schweißkanten muss hierbei begleitet sein von einem anforderungsgerechten Rückschnitt der ZM-Auskleidung (Abb. 1).

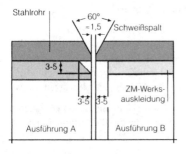

Abb. 1:
Vorbereitete Stumpfschweißverbindung mit ZM bis zum Rohrende („A" = ZM ≥ 8 mm; „B" = ZM > 3 mm)

Die *elektrische Energie* für die Elektroschweißung wird beim Rohrleitungsbau durch fahrbare Schweißaggregate (mit Dieselmotor) erzeugt; sie sind der
Lärmschutzverordnung entsprechend nur noch schallgedämpft einzusetzen.
Bei Spannungen von etwa 40 V werden Schweißströme zwischen 150 und
600 A benötigt.

Für den Bau von Gas- und Ölfernleitungen werden automatisch arbeitende *Schutzgasschweißanlagen* erfolgreich eingesetzt. Hierbei sind gleichzeitig
mehrere Anlagen am Rohrstrang in Betrieb; die Schweißnahtvorbereitung mit
einer besonders geformten Fugenkante wird ebenfalls von halbautomatisch
arbeitenden Maschinen ausgeführt.

In allen Fällen müssen die *eingesetzten Schweißer* eine Prüfung gemäß DIN EN
287 Teil 1 dem Schweißverfahren und den Rohrabmessungen entsprechend
bestanden haben; das Bedienungspersonal von Schweißautomaten muss eine
zusätzliche Ausbildung durchlaufen.

Zur Anwendung von *Steckverbindungen*, die nur für Wasserleitungen möglich
ist, erhalten Stahlrohre mit ZM-Auskleidung eine angeformte Muffe, an die
ein Stützring mit Ringnut zur Aufnahme einer Gummidichtung angeschweißt
wird. Solche Steckverbindungen entsprechen denen bei duktilen Gussrohren;
sie können durch SIT-Ringe längskraftschlüssig gemacht werden. Für Rohrleitungen mit längskraftschlüssigen Verbindungen sind Einsteck-Schweißmuffen
anwendbar. Der Abmessungsbereich für Stahlrohre mit Steckmuffen geht von
DN 100 bis DN 300.

Flanschverbindungen für Stahlrohre werden nur noch für den Einbau von
Armaturen und Formstücken angewendet; überwiegend erfolgt der Einsatz
aber in oberirdischen Anlagen oder innerhalb von Schächten. Beim direkten Erdeinbau sind Flanschverbindungen auch bei guter Umhüllung anfällig
gegen Korrosion, bei unsachgemäßer Montage (z. B. ohne Verwendung eines
Drehmomentenschlüssels) können Zusatzspannungen auftreten, die zu einer
Überbeanspruchung der Verbindung führen. Für die Herstellung von Flanschverbindungen stehen genormte Vorschweißflansche, Dichtungen und Schrauben in unterschiedlichen Varianten zur Verfügung.

Schraubmuffenverbindungen werden bei Stahlrohren überwiegend dann angewendet, wenn im Reparaturfall eine Schweißverbindung nicht möglich ist oder
wenn es sich um den Einbau von Armaturen und Formstücken in Wasserleitungen kleiner Durchmesser (z. B. in der Installation) handelt.

4.2 Verbindungen für Gussrohre

Gusseiserne Rohre können mittels Steckmuffen, Schraubmuffen, Stopfbuchsmuffen und Flanschen verbunden werden. Überwiegend wird die elastisch
gedichtete Steckmuffenverbindung angewendet.

Das TYTON-Muffen-System stellt die gebräuchlichste *Steckmuffenverbindung* (Anwendungsbereich DN 80 bis DN 1400) dar. Der profilierte Dicht-

ring besteht im Halteteil aus einer harten und im Dichtteil aus einer weichen Gummimischung (Abb. 2).

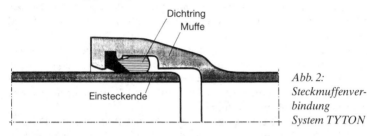

Dichtring

Muffe

Einsteckende

Abb. 2:
Steckmuffenver-
bindung
System TYTON

Für den Nennweitenbereich von DN 1600 bis DN 2000 gibt es die Steckmuffenverbindung System Standard, die abgesehen von der Art des Dichtringes der TYTON-Verbindung ähnlich ist. Beide Systeme sind beweglich und wirken wie ein längsverschiebbares Gelenk. Biegemomente und Längskräfte übertragen sie daher nicht. Die TYTON-Verbindung hat den Vorteil, dass sie abwinkelbar ist, und zwar durchmesserabhängig von 1° (bei > DN 1200) bis 5° (bei ≤ DN 300).

Sofern keine Betonwiderlager oder Ankerkonstruktionen vorgesehen sind, können TYTON-Steckmuffenverbindungen bis DN 300 durch einen Dichtring mit Edelstahlsegmenten längskraftschlüssig ausgeführt werden (Abb. 3).

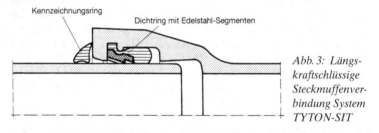

Kennzeichnungsring

Dichtring mit Edelstahl-Segmenten

Abb. 3: Längs-
kraftschlüssige
Steckmuffenver-
bindung System
TYTON-SIT

Andere Sonderkonstruktionen (Abb. 4) der Muffen und Sicherungselemente (z. B. TIS, TIS-K, SV, TKF und NOVO-SIT) ermöglichen die *Längskraftschlüssigkeit* der Verbindungen bis DN 1400 (TKF).

Schraubmuffenverbindungen (DN 80 bis DN 400) und *Stopfbuchsmuffenverbindungen* (DN 500 bis DN 1200) werden nur noch vereinzelt bei Reparaturen und für bestimmte Formstücke eingesetzt. Der Dichtring wird bei diesen Verbindungen durch den Schraubring oder Stopfbuchsenring zusammengepresst und bewirkt dadurch die Dichtung. Für besondere Fälle können auch diese Verbindungen mittels Zusatzeinrichtungen längskraftschlüssig ausgeführt werden.

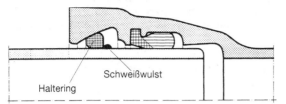

Abb. 4: Längs-kraftschlüssige Verbindung TIS-K

Flanschverbindungen werden bei erdverlegten Rohrleitungen fast nur noch für den Einbau von Flanschenarmaturen verwendet; dabei sind sie im Allgemeinen mit glatten Dichtleisten versehen. Flanschrohre werden entweder aus geschleuderten Rohren mit vorgeschweißten Gusseisenflanschen oder nach dem Sandgussverfahren mit angegossenen Flanschen hergestellt.

Auf der Baustelle dürfen Stutzen von DN 25 bis DN 80 an Wasserleitungen bis 40 bar und an Gasleitungen bis 4 bar angeschweißt werden (Abb. 5).

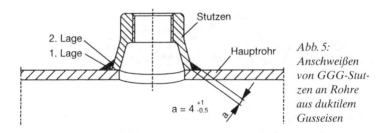

Abb. 5: Anschweißen von GGG-Stutzen an Rohre aus duktilem Gusseisen

Die Nennweite von Abgängen DN 80 bis DN 300 darf bei Druckleitungen höchstens dem halben Außendurchmesser des Hauptrohres entsprechen. Für das Einbinden in Bauwerke werden Mauerflansche auf das Rohr geschweißt. Alle *Schweißverbindungen* werden als Kehlnähte ausgeführt; sie können einer Sichtprüfung, Ultraschall- oder Farbeindringprüfung unterzogen werden.

4.3 Verbindungen für PVC-Rohre

Die gebräuchlichste Verbindungsart ist die *Steckverbindung*, die einfach konstruiert und einfach zu handhaben ist. Das Spitzende des Rohres wird bis in den Muffengrund eingeschoben (Abb. 6).

Eine Abwinklung ist für diese Muffenverbindungen kaum möglich; durch außen angebrachte Schellen ist eine begrenzte Längskraftschlüssigkeit erreichbar.

Eine *Klebeverbindung* kommt nur noch in Sonderfällen unter strenger

Beachtung aller Richtlinien und Anleitungen zum Einsatz; die meistens ungünstigen Baustellenbedingungen bewirken andernfalls Nachteile für die Güte der Verbindung.

Flanschverbindungen mit losen Flanschen und mit Bundborden oder keilförmigen Flanschbuchsen werden für den Einbau von Flanschenarmaturen verwendet.

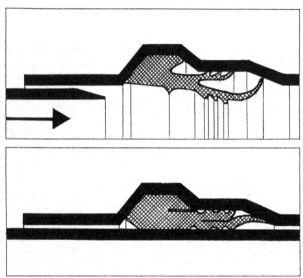

*Abb. 6:   Steckverbindung für PVC-Druckrohre mit Mehrfach-
Dichtelement ohne Stützring (VOGELSANG)*

4.4 Verbindungen für PE-Rohre

Für die Herstellung der Verbindungen stehen zahlreiche Systemvarianten, Rohrleitungsteile, Schweißgeräte und Ausrüstungsgegenstände zur Verfügung. Eine lückenlose Qualitätssicherung von der Planung über die Produktherstellung bis zur Inbetriebnahme muss gewährleisten, dass dauerhaft betriebssichere PE-Rohrleitungen vorhanden sind.

Die bevorzugten Verbindungsarten sind:

■ Heizelement-Stumpfschweißung
■ Heizwendel-(Elektro-)Schweißung
■ Flanschverbindung
■ Klemm-(Schraub-)Verbindung.

Klebeverbindungen sind nicht möglich, weil PE weder quellfähig noch anlösbar ist.

Für die *Schweißverbindungen* sind Rohre und Rohrleitungsteile zu verwenden, die gemäß ISO und DIN nach dem äußeren Durchmesser genormt sind und dieselbe Druckklasse aufweisen. Die Schweißverfahren dürfen nur für gleichartige Werkstoffe (z. B. MFI-Gruppe 005 und 010) angewendet werden. Die Festigkeit der Schweißverbindungen ist vorrangig abhängig von den Parametern Druck, Zeit und Temperatur.

Bei der *Heizelement-Stumpfschweißung* werden die zu verbindenden Teile ohne Verwendung eines Zusatzstoffes miteinander verschweißt (verschmolzen); es entsteht eine homogene Verbindung unter Ausbildung eines herzförmigen Schweißwulstes. Die Anwärm-, Füge- und Abkühlzeiten sind entsprechend den Herstelleranleitungen einzuhalten, damit die Verbindung die Anforderungen erfüllt (Abb. 7). Halbautomatisch arbeitende Geräte erleichtern und verbessern die Herstellung der Verbindungen insbesondere bei großen Rohrdurchmessern; ein weiterer Vorteil ist die Dokumentation aller Schweißparameter. Es können alle Arten von Formstücken mit diesem Verfahren verschweißt werden.

Angleichen und Anwärmen
200°C – 220°C

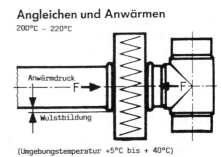

(Umgebungstemperatur +5°C bis + 40°C)

Fügen und Abkühlen

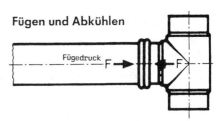

Abb. 7:
Heizelement-Stumpfschweiß-
verbindung zwischen Rohr
und Fitting

Bei der *Heizwendel-(Muffen-)Schweißung* sind in die Muffen elektrische Widerstandsdrähte eingebettet, über die durch den gesteuerten Stromfluss die Schweißwärme erzeugt wird. Die Schweißung erfolgt nach manueller Einführung der Muffen über Schweißautomaten mit Strichcode- oder Magnetkarten-Erkennung (Abb. 8). Eine zerstörungsfreie Prüfung der geschweißten Verbindungen ist zwar nicht möglich, doch ist die Erfassung der Einflussparameter so vollständig, dass Fehler ausgeschlossen werden können.

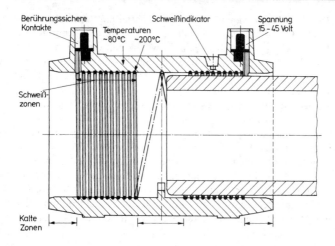

*Abb. 8:   Einzelheiten zur Herstellung einer (monofilaren) Heizwendel-
Muffenschweißverbindung*

Für *Flanschverbindungen* stehen Vorschweißbunde mit losem Flansch zur
Verfügung, die mit flachen Dichtelementen oder mit O-Ringen versehen
werden können. Die unterschiedlichen Eigenschaften der bei den Flanschverbindungen in PE-Rohrleitungen verwendeten Werkstoffe (z. B. Flansche aus
Polypropylen, Schrauben aus nichtrostendem Stahl) müssen bei der Montage
besonders beachtet werden, damit keine Mängel auftreten.

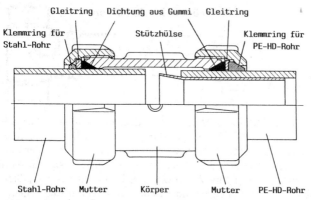

Abb. 9:   Übergangsverbindung von Stahl- auf PE-Rohr

Bei Anschlussleitungen für Trinkwasser werden noch *mechanische Rohrverbindungen* verwendet. Dafür sind verschiedenartige Konstruktionen im Angebot, die auch als T-Stücke, Winkel, Kupplungen und Übergangsfittings erhältlich sind. Sie erfordern im Allgemeinen einen inneren Stützring und gelten überwiegend als längskraftschlüssig (Abb. 9).

4.5 Verbindungen für Faserzement- und Spannbetonrohre

Die Verbindung dieser Rohrarten erfolgt entweder durch die sogenannte REKA-Kupplung (bei FZ-Rohren) oder durch Sonderkonstruktionen (Steckmuffen), die dem jeweiligen Verwendungszweck angepasst sind (Abb. 10).

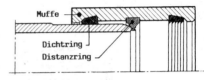

Abb. 10: Funktionsprinzip einer REKA-Kupplung

Diese Verbindungen sind nicht längskraftschlüssig; bei der Anwendung sind die speziellen Herstelleranleitungen zu beachten.
Für Spannbetonrohre gibt es die Glockenmuffe mit Rollringdichtung und für große Nennwerte und höhere Drücke die Falzmuffe mit Gleitringdichtung (Abb. 11).

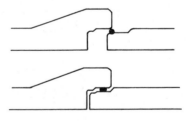

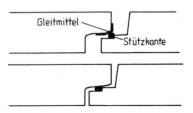

*Abb. 11: Verbindungen
für Spannbetonrohre
oben: Glockenmuffe mit Rollringdichtung
unten: Falzmuffe mit
Gleitringdichtung*

5 Armaturen und Formstücke

Zu einem sicheren Betrieb der Rohrleitung gehören neben den Rohren Armaturen und Formstücke.

5.1 Armaturen

Bei Armaturen unterscheidet man *Absperr- und Regelarmaturen.* Absperrarmaturen sollen den Durchfluss unterbrechen bei Wartungen, Reparaturen, Störfällen und Netzerweiterungen. Sie werden alle 500–1000 m und bei Einbindungen bzw. Kreuzungen und vor und hinter Armaturen (z. B. Zähler, Hydranten) eingebaut, um diese auswechseln zu können. Zum Absperren und Freigeben von Volumenströmen dienen Schieber, Klappen, Ventile und Hähne (Abb. 12).

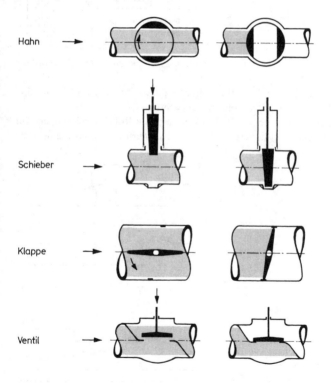

Hahn

Schieber

Klappe

Ventil

Abb. 12: Bauformen und Funktionsweisen von Absperrarmaturen

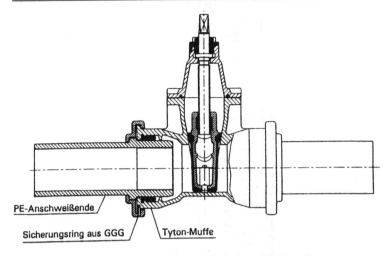

PE-Anschweißende

Sicherungsring aus GGG

Tyton-Muffe

Abb. 13: Absperrschieber aus duktilem Gußeisen, weichdichtend, mit
PE-Anschweißenden (SCHMIEDING)

Schieber werden zwar überwiegend aus duktilem Gusseisen gefertigt, doch werden sie auch aus anderen Werkstoffen (Stahl, PVC) angeboten (Abb. 13). Der Einbau in die Rohrleitungen erfolgt durch Flanschverbindungen (in Schächten und oberirdischen Anlagen), mittels Steckmuffen (vorwiegend für den Erdeinbau) und teilweise durch Schweißverbindungen (in Gas- und Ölleitungen). Metallisch dichtende Plattenschieber (Abb. 14), Kugelhähne und andere Sonderkonstruktionen werden für Hochdruckleitungen benötigt, Schieber aus PVC für erdverlegte Wasserleitungen aus PVC oder PE. Schieber dürfen wegen der einseitigen Strömungsbelastung nicht zur Wasserdrosselung eingesetzt werden.

Zum Absperren von Rohrleitungen dienen auch *Absperrklappen* (überwiegend in Wasserleitungen für niedrige Drücke), bei denen im Inneren des Gehäuses eine drehbare Scheibe den Abschluss herstellt. Die Lagerung dieser Scheibe erfolgt zwecks möglichst geringer Reibung exzentrisch oder doppelt exzentrisch. Der Einbau von Klappen in die Rohrleitung erfolgt fast ausschließlich mittels Flanschverbindung und somit in Schächten bzw. oberirdischen Anlagen.

Schieber sind bei DN 300 preiswerter als Klappen, sie haben aber den Nachteil von großen Einbauhöhen durch den Domaufsatz und sind relativ schwer. Klappen sind dagegen kleiner und leichter, aber kostenintensiv und nicht molchbar.

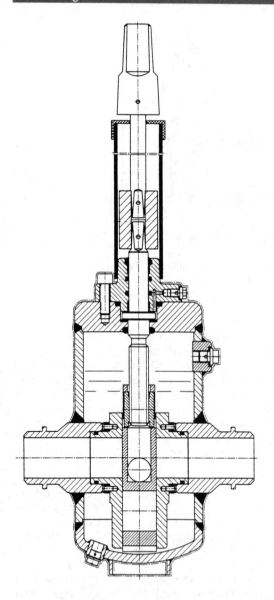

Abb. 14: Plattenschieber (mit Ölfüllung) als Absperrarmatur in Hochdruck-leitungen ≥ 16 bar

Ventile werden zum Regeln von Innendrücken und in der Hausinstallation eingesetzt. Darüber hinaus werden Ventile als Sicherheitsabsperrventile (SAV) und Sicherheitsabblaseventile (SBV) sowie für verschiedene andere Verwendungszwecke und mit variantenreichen Konstruktionen verwendet (Abb. 15). Bei Wasserrohrleitungen werden Ventile auch als Be- und/oder Entlüftungsventile eingesetzt, die jedoch in Schächten oder Gebäuden einzubauen sind.

Hähne gibt es für Rohrleitungen als *Kugelhähne* in verschiedenen Ausführungen, besonders aber für Gasfernleitungen mit großen Durchmessern (ab DN 400) und mit hohen Drücken (ab PN 40); sie werden in die Rohrleitung eingeschweißt.

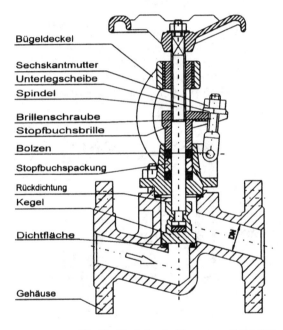

Bügeldeckel
Sechskantmutter
Unterlegscheibe
Spindel
Brillenschraube
Stopfbuchsbrille
Bolzen
Stopfbuchspackung
Rückdichtung
Kegel
Dichtfläche
Gehäuse

Abb. 15: Hochdruck-Absperrventil (MAW)

5.2 Hydranten

Hydranten dienen der Entnahme von Wasser – hauptsächlich zu Feuerlöschzwecken – und zur Entlüftung der Rohrleitungen bei Inbetriebnahme sowie zum Spülen der Rohrleitungen während der Betriebsdauer. Hydranten werden alle 80–120 m in die Strecke eingebaut, an Endpunkten von Rohrsträngen, zum Spülen und eigens vor Gebäuden mit erhöhtem Brandschutzbedarf. Hydranten

werden unterschieden nach Unterflurhydranten gemäß DIN 3221 und Überflur-
hydranten gemäß DIN 3222. Vorwiegend werden Unterflurhydranten eingebaut, die mittels Straßenkappen bündig mit der Gelände- oder Straßenoberfläche abschließen (Abb. 17).

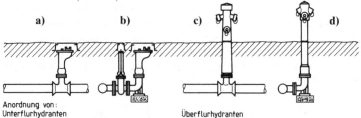

Abb. 16: a) Unterflurhydrant in der Leitung
b) Unterflurhydrant neben der Leitung mit Schieber
c) Überflurhydrant in der Leitung
d) Überflurhydrant neben der Leitung

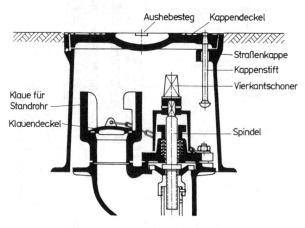

Abb. 17: Unterflurhydranten-Oberteil mit Hydranten-Straßenkappe

Um die Straßenkappen gegen Absacken zu sichern, sind sie auf Tragplatten
aufzusetzen. Welche Art von Hydranten eingebaut wird, hängt von der Höhe
der Wasserentnahme, von topographischen Verhältnissen und der umliegen-
den Bebauung ab. Zur Wasserentnahme aus Hydranten ist ein Standrohr
erforderlich, mit dem die Wassermenge geregelt werden kann; eine Regelung
über die Hydrantenabsperrung ist unzulässig.

5.3 Formstücke

Formstücke sind vorgefertigte Rohrleitungsteile zur Herstellung von Richtungsänderungen, Abgängen, Reduzierungen, Verbindungen, Trennungen und Anschlüssen. Es werden dazu fast ausschließlich die gleichen Werkstoffe verwendet wie bei den zugehörigen Rohren.

Stahlformstücke werden vorwiegend als Schweißkonstruktion, aber auch in nahtloser (geschmiedeter) Ausführung geliefert. Genormt sind Einschweißbögen, Blindflansche, nahtlose Reduzierungen, Kappen und Vorschweiß-T-Stücke. Darüber hinaus können aus Stahlrohren alle anderen benötigten Formstücke konstruiert und gefertigt werden.

Gussrohrformstücke werden aus duktilem Gusseisen oder aus Graugusseisen hergestellt, und zwar (vorwiegend) mit Tyton- und Novosit-Muffen, sowie mit Schraub- und Stopfbuchsmuffen und mit Flanschen. Duktile Gussformstücke sind in weiten Bereichen genormt und werden mit einprägsamen Kurzbezeichnungen angesprochen (z. B. F-Stück, MMQ-Stück, MMK 45). Zum Einbau in Wasserrohrleitungen werden die Formstücke werkseitig mit den Innenauskleidungen ZM, Emaille, Bitumen oder PVC-Kunststofflack geliefert. Außen werden sie mit Bitumenanstrich oder einem Zweikomponentenanstrich versehen.

Für *Wasserleitungen aus Kunststoff* werden Formstücke aus Gusseisen geliefert und mit dem Zusatz KS gekennzeichnet (z. B. K-KS-Stück). Es gibt jedoch auch Formstücke aus PVC für PVC-Leitungen und eine große Vielfalt von Formstücken und Fittings aus Gusseisen, PE und anderen Kunststoffen für PE-Rohrleitungen. *Zum Einbau in Gasrohrleitungen* sind die Formstücke aus PE gefertigt und auf die Anforderungen und Verbindungstechniken abgestimmt.

6 Rohrgräben und Baugruben

Beim Bau von Rohrleitungen handelt es sich um überwiegend „flache" Gräben und Gruben. Trotzdem sind Bauleistungen zu erbringen, die sehr unterschiedlichen Anforderungen und Einflüssen unterliegen und daher nicht unterschätzt werden dürfen. Die sich aus der Trassenoberfläche, den anstehenden Bodenarten und den Umgebungsbedingungen ergebenden Risiken sind nicht immer oder nicht vollständig erfassbar und vorhersehbar, so dass oftmals technische Änderungen und schnelle Entscheidungen erforderlich sind. Die Einhaltung unterschiedlicher Vorschriften, Anordnungen und Richtlinien und die technisch-wirtschaftliche Optimierung der Bauleistungen im Hinblick auf das Gesamtbauwerk Rohrleitung sind dabei gleichermaßen wichtig für alle Beteiligten.

6.1 Vorbereitungs- und Sondermaßnahmen

Die Baustellentätigkeiten für den Rohrleitungsbau beginnen im Allgemeinen mit den Tiefbauarbeiten. Damit alle Maßnahmen des Rohrleitungsbaus technisch und wirtschaftlich zufriedenstellend ausgeführt werden können, bedarf es der zugehörigen *Arbeitsvorbereitung* bei Auftraggebern und Auftragnehmern:

- Einholung der Genehmigungen, Eintragungen von Grunddienstbarkeiten, Abschluss besonderer Nutzungsverträge
- Erkundung des anstehenden Bodens und der Grundwasserverhältnisse, Feststellung fremder unterirdischer Anlagen im Baubereich
- Planung und Konstruktion der Rohrleitung, Festlegung der Trasse und Gradiente der Rohrleitung
- Einholung verkehrsrechtlicher Anordnungen, Festlegung begleitender Baumaßnahmen
- Vorbereitung der Bautrasse und Aufnehmen der Oberflächen.

Aus den getroffenen Festlegungen ergeben sich mehrere Maßnahmen, die in *Ergänzung der Aushubarbeiten* durchgeführt werden müssen. Eine besondere Berücksichtigung erfordern beispielsweise notwendige Grundwasserabsenkungen im Baubereich, Felssprengungen und Baumeinschlag im Trassenverlauf, Querung von Moorgebieten oder Überwindung von Steilhängen.

Alle Maßnahmen von der Planung bis zur Inbetriebnahme sind mit Tiefbauleistungen verbunden; ihre technisch einwandfreie Ausführung trägt mit dazu bei, dass die Stand- und Betriebssicherheit der Rohrleitung auf lange Zeit gewährleistet ist.

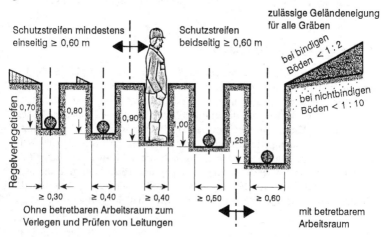

Abb. 18: Abmessungen für Rohrgräben ohne betretbaren Arbeitsraum

6.2 Rohrgräben

Rohrgräben sind sowohl bauliche Hilfsmaßnahmen als auch wesentliche Bestandteile der Rohrleitungsanlage. Je nach Art und Lage des Rohrgrabens werden unterschiedliche *Anforderungen an die technische Ausführung* und an sicherheitstechnische Maßnahmen gestellt.

Sofern Rohrgräben nicht betreten werden müssen, dürfen sie in Anpassung an die Rohrleitung, den Maschineneinsatz und das Gelände in jeder Tiefe und Breite ausgehoben werden. Dies erfolgt oftmals durch Grabenfräsen oder ähnliche Maschinen. Alle übrigen Rohrgräben sind gemäß DIN 4124 zu bemessen und auszuführen. Für Tiefen bis 1,25 m gelten die in der Abbildung dargestellten Abmessungen (Abb. 18).

Für größere Tiefen müssen Böschungen angeordnet werden, deren Böschungswinkel vom anstehenden Boden abhängig sind (45° oder 60°, bei Fels 80°). Für Grabentiefen bis 1,75 m in mindestens steifem bindigen Boden gibt es Ausnahmeregelungen. Anstelle von Böschungen können die Rohrgräben auch verbaut werden; dafür kann im Allgemeinen der waagerechte oder senkrechte *Normverbau gemäß DIN 4124* entsprechend der Abbildung angewendet werden (Abb. 19). Die lichte Mindestgrabenbreite ist nach DIN 4124 abhängig von den Rohraußendurchmessern. Für Entwässerungsleitungen gelten die Mindestbreiten der DIN 1610. Für alle nicht in der DIN 4124 enthaltenen Voraussetzungen und Bedingungen muss eine gesonderte statische Berechnung für die Standsicherheit des Rohrgrabens aufgestellt werden.

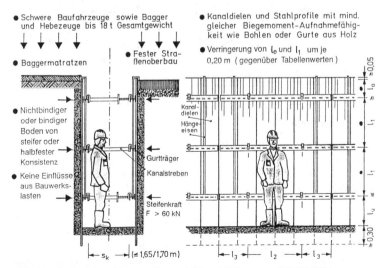

Abb. 19: Senkrechter Normverbau mit Kanaldielen gemäß DIN 4124

6.3 Baugruben

Baugruben dienen innerhalb der Trassenführung der Herstellung besonderer Bauwerke (Schächte, Widerlager, Pumpwerke u. Ä.); diese Bauwerke reichen (im Allgemeinen) nach Verfüllung der Grube über die Erdoberfläche hinaus. Dagegen werden *Arbeitsgruben* (Abb. 20) hergestellt, um darin Tätigkeiten an einem Bauwerk (Rohrleitung, Armaturenschacht u. Ä.) auszuführen; sie werden nach Beendigung der Arbeiten wieder vollständig verfüllt.

Baugruben und Arbeitsgruben bleiben im Allgemeinen für längere Zeit geöffnet als Rohrgräben und weisen meistens eine größere Tiefe auf; daher müssen sie in sicherheitstechnischer Hinsicht besonderen Ansprüchen genügen. Zu beachten ist, dass die Böschungen oder der Verbau meistens durch zusätzliche Auflasten (Bagger, Krane) direkt am Grubenrand zusätzlich belastet werden.

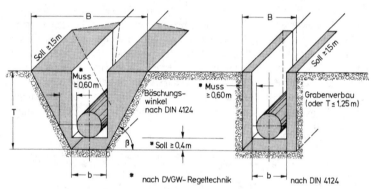

Abb. 20: Abmessungen für Schweißverbindungen („Kopflöcher") im Rohrgraben

7 Einbau der Rohre

In die entsprechend vorbereiteten Rohrgräben und Baugruben werden die Rohre und Rohrleitungsteile je nach den *Anforderungen und Gegebenheiten*, aber auch in Abhängigkeit vom Werkstoff der Rohre eingebaut. Dabei sind Kenntnisse und Erfahrungen über die während der Rohrverlegung und nach Inbetriebnahme auf die Rohrleitung wirkenden Kräfte sowie über das Zusammenwirken der rohrbautechnischen und tiefbautechnischen Komponenten erforderlich, die nur von Fachkräften erfüllt werden können. Der Einsatz von zertifizierten Rohrleitungsbauunternehmen (gemäß DVGW-GW 301) für die Herstellung des Bauwerks Rohrleitung von der Baustelleneinrichtung bis zur Druckprüfung bietet die Gewähr für eine technisch einwandfreie Tätigkeit. Gleichzeitig muss aber von den Auftraggebern (Versorgungsunternehmen, Ingenieurbüros) erwartet werden, dass die richtigen und vollständigen Voraussetzungen und Unterlagen für eine den Anforderungen entsprechende Bauausführung vorliegen. Zur Errichtung der Rohrleitung und damit zum Verantwortungsbereich des Auftraggebers gehören Planung und Konstruktion, Finanzierung und Ausschreibung, Grundstücksklärung und Materialbestellung, Vertragsabwicklung und Bauüberwachung, Abnahme und Inbetriebnahme; diese Maßnahmen können nur nach den Kriterien eines Qualitätsmanagements termingerecht und einwandfrei erledigt werden.

Zum Einbau der Rohrleitung gehören Transport, Lagerung und das Einbringen der Rohre in den Rohrgraben, die Montage und Auflagerung, die Einbettung der Leitung und das Verfüllen des Rohrgrabens mit der Wiederherstellung der Oberflächen. (DIN EN 805)

Dabei sind allgemeine Technische Regeln zu beachten, die für den Einbau jeder Druckrohrleitung gelten, und spezielle, die für den verwendeten Rohrwerkstoff gelten.

7.1 Transport, Lagerung und Ablassen der Rohre

Alle Rohre und Rohrleitungteile sind auf evtl. Transport- und Lagerungsschäden zu überprüfen. Sie müssen den Technischen Regeln und den Anforderungen des Werkstoffes entsprechend sachgerecht gelagert und vor allem gegen Wegrollen gesichert werden (Abb. 23). Dichtungen und Kunststoffrohre sind vor Licht und Sonneneinstrahlungen zu schützen. Größte Sauberkeit bei allen Montagevorgängen vermeidet undichte Rohrverbindungen und bei Wasserleitungen zeitaufwendige Desinfektionen. Die Rohrenden sollten bis zum Einbau mit Verschlusskappen vor Verunreinigungen geschützt werden, Beschädigungen beim Transport und Einbau können durch geeignete Hebewerkzeuge vermieden werden.

In der Regel werden die Rohre am Baggerarm mit ein oder zwei Hebebändern angelascht und abgelassen. Es gibt aber auch spezielle Hebewerkzeuge für die verschiedenen Rohrwerkstoffe wie Entenschnabel, Rohrgreifer, Vakuumheber oder Transportanker in den Rohren. Für das Ablassen der Rohre in verbaute Gräben gibt es verschiedene Verfahren: das Einfädeln des mit zwei Schlingen schräg angelaschten Rohres zwischen den Streben innerhalb eines Verbaufeldes (Abb. 21a), das wechselseitige Einpendeln eines in der Mitte angelaschten Rohres, den Vor-Kopf-Einbau des Rohres während des Grabenaushubes und zusammen mit dem Stellen des Verbaus bei Wanderbaustellen und die Verwendung von sogenannten Einbaufenstern im Verbau, bei denen durch eine besondere Verbaukonstruktion auf der Länge eines Rohres keine Streben eingebaut werden müssen, so dass die Rohre problemlos in den Graben abgelassen und anschließend auf der Grabensohle zum Montageort bewegt werden können.

In unverbaute Gräben können die Rohre (vor allem PE und St) als am Grabenrand vormontierte Rohrstränge abgelassen werden (Abb. 21b).

Abb. 21a: Schwieriges Einfädeln im verbauten Graben

Abb. 21b: Ablassen des Rohrstranges im unverbauten Graben mit mehreren Seitenbaumraupen (Pipelayer)

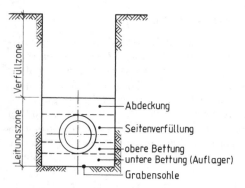

Abb. 22: Aufteilung des Leitungsgrabens

7.2 Auflagerung und Einbetten der Rohre

Grundsätzlich müssen Wasserleitungen frostfrei verlegt werden. Je nach Gebiet bedeutet dies Überdeckungen zwischen 0,80 und 1,80 m. Üblich sind etwa 1,20m; in der Regel braucht man diese Gräben nicht zu verbauen. Fern- und Zubringerleitungen werden mit mindestens 0,5% Gefälle verlegt. Sie müssen an Hochpunkten in Schachtbauwerken entlüftet und an Tiefpunkten entleert werden können. Luftblasen in der Leitung führen zu Druckstößen und Druckverlust. Haupt- und Versorgungsleitungen brauchen kein Gefälle, sie passen sich dem Geländeverlauf mit gleichbleibender Überdeckung an. Die Leitungen werden über Hydranten und ggf. über Hausanschlüsse entlüftet. Als

Abstände sind 0,40 m zu unterirdischen Gründungen und anderen Bauwerken einzuhalten, ebenso 0,40 m zu parallel laufenden Kabeln und Leitungen (Engstellen 0,20 m) und 0,20 m zu kreuzenden Kabeln und Leitungen.

Gasleitungen sollten eine Überdeckung von 0,80 m bis 1,00 m haben, bei Stahlleitungen sind örtlich begrenzt auch 0,50 m möglich.

Alle Rohre einer Leitung sollen auf ihrer gesamten Länge satt aufliegen, für Muffen sind Vertiefungen auszuheben. Linien- und Punktauflagerungen (z. B. nur auf Rohrschaft oder auf den Muffen) sind grundsätzlich nicht zulässig. Wenn sie geeignet ist, kann die Grabensohle als Bettung für das Rohr gewählt werden. Wenn nicht ist der Graben entsprechend tiefer auszuheben und geeignetes Bettungsmaterial einzubringen. Üblich sind mindestens 10 cm bei Gas- und mindestens 15 cm bei Wasserleitungen. Das Bettungsmaterial der Leitungszone (Abb. 22) sollte stein- und fremdkörperfrei (Wurzeln, Schutt etc.) sein, es muss eine ausreichende Festigkeit aufweisen, damit die Rohrleitung fixiert bleibt, es darf keine Korrosion oder mechanische Beschädigungen am Rohr verursachen und es muss chemisch beständig und verdichtbar sein.

7.3 Montage der Rohrleitung

Druckrohrleitungen müssen standsicher eingebaut werden, neben den äußeren aus dem Erdreich resultierenden Belastungen müssen vor allen Dingen die Kräfte aus dem Inndruck aufgenommen werden. Die Reibungskräfte der Leitung im Erdreich und die Leitung selbst wirken dem Verschieben entgegen, darüber hinausgehende Kräfte müssen durch längskraftschlüssige Verbindungen oder durch Widerlager (s. Abschn. 9.2) oder Verankerungen aufgefangen werden. Schubkräfte wirken besonders an Bögen, Einbindungen und Abzweigen, an Reduzierungen und Armaturen. Bei Wasserleitungen sind in jedem Falle mindestens auf jeder Seite eines Bogens, bei Reduzierungen auf der Seite mit der größeren Nennweite und bei Endverschlüssen und Einbindungen mindestens zwei Muffen längskraftschlüssig zu sichern.

Bei der Montage der Rohre sind die Herstellerangaben zu beachten. Alle Steck-, Schraub- und Schweißverbindungen sind sorgfältig auszuführen. Kleinere und leichte Rohre können mit der Brechstange und einem Vorlageholz zum Schutz der Muffe eingeschoben werden. Montage- und Verlegegeräte mit Ketten- und Hebelzügen ermöglichen das manuelle Einziehen von Rohren bis etwa DN 400. Größere Rohre werden mit dem Baggerlöffel und großen Vorlagehölzern eingeschoben. Dabei dürfen die Rohre keinesfalls mit dem Baggerlöffel durch Eindrücken in das Erdreich in der Höhe korrigiert werden. Richtungsänderungen werden durch Formstücke (Bögen und Abzweige) hergestellt, aber auch durch Abwinkelungen der Rohre in beweglichen Muffensteckverbindungen oder durch die Flexibilität des Rohrwerkstoffes selbst (St und PE).

Sowohl für Gas- als auch für Wasserleitungen aus **Stahlrohren** wird angestrebt, die (geschweißten) Rohrverbindungen neben dem Rohrgraben auszuführen. Dadurch können (im freien Gelände) lange Rohrstränge mittels Kranausleger (Seitenbäume oder Baggerkrane) in den Rohrgraben auf die vorbereitete Grabensohle abgesenkt werden (Abb. 21b).

Sofern innerorts diese Möglichkeit wegen Platzmangel oder wegen verbautem Rohrgraben nicht besteht, müssen die Einzelrohre im Rohrgraben in „Kopflöchern" verschweißt werden (Abb. 20).

Die *Schweißarbeiten* erfordern je nach Leitungsart (Wasser, Gas, Fernwärme, Mineralöl u. a. m.) und Betriebsdruck (unter oder über 16 bar) unterschiedliche Nachweise, Kontrollen und Protokollierungen; die Angaben dazu sind in den Technischen Regelwerken (DIN, DVGW, TRGL u. a. m.) enthalten.

Nach Prüfung der Schweißnähte (Sichtprüfung, Durchstrahlung, Ultraschall u. a. m.) werden die Schweißnahtbereiche so umhüllt, dass eine Gleichwertigkeit der Werkumhüllung erreicht wird. Vor dem Absenken der Stränge bzw. bei Einzelrohren vor deren Einbau und nach deren Verschweißung und Umhüllung sind die Umhüllungen auf Unversehrtheit zu überprüfen; bei PE-Umhüllungen wird ein Isolationstest mit 5 kV zuzüglich 5 kV pro mm Umhüllungsdicke, jedoch max. 20 kV durchgeführt.

Die *Herstellung von Richtungsänderungen* im Trassenverlauf kann erfolgen durch:

- Elastische Biegungen bei Einhaltung minimaler Krümmungsradien (gemäß DVGW-Regelwerk); als grobe Faustformel kann man dabei von folgenden Werten ausgehen:
$r_{min} = 100$ m bei DN 100
$r_{min} = 250$ m bei DN 250
$r_{min} = 500$ m bei DN 500.
- Einbau werkseitig umhüllter Rohrbogen (Werkbogen); je nach den Erfordernissen müssen diese molchbar sein, d. h., sie dürfen eine max. Ovalität nicht überschreiten.
- Einbau von Baustellenbogen; sie werden auf Biegemaschinen kalt gebogen, Faltenfreiheit und max. Ovalität müssen gewährleistet sein.
- Herstellung von Gehrungsschnitten; zulässig nur für PN < 16 bar und bis max. 5°; die Anwendung soll möglichst vermieden werden.

Im Allgemeinen passen sich Stahlrohre dem Verlauf der vorgegebenen Gradiente an; nur bei Wasserleitungen sind ggf. genaue Steigungen und Gefälle erforderlich. *Einbauschwierigkeiten* können entstehen bei Durchquerung von Moorgebieten, bei Überwindung von Steilhängen, bei engen, verbauten Rohrgräben und anderen örtlichen Gegebenheiten. Die Auflagerung und Einbettung der Rohre muss den Eigenschaften der Rohrumhüllung angepasst sein.

Bei den Steckmuffenverbindungen der **duktilen Gussrohre** werden zuerst die Einschubtiefen markiert, Spitzende und Muffe eingefettet und anschließend die Rohre mittels Montagegerät (z. B. V 301) eingezogen. Durch Variation in der Einstecktiefe kann man die Rohre neutral oder auf Pressung und Zerrung (wichtig in Bergsenkungsgebieten) verlegen. Der korrekte Sitz des Dichtungsringes ist zu prüfen. Abwinkelungen dürfen erst nach Herstellung der Muffenverbindung vorgenommen werden.

Die *Umhüllung der Rohre* und Rohrleitungteile – sofern keine äußere ZM-Umhüllung aufgebracht wurde – ist ebenso wie bei Stahlrohren auf Fehlstellen zu überprüfen. Wenn *Flanschverbindungen* (bei Armaturen, in Schächten o. Ä.) vorzunehmen sind, muss auf eine möglichst spannungsfreie Montage (Drehmomentschlüssel!) geachtet werden. Allerdings sind Flanschverbindungen fast nur noch bei Wasserrohrleitungen > DN 300 anzutreffen und beim Einbau von Armaturen, die dadurch leichter ausgetauscht werden können.

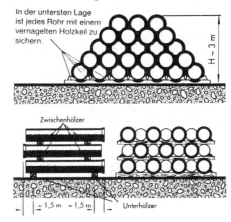

In der untersten Lage ist jedes Rohr mit einem vernagelten Holzkeil zu sichern.

H ~ 3 m

Zwischenhölzer

~ 1,5 m   ~ 1,5 m   Unterhölzer

Abb. 23: Lagerung von duktilen Gussrohren im Sattel (oben) und auf Zwischenhölzern (unten)

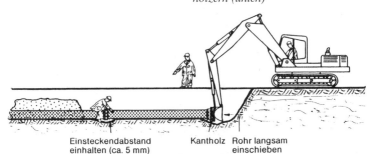

Einsteckendabstand einhalten (ca. 5 mm)   Kantholz   Rohr langsam einschieben

Abb. 24: Zusammenbau duktiler Gussrohre größerer Nennweiten mit dem Tieflöffel eines Hydraulikbaggers

303

Wegen der Flexibilität und des geringen Gewichtes von **Kunststoffrohren** wird deren Einbau im Allgemeinen gegenüber Rohren aus anderen Werkstoffen als einfacher angesehen. Verschiedene *Eigenschaften von PVC* und PE können jedoch zu Beeinträchtigungen der Rohre führen, wenn die Regeln der Technik nicht beachtet werden.

Die Stapelhöhen der PVC-Rohre sind auf 1,5 m und der PE-Rohre auf 1,0 m begrenzt; bei längeren Lagerzeiten (> 1 Jahr) sind sie gegen Sonneneinstrahlung abzudecken. Bei Außentemperaturen unter +5 °C bei PVC-Rohren und unter 0 °C bei PE-Rohren sollen die Rohre nur noch unter Anwendung besonderer Maßnahmen (z. B. Vorwärmung) eingebaut werden. Die Verschweißung der PE-Rohre soll bei Temperaturen unter +5 °C möglichst nur nach Vorwärmung erfolgen. Die Schweißbereiche sind stets gegen Witterungseinflüsse (Regen, Wind usw.) zu schützen. Beim Abwickeln von Ringbunden oder Trommeln soll eine Vorwärmung auf etwa +80 °C mittels Warmluftgebläse vorgenommen werden. Die Anwendung jeglicher offener Flammen am Rohr ist unzulässig!

Für die Herstellung der Steckverbindungen von PVC-Rohren und für die Schweißung der PE-Rohrleitungsteile ist der sehr *hohe Wärmeausdehnungskoeffizient* zu berücksichtigen. Die vielfältigen Bedingungen beim Verschweißen der PE-Rohre erfordern eine besondere Ausbildung des Personals gemäß DVGW-GW 330 und 335, zumal eine zerstörungsfreie Prüfung der Verbindungen aufwendig und zeitraubend ist.

Temperaturabhängig können Richtungsänderungen im Rohrgraben und beim Einfädeln in Baugruben für PE-Rohre mit relativ geringen Radien vorgenommen werden (Abb. 25); auch für PVC-Rohre sind elastische Biegungen, die jedoch nicht die Steckverbindungen einbeziehen dürfen, möglich.

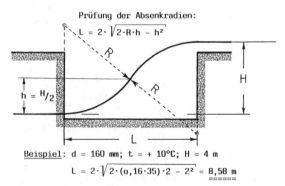

Prüfung der Absenkradien:

$$L = 2 \cdot \sqrt{2 \cdot R \cdot h - h^2}$$

$h = {}^H/_2$

H

L

Beispiel: d = 160 mm; t = + 10°C; H = 4 m

$$L = 2 \cdot \sqrt{2 \cdot (0,16 \cdot 35) \cdot 2 - 2^2} = 8,58 \text{ m}$$

Abb. 25: Einfädeln von PE-Rohren in Baugruben unter Einhaltung der zulässigen Radien

Für Rohre aus PE gilt (gemäß DVGW-G 472):

$r_{min} = 50 \cdot d_a$ bei 0 °C

$r_{min} = 35 \cdot d_a$ bei +10 °C

$r_{min} = 20 \cdot d_a$ bei +20 °C.

Für Rohre aus PVC kann als Faustformel angenommen werden:

$r_{min} = 20$ m bei DN 50

$r_{min} = 35$ m bei DN 100

$r_{min} = 50$ m bei DN 150.

Die Einbringung der PE-Rohre in den Rohrgraben ergibt keine Schwierigkeiten, weil auch bei engen und verbauten Gräben die vorgefertigten Rohrstränge entlang der Grabensohle (auf Rollen!) eingezogen werden können. Bei PVC-Rohren ist die Handhabung der Einzelrohre beim Einbau wegen des geringen Gewichtes unproblematisch.

Die Kunststoffrohre sind auf der Grabensohle so aufzulagern und einzubetten, dass eine Beschädigung der Rohroberfläche nicht eintritt. Dazu ist im Allgemeinen eine *Sandbettung* (max. 20 mm Korndurchmesser, kein gebrochenes Material) ausreichend. Für besondere Bodenverhältnisse können PE-Rohre auch mit einer Schutzumhüllung (Polyolefin) geliefert werden, oder es können bei kleinen Rohrdurchmessern Rohre aus widerstandsfähigerem PE-X eingebaut werden. Bei Verwendung von Trommelware können PE-Rohre durch entsprechende Maschinen eingefräst oder eingepflügt werden, sofern ein dafür geeigneter Boden ansteht.

7.4 Verfüllen des Rohrgrabens

Durch gute Verdichtung des Schüttmaterials werden Setzungen und damit teure Schäden an der Rohrleitung verhindert. Die Grabensohle und die Rohrbettung muss vor der Einbringung des Bettungsmaterials und der Rohre besonders gut verdichtet werden, die Auflager- bzw. Rohrzwickel sind von Hand oder mit leichten Verdichtungsgeräten zu verdichten. Bettungs- und Verfüllmaterial ist lagenweise einzubringen und zu verdichten. Dabei ist die Schütthöhe und die Anzahl der Übergänge von der Wahl des Verdichtungsgerätes (Art und Gewicht) abhängig. Es sollte immer von den Grabenrändern zur Mitte hin verdichtet werden. Beim Verdichten darf sich die Leitung nicht verschieben und bis 1 m über der Leitung dürfen nur leichte Verdichtungsgeräte zum Einsatz kommen.

8 Hausanschlüsse für Gas- und Wasserleitungen

In Deutschland gibt es über 20 Millionen Hausanschlussleitungen für Gas und Wasser, die zusammen mit anderen Hausanschlussleitungen (z. B. für Fernwärme) eine Gesamtlänge von über 200.000 km ergeben.

Hausanschlüsse stellen die Verbindung zwischen der Versorgungsleitung und dem Verbraucher dar. Hausanschlussleitungen gehören zum Rohrleitungsnetz der Versorgungsunternehmen; die Kundenanlage beginnt im Allgemeinen hinter der Hauptabsperreinrichtung (HAE).

Hausanschlussleitungen werden entweder zusammen mit dem Bau oder der Erneuerung der Versorgungsleitung oder nachträglich durch die Anbohrung bzw. Absperrung der in Betrieb befindlichen Versorgungsleitung hergestellt. Dabei sind festgelegte Abstände zu anderen Anlagen einzuhalten; bei Annäherung an Abwasserleitungen auf unter 1,0 m muss die Trinkwasserleitung immer oberhalb eingebaut werden.

Die *Verlegung der Anschlussleitungen* kann entweder im offenen Rohrgraben oder aber mittels Rohrvortrieb grabenlos erfolgen. Die Arbeitsgruben direkt an der Hauseinführung sind sehr sorgfältig (unterhalb des Rohres!) zu verdichten, damit keine unzulässigen Scherkräfte in der Anschlussleitung zu Schäden führen. Bei Anwendung des Rohrvortriebs wird oftmals die Verlegung der Anschlussleitung im Mantelrohr erforderlich.

Die traditionell separat geplanten Hausanschlüsse werden zunehmend durch Mehrspartenhausanschlüsse ersetzt, die Mauerdurchführung mehrerer Versorgungsleitungen (Gas, Wasser, Strom, Telekommunikation etc.) kostengünstig ermöglichen. Die Konzentration auf wenige Versorger, die mehrere Versorgungsleitungen aus einer Hand anbieten, beschleunigt diese Entwicklung.

8.1 Hausanschlussleitungen für Gas

Bei der Herstellung von Gashausanschlüssen sind die Technischen Regeln (DVGW-G 459) zu beachten und die Unfallverhütungsvorschriften (VBG 50) einzuhalten. Die Festlegung von Rohrwerkstoff, Leitungsdurchmesser und Einbauart ist weitgehend abhängig vom zulässigen Betriebsdruck der Versorgungsleitung, vom erwarteten Volumenstrom und den örtlichen Gegebenheiten. Die *Hauptbestandteile* eines Gas-Hausanschlusses sind (Abb. 26):

- Anbohrarmatur (auch mit integrierter Absperreinrichtung) oder Abzweigformstück oder Stahl-Aufsatz-T-Stück (Abb. 27)
- Hausanschlussleitung (Verbindungsleitung), überwiegend aus PE (oder Stahl)
- Hauseinführung (mit Mantelrohr oder Rohrkapsel oder Hauseinführungskombination)
- Hauptabsperreinrichtung (bei Stahl mit Isolierstück) als Kugelhahn oder Schieber.

Bei mehr als DN 80, bei Gashochdruck und bei Gebäuden mittlerer Höhe (oberster Fussboden mehr als 7 m über Geländeoberkante) muss die HAE außerhalb des Gebäudes liegen. Wenn Hausanschlussleitungen zusammen mit den Versorgungsleitungen gebaut werden, können alle Arbeiten (auch die Hausinstallation) im gasfreien Zustand ausgeführt werden.

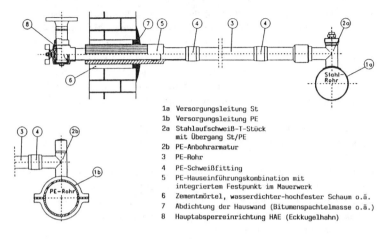

1a Versorgungsleitung St
1b Versorgungsleitung PE
2a Stahlaufschweiß-T-Stück
    mit Übergang St/PE
2b PE-Anbohrarmatur
3 PE-Rohr
4 PE-Schweißfitting
5 PE-Hauseinführungskombination mit
    integriertem Festpunkt im Mauerwerk
6 Zementmörtel, wasserdichter-hochfester Schaum o.ä.
7 Abdichtung der Hauswand (Bitumenspachtelmasse o.ä.)
8 Hauptabsperreinrichtung HAE (Eckkugelhahn)

Abb. 26: Hauptbestandteile und Einbauanordnung eines
Gas-Hausanschlusses (rhenag)

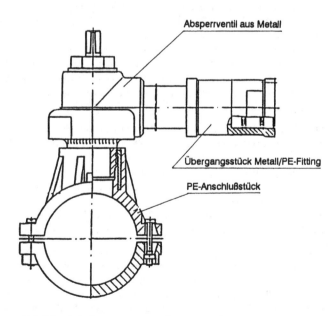

Abb. 27: Anbohrarmatur mit Absperrventil aus Metall und
PE-Anschlussstück (FRIATEC)

Sofern die Hausanschlussleitung an die in Betrieb befindliche Versorgungsleitung anzuschließen ist, sind *Anbohrgeräte* einzusetzen, die sich für Anbohrungen ohne Gasaustritt bewährt haben. Die Ausschlussleitung muss in der Wand gegen Ausziehen (z. B. durch einen Bagger) gesichert werden durch Festpunkte in der Wand oder durch Ausziehsicherungen. In durchgehenden Stahlleitungen muss außerhalb des Gebäudes ein Kraftbegrenzer eingebaut werden (bis 30 kN). PE-leitungen dürfen nicht durchgehend durch die Wand verlegt werden.

Der Mindestdruck am Hausanschluss soll 18 mbar betragen, in der Regel schwankt der Druck zwischen 40 und 70 mbar. Die Anschlüsse sind meist bis 1 bar Betriebsdruck ausgelegt.

Nach Fertigstellung aller Maßnahmen ist die Hausanschlussleitung einer *Druckprüfung* (DVGW-G 469) unter Einbeziehung der geöffneten Hauptabsperreinrichtung zu unterziehen, Prüfdruck ist dann gleich Betriebsdruck; ansonsten soll der maximale Betriebsdruck um 2 bar erhöht werden, der Prüfdruck beträgt dann mindesten 3 bar.

8.2 Hausanschlussleitungen für Wasser

Die Anschlussleitungen werden unter Zugrundelegung der Technischen Regeln gebaut. Für ihre Dimensionierung sind die maßgebende Durchflussmenge (für Trink- und Löschwasser) und die erwartete Fließgeschwindigkeit (≤ 2 m/s) entscheidend. Die Abmessungen liegen im Allgemeinen zwischen DN 25 und DN 65; die Anschlüsse sind für mindestens PN 10 auszulegen, der Betriebsdruck sollte aber 6 bar nicht übersteigen. Als Werkstoff wird überwiegend PE verwendet, allerdings können auch andere Werkstoffe (ST, GGG) eingesetzt werden.

Die *Hauptbestandteile* eines Wasser-Hausanschlusses sind (Abb. 28):

- Anbohrarmatur (vielfach mit integrierter Absperreinrichtung) oder Abzweigformstück
- Absperreinrichtung (an der Versorgungsleitung),
- Hausanschlussleitung als Verbindungsleitung (geschweißte oder mechanische Verbindungen)
- Isolierstück (nur bei elektrisch leitenden Anschlussleitungen)
- Hauseinführung (mit Mantelrohr oder als Hauseinführungskombination).

Die einzelnen Rohre und Rohrleitungsteile sollen möglichst durch Schweißen verbunden werden; allerdings sind (werkstoffabhängig) auch Klemmverbinder, Gewindefittings, Schraub- und Steckverbindungen möglich.

Bei Herstellung des Hausanschlusses zusammen mit der Versorgungsleitung kann auf eine Anbohrarmatur verzichtet und ein T-Stück (mit horizontalem Abgang) eingebaut werden.

Die vor Inbetriebnahme durchzuführende *Druckprüfung* darf bei kleinen

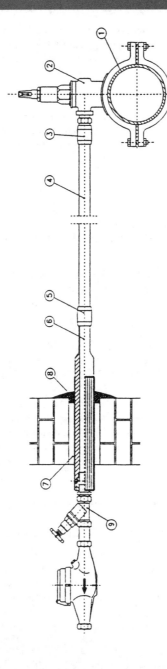

1 Versorgungsleitung
2 Ventilanbohrarmatur
3 Übergangsstück St/PE
4 PE-Rohr PN 10
5 PE-Schweißfitting

6 PE-Mauerdurchführung
7 Zementmörtel, wasserdichter-hochfester Schaum o. ä.
8 Abdichtung der Hauswand (Bitumenspachtelmasse o. ä.)
9 Hauptabsoerreinrichtung HAE

Abb. 28: *Hauptbestandteile und Einbauanordnung eines Wasser-Hausanschlusses (rhenag)*

Durchmessern (≤ DN 50) oder Anschlusslängen (≤ 30 m) mit Betriebsdruck ausgeführt werden (DVGW-W 404). Vor dem Einbau des Wasserzählers ist die Anschlussleitung gemäß DVGW-W 291 gründlich zu spülen.

9 Besondere Baumaßnahmen

Die Funktion einer Rohrleitung ist nur dann gewährleistet, wenn die topographischen Hindernisse und die bodenmechanischen Schwierigkeiten überwunden werden können. Dazu sind fast immer besondere Baumaßnahmen erforderlich, von denen einige recht häufig anzutreffen sind.

9.1 Dükerbau

Jeder Rohrleitungsdüker stellt ein *Kreuzungsbauwerk* dar, das ein Gewässer (einen Verkehrsweg oder ein Hindernis) unterfährt, wobei die Rohrleitung im Kreuzungsbereich gegenüber der normalen Gradiente tiefergelegt werden muss (Abb. 29).

Bei jeder Kreuzung eines natürlichen oder künstlichen Gewässers, also auch bei kleinen Bachläufen, sind die Auflagen der zuständigen Verwaltungsstelle zu beachten und bei größeren Gewässern besondere Gestattungsverträge abzuschließen. Von wesentlicher Bedeutung ist die einzuhaltende Lage des Dükers innerhalb der Gewässersohle.

Für die Planung und *Bauausführung* gibt es keine allgemeingültigen Technischen Regeln. Gemäß DVGW-Regelwerk ist bei der Kreuzung von Wasserläufen der Rohrgraben so herzustellen, dass ein Zuschwemmen bis zur und während der Absenkung des Dükers nicht eintritt. Der Zustand der Dükerrinne und die Tiefenlage der Dükersohle sind festzustellen und zu protokollieren. Je nach Verfahren der Dükerverlegung und den zu erwartenden Beanspruchungen des Dükers und seiner Umhüllung ist er vor dem Einbau mit einem zusätzlichen Schutz zu umhüllen, der gleichzeitig als Auftriebssicherung dienen kann.

Bei der Verlegung eines Dükers in wassergefüllter Rinne unterscheidet man folgende *Ausführungsarten*:

- Einheben in die Dükerrinne durch Krane
- Einschwimmen mit Hilfe der Wasserströmung oder mittels Winden
- Einziehen (senkrecht zum Ufer) mit Winden
- Einspülen (Vibrationsspülung) bei geeigneten Bodenarten.

Düker aus Stahl- oder PE-Rohren werden nur mit geschweißten Rohrverbindungen (auch als Mantelrohre) eingebaut. Düker aus duktilen Gussrohren erhalten ebenfalls längskraftschlüssige Verbindungen; für den Einbau sind jedoch teilweise besondere Verlegeeinrichtungen (Aufhängung an Traversen) erforderlich, wenn hohe Endstränge vorliegen. Vor dem Einbau werden die Düker (auch als Mantelrohre) einer Druckprüfung an Land unterzogen.

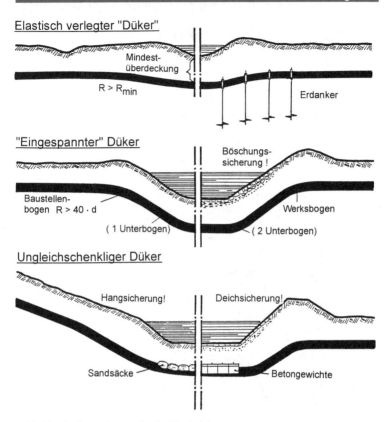

Elastisch verlegter "Düker"

Mindest-
überdeckung

$R > R_{min}$

Erdanker

"Eingespannter" Düker

Böschungs-
sicherung !

Baustellen-
bogen $R > 40 \cdot d$

Werksbogen

(1 Unterbogen)

(2 Unterbogen)

Ungleichschenkliger Düker

Hangsicherung!

Deichsicherung!

Sandsäcke

Betongewichte

Abb. 29: Dükervarianten für Stahlrohrleitungen

9.2 Beton-Widerlager

Bei Rohrleitungen mit nicht längskraftschlüssigen Verbindungen oder an örtlichen exponierten Stellen mit starken Krümmungen der übrigen Rohrleitungen sind Widerlager zur Aufnahme der Reaktionskräfte anzuordnen. Hierbei ist darauf zu achten, dass diese Konstruktionen aus Beton und/oder Spundbohlen in Abhängigkeit von der Bearbeitungstiefe der Vegetationsflächen einen ausreichenden Abstand zur Erdoberfläche aufweisen. Für die *Bemessung der Widerlager* sind entweder die in den Tabellen der Technischen Regeln (DVGW-GW 310) enthaltenen Angaben zu verwenden oder gesonderte statische Berechnungen aufzustellen.

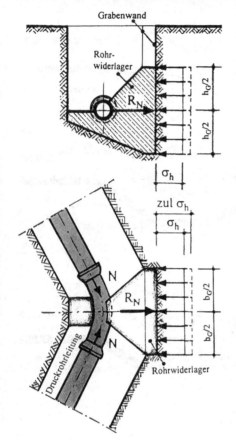

Abb. 30:
Beispiel für die Ausführung
eines Betonwiderlagers

An Betonwiderlager werden folgende *Anforderungen* gestellt:

■ Die Betonfestigkeit muss so groß sein, dass der Auflagerdruck am Rohr aufgenommen und übertragen werden kann.

■ Die Lage des Bogens (Endstopfens, Abzweiges) muss durch zweckentsprechende Formgebung und festgelegte Größe gegen Verschiebungen gesichert sein.

■ Die zulässige Bodenpressung darf an keiner Stelle der Anlagefläche überschritten werden.

■ Die Rohrverbindungen dürfen nicht mit Beton bedeckt sein und müssen für Werkzeuge frei zugänglich bleiben.

Sinngemäß gelten diese Grundsätze auch für Bogen in der Senkrechten (Richtung der Kraftresultierenden gegen Luft oder Erde) und für Raumkrümmer (die Richtung der Kraftresultierenden ist zu ermitteln). Die Gestaltung des Widerlagers hängt von der Art der abzufangenden Rohrleitung und von den Eigenschaften des anstehenden Bodens ab (Abb. 30).

Sonderkonstruktionen mit Vergrößerung der Anlagefläche durch Spundbohlen sind oftmals erforderlich; Schwergewichtswiderlager sind jedoch zu vermeiden.

9.3 Lagesicherung in Hängen

Die überwiegend im hügeligen oder geneigten Gelände angewendeten *Riegel* (Deiche) zum Schutz der Rohrleitung und zur Sicherung des Hanges können auch in relativ ebenem Gelände zweckmäßig sein (Abb. 31). In Abhängigkeit von den Grundwasserverhältnissen, den anstehenden Bodenarten und der Oberflächenbeschaffenheit sollte die Rohrleitung auch hier durch abdichtende Einbauten in Abschnitte unterteilt werden. Die dichtenden Elemente (aus Sand-Bindemittel-Gemisch in Säcken) heben die dränierende Wirkung des Rohrgrabens auf und vermeiden dadurch das Auswaschen eines gegebenenfalls vorhandenen Sandauflagers; die Riegel brauchen jedoch nur bis höchstens 30 cm über dem Rohrscheitel aufgebaut zu werden.

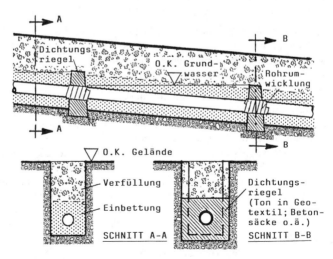

Abb. 31: Anordnung von Dichtungsriegeln beim Einbau der Rohrleitung im geneigten Gelände

313

10 Korrosionsschutz

Die überwiegende Zahl von Schäden an erdverlegten Rohren aus Stahl und aus duktilem Gusseisen entsteht durch *Korrosionsvorgänge*. Unter Korrosion versteht man Reaktionen eines Werkstoffes mit chemischen Bestandteilen seiner Umgebung; die dadurch verursachten Veränderungen des Werkstoffes Eisen bezeichnet man als „Rost". Durch die Umwandlung von Eisen in Eisenoxyd (Rost) entsteht ein Schaden, wenn die Mindestwanddicke unterschritten wird; bei der Auslegung der Rohrwanddicken wird die abtragende Korrosion durch einen Wanddickenzuschlag berücksichtigt. Um eine Korrosion aber möglichst nicht eintreten zu lassen, werden verschiedene Korrosionsschutzmaßnahmen angewendet; dazu unterscheidet man den passiven und den aktiven Korrosionsschutz.

10.1 Passiver Korrosionsschutz

Als Maßnahmen des *passiven Korrosionsschutzes* werden die Rohre bereits im Herstellerwerk mit einer Schutzumhüllung versehen. Die Art und die Dicke der Umhüllung sind abhängig von der Aggressivität des Bodens; dazu wird der Boden in die Bodengruppen I bis III (schwach bis stark aggressiv) eingestuft. Wenn folgende Böden vorliegen, handelt es sich immer um Böden der Gruppe III:

- Torf, Moor-, Schlick- und Marschböden
- Böden mit Kohle-Bestandteilen (Koks u. a. m.)
- Böden mit Verunreinigungen (z. B. Müll, Asche, Schutt, Abwasser).

Die *Anforderungen*, die eine gute Umhüllung erfüllen muss, sind:

- Langzeitbeständigkeit des Umhüllungsstoffes
- Hoher elektrischer Umhüllungswiderstand
- Hohe mechanische Festigkeit des Umhüllungsstoffes.

Überwiegend werden die Rohre mit einer PE-Umhüllung versehen, für duktile Gussrohre werden jedoch auch noch andere Umhüllungen/Beschichtungen angewendet. Zum Schutz gegen mechanische Beschädigungen kann eine ZM-Umhüllung zusätzlich aufgebracht werden.

Derart *„passiv" geschützte Rohrleitungen* sind nur dann auf Dauer sicher gegen Korrosionsschäden, wenn die Umhüllungen fehlerfrei sind und die Rohre erst nach entsprechender Prüfung ordnungsgemäß aufgelagert und eingebettet werden. Für die Umhüllung der Schweißnaht- und Muffenbereiche auf der Baustelle und zur Beseitigung von Umhüllungsschäden stehen geeignete und zuverlässige Systeme als Korrosionsschutzbinden, Schrumpfschläuche, Schrumpfbänder und Schrumpfformteile zur Verfügung (Abb. 32). Wichtig ist jedoch deren richtige Handhabung und Verarbeitung; eine spezielle Ausbildung (gemäß DVGW-GW 15) ist daher für die eingesetzten Fachkräfte unabdingbar.

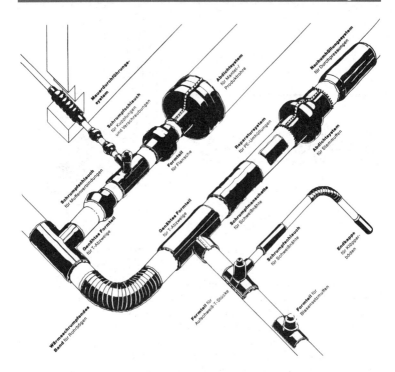

Abb. 32: Beispiele für die Umhüllung verschiedener Rohrleitungsteile als passiver Korrosionsschutz (THERMOFIT)

Durch *Beschädigung* der Rohrumhüllung infolge von Fremdaufgrabungen oder infolge Einwirkungen chemischer Stoffe u. a. m. kann die Wirkung des passiven Korrosionsschutzes beeinträchtigt werden. Um eine vollständige Sicherheit gegen äußere Korrosion zu erreichen, sind elektrische Maßnahmen, also der aktive Korrosionsschutz ergänzend zum passiven Korrosionsschutz, erforderlich.

10.2 Aktiver Korrosionsschutz

Da es sich bei den Korrosionsvorgängen in Elektrolyten um elektrische Vorgänge handelt, kann man diese auch durch elektrische Maßnahmen beeinflussen. Beim sogenannten *kathodischen Korrosionsschutz* wird mittels eines kathodischen Stromes das Potential auf der Rohrleitung so weit im negativen Bereich gehalten, dass kein Strom mehr austreten kann (Abb. 33). In der Pra-

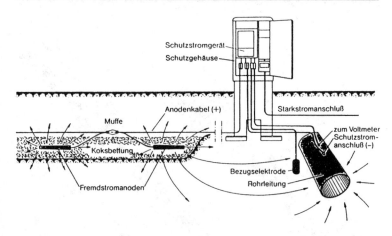

Schutzstromgerät
Schutzgehäuse

Anodenkabel (+)

Starkstromanschluß

Muffe

zum Voltmeter
Schutzstrom-
anschluß (−)

Koksbettung

Fremdstromanoden

Bezugselektrode
Rohrleitung

Abb. 33: Anwendungsschema des kathodischen Korrosionsschutzes

xis beträgt das Schutzpotential (Rohr/Bodenpotential) 0,85 V oder negativer, gemessen mit einer Kupfer-/Kupfersulfat-Elektrode. *Voraussetzungen* für die Anwendung des kathodischen Korrosionsschutzes sind:

- Durchgehende elektrische Leitfähigkeit der Rohrleitung
- Elektrische Trennung der Rohrleitung von niederohmig geerdeten Anlagen und Installationen (Fundamente, Mantelrohre u. a.m.)
- Vorhandensein eines ausreichend hohen Umhüllungswiderstandes der Rohrleitung ($> 10^4$ Ohm $\cdot$ m^2)
- Trennung der zu schützenden Rohrleitung vom übrigen Rohrleitungsnetz (Hausanschlüsse, Regelanlagen u. a. m.) durch Isolierstücke.

Der erforderliche *Schutzstrom* wird nur noch in Ausnahmefällen über „Opferanoden" in das Erdreich und damit in die Rohrleitung geleitet, die wiederum über ein Kabel mit dem Minusanschluss des Schutzstromgleichrichters verbunden ist. Überwiegend erfolgt der Betrieb kathodischer Schutzanlagen mit Fremdstrom, der aus dem öffentlichen Netz bezogen wird.

Einen Sonderfall stellt die *Absaugung von Streuströmen* aus stromführenden Leitern elektrischer Anlagen (z. B. Gleichstrombahnen) dar. Hierbei werden die Streuströme über elektrische Verbindungen zum Verursacher abgeleitet, damit sie nicht an Fehlstellen in das Rohr eintreten und an anderen Stellen austreten, wobei dort eine anodische Korrosion auftreten kann (Abb. 34).

Die aktiven *Korrosionsschutzmaßnahmen* erfordern eine sorgfältige Vorbereitung und Berechnung sowie genaue Messungen vor, während und nach der Inbetriebnahme. Trotzdem ist eine Zeitdauer von mehreren Wochen möglich, bis ein ausreichendes Schutzpotential an jeder Stelle der Rohrleitung vorhanden ist.

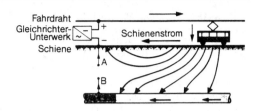

Abb. 34: *Durch Gleichstrombahn erzeugte Streuströme, die an der Austritts-*
stelle in der Nähe des Gleichrichter-Unterwerkes eine starke anodi-
sche Korrosion bewirken

10.3 Elektrische Überbrückungen

In metallenen Rohrleitungen fließt häufig *elektrischer Strom*, der zu einer
Gefahr werden kann, wenn solche Rohrleitungen getrennt oder wenn Rohrleitungsteile ausgebaut werden. Ursachen für das Vorhandensein von Wechsel-
oder Gleichströmen in Rohrleitungen können sein:

- Verbindungen in der Gebäude-Installation zwischen Stromversorgung und
  den Gas- und/oder Wasserleitungen
- Streuströme aus Gleichstromanlagen (kathod. Schutzanlagen, Schweißan-
  lagen u. a. m.)
- Parallel zur Rohrleitung geführte Hochspannungsleitungen oder Wechsel-
  strom-Schienenbahnen.

Beim Trennen und Verbinden kann es dadurch zu zündfähigen Funken kommen. Bei Rohrtrennungen können gefährliche Spannungen zwischen den
Rohrenden gegen Erde oder gegen andere Konstruktionsteile auftreten. Falls
das Wasserrohrnetz noch zu Erdungszwecken der Stromversorgung dient,
wird der Schutz gegen zu hohe Berührungsspannung bei einer Rohrtrennung
aufgehoben.

Daher sind bei Trennung und Verbindung von metallisch leitenden Rohrleitungen *elektrische Überbrückungen* (DVGW-GW 309) herzustellen, wenn
keine anderweitige elektrisch leitfähige Verbindung der zu trennenden/zu verbindenden Rohrleitungen vorliegt. Dazu sind flexible, isolierte Kupferseile zu
verwenden, die einen Querschnitt von 25 mm^2 bei einer Länge bis 10 m und
von 50 mm^2 bei einer Länge bis 20 m aufweisen müssen.

Die metallisch blanken *Kontaktflächen* werden mit Schraubklemmen aufein-
andergepresst, um einen möglichst geringen Übergangswiderstand zu erreichen; die Verwendung von Haftmagneten ist unzulässig, weil sie keine sichere
Überbrückung gewährleisten.

11 Desinfektion von Wasserleitungen

Unter Desinfektion versteht man die selektive *Verminderung der Keimzahl*, um die Übertragung bestimmter Mikroorganismen zu verhindern. Trinkwasser unterliegt als Lebensmittel der Trinkwasserverordnung (TrinkwV 2001); darin ist u. a. gefordert, dass Trinkwasser frei von Krankheitserregern sein und dem Verbraucher in hygienisch einwandfreiem Zustand geliefert werden muss. Es sind jedoch keine Angaben zur Desinfektion von (verunreinigten) Rohrleitungen gemacht worden; die Durchführung von Desinfektionsmaßnahmen, die eine Einhaltung der in der TrinkwV gestellten Anforderungen an das Trinkwasser gewährleisten, erfolgt daher gemäß DVGW-W 291.

Um zu erreichen, dass die Wasserrohrleitungen und alle mit Wasser in Berührung kommenden Anlagenteile so beschaffen sind, dass die im Wasserwerk vorhandene und nachgewiesene Trinkwasserqualität nicht beeinträchtigt wird, muss bereits beim Bau der Trinkwasserrohrleitungen auf *hygienische Sauberkeit* geachtet werden:

- Die angelieferten Rohre und Rohrleitungsteile sollen bis zur Montage/ Schweißung mit im Herstellerwerk angebrachten Kappen verschlossen sein.

- Verunreinigungen sind außen durch Abwaschen mit Reinigern und innen durch Auswaschen mit Desinfektionsmitteln zu entfernen.

Weiterhin sollen die verwendeten Werkstoffe und Materialien das Keimwachstum nicht fördern, sie müssen desinfizierbar und gegen Desinfektionen beständig sein.

Wenn die genannten Bedingungen bei der Herstellung der Rohrleitung eingehalten wurden, kann bei kleinen Nennweiten (< DN 150) eine *gründliche Spülung* ausreichend sein. Eine Spülgeschwindigkeit von > 1,0 m/s, besser 1,5 m/s und eine Spülwassermenge des 3- bis 5fachen Rohrleitungsinhaltes ist erforderlich.

Wenn sich keine ausreichende Spülwirkung erzielen lässt, kann das Spülen durch gleichzeitiges *Einpressen von Luft* unterstützt werden; dabei muss die Druckluft vollkommen ölfrei und hygienisch einwandfrei sein. Es werden eine Fließgeschwindigkeit über 0,5 m/s und eine Spüldauer von mindestens 15 Sekunden je m Rohrleitung empfohlen.

Sofern die Untersuchung der entnommenen *Wasserprobe* die Einhaltung der mikrobiologischen Parameter der TrinkwV ergibt, kann auf eine zusätzliche Desinfektion verzichtet werden.

Für die Desinfektion von Rohrleitungen stehen verschiedene *Chemikalien* zur Verfügung:

- Chlorbleichlauge = Natriumhypochlorid = $NaOCl$ (wässrige Lösung)
- Chlorkalk = Calciumhypochlorid = $Ca(OCl)_2$ (Granulat, Tabletten)
- Kaliumpermanganat = $KMnO_4$ (feinkristallines Salz)
- Wasserstoffperoxid = H_2O_2 (wässrige Lösung).

Während die ersten 3 Chemikalien der Wasser-Gefährdungsklasse 2 (WGK 2), also wassergefährdend, zugerechnet werden, ist H_2O_2 im Allgemeinen nicht wassergefährdend (WGK 0). Vorwiegend werden NaOCl und H_2O_2 zur Desinfektion von Rohrleitungen verwendet.

Bei Verwendung von *Chlorbleichlauge* (NaOCl) werden zwischen 10 und 100 mg wirksames Chlor/l zu desinfizierendes Volumen zugegeben; dabei entsprechen 10 mg wirksames Chlor 70 ml NaOCl. Für H_2O_2 beträgt die zuzugebende Menge 100 bis 150 mg/l des Volumens. Gemäß TrinkwV dürfen nur 0,025 mg/l organische Chlorverbindungen im Wasser enthalten sein; die Rohrleitungen werden somit jedoch mit mehr als dem 1000fachen Wert desinfiziert, wobei während der Standzeit der größte Anteil bereits abgebaut wird.

Bei *Einsatz von H_2O_2* bestehen erhebliche Vorteile gegenüber den Chlorverbindungen:

■ Hohe Umweltverträglichkeit, Zerfallprodukte sind Wasser und Sauerstoff
■ Arbeitssicherheit durch ungefährliche Konzentration der Desinfektionslösung
■ Sicherungsmaßnahmen bei Transport, Lagerung und Desinfektion unerheblich.

Die übrigen Desinfektionsmittel ($Ca(OCl)_2$ und $KMnO_4$) werden nur selten eingesezt.

Gemäß dem in DVGW-W 291 beschriebenen *Standverfahren* mit einer Einwirkungsdauer des Desinfektionsmittels in der Rohrleitung von > 12 Stunden können die Anforderungen der TrinkwV im Allgemeinen erfüllt werden. Während dieser Zeit muss der zu desinfizierende Abschnitt der Rohrleitung sicher vom übrigen Rohrnetz getrennt sein (Abb. 35).

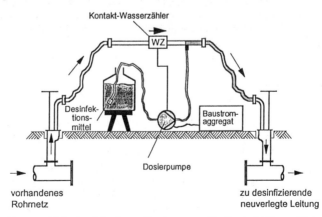

Abb. 35: Mengenabhängige Membran-Dosierpumpe für Desinfektionsmittel (rhenag)

Das Einbringen der Desinfektionslösung erfolgt durch Injektoren oder durch Dosierpumpen; bei Rohrleitungen mit ZM-Auskleidung soll das Desinfektionsmittel bereits beim Befüllen der Rohrleitung zugesetzt werden, damit dessen Eindringen in den Zementmörtel erleichtert wird. Vorteilhaft ist es, die Desinfektion der Rohrleitungen in Verbindung mit der Druckprüfung auszuführen.

Die neu gebauten oder erneuerten Rohrleitungen dürfen erst freigegeben werden, wenn die *mikrobiologische Unbedenklichkeit* nachgewiesen ist; das Wasserversorgungsunternehmen ist verpflichtet, die Inbetriebnahme dem zuständigen Gesundheitsamt frühzeitig anzuzeigen.

Nach Abschluss der Desinfizierung muss das desinfektionshaltige Wasser den gesetzlichen Vorschriften entsprechend entsorgt werden. Die unbedenkliche freie Chlorkonzentration (< 0,02 mg/l) kann erreicht werden durch Verdünnung, durch Reduktionsmittel oder durch Filtration (Aktivkohle). Bei H_2O_2 ist die *Entsorgung* problemlos, weil es in Wasser und Sauerstoff zerfällt.

Bei *Einleitung von Spülwasser* oder von desinfektionshaltigem Wasser in ein Gewässer oder das Grundwasser liegt eine Benutzung des Gewässers gemäß WHG vor, so dass eine wasserrechtliche Erlaubnis erforderlich ist. Bei Einleitung in die Kanalisation gelten die örtlichen Entwässerungssatzungen.

12 Zeitweilige Absperrung von Gasrohrleitungen

Wenn in Betrieb befindliche Gasrohrleitungen getrennt werden müssen (für Reparaturen, Abzweige o. Ä.), kann dies nur durch vorübergehendes Absperren des Gasflusses erfolgen. Das Einbringen, in Funktion halten und Wiederentfernen einer Rohrsperrung geschieht unter kontrollierter Gasausströmung. Als *Sicherheitsmaßnahmen* gelten dafür, die ausströmende Gasmenge zu begrenzen, sie unter Kontrolle zu halten und gefahrlos abzuführen. Der gasfreie Zustand im Arbeitsbereich ist gegeben, wenn 50 % der UEG (Untere Explosionsgrenze) nicht überschritten werden.

Als *vorübergehende Absperreinrichtung* (gemäß VBG 50) gelten:

■ Blasen, die unter Gasausströmung von Hand,
■ Blasen, die mit Setzgeräten
eingebracht werden.

Bei *Rohrleitungen bis DN 65 und 100 mbar* Gasdruck kann eine zeitweilige Absperrung (aus technischen Gründen) erst nach Trennen der Rohrleitung mittels Stopfen, Presskolben o. Ä. vorgenommen werden.

Um die Forderung nach Begrenzung der Gasausströmung zu erfüllen, dürfen *Blasen von Hand* nur eingebracht werden, wenn der Gasdruck (Sperrdruck) die zulässigen Werte nicht überschreitet (z. B. 40 mbar bei DN 100); bei Nennweiten > DN 150 und Sperrdrücken > 30 mbar müssen 2 Blasen gesetzt werden, so dass Blasensetzgeräte ein sicheres Arbeiten ermöglichen.

Für Hochdrucktransportleitungen sind andere *Sperrsysteme* entwickelt worden, von denen das Stopple-Gerät am bekanntesten ist, und für die Gasverteilung im HD-Bereich sind Sperrkolben in der Erprobung.

Die wesentlichen Einzelteile eines Blasensetzgerätes sind:

■ Schleuse, Blasensetzrohr, Blase mit Gestänge und Absperrarmatur.

Eine Absperreinrichtung, die zwischen dem Blasensetzgerät und der Anbohrung auf dem Rohr angeordnet ist, lässt das Montieren und Demontieren des Blasensetzgerätes zu. Die Blasen werden eingebracht und aufgedrückt. Die Rohrleitung ist damit abgesperrt.

Wenn gemäß VBG 50 die Rohrleitungen ohne Gasaustritt gesperrt werden sollen, dann muss diese Forderung von allen Teilen des Sperrsystems erfüllt werden. Dazu gehören dementsprechend die Absperrarmatur, die Bohrvorrichtung und das Blasensetzgerät.

Eine Begrenzung des Gasdruckes bei Einsatz von *Blasensetzgeräten* ist in der UVV-VBG 50 nicht enthalten; die Höhe des anstehenden Druckes ist jedoch fortlaufend zu kontrollieren. In der Praxis ist der Sperrdruck durch das verwendete Sperrsystem begrenzt (Abb. 36).

Besonders die eingebrachten *Absperrblasen* müssen in Abhängigkeit von der Rohrrauigkeit und dem Rohrdurchmesser einen festen und sicheren Sitz gewährleisten können, und sie dürfen nicht durch die Höhe des Sperrdruckes überlastet werden.

Es gibt nicht nur zahlreiche Anbieter, sondern auch mehrere Varianten für Blasensetzgeräte; sie unterscheiden sich durch:

■ Aufsetzen auf dem Rohr mittels Kettenspannvorrichtung oder auf einem vorab aufgeschweißten Stutzen

■ Setzen von einer oder von zwei Blasen durch eine Anbohrung, entweder hintereinander oder beiderseits der Anbohrung.

Der Raum zwischen den Doppelblasen kann entlüftet werden, und der Arbeitsbereich kann über die Anschlüsse des Setzgerätes inertisiert werden. Den Einsatz eines Sperrsystems zeigt die Abb. 36.

PE-Rohrleitungen können grundsätzlich ebenfalls mit Blasensetzgeräten provisorisch abgesperrt werden. Wegen der geringen Wandrauigkeit der Rohre sind jedoch besondere Absperrblasen (raue Oberfläche) erforderlich.

Für kurzzeitige Sperrungen dürfen PE-Rohrleitungen aber auch „abgequetscht" werden. Eine Schädigung des Rohrwerkstoffes ist bei Rohren bis d_a = 180 mm nicht zu erwarten, wenn die werkseitig gelieferten *Abquetschgeräte* fachgerecht und der Bedienungsanleitung entsprechend eingesetzt werden (Abb. 37). Es muss gewährleistet sein, dass durch rohrwanddickenabhängige Anschläge ein Überquetschen des Rohres sicher vermieden wird. Solche Quetschungen sollen eine möglichst geringe Zeit (max. 30 min) wirksam bleiben; daher ist eine genaue und sorgfältige Arbeitsvorbereitung zum Trennen der Rohrleitung und für die vorzunehmenden Einbaumaßnahmen erforder-

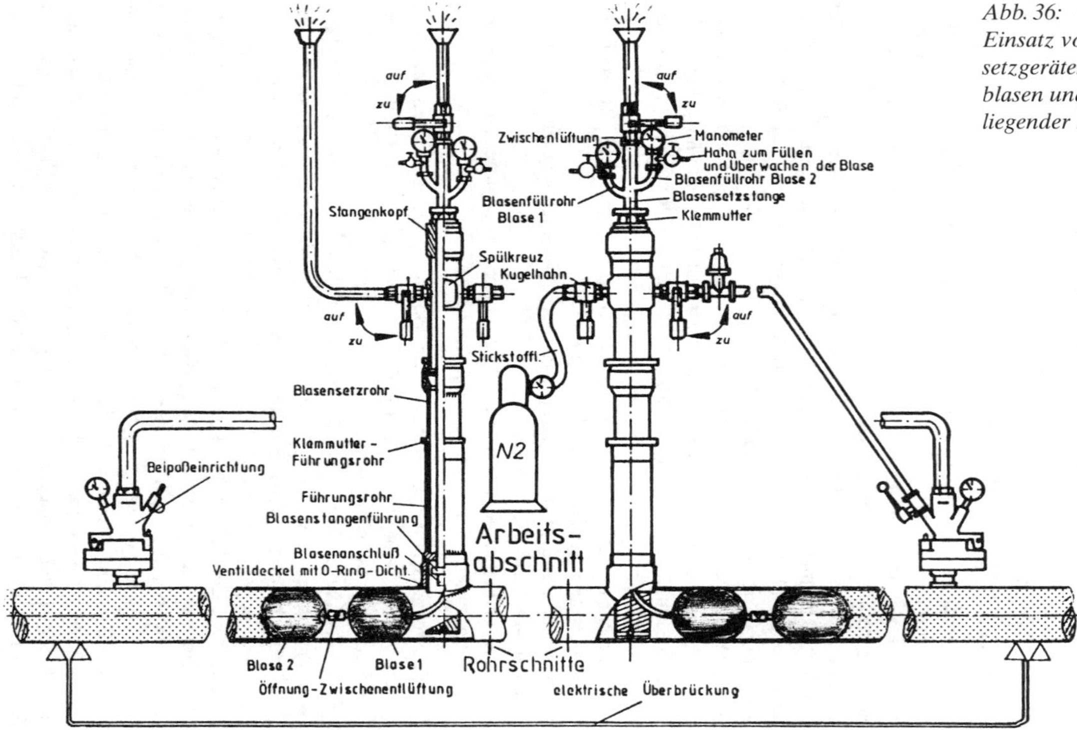

Abb. 36:
Einsatz von 2 Blasensetzgeräten mit Doppelblasen und dazwischen liegender Entlüftung

lich. Nach Aufhebung der Quetschung wird diese Stelle mit Rundungsschalen in den ursprünglichen Zustand gerundet; sie kann zusätzlich durch eine mechanische Schelle (keine Heizwendelschweißung!) gesichert werden. Eine Kennzeichnung ist stets erforderlich, damit nicht an derselben Stelle nochmals eine Quetschung durchgeführt wird.

Da es zum Abquetschen von PE-Rohrleitungen keine technischen Regeln gibt, muss eigenverantwortlich entschieden werden, bis zu welchem Innendruck und Durchmesser, bei welchem SDR und Abquetschgrad, bei welchen Temperaturen und Randbedingungen die Quetschungen angewendet werden sollen und welche Leckraten und Abquetschzeiten dabei zulässig sind.

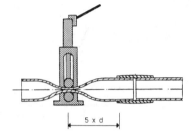

Abb. 37: Abquetschvorrichtung zum vorübergehenden Sperren von PE-Rohrleitungen

13 Grabenloser Rohrleitungsbau

Der grabenlose Rohrleitungsbau, also das unterirdische Einbringen von Leitungen ohne Graben, wird bei der Erneuerung und Sanierung von Rohrleitungen ebenso eingesetzt wie in ständig zunehmendem Umfang beim Neubau von Rohrleitungen. Für die Entscheidung zur Anwendung solcher Maßnahmen des „Rohrvortriebs" können verkehrstechnische, bauliche, umweltbedingte oder wirtschaftliche Gründe ausschlaggebend sein oder technische und wirtschaftliche Überlegungen im Vordergrund stehen. Im Gegensatz zum Verlegen im Graben (offene Bauweise) spricht man in diesem Zusammenhang auch von den geschlossenen Bauweisen.

13.1 Rohrvortrieb

Für den Rohrvortrieb werden je nach Rohrdurchmesser, Gebirgsart (Böden) und Verwendungszweck unterschiedliche *Verfahren und Techniken* angewendet. Die dabei zu beachtenden Anforderungen sind in DVGW-GW 304 und ATV-A 125 wortidentisch enthalten.

Unter *Rohrvortrieb* versteht man das Auffahren eines unteridischen Hohlraumes durch:

■ statische Drücke (Pressen)
■ dynamische Kräfte (Rammen)

- Flüssigkeitsdrücke (Spülen)
- Drehbewegungen (Bohren).

und deren Kombination entlang einer vorgegebenen Achse und Gradiente mit gleichzeitigem oder nachträglichem Einbau der Rohre (Verrohrung).

Beim *direkten Rohrvortrieb* werden die Vortriebsrohre (als Mantelrohre oder Leitungsrohre) in den Boden eingepresst oder eingerammt; der an der Ortsbrust anstehende Boden wird abgebaut und abgefördert, oder der in das Rohr eingedrungene Erdkern wird erst nach Fertigstellung des Vortriebs entfernt (Abb. 38).

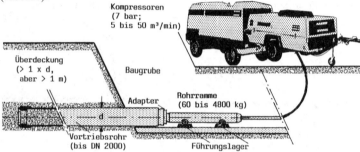

Abb. 38: Direkter Rohrvortrieb im dynamischen Rammverfahren

Beim *indirekten Rohrvortrieb* wird durch Verdrängungskörper oder durch Bohrtechniken ein unterirdischer Hohlraum aufgefahren, in den die Rohre gleichzeitig oder nachträglich eingezogen oder eingeschoben werden. Der anstehende Boden wird entweder verdrängt oder im Hohlraum kontinuierlich in die Startgrube abgefördert (Abb. 39).

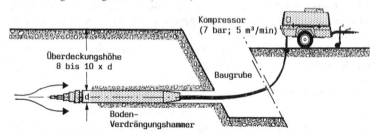

Abb. 39: Indirekter Rohrvortrieb im dynamischen Verdrängungsverfahren

Die einzelnen Verfahren und Techniken haben sehr *unterschiedliche Einsatzbereiche*, die sich aus dem max. Vortriebsdurchmesser, der erreichbaren Vortriebslänge, der Steuerbarkeit des Vortriebs und der Durchörterungsfähigkeit verschiedener Böden ergeben. Die Erfahrungswerte für die erfolgreichen Anwendungsbereiche im Rohrleitungsbau (in Anlehnung an DVGW-GW 304) stellen keine Einschränkung des technischen Fortschritts dar, sondern sollen lediglich den derzeitigen Stand der Technik zeigen:

	$\varnothing$ (mm)		L (m)
■ **nicht steuerbar**			
Verdrängungshammer ("Erdrakete") *	≤ 200		≤ 25
Klein-Press-(Bohr-)Anlage *	≤ 100		≤ 15
Ramme (mit vorn offenem Rohr)	≤ 1600		≤ 70
Pressbohr-Anlage	≤ 1600		≤ 80
■ **steuerbar**	$\varnothing$ (mm)		L (m)
Pressbohrung	≤ 1300		≤ 100
Spülbohrung *	≤ 400		≤ 250
Horizontal Directional Drilling *	≤ 1500		≤ 1500

Bei den mit * gekennzeichneten Verfahren handelt es sich um den indirekten Rohrvortrieb. Für alle Verfahren gilt eine *Mindestüberdeckungshöhe*, die den 10fachen Rohrdurchmesser der nichtsteuerbaren Verfahren bis DN 200 nicht unterschreiten soll; bei allen übrigen Verfahren sind mindestens 0,8 m, ansonsten der doppelte Wert des Rohrdurchmessers einzuhalten.

Für den *Bau von Druckrohrleitungen* werden die nicht steuerbaren Verfahren überwiegend für die Kreuzung von Straßen, Bahnen und Hindernissen sowie für Verteilungs- und Hausanschlussleitungen angewendet. Die dynamisch arbeitenden Techniken (Verdrängung, Rammung) erfordern keine Widerlager und können daher auch bei schwierigen Bedingungen eingesetzt werden. Die zielgerichtete Unterfahrung langer Strecken ist nur durch steuerbare Vortriebsverfahren möglich. Dabei sind Pressbohranlagen mit entsprechender Ausrüstung ("Bohrmeißel") auch im Fels einsetzbar. Spülbohrungen, mit denen Durchmesser bis 400 mm nach Aufweitung der Pilotbohrung erreicht werden, sind für homogene (weiche) Böden vorteilhaft. Das Horizontal Directional Drilling kann in unterschiedlichen Böden angewendet werden; dazu werden die Bohrköpfe den zu durchörternden Böden angepasst.

Die *Steuerung der Bohrungen* erfolgt mit Hilfe von Sendern (im Bohrkopf eingebaut) und Empfängern nach unterschiedlichen Techniken in Anpassung an die Örtlichkeiten und das Bohrverfahren (Abb. 40).

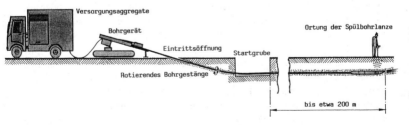

Abb. 40: Ortung des Bohrkopfes beim Spülbohrverfahren

Voraussetzung für eine erfolgreiche Anwendung des Rohrvortriebs sind genaue Angaben über die zu durchörternden Böden. Es können dann zielgenaue Bohrvortriebe über weite Strecken, im Grundwasser, unter Flüssen und Niederungsgebieten sowie für Mantel- und Produktenrohre ausgeführt werden. Computergesteuerte Bohranlagen gewährleisten die Einhaltung der geforderten Achslage der Rohrleitung und die Erreichung des Zielpunktes.

13.2 Sanierung und Erneuerung

Unter *Sanierung* versteht man eine Baumaßnahme, die das Ziel hat, die bestehende Rohrleitung so zu erhalten, dass sie in ihren hydraulischen Eigenschaften und ihrer technischen Bewertung einer neuen Rohrleitung in gleicher Dimension nahe kommt. Als *Erneuerung* bezeichnet man Baumaßnahmen, die das Ziel haben, eine neue Rohrleitung aus selbsttragendem Werkstoff herzustellen.

Dies kann mit oder ohne Dimensionsänderung und aus verschiedenen Werkstoffen erfolgen. Insgesamt gehören Sanierung und Erneuerung zum grabenlosen Rohrleitungsbau, wenn kein Rohrgraben ausgehoben werden muss, sondern lediglich von einigen Arbeitsgruben aus die Maßnahmen durchgeführt werden.

Die *Abdichtung von Muffen* als Maßnahme der Sanierung wird nur in Ausnahmefällen angewendet; insbesondere die Dichtung der Muffen von außen erfordert einen relativ hohen Aufwand.

Die Sanierung von Rohrleitungen durch *Reinigung und Auskleidung* ist bei noch tragfähigen Rohren eine technisch anspruchsvolle, aber sinnvolle Maßnahme. Dabei unterscheidet man:

- Beschichtung durch ZM-Auskleidung (Wasser)
- Beschichtung mit Kunststoffen (Gas)
- Folien-Relining (Gas)
- Schlauchrelining (Gas und Wasser).

Wasserrohrleitungen werden durch den Einsatz von Spezialreinigungsgeräten von Inkrustationen, Ablagerungen und anderen Rückständen befreit und mit TV-/Video-Technologie überprüft. Zur *ZM-Auskleidung* fahren dann speziell entwickelte Auskleidungsmaschinen (mit Winden gezogen, elektrisch oder mit Pressluft angetrieben) durch die Rohre und schleudern im Rotationsverfahren den Zementmörtel in der erforderlichen Schichtdicke an die Rohrwandung (Abb. 41).

Die Wasserrohrleitung wird dadurch bei minimaler Durchmesserverringerung nahezu neuwertig. Die speziellen Anforderungen sind in DVGW EW 343 enthalten. Die Einsatzbereiche liegen zwischen DN 80 und DN 2000; eine unterirdische Anbindung von Hausanschlüssen ist nicht möglich.

Die *Beschichtung von Stahlrohren für Gas* setzt eine Sandstrahlreinigung voraus. Es werden modifizierte Epoxidharze verwendet, die einen weiten

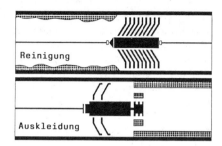

Abb. 41:
Schema der Zementmörtel-
Auskleidung von Rohren
DN 80 bis DN 2000

Anwendungsbereich abdecken. Für die Abmessungen zwischen DN 80 und DN 200 erfolgen Einbringung und Beschichtung durch geführte Molche, bei Rohrleitungen > DN 200 werden die Rohrleitungen im Schleuderverfahren beschichtet und bei > DN 800 wird ein Spritzverfahren durchgeführt.

Beim *Schlauchrelining* gibt es mehrere Techniken, die den Bereich zwischen DN 25 und DN 1000 und bis PN 10 abdecken. Der Gewebeschlauch (überwiegend auf Polyester-Basis) wird mit einem Kleber gefüllt, aufgetrommelt und mittels Druckluft über einen Umkehrflansch als Inliner in das Rohr gedrückt (Umstülpverfahren), wo er mit der alten Rohrwandung verklebt (Abb. 42). Eine vorangegangene Sandstrahlreinigung der Rohrflächen ist erforderlich. Mittels eines TV-unterstützten Cuttersystems können Abgänge und Hausanschlüsse wieder angebunden werden. Das Schlauchrelining eignet sich teilweise auch für Wasserrohrleitungen.

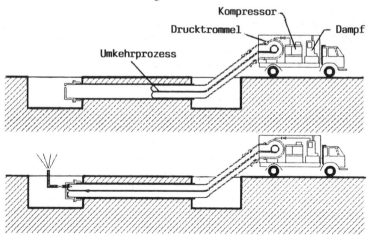

Abb. 42: Verfahrensschema für das Schlauchrelining (System Process Phoenix®)

Beim *Folien-Relining*, das nur für ND-Gasrohrleitungen (bis 100 mbar) angewendet wird, wird der mit Klebemittel gefüllte PU-Schlauch im Umstülpverfahren in die alte Rohrleitung (max. auf 200 m) eingeblasen. Die Einbindung von abgehenden Anschlussleitungen kann unterirdisch mit TV-unterstütztem Fräs- oder Wärmeverfahren durchgeführt werden.

Für die *Erneuerung von Gas- und Wasserrohrleitungen* in der vorhandenen Trasse stehen 3 Varianten zur Verfügung:

- Die alte Rohrleitung erhält ein neues Innenrohr (Relining).
- Die alte Rohrleitung wird zerstört und verbleibt im Erdreich; eine neue Rohrleitung wird eingezogen.
- Die alte Rohrleitung wird restlos entfernt und durch eine neue Rohrleitung ersetzt.

Die Einsatzbereiche hängen von den örtlichen Gegebenheiten und von der vorhandenen (alten) Rohrleitung ab. Vorab sind Hindernisse im Rohr sowie Inkrustationen und Ablagerungen zu entfernen.

Beim *Langrohrrelining* (optimal zwischen DN 400 und DN 1200) werden die PE-Rohre durch Heizelement-Stumpfschweißung außerhalb oder (bei Platzmangel) innerhalb der Einziehgrube miteinander verbunden und dann in Längen bis etwa 500 m eingezogen. Auf die max. zulässige Zugbelastung ist zu achten; Bögen dürfen in der Einziehstrecke nicht eingebaut sein.

Der *Ringraum* zwischen der alten Rohrleitung und dem Innenliner wird mit einem Dämmer (Kontrolle durch Aerometer) ausgefüllt; dabei ist zu beachten, dass der Rohr-Innendruck um mehr als 20% über dem erforderlichen Verdämmdruck liegt.

Wenn zwischen der alten Rohrleitung und dem neuen Innenrohr kein Ringraum verbleiben soll, können die sogenannten *Close-Fit-Verfahren* angewendet werden. Dabei sind vorab die Rohrflächen von Inkrustationen und Ablagerungen sowie von Hindernissen zu befreien. Eine möglichst gerade Trassenführung ist für diese Verfahren erforderlich.

Beim *U-Liner-Verfahren* wird das PE-Rohr in Längen bis zu 1600 m nach dem Extrudieren durch thermomechanische Verformung in eine U-Form gebracht. Der verbleibende Querschnitt wird dadurch um 30 bis 45 % kleiner. Das auf Trommeln aufgewickelte Rohr wird dann mittels Winden in die alte Rohrleitung eingezogen und mit Verschlussstücken versehen (Abb. 43).

Durch Einleitung von Dampf und Druckluft expandiert der U-Liner und nimmt seine ursprüngliche Kreisform wieder an (Memory-Effekt). Erforderliche Verbindungsschweißungen erfolgen mittels Heizelement-Schweißmuffen. Der Anwendungsbereich des U-Liner-Verfahrens liegt zwischen DN 100 und DN 400 und bis PN 10.

Beim *Roll-Down-Verfahren* werden die auf die Baustelle gelieferten Rohre (Trommel- oder Stangenware) in einer Maschine zwischen Halbkugeln im

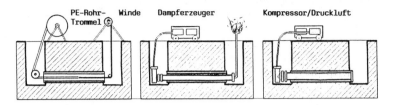

Abb. 43: Ablaufschema des Close-Fit-Verfahrens mit „U-Liners®"

Durchmesser gestaucht und erfahren dadurch eine etwa 10%ige Durchmesserverringerung. Nach dem Einziehen in die alte Rohrleitung bewirkt das natürliche Rückstellverhalten der eingefrorenen Spannungen, dass der ursprüngliche Querschnitt wieder erreicht wird und der Innenliner fest an der alten Rohrwandung anliegt. Um die Zeitdauer des Expansionsprozesses zu verkürzen, wird das Innenrohr mit Wasser gefüllt und unter Druck gesetzt. Erforderliche Rohrverbindungen werden mittels Heizwendel-Schweißmuffen vorgenommen. Der Anwendungsbereich des Roll-Down-Verfahrens liegt zwischen DN 80 und DN 400.

Das Prinzip des *Swage-Lining-Verfahrens* ist es, die PE-Rohre durch thermoplastische Verformung so zu verjüngen, dass sie in die alte Rohrleitung eingezogen werden können. Dazu werden die an der Baustelle angelieferten Rohre in einem Gesenk, bestehend aus Brennkammer, Heizstrecke und Gesenkplatte, auf etwa 70 °C erwärmt und durch das konisch zulaufende Gesenk gezogen. Dadurch entsteht eine 10%ige Durchmesserverringerung. Nachdem des Rohr einen Kühlring (45 bis 60 °C) durchlaufen hat, wird es in die alte Rohrleitung eingezogen. Innerhalb von 24 Stunden ist die endgültige Rückverformung zum ursprünglichen Durchmesser beendet, und das Innenrohr liegt dicht an der Rohrwandung an. Der Anwendungsbereich des Swage-Lining-Verfahrens liegt zwischen DN 50 und DN 1000 und bis PN 10. Die Schweißverbindungen werden – soweit technisch möglich – mittels Heizelement-Schweißfittings ausgeführt.

Bei den als *Cracking oder Berstlining* benannten Verfahren wird durch einen Verdrängungshammer die alte Rohrleitung (aus GG, GGG oder St) im Bereich bis DN 200 aufgespalten und somit zerstört. Direkt nachfolgend wird ein Schutzrohr eingezogen, in das die Produktleitung eingeführt wird. Ein Unbedenklichkeitsnachweis gemäß Wasserhaushalts- und Abfallbeseitigungsgesetz ist erforderlich.

Das *hydros-Rohrauswechselverfahren* erfordert eine hydraulische Zugmaschine, mit der im Bereich DN 80 bis DN 200 (mit Sonderausrüstung bis DN 400) alte Trinkwasser-GG-Leitungen gegen neue GGG-Rohrleitungen, alte Gas-GG-Leitungen gegen neue PE-Rohrleitungen und alte Hausanschlüsse gegen neue PE-Anschlussleitungen ausgewechselt werden können. Es verbleiben keine Abfälle im Erdboden.

Die zur Verfügung stehende *Auswahl an Verfahren* deckt den gesamten Anforderungsbereich ab; weitere technologische Entwicklungen werden die zukünftige Anwendbarkeit weiter verbessern.

14 Druckprüfung der Rohrleitungen

Vor Inbetriebnahme müssen Rohrleitungen zum Nachweis von Festigkeit und Dichtheit einer Druckprüfung unterzogen werden. Die Prüfungen erfolgen für Wasserrohrleitungen gemäß DIN EN 805 und DVGW W 400-2 und für Gasrohrleitungen gemäß den DVGW-Arbeitsblättern G 459/I, G 462/I+II, G 469 und G 472. Für Gasrohrleitungen ist in den DVGW-Arbeitsblättern zur Errichtung der Rohrleitungsanlagen geregelt, welche der in G 469 aufgeführten Verfahren anzuwenden sind und wer für die Abnahme der Prüfungen zuständig ist.

Die Ausführung von Druckprüfungen ist nur dann nicht mit Gefahren verbunden und nur dann in technischer Hinsicht problemlos, wenn vorab die Rohrleitungen vollständig fertiggestellt und die *vorbereitenden Maßnahmen* fachgerecht durchgeführt worden sind. Dazu gehören beispielsweise:

- Einsatz von erfahrenem Aufsichts- und Fachpersonal mit einer Betriebsanweisung für alle zugehörigen Bau- und Prüfmaßnahmen
- Prüfung der technischen Vollständigkeit der Rohrleitung und Unterbrechung aller Arbeiten im Rohrgraben und an der Rohrleitung
- Feststellung der Funktionssicherheit der mess- und prüftechnischen Einrichtungen und deren Bedienung unter Zugrundelegung der Herstelleranleitungen
- Ständige Kontrolle der Rohrleitung und der Oberflächen während der Prüfzeit sowie Planung einer umweltverträglichen Druckentlastung (Ausblasen) und Wasserentleerung (Molchung?)

Alle Maßnahmen sind in Übereinstimmung mit den Unfallverhütungsvorschriften, den Anforderungen der zuständigen Behörden und den Angaben der technischen Regeln auszuführen. Unabhängig von den Aufzeichnungen der Mess- und Prüfgeräte ist der Prüfverlauf zu protokollieren.

14.1 Druckprüfung von Wasserrohrleitungen

Vor Fertigstellung der gesamten Strecke der zu prüfenden Rohrleitung können bereits Druckprüfungen für Einzelstrecken (bis 1500 m Länge) durchgeführt werden; Düker, Mantelrohrstrecken o. Ä. werden immer einer gesonderten Druckprüfung vorab unterzogen. Im Allgemeinen werden Druckprüfungen ausgeführt, nachdem der Rohrgraben vollständig verfüllt ist; nur in Ausnahmefällen werden die Rohrverbindungen (bei GGG-Rohrleitungen) offen gelassen. Bei

Rohrleitungen mit nicht längskraftschlüssigen Verbindungen ist darauf zu achten, dass die Betonwiderlager bereits belastet werden dürfen und dass die für die Druckprüfung erforderlichen Einbauten fachgerecht verspannt bzw. abgestützt sind (Abb. 44).

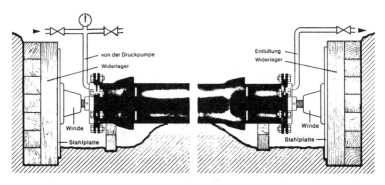

Abb. 44: Beispiel für die mögliche Ausführung einer Abstützung der Enden einer Rohrleitung zur Druckprüfung

Zum Füllen einer *Trinkwasser-Rohrleitung* darf nur einwandfreies Trinkwasser verwendet werden. Die Rohrleitung wird vom Tiefpunkt aus so langsam gefüllt, dass die eingeschlossene Luft an den Hochpunkten (autom. Be- und Entlüfter, Hydranten u. Ä.) entweichen kann. Zwecks Desinfektion der Rohrleitung kann dabei gleichzeitig Desinfektionsmittel zugesetzt werden.
Für die Füllmengen je Zeiteinheit wird empfohlen:

- DN 100   1 m³/h
- DN 300   11 m³/h
- DN 600   50 m³/h
- DN 800   90 m³/h.

Ein zu schnelles Füllen der Rohrleitung kann durch Mitreißen von Luft zu Druckschlägen und zu einer Schädigung der Rohrleitungsanlage führen. Bei Rohrleitungen mit großem Durchmesser müssen andererseits große Füllmengen zur Verfügung stehen.

Bei der Beaufschlagung des in der Rohrleitung eingeschlossenen Wassers mit Druck müssen die *physikalischen Eigenschaften* nicht nur des Wassers, sondern auch von Luft und von Rohrwerkstoffen berücksichtigt werden. Um 1 m³ (luftfreies) Wasser auf 100 bar aufzudrücken, benötigt man nur 5 l, das Wasser wird somit je bar um 0,005 % zusammengedrückt, oder anders ausgedrückt: der Kompressibilitätsbeiwert von Wasser ist $k_w = 5 \cdot 10^{-5}$. Wenn sich die Temperatur des eingeschlossenen Wassers von +15 °C (188 K) um 10 °C auf +25 °C (198 K) erhöht, dann steigt dadurch gleichzeitig der Innendruck um etwa 20 bar auf 120 bar an. Ist das eingeschlossene Wasser jedoch nicht luftfrei, so wirkt die eingeschlossene Luft als Windkessel, da Luft im hohen Maße kompressibel ist ($p \cdot V$ = const.). Schließlich entstehen auch im Rohrwerkstoff elastische Formänderungen bei Druckbeaufschlagung, die zu einer Volumenvergrößerung führen.

Gemäß DIN EN 805 dürfen verschiedene Druckprüfverfahren angewendet werden. Das Prüfverfahren ist vom Planer zu bestimmen und darf in bis zu drei Schritten ausgeführt werden:

- Vorprüfung
- Druckabfallprüfung
- Hauptdruckprüfung.

Die Vorprüfung dient zur frühzeitigen Erkennung von Schäden (Undichtigkeiten, Lageänderungen), zur Wassersättigung der Rohrwerkstoffe (Faserzement- und Betonrohre, ZM-Auskleidung), zur Stabilisierung der Leitung, zur Vorwegnahme der druckabhängigen Zunahme des Volumens von flexiblen Rohren vor der Hauptprüfung und der Mängelbeseitigung vor der Hauptprüfung. Die Dauer ist abhängig vom Rohrwerkstoff und der Auskleidung und beträgt zwischen 12 und 24 Stunden, bei Sonderverfahren ist sie kürzer.

Die Druckabfallprüfung dient zur Bestimmung, ob und wie viel Luft noch in der Leitung ist. Auch kleine Mengen Luft in der Leitung können durch Kompressibilität bei einem Leck eine dichte Leitung vortäuschen. Austretendes Wasser wird somit nicht bemerkt. Der Druckrohrleitung wird eine bestimmte Wassermenge entnommen, die einer Druckabsenkung von 1–3 bar entspricht. Das Wasservolumen ΔV und der entstehende Druckabfall Δp werden gemessen. Die Leitung gilt als luftfrei wenn

$$\Delta V \leq \text{zul } \Delta V = f \cdot a \cdot \Delta p \cdot l$$

Der Faktor a ist dimensionslos und werkstoffabhängig und der TRWV zu entnehmen, f beträgt in der Regel 1,5 nur bei PE-Leitungen 1,05, da an PE wegen der Flexibilität strengere Anforderungen gestellt werden. Mit anderen Worten: ist die entnommene Wassermenge mehr als die errechnete, dann ist zuviel Luft in der Leitung.

Die DIN EN 805 unterscheidet bei der Hauptprüfung zwischen zwei Verfahren: dem Wasserverlust- und dem Druckverlustverfahren.

Beim Wasserverlustverfahren wird der Prüfdruck STP (STP = MDP · 1,5 bis 10 bar MDP, bzw. STP = MDP + 5 bar ab 10 bar MDP) mindestens eine Stunde gehalten und danach die Leitung von der Pumpe abgesperrt und der Druckabfall über die Prüfzeit (mind. 1 h) gemessen. Die gemessene Wassermenge darf die errechnete nicht überschreiten. Beim Druckverlustverfahren wird der STP aufgebracht. Der Druckabfall darf nach einer Stunde 0,2 bar nicht überschreiten.

Für zementmörtelausgekleidete Rohre über DN 300 und bei PE-Rohren sollten immer die Sonderverfahren gewählt werden.

Das *Normalverfahren* mit Vorprüfung (> 24 Stunden), Druckabfallprüfung und Hauptprüfung erfordert eine lange Zeitdauer und wird daher kaum noch angewendet. Das *beschleunigte Normalverfahren* verkürzt die Vorprüfung auf eine Sättigungsphase von 30 min. und bewertet dann die Dichtheit der Rohrleitung aufgrund der durch die Druckabfallprüfung festgestellten Messwertgrundlagen; dieses Verfahren ist nur bis DN 400 anwendbar.

Überwiegend werden die Druckprüfungen nach dem *Sonderverfahren* ausgeführt, bei dem auf eine Vorprüfung verzichtet wird. Nach möglichst kurzer Zeit ist der Prüfdruck herzustellen und nach etwa 30 min. der Druck in der Rohrleitung zu messen. Der Prüfdruck wird bei gleichzeitigem Messen der Wasserzugabe wieder hergestellt. Dieser Vorgang ist in gleichen Zeitabschnitten (bis DN 400 je 30 min.) zu wiederholen. Die Messwerte werden in einem Diagramm aufgetragen, bis die Verlängerung der letzten beiden Messpunkte bereits auf der Abszisse im Punkt PP liegt (Abb. 45). Damit gelten dann die Prüfbedingungen als erfüllt.

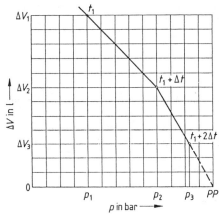

Abb. 45: Wasserzugabe ΔV als Funktion des Druckes p

Beim *Kontraktionsverfahren für PE* ist eine Vorprüfung in folgenden Schritten durchzuführen:

- Füllen der Rohrleitung und nachfolgende Entspannung am Hochpunkt (Achtung: kein Lufteintritt!)
- Verschließen der Rohrleitung und Aufbringung des Prüfdruckes (PN + 5 bar) innerhalb von 5 bis 10 min
- Prüfdruck durch ständiges Nachpumpen über 10 min halten

■ Ruhephase von 1 Stunde, in der sich die Rohrleitung viskoelastisch verformt; dabei darf der Prüfdruck um max. 30 % absinken.

Wenn diese Bedingungen der Vorprüfung erfüllt sind, also keine Undichtheit offensichtlich ist, kann unmittelbar danach mit der Hauptprüfung begonnen werden (Abb. 46).

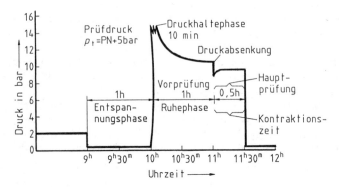

Abb. 46: *Verlauf der Druckprüfung nach dem Kontraktionsverfahren an einer PE-Rohrleitung*

Durch eine rasche Druckabsenkung wird nun die weitere Ausdehnung der PE-Leitung unterbrochen. Die Höhe der Absenkung beträgt 2 bar für PN 10 und 3 bar für PN 16 (und höher). Die dafür abzulassende Wassermenge wird mit der zulässigen Wassermenge gemäß den angegebenen materialspezifischen Kennwerten verglichen. Die Prüfbedingungen gelten als erfüllt, wenn das abgelassene Wasservolumen kleiner als das zulässige Wasservolumen ist; weiterhin darf in den nachfolgenden 30 min wegen des durch die Druckabsenkung hervorgerufenen Ausgleichs der inneren Spannungen im Rohrwerkstoff keine Druckabsenkung eintreten.

Das *Druckverlustverfahren* für PVC hat ebenfalls eine Vorprüfung (> 12 Stunden) zur Voraussetzung. Anschließend erfolgt eine Druckabfallprüfung zur Feststellung des Restluftvolumens. Danach soll während der Hauptprüfung (3 Stunden bis DN 150, 6 Stunden bis DN 600) der Druckabfall nicht mehr als 0,2 bar betragen. Die Rohrleitung gilt als dicht, wenn diese Bedingung erfüllt ist.

Bei allen Verfahren der Druckprüfung von Wasserrohrleitungen wird auf die Messung der *Temperatur* verzichtet; bei langdauernden Prüfzeiten ist allerdings zu empfehlen, die Temperatureinflüsse zu erfassen und zu berücksichtigen. Die verwendeten *Messgeräte* (Manometer, Druckschreiber) können nur dann zu einer richtigen Bewertung der Ergebnisse führen, wenn eine möglichst genaue Erfassung der Drücke erfolgt; daher wird empfohlen, die Messbereiche den auftretenden Drücken anzupassen und eine hohe Genauigkeitsklasse (Druckschreiber Klasse 0,6) anzuwenden.

14.2 Druckprüfung von Gasrohrleitungen

Für die *öffentliche Gasversorgung* bestehen mehrere technische Regeln und Richtlinien, nach denen die Druckprüfungen auszuführen und zu beurteilen sind. Als grundlegende Richtlinie gilt DVGW-G 469 (in Verbindung mit VdTÜV 1060). Diese Unterlagen können sowohl für erdverlegte als auch für Rohrleitungen in (oberirdischen) Anlagen zugrunde gelegt werden. Andere Prüfrichtlinien (z. B. VdTÜV 1051) sind für die Verwendung bei besonderen Transportmedien (z. B. chemische Gase) und für die nicht öffentliche Gasversorgung vorgesehen.

Bei Gasrohrleitungen kommen für niedrige Drücke im Allgemeinen gasförmige *Prüfmedien* (Luft, Stickstoff, Betriebsgas) zur Anwendung. Für hohe Drücke und besondere Anforderungen werden Wasserdruckprüfungen durchgeführt. Dementsprechend werden in DVGW-G 469 die Druckprüfverfahren danach eingeteilt, ob:

- die unter Prüfdruck stehende Rohrleitung oder Anlage während der Prüfzeit von außen besichtigt wird *(Sichtverfahren A)*;
- der Prüfdruck in der Rohrleitung oder Anlage während der Prüfzeit gemessen wird *(Druckmessverfahren B)*;
- der Prüfdruck in der Rohrleitung während der Prüfzeit mit dem Druck einer Vergleichseinrichtung (z. B. Prüfflasche, Kolbenmanometer) verglichen wird *(Druckdifferenzmessverfahren C)*;
- zusätzlich zum Prüfdruck in der Rohrleitung das zur Druckerhöhung erforderliche Wasservolumen gemessen wird *(Druck-/Volumen-Messverfahren D)*.

Zusätzlich erfolgt eine Unterscheidung nach dem Prüfmedium bzw. dem Aufbringen des Prüfdruckes durch die Zahlen

1 = Wasser, einmalig	2 = Wasser, zweimalig
3 = Luft	4 = Betriebsgas

Für das Verfahren C wird nur Luft, für das Verfahren D nur Wasser verwendet. In der Ortsgasversorgung sind die Verfahren A mit Luft oder Betriebsgas, B und C mit Luft überwiegend im Einsatz; für Gasfernleitungen werden die Verfahren B und D mit Wasser vorrangig angewendet.

Vor Beginn einer Druckprüfung müssen die *bautechnischen Voraussetzungen* gegeben sein oder geschaffen werden. Dazu gehören vorrangig sicherheitstechnische Maßnahmen, die in Abhängigkeit vom Prüfmedium und Prüfdruck, aber auch in Anpassung an die Rohrwerkstoffe und Umgebungsverhältnisse einen erheblichen Aufwand verursachen können. Der verantwortliche Bauleiter hat dafür zu sorgen, dass weder die Beschäftigten noch die Rohrleitungen gefährdet bzw. geschädigt werden; die Umgebung ist gegen eine Gefährdung von Personen, Bauwerken, Sachen und Umwelt abzusichern.

Die *Sichtverfahren A* werden nur dann angewendet, wenn es sich um die Prüfung einzelner Rohrverbindungen nach Einbauten oder Reparaturen handelt oder wenn Hausanschlüsse geprüft werden sollen. Dabei werden die Verbindungsstellen mit schaumbildenden Mitteln auf Dichtheit geprüft.

Das *Druckmessverfahren B 3.1* (mit Manometer und Druckschreiber) wird mit einem Prüfdruck ausgeführt, der das 1,1fache des zulässigen Betriebsdruckes beträgt, mindestens aber PN + 2 bar. Die Prüfdauer ist abhängig vom geometrischen Volumen der Rohrleitung, beträgt aber mindestens 0,5 Stunden. Mögliche Temperatureinflüsse werden nicht erfasst. Die Prüfung gilt als bestanden, wenn der Druckabfall am Messgerät 100 mbar während der Prüfzeit nicht überschreitet.

Für Druckprüfungen mit einem höheren Genauigkeitsanspruch können bei *Luft als Prüfmedium* die Abhängigkeiten zwischen Druck, Volumen und Temperatur nach den Gasgesetzen ermittelt werden. Für die Änderung aller Bestimmungsgrößen gilt:

$$P_1 \cdot \frac{V_1}{T_1} = P_2 \cdot \frac{V_2}{T_2}$$

Wenn sich das Rohrvolumen während der Prüfzeit nicht ändert (bei PE-Rohrleitungen nur bedingt gültig!), gilt:

$$\Delta p = \Delta t \cdot \frac{p_1}{T_1}$$

Hieraus kann man die Druckänderungen berechnen, die das Messgerät zum Ende der Druckprüfung anzeigen muss, wenn sich die Temperatur während der Prüfzeit verändert hat.

Beim *Druckmessverfahren B 3.2* (mit Feindruckmessgerät) wird der Druckverlauf in der Rohrleitung gemessen. Dazu ist nach dem Aufdrücken (1,1facher Betriebsdruck, mind. PN + 2 bar) und nach Ablauf der Beruhigungszeit (zur Temperaturangleichung) ein Feindruckmessgerät (Kolbenmanometer oder elektronische Druckwaage) anzuschließen (Abb. 47).

Es werden die Temperaturen und der atmosphärische Druck gemessen und aufgezeichnet. Die Druckprüfung gilt als bestanden, wenn der tatsächliche Druckabfall nach Ablauf der Prüfzeit und unter Berücksichtigung aller Einflussfaktoren geringer ist als die zulässige Druckänderung. Dabei darf der folgende Absolutwert nicht überschritten werden:

$$\Delta p_{zul} = \frac{400}{DN} \cdot h \quad [\text{mbar}]$$

Die Bescheinigung über das Prüfergebnis muss von einem Sachverständigen ausgestellt werden.

Beim *Druckdifferenzmessverfahren* wird die Dichtheit der Rohrleitung mittels einer (dichten) Prüfflasche (Verfahren C 3.1) und eines Differenzdruck-Messgerätes oder mittels Kolbenmanometer (Verfahren C 3.2) und einer Differenzdruckmesszelle festgestellt (Abb. 48). Die Temperaturen an der Rohrleitung nd

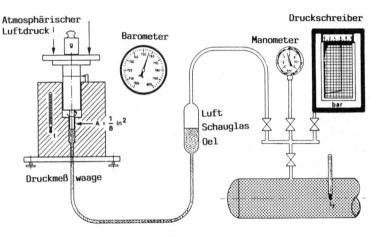

Abb. 47: Druckmessverfahren B 3.2 (mit Kolbenmanometer = Druckmesswaage)

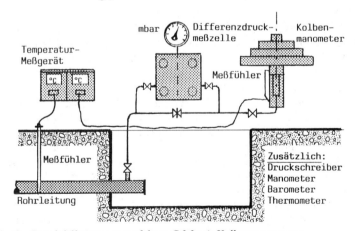

Abb. 48: Druckdifferenzmessverfahren C 3.2 mit Kolbenmanometer, Differenzdruckmesszelle und elektr. Temperaturmessgerät

an der Vergleichseinrichtung werden gemessen. Nach Ablauf der Prüfzeit wird der Differenzdruck zwischen Rohrleitung und Vergleichseinrichtung unter Berücksichtigung der Temperatureinflüsse auf beide Systeme ermittelt. Die dabei max. zulässige Druckänderung beträgt wieder:

$$\Delta p_{zul} = \frac{400}{DN} \cdot h \quad [\text{mbar}]$$

Das Verfahren C 3.1 mit Prüfflasche ist sehr temperaturabhängig und daher vielfach ungenau. Zur Differenzdruckmessung werden die üblich gewesenen U-Rohr-Manometer nicht mehr eingesetzt, sondern statt dessen Differenzdruckmesszellen verwendet. Die Nachteile des Verfahrens C 3.1 werden durch das Verfahren C 3.2 vermieden.

Die Bescheinigung über das Prüfergebnis bei den Differenzdruckmessverfahren muss von einem Sachverständigen ausgestellt werden.

Das *Prüfmedium Wasser* überträgt den an einer Stelle der Rohrleitung aufgebrachten Druck schnell und gleichmäßig. Bei Druckbeaufschlagung ist aber auch Wasser kompressibel, allerdings nur mit dem Wert $k_w = 4,6 \cdot 10^{-5}$. Die Volumenänderung bei Druckbeaufschlagung kann man berechnen nach:

$$V_2 - V_1 = V_1 \cdot k_w \cdot (p_2 - p_1)$$

Temperaturänderungen haben dagegen einen wesentlich stärkeren Einfluss; mit dem kubischen Ausdehnungsfaktor $\beta_w = 1 \cdot 10^{-4}$ gilt:

$$V_2 - V_1 = V_1 \cdot \beta_w \cdot (T_2 - T_1)$$

Sowohl die Kompressibilität als auch die Ausdehnung sind abhängig von der Druck- und Temperaturhöhe. Aus empirischen Versuchen wurden daher die Kompressibilitätsbeiwerte A und die Ausdehnungsbeiwerte B ermittelt und im Anhang zu DVGW-G 469 als Diagramme aufgetragen.

Die *Druckmessverfahren B 2* werden überwiegend für Gashochdruckleitungen > 16 bar angewendet, wenn die bautechnischen Voraussetzungen (Molchbarkeit) gegeben sind. Der Prüfdruck beträgt mindestens das 1,3fache des zulässigen Betriebsdruckes am Hochpunkt; der Festigkeitskennwert K der Rohre darf dabei am Tiefpunkt nicht überschritten werden. Die Prüfabschnitte sollen nicht länger als 15 km sein. Der Prüfstand (vorwiegend in besonderen Bauwagen) muss mit folgenden Messeinrichtungen ausgerüstet sein:

- Ermittlung des Drucks:
  Füll- und Kontrollmanometer (Klasse 0,6)
  Druckschreiber und Druckmessgerät (mind. 0,1 % Messgenauigkeit)
- Messung der Temperaturen:
  Thermometer für das Füllwasser und die Außenluft (Teilung mind. 0,5 °C)

Thermometer für die Rohrwand (als Erdbodenthermometer oder als Widerstandsthermometer; Genauigkeit mind. 0,05 °C)
■ Kontrollprüfung auf Luftfreiheit (Ablasstest):
  Maßgefäß(e) ausreichender Größe

Nach dem Füllen der Rohrleitung – möglichst unter Verwendung von Molchen – wird der Prüfdruck aufgebracht und über 24 Stunden gehalten. Bei entsprechenden messtechnischen Voraussetzungen kann die Haltezeit verringert werden. Die Luftfreiheit des Wassers ist durch Kontrollmessungen (Ablasstest) zu prüfen. Alle vorliegenden Daten gehen in die Berechnungsformeln ein, nach deren Auswertung in Abhängigkeit von den Leitungsdurchmessern und den erreichten Umfangsspannungen festgestellt wird, ob die Rohrleitung als dicht gilt.

Beim *Druck/Volumen-Messverfahren D* (mit zweimaligem Aufdrücken) werden die Rohre bis in den Bereich der Streckgrenze der Rohre unter Beachtung der zulässigen integralen plastischen Verformung der Rohrleitung geprüft. Das Verfahren wird nach dem VdTÜV-Merkblatt 1060 durchgeführt und erfordert spezielle Kenntnisse und Erfahrungen.

Nach erfolgreicher Druckprüfung und nach Vorliegen der Bescheinigung über die Druckabsicherung stellt für *Gashochdruckleitungen über 16 bar* der Sachverständige der TÜO oder MPA eine Bescheinigung nach § 6 der Verordnung über Gashochdruckleitungen aus.

Bei allen *Druckprüfungen* können sichere Aussagen über die Festigkeit und Dichtheit der Rohrleitungsanlagen nur unter Berücksichtigung der Gegebenheiten und Einflussfaktoren gemacht werden. Die Durchführung von Druckprüfungen und die Auswertung der Messergebnisse sollen daher nur qualifizierten Fachleuten und Unternehmen übertragen werden.

15 Vorschriften und Technische Regeln

Vorschriften beruhen auf gesetzlichen Regelungen und sind somit immer staatlich veranlasst. Sie sind im Allgemeinen auch sanktionsbewehrt. *Technische Regeln* dienen der Vereinheitlichung von materiellen und immateriellen Gegenständen zum Nutzen der Allgemeinheit. Technische Regeln und Richtlinien sind keine allgemeingültigen „Vorschriften"! Es kann und darf von ihnen abgewichen werden, wenn dadurch die mindestens gleiche Sicherheit und Zweckmäßigkeit erreicht wird und wenn es die vertraglichen Regelungen zulassen.

Technische Vertragsbedingungen enthalten Anforderungen des Auftraggebers; sie werden erst wirksam durch beiderseitige Anerkennung im Vertrag und gelten nur für den Einzelfall. Das gilt beispielsweise auch für alle in der VOB Teil C aufgeführten DIN-Normen der technischen Vertragsbedingungen.

Die nachstehend aufgeführten Unterlagen sind nur die wesentlichen Vor-

schriften, technischen Regeln und Richtlinien sowie technischen Vertragsbedingungen. Eine vollständige *Übersicht zu den technischen Regeln* im Rohrleitungsbau wird jährlich im Heft 1 der Fachzeitschrift bbr Fachmagazin für
Brunnen- und Leitungsbau veröffentlicht.

15.1 Vorschriften

- UVV-VBG 1   Allgemeine Vorschriften
- UVV-VBG 8   Winden, Hub- und Zuggeräte
- UVV-VBG 9   Krane
- UVV-VBG 9a Lastaufnahmeeinrichtungen im Hebezeugbetrieb
- UVV-VBG 15   Schweißen, Schneiden und verwandte Arbeitsverfahren
- UVV-VBG 37   Bauarbeiten (mit Durchführungsanweisungen)
- UVV-VBG 50   Arbeiten an Gasleitungen

15.2 Technische Regeln und Richtlinien

DVGW-Regelwerk

- W 291   Desinfektion von Wasserversorgungsanlagen
- W 307   Richtlinien für das Verfüllen des Ringraumes zwischen
             Druckrohr und Mantelrohr bei Wasserleitungen mit
             Bahngelände
- W 331   Auswahl, Einbau und Betrieb von Hydranten
- W 332   Hinweise und Richtlinien für Absperr- und Regel-
             armaturen im Wassertransport und der -verteilung
- W 341   Rohre aus Spannbeton und Stahlbeton in der Trink-
             wasserversorgung
- E W 343   Sanierung von erdverlegten Guss- und Stahlrohr-
             leitungen durch ZM-Auskleidung
- W 346   Guss- und Stahlrohrleitungsteile mit Zementmörtel-
             auskleidung
- W 400-1   Technische Regeln Wasserverteilung (TRWV)
             Teil 1 Planung
- W 400-2   Technische Regeln Wasserverteilung (TRWV)
             Teil 2 Bau + Prüfung
- W 403   Planungsregeln für Wasserrohrleitungen und Wasser-
             rohrnetze
- W 404   Wasseranschlussleitungen; Planung und Errichtung
- G 412   Kathodischer Korrosionsschutz von erdverlegten Orts-
             gasverteilungsnetzen; Empfehlungen und Hinweise
- G 459   Gas-Hausanschlüsse für Betriebsdrücke bis 4 bar
             – Errichtung

- G 461/I   Errichtung von Gasleitungen bis 4 bar Betriebsüber-
druck aus Druckrohren und Formstücken aus duktilem
Gusseisen
- G 462/II   Gasleitungen aus Stahlrohren von mehr als 4 bar bis
16 bar Betriebsdruck – Errichtung
- G 463   Gasleitungen aus Stahlrohren von mehr als 16 bar
Betriebsüberdruck – Errichtung
- G 465/II   Arbeiten an Gasrohrnetzen mit einem Betriebsdruck bis
4 bar
- G 469   Druckprüfverfahren für Leitungen und Anlagen der
Gasversorgung
- G 472   Gasleitungen bis 4 bar Betriebsdruck aus Polyethylen
(PE 80, PE 100 und PE-Xa)
- G 480/1   Anwendung von Elastomerdichtungen in Rohrleitungs-
verbindungen des Gastransportes und der Gasverteilung
- GW 9   Beurteilung von Böden hinsichtlich ihres Korrosions-
verhaltens auf erdverlegte Rohrleitungen und Behälter
aus unlegierten und niedriglegierten Eisenwerkstoffen
- GW 12   Planung und Errichtung kathodischer Korrosionsschutz-
anlagen für erdverlegte Lagerbehälter und Stahlrohr-
leitungen
- GW 14   Ausbesserung von Fehlstellen in Korrosionsschutz-
umhüllungen von Rohren aus Eisenwerkstoffen
- GW 120   Planwerk für die Rohrnetze der öffentlichen Gas- und
Wasserversorgung
- GW 301   Qualifikationskriterien für Rohrleitungsbauunterneh-
men
- GW 304   Rohrvortrieb
- GW 309   Elektrische Überbrückungen bei Rohrtrennungen
- E GW 310   Widerlager aus Beton – Bemessungsgrundlagen
- GW 315   Maßnahmen zum Schutz von Versorgungsanlagen bei
Bauarbeiten
- GW 350   Schweißverbindungen an Rohrleitungen aus Stahl in der
Gas- und Wasserversorgung
- GW 368   Längskraftschlüssige Muffenverbindungen für Rohre,
Formstücke und Armaturen aus duktilem Gusseisen
oder Stahl

DIN-Normen
- DIN 1054   Baugrund; Sicherheitsnachweise im Erd- und Grundbau
- DIN 2425   Planwerte für die Versorgungswirtschaft
- DIN 4022-1   Baugrund und Grundwasser; Benennen und Beschreiben
von Boden und Fels

- DIN 4084 Baugrund; Gelände- und Böschungsbruchberechnungen
- DIN 4123 Ausschachtungen, Gründungen und Unterfangungen im Bereich bestehender Gebäude
- DIN 4124 Baugruben und Gräben; Böschungen, Arbeitsraumbreiten, Verbau
- DIN 18 196 Erd- und Grundbau; Bodenklassifikation für bautechnische Zwecke
- DIN 30 675-1 Äußerer Korrosionsschutz von erdverlegten Rohrleitungen; Schutzmaßnahmen und Einsatzbereiche bei Rohrleitungen aus Stahl
- DIN 30 675-2 Äußerer Korrosionsschutz von erdverlegten Rohrleitungen; Schutzmaßnahmen und Einsatzbereiche bei Rohrleitungen aus duktilem Gusseisen

DIN-EN-Normen
- DIN EN 287-1 Prüfung von Schweißern; Schmelzschweißen; Teil 1: Stähle
- DIN EN 288 Anforderung und Anerkennung von Schweißverfahren für metallische Werkstoffe
- DIN EN 545 Rohre, Formstücke aus duktilem Gusseisen für Wasserleitungen
- DIN EN 580 Kunststoffrohrleitungssysteme – Rohre aus PVC
- DIN EN 805 Wasserversorgung – Anforderungen an Wasserversorgungssysteme und deren Bauteile außerhalb von Gebäuden
- DIN EN 969 Rohre, Formstücke aus duktilem Gusseisen für Gasleitungen
- DIN EN 1555-6 Kunststoff-Rohrleitungssysteme für die Gasversorgung – Polyethylen (PE); Empfehlungen für die Verlegung
- DIN EN 1594 Gasversorgungssysteme – Leitungssysteme mit einem Betriebsdruck von über 16 bar
- DIN EN 1714 Zerstörungsfreie Prüfung von Schweißverbindungen – Ultraschallprüfung von Schweißverbindungen
- DIN EN 1916 Rohre und Formstücke aus Beton, Stahlfaserbeton und Stahlbeton
  - V 1201 Rohre und Formstücke aus Beton, Stahlfaserbeton und Spannbeton (gilt nur in Verbindung mit DIN EN 1916)
- DIN EN 10 220 Nahtlose und geschweißte Stahlrohre
- DIN EN 12 201 Kunststoffrohrleitungssysteme für die Wasserversorgung – PE

Weitere Regelwerke und Herausgeber
- DVS Deutscher Verband für Schweißtechnik e.V.
- FGSV Forschungsgesellschaft für Straßen- und Verkehrswesen e.V.

- VdTÜV   Vereinigung der Technischen Überwachungsvereine e.V.
- VBG   Hauptverband der gewerblichen Berufsgenossenschaften
- VDE   Verband Deutscher Elektrotechniker e.V.

15.3 Technische Vertragsbedingungen

VOB Teil C: *Allgemeine technische Vertragsbedingungen für Bauleistungen*

- DIN 18 299   Allgemeine Regelungen für Bauarbeiten jeder Art
- DIN 18 300   Erdarbeiten
- DIN 18 303   Verbauarbeiten
- DIN 18 305   Wasserhaltungsarbeiten
- DIN 18 307   Druckrohrleitungsarbeiten im Erdreich
- DIN 18 319   Rohrvortriebsarbeiten

Der Gleisbau

Dipl.-Ing. *Hilmar Scheibeck*, Bochum
Dipl.-Ing. *Frank Moll*, Bergisch Gladbach

1 Grundbegriffe des Gleisbaus

Der Fahrweg für die Eisenbahnen besteht aus dem Eisenbahnoberbau (Schienen, Schwellen, Kleineisen, Bettungsstoffe), den Schutzschichten (PSS, FSS), dem Unterbau (Dämme) und dem Untergrund.

Der Oberbau hat die Aufgabe, die Fahrzeuge auf einer möglichst ebenen Fahrbahn zu führen, sowie alle auftretenden Kräfte und Lasten sicher aufzunehmen und in den Untergrund weiterzuleiten.

Die Gestaltung des Fahrweges, wie Gleisgeometrie, verwendete Oberbaustoffe, Oberbauformen und ihre Anwendung, ist festgelegt in gesetzlichen Bestimmungen und technischen Normen des Bundes und der Länder sowie dem europäischen Normenwerk (TSI).

1.1 Gesetzliche Grundlagen

Grundlage aller Normen und Bestimmungen ist das Allgemeine Eisenbahngesetz vom 29. März 1951. Hieraus abgeleitet wurden folgende Gesetze, Erlasse, Vorschriften und Richtlinien:

EBO	Eisenbahn-Bau- und Betriebsordnung. Diese gilt für Eisenbahnen des öffentlichen Verkehrs mit Regelspurweiten (1435 mm).
ESO	Eisenbahnsignalordnung. Sie enthält alle zugelassenen Signale für die Eisenbahnen des öffentlichen Verkehrs, ausgedruckt im Signalbuch – SB.
BOA o. EBOA	Verordnung über den Bau- und Betrieb von Anschlussbahnen. Sie enthält die Bestimmungen für den Bau von Anschlussbahnen, herausgegeben von den Bundesländern.
BO (Strab)	Bau- und Betriebsordnung für Straßenbahnen. Sie enthält die Bestimmungen für den Bau und Betrieb von Straßenbahnen.
DB-Richtlinien	Oberbautechnisches Regelwerk der DB AG
TSI	Technische Spezifikationen für die Interoperabilität; Empfehlung der EU-Kommission zu den Parametern für das transeuropäische Hochgeschwindigkeitsbahnsystem
Obri-NE mit Az-Obri	Oberbau-Richtlinien für nichtbundeseigene Eisenbahnen mit ihren Ergänzungsbestimmungen Az-Obri-NE. Sie gelten für nichtbundeseigene Eisenbahnen des öffentlichen und nichtöffentlichen Verkehrs. Herausgeber: Bundesverband Deutscher Eisenbahnen (BDE) Köln.

1.2 Der Fahrweg

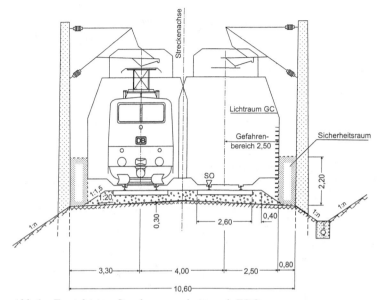

Abb. 1: Zweigleisiger Streckenquerschnitt nach EBO
(v_e ≤ 160 km/h, Überhöhung u = 0 mm (DB-Richtlinie 800.0110))

Die **Umgrenzung des lichten Raumes** umschließt den Raum, der für die Schienenfahrzeuge einschließlich Schutzraum freigehalten werden muss. Alle dargestellten Maße werden von der **Gleismitte** und **Schienenoberkante** (SO) aus gemessen. Die Maße gelten in Geraden und Bögen mit Halbmessern von 250 m und mehr; bei kleineren Halbmessern muss der Regellichtraum vergrößert werden. Die dargestellte Figur ist ein Auszug aus der EBO. Bei Arbeiten im Gleisbereich sind hinsichtlich des Regellichtraumes folgende Bestimmungen zu beachten:

Richtl. 800.0130, Obri-NE 3, BoStrab Anlage 1 A-G, BOA § 8 u. Anlage A

Regellichtraum

in der Geraden und in Bogen
bei Radien von 250 m und mehr

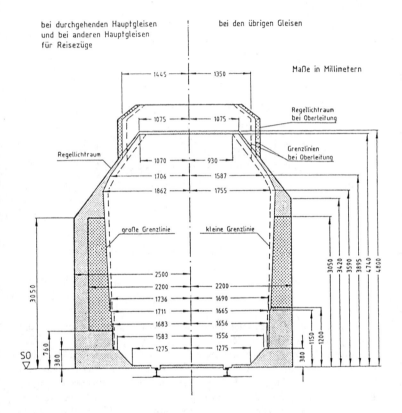

Abb. 2: Umgrenzung des lichten Raumes nach EBO (unter Berücksichtigung des kinematischen Zustandes der Eisenbahnfahrzeuge)

Die Maße in Abb. 2 beziehen sich auf die Verbindungslinie der Schienen-oberkanten (SO) in Solllage; die Mittellinie steht senkrecht auf der Verbindungslinie. In die angelegten Bereiche des Regellichtraumes dürfen feste Gegenstände unter bestimmten Bedingungen hineinragen (z. B. Einragungen von baulichen Anlagen, die betrieblich erforderlich sind, oder bei Bauarbeiten).

1.3 Gegenüberstellung der wichtigsten geometrischen Größen im Gleisbau

1.3.1 Spurweiten

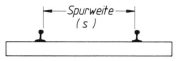

Abb. 3

Die Regel- oder Normalspur beträgt 1435 mm. Folgende Abweichungen gelten:

	EBO	Obri-NE	BOStrab	EBOA/BOA
Spurweite	1435 mm	1435 mm	1435 mm und 1000 mm	1435 mm 1000 mm 750 mm
Grenzmaße	– 5 mm + 30 mm + 35 mm[*]	– 5 mm + 35 mm[*]	– 5 mm – 5 mm zulässige Erweiterungen: gerades Gleis: 20 mm Bogengleis: 25 mm	bei Regelspur: + 35 mm bei Schmalspur: + 25 mm – 5 mm bei 750 mm Spur: + 20 mm – 5 mm
[*] Bei Nebenbahnen.				

Diese Spurweiten werden im Gleis wie folgt gemessen:

EBO	Obri-NE	BOStrab	EBOA/BOA
0–14 mm unter Schienen-oberkante (SO)	0–14 mm unter Schienen-oberkante (SO)	9 mm; bei Aus-rundungs-halbmesser des Schienen-kopfes bis 10 mm; sonst 0–14 mm unter Schienen-oberkante (SO)	0–14 mm unter Schienen-oberkante (SO)

1.3.2 Gleisbögen und Spurerweiterung

Der Radius *(r)* oder Halbmesser *(H)* eines Gleisbogens ist der Abstand vom Kreismittelpunkt (Messpunkt) zur Gleisachse. Er wird bestimmt durch die Bauart der Fahrzeuge, die Geschwindigkeit *(v)* und die Spurweite *(s)*.

Nach EBO § 6 sollen Bögen bei Neubauten in durchgehenden Hauptgleisen nicht kleiner als 300 m bei Hauptbahnen und 180 m bei Nebenbahnen sein. In Gleisbögen mit Radius unter 175 m ist folgende Spurweite herzustellen:

Radius des Gleisbogens in m	herzustellende Spurweite in mm
unter 175 bis 150	1440
unter 150 bis 125	1445
unter 125 bis 100	1450

Nach BOA ist das Grundmaß der Spurweite bei Bögen mit Halbmessern unter 200 m zu vergrößern, wenn die Bauart der Fahrzeuge es erfordert.

Die Spurerweiterung beginnt in der Regel im Übergangsbogen und ist durch Abrücken des inneren Stranges stufenweise (je 5 mm) über 5 Schwellenfelder herzustellen.

1.3.3 Überhöhungen und Überhöhungsrampen

Abb. 4

Um die beim Befahren eines Gleisbogens auftretenden Fliehkräfte zu verringern, wird die äußere Schiene gegenüber der inneren angehoben. Diesen Höhenunterschied nennt man Überhöhung. Von ausgleichender Überhöhung spricht man, wenn die Seitenbeschleunigung, die sich aus Geschwindigkeit und Bogenhalbmesser errechnet, durch die Überhöhung vollkommen aufgehoben bzw. ausgeglichen wird. In der Regel wird jedoch nur ein Teil dieser ausgleichenden Überhöhung (ca. 55 bis 60 %) hergestellt.

In der folgenden Tabelle sind die maximal zulässigen Überhöhungen für Gleise dargestellt:

EBO	Obri-NE	BOStrab	EBOA/BOA
max u = 180 mm[*]	max u = 150 mm	max u = 165 mm bei Regelspur max u = 110 mm bei Meterspur	keine **bestimmten** Forderungen (zu beachten Richtl. 800 und Obri-NE)
[*] Unter Einbeziehung der sich im Betrieb einstellenden Abweichungen.			

Planungswerte für u	
Gleise	**Weichen, Kreuzungen, Kreuzungsweichen u. Schienenauszüge**
Herstellungsgrenze $u = 20$ mm	
Regelwert	
$u = 100$ mm	$u = 60$ mm
an Bahnsteigen: $u = 60$ mm	
Ermessensgrenzwert	
Schotteroberbau: zul $u = 160$ mm	zul $u = 120$ mm
Feste Fahrbahn: zul $u = 170$ mm	in ABW mit starrem Herzstück: zul $u = 100$ mm
an Bahnsteigen: zul $u = 100$ mm	

Planungswerte für u_f	
Gleise	**Weichen, Kreuzungen, Kreuzungsweichen u. Schienenauszüge**
Herstellungsgrenze –	
Regelwert	
$u_f = 70$ mm	$u_f = 60$ mm
Ermessensgrenzwert	
zul $u_f = 130$ mm	zul u_f siehe Abb. 7

Abb. 5 u. 6: Planungswerte für u und u_f (DB-Richtlinie 800.0110)

Konstruktion	Entwurfsgeschwindigkeit [km/h]			
	$v_e \leq 120$	$120 < v_e \leq 160$	$160 < v_e \leq 200$	$200 < v_e \leq 300$
Weichenbogen mit feststehender Herzstückspitze im Innenstrang	≤ 110		≤ 90	nicht zulässig
Weichenbogen mit feststehender Herzstückspitze im Außenstrang	≤ 110	≤ 110	≤ 60	nicht zulässig
Bogenkreuzungen und Bogenkreuzungsweichen	≤ 100		nicht zulässig	nicht zulässig
Weichenbogen mit beweglicher Herzstückspitze	≤ 130			Einzelfallregelung
Schienenauszüge im Bogen	≤ 100			Einzelfallregelung
für Züge mit Neigetechnik in o.g. Konstruktionen	≤ 150			–

Abb. 7: Ermessensgrenzwerte zul u_f [mm] in Weichen, Kreuzungen, Kreuzungsweichen und Schienenauszügen

Der Übergang von der nicht überhöhten zur überhöhten äußeren Schiene erfolgt durch eine Überhöhungsrampe, die in der Regel geradlinig hergestellt wird (Abb. 8). Nach EBO § 6 betragen die Grenzneigungen max $m = 400$ bei Hauptbahnen, max $m = 300$ bei Nebenbahnen. Des Weiteren sind Rampenlängen und Rampenneigungen festgelegt in: Richtl. 800.0110, Obri-NE 9, BOStrab Anlage 2 II/d, EBOA/BOA § 7.

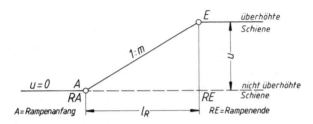

Abb. 8: Gerade Rampe

1.3.4 Übergangsbögen

Beim Befahren von Gleisen, in denen Gleisbögen oder eine Gerade und ein Gleisbogen unmittelbar aneinander stoßen, entsteht ein Ruck. Ab bestimmten Geschwindigkeiten sind in diesen Fällen aus fahrdynamischen Gründen Übergangsbögen mit stetig zunehmender Krümmung $k = 1000/r$ anzuordnen, die einen gleichförmigen Fahrzeuglauf ermöglichen. In durchgehenden Hauptgleisen sollen Übergangsbögen angeordnet werden, wenn der Unterschied der Überhöhungsfehlbeträge Δu_f bei

- $v_e \leq 200$ km/h ≥ 40 mm
- $v_e > 200$ km/h ≥ 20 mm

beträgt.

Der Unterschied der Überhöhungsfehlbeträge Δu_f ergibt sich aus den Werten

$$u_{f1} = \frac{11{,}8 \cdot v_e^2}{r_1} - u_1 \ [\text{mm}] \text{ und}$$

$$u_{f2} = \frac{11{,}8 \cdot v_e^2}{r_2} - u_2 \ [\text{mm}] \text{ wie folgt:}$$

Gerade / Bogen

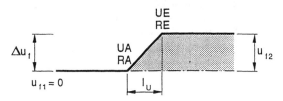

Korbbogen

Gegenbogen

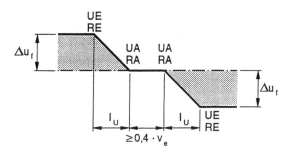

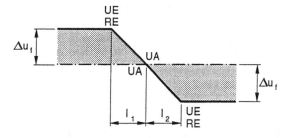

351

Der Übergangsbogen wird begrenzt durch den Übergangsbogenanfang UA (Stelle mit der kleinsten Krümmung) und das Übergangsbogenende UE (Stelle mit der größten Krümmung). Er soll in der Regel nach Lage und Art mit der Überhöhungsrampe zusammenfallen.

Im Gleisbau werden 3 Arten von Übergangsbögen verwendet, die in Abhängigkeit von der Geschwindigkeit mindestens folgende Übergangsbogenlänge l_u (in m) haben sollen:

- Übergangsbogen mit gerader Krümmungslinie (Klothoide)

$$\min l_u = \frac{4 \cdot v_e \cdot \Delta u_f}{1000}$$

- Übergangsbogen mit S-förmig geschwungener Krümmungslinie nach Schramm (Parabel)

$$\min l_{uS} = \frac{6 \cdot v_e \cdot \Delta u_f}{1000}$$

- Übergangsbogen nach Bloss (Parabel)

$$\min l_{uB} = \frac{4,5 \cdot v_e^2 \cdot \Delta u_f}{1000}$$

(Δu_f = Änderung des Überhöhungsfehlbetrages zwischen Gerade [$u_f = 0$ mm] und Kreisbogen oder zwischen 2 unterschiedlichen Kreisbögen [mit u_{f1} und u_{f2} in mm];

$u_f = 11,8 \cdot \dfrac{\text{zul } v_e^2}{r} - u; u$ = Überhöhung im Kreisbogen in mm

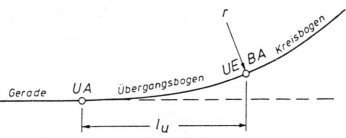

Abb. 9: Übergangsbogen mit gerader Krümmungslinie

1.3.5 Gleisneigungen

Die Längsneigung eines Gleises wird in ‰ angegeben. Folgende Höchstwerte sind bei Neubauten zu beachten:

EBO § 7: 12,5 ‰ auf der freien Strecke bei Hauptbahnen
40 ‰ auf der freien Strecke bei Nebenbahnen
In Bahnhofs- und Rangiergleisen nicht über 2,5 ‰
BOStrab Anlage 2 (a): 100 ‰ bei Reibungsbahnen

2 Bestandteile des Oberbaus

2.1 Schienen

Die Schiene übt eine Doppelfunktion aus: sie trägt die Radlasten und führt das Rad. Im Zusammenwirken mit der Schwelle bildet sie den Gleisrahmen.

Gebräuchlichste Schienenformen

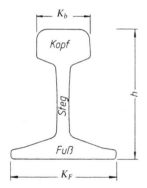

Abb. 10   *Abb. 11*

Siehe Abb. 10.

Bezeichnung	h in mm	K_F in mm	Gewicht je m in kg
Reichsbahnformen			
S 41	138	125	40,95
S 49	149	125	49,43
Bundesbahnformen			
S 54	154	125	54,45
S 64	172	150	64,70
UIC 60	172	150	60,34

Siehe Abb. 11.

Bezeich- nung	K in mm	R_i in mm	R_s in mm	K_F in mm	Gewicht je m in kg
Rillenschienen					
Ri 59	56	42	15	180	58,59
Ri 60	56	36	21	180	60,48
Ri 1	60	60	15	180	66,80
Ri 45	56	34	26	180	61,00

Neben den hier angeführten Schienen werden weitere Profile eingebaut. Siehe hierzu auch RICHTL. 820 und AzObri 3.

Besonders in kleineren Bögen, bei Straßenbahnen und allgemein bei eingepflasterten Gleisen sind **Rillenschienen** in verschiedenen Formen gebräuchlich.

Schienenprofile werden aus Stahlblöcken gewalzt. Um Schienen richtig bestimmen und Ansprüche bei Gewährleistungen geltend machen zu können, werden sie mit **Prägezeichen** und **Walzzeichen** versehen. Das Walzzeichen wird erhaben im Schienensteg aufgewalzt.

Beispiel: HWR 75 UIC 60 ═══─ □

Dieses Walzzeichen hat im Einzelnen folgende Bedeutung:

HWR = Walzwerk

> Beispiele weiterer Zeichen:
> ATH = August Thyssen Hütte AG
> HO   = Hüttenwerk Oberhausen AG
> HWR = Hütten- und Bergwerke Rheinhausen AG

75 = Walzjahr (hier 1975)

UIC 60 = Schienenprofil (möglich auch S 49, S 54, S 64 usw.)

═══ = **Schienengüte** (hier Güte 900 A – Regelgüte – mit 880 N/mm^2
> Mindestzugfestigkeit)
> Beispiele weiterer Zeichen:
> ─── = Güte 800 mit 780 N/mm^2
> ═══ = Güte 900 B mit 880 N/mm^2
> ohne Zeichen = Güte 700 mit 680 N/mm^2
> ≡≡≡ = Güte 1100 – Sondergüte – mit 1080 N/mm^2

☐   = **Zusatzzeichen** (hier Siemens-Martin-Stahl)

Beispiele weiterer Zusatzzeichen:

HH = Head Hardened (Kopfgehärtet)

T = Thomasstahl

☐ oder M = Siemens-Martin-Stahl

☐☐ = Sauerstoff-Blasstahl

Cu = Schiene enthält Kupfer

Cr = Schiene enthält Chrom

CC = Continuous Casting (= Strangguss)

Prägezeichen werden in den Schienensteg 1,0 bis 1,5 m vom Kopfende der Schiene eingeschlagen und auf beiden Seiten durch einen weißen Anstrich hervorgehoben.

Beispiel:

24	A	2	7
Schmelzen-Nr.	Schienen-bezeich-nung	Gespann-o. Strang-Nr.	Block-Nr. o. Strang-abschnitt

Schienenlängen: Die Walzlänge der Schienen beträgt 30, 60, 120 und 180 m. In Stoßlückengleisen werden Längen von 15, 30, 45 und 60 m eingebaut und verlascht. Beim durchgehend geschweißten Gleis ist es üblich, Schienen mit Regellängen durch Abbrennstumpfschweißungen zu einer Länge von 120, 180 und bis zu 300 m zusammenzuschweißen und einzubauen.

2.2 Schwellen

Die Schwelle bildet mit der Schiene und den Befestigungsteilen den Gleisrahmen. Sie soll die Längskräfte sowie die senkrechten und waagerechten Kräfte gleichmäßig auf die Bettung und den Unterbau übertragen. Verwendete Werkstoffe sind Holz, Beton und Stahl.

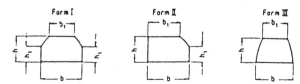

Abb. 12: Holzschwellenformen und Abmessungen für Gleise

Gruppe	b cm	h cm	b_1 cm		h_1 cm
			Form I und III	Form II	Form I und II
1	26	16	16	20	8
2	26	15	17	20	8
4	24	15	16	18	7
5	24	14	16	18	7

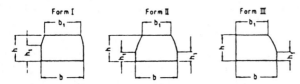

Abb. 13: Holzschwellenformen und Abmessungen für Weichen

Gruppe	b cm	h cm	b_1 cm	h_1 cm
3	26	16	Form I 20	10
4	26	15	Form I 21	12
			Form II 18	5
			Form III 20	5

Die Holzschwelle (Abb. 12 und 13)

Holzarten: Buche, Eiche, Bongossi und Keruing; Gewicht je aufgeplattete Gleisschwelle aus Buche etwa 110 kg; Regellänge: 2,60 m.

Vor dem Einbau werden Holzschwellen verschiedener Holzarten zum Schutz gegen Fäulnis mit Steinkohlenteeröl nach dem Rüpingverfahren getränkt. Der Einbau von Holzschwellen ist in Mitteleuropa nur noch auf bestimmte Einsatzgebiete, z. B. Stoßlückengleise, beschränkt. In der Regel werden in Gleisen und auch in Weichen Betonschwellen verwendet.

Die Stahlschwelle

Stahlschwellen werden seit 1945 nicht mehr neu gewalzt. Die noch vorhandenen Stahlschwellen aus Walzstahl werden entsprechend ihrem Zustand aus altbrauchbaren Einzelteilen zusammengeschweißt und wieder in Gleise untergeordneter Bedeutung eingebaut. Gewicht je Schwelle etwa 85 kg; Regellänge: 2,50 m.

Eine Neuentwicklung auf dem Gebiet der Stahlschwellengleise stellt die Y-Schwelle dar. Sie besteht aus 2 S-förmig gebogenen Breitflanschträgern und hat 3 paarweise angeordnete Auflager.

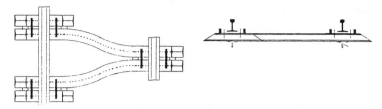

Abb. 14: Y-Schwelle

Die Betonschwelle

Betonschwellen werden heute aus Beton der Güte Bn 60 als Spannbetonschwellen hergestellt. Die Schwellen werden nach dem Konstruktionsjahr bezeichnet, z. B. B 58 und B 70.

Form	Länge in m	Breite in m	Höhe in m	Masse in kg
B 55	2,30	0,30	0,20	229
B 58	2,40	0,30	0,20	249
B 70	2,60	0,30	0,21	304
B 90	2,60	0,32	0,20	355

2.3 Kleineisen

Um die Schienen miteinander und mit den Schwellen zu verbinden, sind Stahlteile nötig, die im Allgemeinen als „Kleineisen" bezeichnet werden. Hierzu gehören:

Schienenkleineisen wie: Laschen (z. B. Fl), Schrauben, Bolzen, Hakenschrauben (Hs), Federringe (Fe), Klemmplatten (Kp), Spannklammern (Skl), Unterlagsscheiben (Uls);

Schwellenkleineisen wie: Schwellenschrauben (Ss), Unterlagsplatten (Rph, Rpb, Rpo, Rus), Federringe (Fe), Federnägel, Spannnägel (Dna), Spannbügel (Sbü), Winkelführungsplatten (Wfp).

Mit dem Kleineisen sollen die Schienen und Schwellen so miteinander verspannt werden, dass die auftretenden Horizontal-, Vertikal- und Längskräfte möglichst ohne verschleißende Bewegungen übertragen werden.

2.4 Wanderschutz und Sicherungskappen

Um Längen- und Lageänderungen der Schiene im Gleis vorzubeugen, werden in bestimmten Fällen zur Ableitung der Längskräfte zusätzlich zum Kleineisen **Wanderschutzklemmen** eingebaut. Die Längsverschiebung der Schiene auf den Schwellen wird durch Temperaturänderungen sowie durch Brems- und Anfahrkräfte hervorgerufen. Wanderschutzklemmen werden wechselseitig gegen Druck- bzw. Zugkräfte eingebaut:

- im endlos verschweißten Gleis an 37 Schwellen, wenn ein Stoßlückengleis anschließt,
- im Gleis mit wenig durchschubsicherem Schienenkleineisen, wenn es an ein Gleis mit durchschubsicherem Kleineisen anschließt,
- in Gleisen und Weichen, die erfahrungsgemäß zum Wandern neigen,
- in Kreuzungen mit beweglichen Doppelherzstückspitzen.

Um der seitlichen Gleisverschiebung an bestimmten Stellen entgegenzuwirken, werden **Sicherungskappen** an den Schwellenköpfen der Holz- und Betonschwellen angebracht.

Sicherungskappen werden eingebaut:

- im lückenlos verschweißten Gleis bei kleinen Radien,
- bei Weichen mit Holz- oder Betonschwellen.

Sicherungskappen (Sik) werden so an den Schwellköpfen verschraubt, dass sie in Zugrichtung wirken; d. h. bei Hangabtriebskräften an der Bogenaußenseite, bei Fliehkräften an der Bogeninnenseite. Sie sind vor jedem Stopf-Richtgang zu lösen und nach Beendigung der Arbeit wieder zu verspannen.

2.5 Bettungsstoffe

Die Bettung hat die Aufgabe, die Kräfte aus dem Gleis aufzunehmen und sie gleichmäßig auf die Planumsschicht oder den Unterbau zu verteilen. Sie muss wasserdurchlässig und aus verwitterungsbeständigem Material sein und bietet bei ausreichender Bemessung und guter Verdichtung eine einwandfreie Gleislage. Die durch Betriebseinwirkung veränderte Gleislage kann durch Stopfen und Richten leicht wiederhergestellt werden.

Als Bettungsstoffe werden gebrochenes Gestein in verschiedenen Körnungen sowie Kies verwendet.

Körnungsgrößen:
Körnung I: 25 mm bis 65 mm (in Hauptgleisen)
Körnung II: 15 mm bis 30 mm (in Nebengleisen)

Als Rohmaterialien dienen Natursteine (Basalt, Diabas, Granit und andere). Es dürfen nur Gesteine verwendet werden, die eine große Festigkeit gegen Schlageinwirkung haben und wetterbeständig sind.

Bettungsstärken

Die Regelbettungsstärke beträgt 30 cm und in schwächer belasteten Gleisen 20 cm. Sie wird ab Schwellenunterkante gemessen (siehe Abb. 1). Regelquerschnitte und Bettungsmengen siehe Richtl. 820.

3 Oberbauformen

Als Oberbauformen bezeichnet man die Konstruktion des Gleisrahmens aus den Einzelteilen Schienen, Schwellen und Kleineisen. Nachstehend sind gebräuchliche Oberbauformen mit ihren Einzelteilen dargestellt (Abb. 15 bis 18).

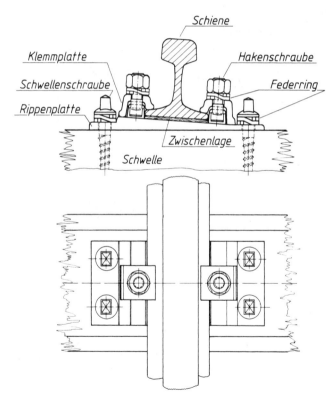

Abb. 15: Oberbau K auf Holzschwellen

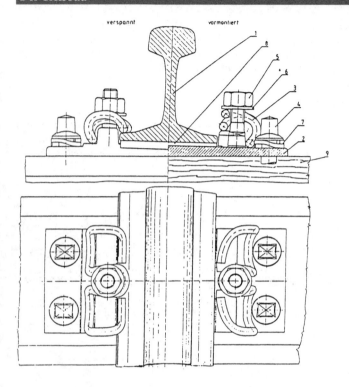

1 Schiene
2 Rippenplatte
3 Spannklemme Skl 12
4 Schwellenschraube
5 Hakenschraube

6 Unterlegscheibe
7 Federring
8 Zwischenlage
9 Schwelle

Abb. 16: Oberbau KS auf Holzschwellen

Um die Drehung der Spannklemme Skl 1 um 180° bei der Gleismontage zu vermeiden, wurde als Nachfolgemodell der Oberbau W 14 mit der Spannklemme Skl 14 entwickelt. Die Spannklemme wird bei dieser Oberbauform ohne Drehung auf den Schienenfuß gedrückt und dann verspannt (Abb. 18).

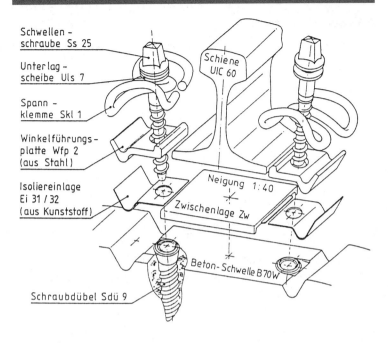

Schwellen-
schraube Ss 25

Unterlag-
scheibe Uls 7

Spann-
klemme Skl 1

Winkelführungs-
platte Wfp 2
(aus Stahl)

Isoliereinlage
Ei 31 / 32
(aus Kunststoff)

Schiene
UIC 60

Neigung 1:40

Zwischenlage Zw

Beton-Schwelle B 70 W

Schraubdübel Sdü 9

Abb. 17: Oberbau W auf Betonschwellen

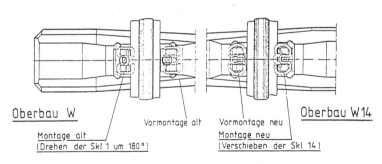

Oberbau W

Oberbau W 14

Vormontage alt

Vormontage neu

Montage alt
(Drehen der Skl 1 um 180°)

Montage neu
(Verschieben der Skl 14)

Abb. 18: Oberbau W auf Betonschwellen mit Skl 1 bzw. Skl 14

4 Oberbaubezeichnungen

Die Kurzbezeichnungen der verschiedenen Oberbauformen sind in Richtl. 820 und AzObri 1 dargestellt.

4.1 Oberbau auf Holzschwellen

Beispiel: K 49 $\dfrac{Br + 94\ Hh}{60}$ (Stoßlückengleis)

K	= Schienenbefestigung mit Rippenplatte, Klemmplatte, Hakenschraube und Federring
49	= Schiene S 49
Br	= Breitschwelle (Kuppelschwelle oder Stoßschwelle)
94	= Anzahl der Mittelschwellen bei 60 m Schienenlänge
H	= Holzschwelle
h	= Hartholz
63	= Schwellenabstand 63 cm (Schwellenteilung)
60	= Länge der Schienen (60 m)

Weitere Abkürzungen beim Holzschwellenoberbau

KS	= Schienenbefestigung mit Rippenplatte, Spannklemme, Hakenschraube und Unterlegscheibe
Sr	= Schienenbefestigung mit Rippenplatte und Spannbügel (DS 820 01 01)
Sbü	= wie vor (AzObri 1)
Hs	= Schienenbefestigung mit Schwellenschraube (DS 820 01 01)
Ss/Hs	= Schienenbefestigung mit Schwellenschraube/Hakenschraube (AzObri 1)
Hf	= Schienenbefestigung mit Spannagel
N	= Schienenbefestigung mit offener Unterlagsplatte, Schwellenschraube sowie mit und ohne Klemmplatte
LeK	= Leitschienenoberbau mit Schienenbefestigung des Oberbaus K (DS 820 01 01) oder Skl/Sbü (AzObri 1)
N/UP	= Schienenbefestigung mit offener Unterlagsplatte, Schwellenschraube sowie mit und ohne Klemmplatte (AzObri 1)
LU 69	= Leitschienenoberbau mit Profil U 69 und Schienenbefestigung nach Wahl (AzObri 1)
w	= Weichholz
b	= Buchenholz
e	= Eichenholz

4.2 Oberbau auf Betonschwellen

Beispiel: W 60 – 1667 B 70 – 60 (durchgehend verschweißt)

W	= Schienenbefestigung mit Winkelführungsplatte und Spannklemme Skl 1 oder Skl 14
60	= Schiene UIC 60
1667	= Anzahl der Schwellen auf 1 km Länge
B	= Betonschwelle
70	= Form 70
60	= Schwellenabstand 60 cm

Weitere Abkürzungen beim Betonschwellenoberbau

K   = Schienenbefestigung mit Rippenplatte, Klemmplatte, Hakenschraube und Federring (Abb. 15)
A   = Schienenbefestigung mit Auflagereisen, Klemmplatte, Federring und Bundschwellenschraube
L   = Schienenbefestigung mit Leistenplatte, Klemmplatte, Federring und Bundschwellenschraube

4.3 Oberbau auf Stahlschwellen

Beispiel: Sr 54 – 1429 St – 70 (durchgehend verschweißt)

Sr   = Schienenbefestigung mit Rippenplatte und Spannbügel
54   = Schiene S 54
1429   = Anzahl der Schwellen auf 1 km Länge
St   = Stahlschwelle
70   = Schwellenabstand 70 cm

Weitere Abkürzungen beim Stahlschwellenoberbau

Y   = Schienenbefestigung auf Y-Schwellen
B   = Schienenbefestigung mit Klemmplatte, Spurplättchen und Hakenschraube
K, Skl und Sbü = siehe Oberbau auf Holzschwellen

Sonderbauarten

Außer den genannten Regelbauarten kommen auch andere Sonderbauarten zur Anwendung, siehe Abb. 19 und 20.

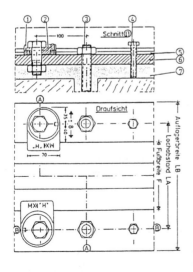

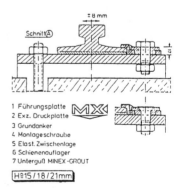

1 Führungsplatte
2 Exz. Druckplatte
3 Grundanker
4 Montageschraube
5 Elast. Zwischenlage
6 Schienenauflager
7 Unterguß MINEX -GROUT

H≙15 / 18 / 21mm

Abb. 19:
Kranbahnbefestigung
(seitenverstellbar)

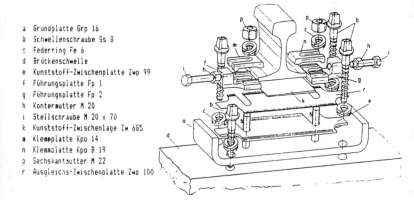

a Grundplatte Grp 16
b Schwellenschraube Ss 8
c Federring Fe 6
d Brückenschwelle
e Kunststoff-Zwischenplatte Zwp 99
f Führungsplatte Fp 1
g Führungsplatte Fp 2
h Kontermutter M 20
i Stellschraube M 20 x 70
k Kunststoff-Zwischenlage Zw 685
m Klemmplatte Kpo 14
n Klemmplatte Kpo B 19
p Sechskantmutter M 22
r Ausgleichs-Zwischenplatte Zwp 100

Abb. 20: Schienenbefestigung für feste Fahrbahnen mit freiem Durchschub (höhen- u. seitenverstellbar)

5 Weichen und Kreuzungen

Weichen sind Konstruktionen, durch die Züge oder Schienenfahrzeuge ohne Unterbrechung der Fortbewegung von einem Gleis in ein anderes Gleis wechseln können.
Kreuzungen sind zwei sich schneidende Gleise; es besteht keine Übergangsmöglichkeit von einem Gleis zum anderen.
Aus der Bezeichnung der Weichen und Kreuzungen sind ihre baulichen und geometrischen Merkmale zu erkennen:

- Weichenbauarten

EW	= einfache Weiche
DW	= Doppelweiche
Kr	= Kreuzung
EKW	= einfache Kreuzungsweiche
DKW	= doppelte Kreuzungsweiche
IBW	= Innenbogenweiche
ABW	= Außenbogenweiche
BKr	= Bogenkreuzung
EIBKW	= einfache Innenbogenkreuzungsweiche
EABKW	= einfache Außenbogenkreuzungsweiche
DBKW	= doppelte Bogenkreuzungsweiche

- Schienenformen

60	= gebaut aus Schienen UIC 60
54	= gebaut aus Schienen S 54
49	= gebaut aus Schienen S 49

- Halbmesser des abzweigenden Stranges in m
  z. B. 190, 300, 500, aber auch 50, 140, 200

- Neigung des abzweigenden Stranges zum Stammgleis
  z. B. 1:7,5; 1:9; 1:12;

- Abzweigrichtung
r	= Rechtsweiche
l	= Linksweiche

- Art der Schwellen
H	= Hartholzschwellen
St	= Stahlschwellen
B	= Betonschwellen
Y	= Y-Schwellen (Stahl)

5.1 Hauptbestandteile der einfachen Weiche (EW)

Einfache Weichen bestehen aus folgenden Hauptteilen (Abb. 21):
Zungenvorrichtung, **Mittelteil** (Zwischenschienen), **Herzstück**, **Fahrschienen** mit Radlenker und **Flügelschienen**.

5.2 Hauptbestandteile der Kreuzungen (Kr)

Zu einer Kreuzung gehören folgende Hauptteile:
2 einfache Herzstücke (im Kreuzungsendteil), **2 doppelte Herzstücke** (im Kreuzungshauptteil), **Fahrschienen** mit Radlenker, **Knieschienen**.

5.3 Hauptbestandteile der Kreuzungsweichen (EKW und DKW)

Bei den Kreuzungsweichen kommen zu den Hauptteilen der Kreuzung die Zungenvorrichtungen. Einfache Kreuzungsweichen haben zwei (Abb. 22 und 24), doppelte Kreuzungsweichen vier Zungenvorrichtungen. Man unterscheidet nach Kreuzungsweichen mit innerhalb des Kreuzungsvierecks liegenden Zungen (Abb. 22 und 23) sowie außerhalb des Kreuzungsvierecks liegenden Zungen (Abb. 24 und 25).

5.4 Geometrische Merkmale von Weichen und Kreuzungen

Der Schnittpunkt der Achse des Stammgleises mit der Tangente an die Bogenachse heißt Winkelpunkt. Die Größe des Winkels wird durch die Angabe des Neigungsverhältnisses (z. B. 1:7,5) ausgedrückt.
Weichen, bei denen der Bogen des Zweiggleises bis zum Herzstückende oder darüber hinaus geführt wird, haben ein gebogenes Herzstück. Durch diese Anordnung ist ein größerer Radius des Zweiggleises möglich.

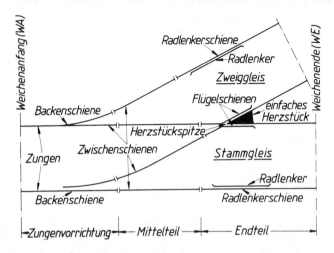

Abb. 21: Einfache Weiche (EW)

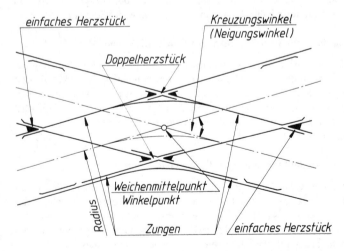

Abb. 22: Einfache Kreuzungsweiche (EKW) mit innerhalb des Kreuzungs-
vierecks liegenden Zungen

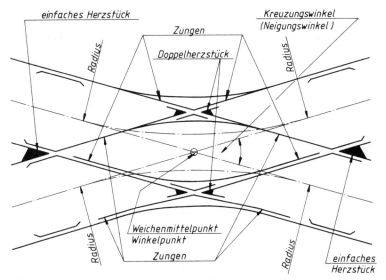

Abb. 23: Doppelte Kreuzungsweiche (DKW) mit innerhalb des Kreuzungsvierecks liegenden Zungen

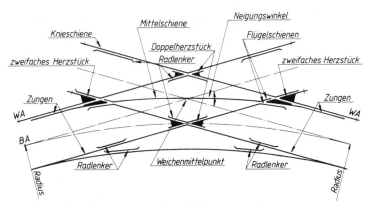

Abb. 24: Einfache Kreuzungsweiche (EKW) mit außerhalb des Kreuzungsvierecks liegenden Zungen

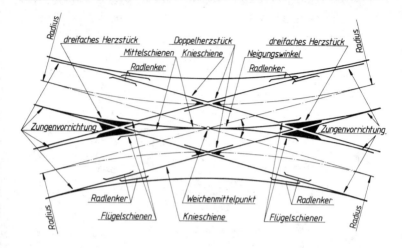

Abb. 25: Doppelte Kreuzungsweiche (DKW) mit außerhalb des Kreuzungsvierecks liegenden Zungen

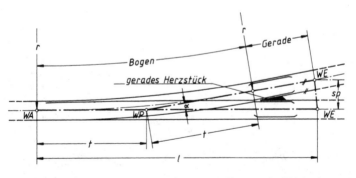

WA	Weichenanfang		t	Tangente des Weichenbogens
WE	Weichenende		l	Baulänge, Weichenlänge
WP	Winkelpunkt		sp	Spreizmaß
α	Weichenwinkel (Weichenneigung)		s	Springmaß
r	Radius des Weichenbogens			

Abb. 26: Einfache Weiche (EW) mit geradem Herzstück

5.5 Fahrgeschwindigkeiten in Weichen

Die zulässige Fahrgeschwindigkeit der Weichen bezieht sich aufgrund ihrer Geometrie immer auf den gekrümmten Strang. Bei geraden Weichen ist es das Zweiggleis, bei Bogenweichen sind es sowohl das Zweiggleis als auch das Stammgleis.

Aus dem vorgegebenen Bogenradius ergibt sich die zulässige Fahrgeschwindigkeit. Je größer der Radius, um so höher ist die mögliche Fahrgeschwindigkeit.

Weichen können aus fahrdynamischen Gründen mit folgenden Geschwindigkeiten befahren werden:

$r = 190$ m   zul $v = 40$ km/h

$r = 300$ m   zul $v = 50$ km/h

$r = 500$ m   zul $v = 60$ km/h

$r = 760$ m   zul $v = 80$ km/h

$r = 1200$ m   zul $v = 100$ km/h

$r = 2500$ m   zul $v = 130$ km/h

$r = 7000/6000$ m   zul $v = 200$ km/h.

Bei Bogenweichen, deren Radien der Geometrie der Gleise angepasst sind, ist die zulässige Geschwindigkeit für jeden Strang einzeln zu berechnen.

5.6 Spur-, Leit- und Rillenweiten

Die **Spurweite** kann in allen Bereichen der Weichen und Kreuzungen gemessen werden. Sie ist im geraden Strang im Allgemeinen der Regelspur angepasst. Für den abzweigenden Strang gilt für Spurerweiterungen das Gleiche wie für Gleisbögen ≤ 200 m. Bogenweichen werden ohne Spurerweiterung hergestellt.

Die **Leitweite** ist der Abstand der Leitkante des Radlenkers und der Fahrkante der Herzstückspitze.

Rillenweiten werden gemessen:

a) am Herzstück: Abstand zwischen der Innenkante, der Flügelschiene und der Fahrkante der Herzstückspitze

b) am Radlenker: Abstand zwischen der Fahrkante der Schiene und der Leitkante des Radlenkers

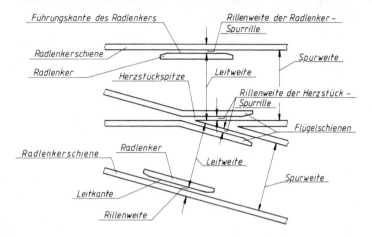

Abb. 27: Messstellen und Bezeichnungen im Herzstückbereich

5.7 Zusammenbau von Weichen

Der Zusammenbau einer Weiche erfolgt nach dem Auslegen der Schwellen in folgender Reihenfolge:

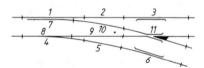

Abb. 28: Zusammenbau einer einfachen Weiche

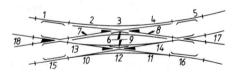

Abb. 29: Zusammenbau einer Doppelten Kreuzungsweiche

5.8 Weichenbestellung

Für die Lieferung und den Einbau von Weichen und Kreuzungen empfiehlt es sich, folgende Planunterlagen zu erstellen:

■ **Weichenskizze**
Hierzu kann ein Muster nach Richtl. 820 verwendet werden, z. B. EW 49 – 300 – 1:9 – r (St).

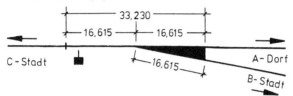

Angaben: Verwendung von neuen oder altbrauchbaren Teilen
Isolieren – ja/nein
Verschweißen – ja/nein
Einbauort – Anschluss, Bahnhof, Gleis von … nach …
Empfänger, Lieferzeit, Maßstab
Lage des Weichenantriebes

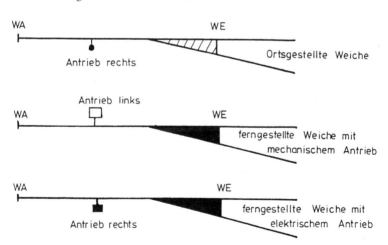

■ **Weichenverlegeplan**
Wird vom Lieferwerk im Maßstab 1:100 erstellt. Er enthält alle für den Einbau erforderlichen geometrischen Maße, Längen der Schienen und Weichengroßteile, Schwellenlängen, -abstände und -nummern.

■ **Weichenvermarkungsplan**
Wird vom Vermessungsdienst für Weichen in überhöhten Gleisen erstellt.

5.9 Gewichtstabellen

5.9.1 Gewichtstabelle einiger Weichengroßteile S 49 [t]

Weiche	Gesamtgewicht	Zungen-vorrichtung	Mittelteil	Endteil
EW 190 – 1:7,5/6,6				
Eiche	18,265	6,710	5,029	6,526
Bongossi	19,239	7,060	5,305	6,874
EW 190 – 1:9				
Eiche	16,495	6,710	5,029	4,756
Bongossi	17,358	7,060	5,304	4,994
EW 300 – 1:9				
Eiche	19,746	7,397	6,085	6,264
Bongossi	20,811	7,788	6,427	6,596
EW 500 – 1:12				
Eiche	23,906	8,948	8,668	6,290
Bongossi	25,179	9,416	9,142	6,621
EW 760 – 1:14				
Eiche	30,883	12,023	9,467	9,393
Bongossi	32,541	12,656	9,992	9,893
EW 1200 – 1:18,5				
Eiche	36,444	12,089	13,666	10,689
Bongossi	38,379	12,720	14,409	11,250

5.9.2 Gewichtstabelle einiger Weichengroßteile S 54 [t]

Weiche	Gesamt-gewicht	Zungen-vorrichtung	Mittelteil	Herzstück-bereich	Endteil
EW 190 – 1:9					
Holz	18,360	5,930	4,090	5,070	2,890
Beton	36,280	9,530	7,380	7,880	10,130
EW 300 – 1:9					
Holz	21,000	6,870	5,180	5,780	2,890
Beton	50,440	14,540	11,860	12,550	10,130
EW 500 – 1:12					
Holz	26,900	8,580	7,880	5,850	4,210
Beton	64,370	17,640	18,100	12,520	14,750
EW 760 – 1:14					
Holz	33,300	10,490	9,960	8,650	3,820
Beton	78,090	21,310	22,710	19,290	13,420
EW 760 – 1:18,5					
Holz	35,330	10,470	9,960	8,120	6,400
Beton	85,600	21,290	22,700	17,770	22,480
EW 1200 – 1:18,5					
Holz	40,810	11,750	11,830	10,360	6,490
Beton	98,380	24,130	26,820	23,500	22,570

5.9.3 Gewichtstabelle einiger Weichengroßteile UIC 60 [t]

Weiche	Gesamt-gewicht	Zungen-vorrichtung	Mittelteil	Herzstück-bereich	Endteil
EW 300 – 1:9					
Holz	22,980	7,500	6,190	5,900	3,000
Beton	52,000	14,680	13,720	11,990	10,240
EW 500 – 1:12					
Holz	31,080	9,450	8,770	9,440	3,030
Beton	68,350	18,530	19,530	18,570	10,350
EW 760 – 1:14					
Holz	36,360	12,390	10,510	9,050	3,980
Beton	81,550	23,960	23,380	19,340	13,570
EW 1200 – 1:18,5					
Holz	44,250	13,220	12,820	11,190	6,630
Beton	101,470	25,610	28,010	23,780	22,700
EW 2500 – 1:26,5			Mittelteil I		
Holz	64,620	18,280	11,890	12,080	9,270
			25,720		
Beton	148,100	35,710	Mittelteil II	24,070	32,340
			12,710		
			28,890		

Arbeitsvorbereitung im Baubetrieb

Prof. Dr.-Ing. *Richard Dellen*, Recklinghausen
Dipl.-Ing. *Klaus-Dieter Schindler,* Bergkamen

1 Vorbemerkungen

Die Werteskala, nach der das Führungspersonal (Bauleiter, Polier) von Baumaßnahmen entsprechend der Fähigkeit beurteilt wird, mit unvorhergesehenen Situationen und Abläufen fertig zu werden, hat bis heute ihre Gültigkeit nicht verloren. Je nach Improvisationsgeschick reagiert der Verantwortliche mehr oder weniger erfolgreich bei der Beseitigung von Störungen im Bauablauf, hervorgerufen z. B. durch fehlende, unvollständige oder widersprüchliche Ausführungspläne sowie durch Stockungen in der Bereitstellung von menschlicher Arbeitskraft, Gerät und erforderlichen Baustoffen. Die Antwort auf die Frage, ob solche Störungen in der Fertigung erfassbar und damit abwendbar sind, wurde zunächst im Bereich der stationären Industrie durch die Einführung der Arbeitsvorbereitung als Planung der Fertigung gegeben. Auch in der Bauindustrie und im Baugewerbe, mit den für diese Zweige typischen Einzelfertigungen, wird Arbeitsvorbereitung als ein Planungsinstrumentarium verstanden, das die Bauausführung aktiv vorbereitet.

Erfolgreiche Arbeitsvorbereitung im Baubetrieb setzt Teamarbeit der an der Bauausführung beteiligten betrieblichen Stellen voraus. Je nach Unternehmensstruktur und -größe sind dies

- Stabs-Abteilungen für Kalkulation und Arbeitsvorbereitung,
- die Bauleiter-Ebene,
- die Polier-Ebene.

Neben der individuellen Qualifikation der Beteiligten ist ihre partnerschaftliche Zusammenarbeit notwendige Voraussetzung und Gradmesser für rationelle und damit wirtschaftliche Baudurchführung.

2 Aufgaben der Arbeitsvorbereitung

Das Ziel der Arbeitsvorbereitung, den reibungslosen Ablauf der Bauarbeiten zu gewährleisten, wird in prägnanter Form durch die drei M deutlich [1]:

Menschen – **M**aschinen – **M**aterial
bereitstellen
zum richtigen Zeitpunkt
am richtigen Ort
in ausreichender Menge
in geeignetem Zustand

Der Verwirklichung dieses Ziels dienen verschiedene Planungsaufgaben:

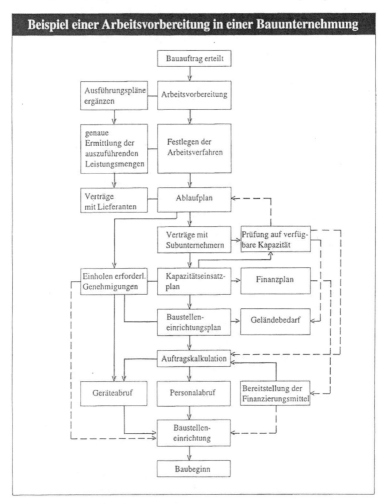

Beispiel einer Arbeitsvorbereitung in einer Bauunternehmung

Abb. 1: Beispiel einer AV in einer Bauunternehmung aus [2]

Darüber hinaus ergeben sich je nach Notwendigkeit weitere spezielle Aufgaben, wie z. B. die Erstellung von Qualitäts- und Prüfplänen und Nachweise von Bau- und Bauhilfszuständen.

Baustelle:	

1. Festlegung von Zuständigkeiten

Tätigkeit	Name	Bemerkungen
Bauleitung		
Polier		
Geräte / MTA		
Ersthelfer		

2. Arbeitsvorbereitung

	ja	nein	Bemerkungen
Bauzeitenplan			
Arbeitskalkulation			
Personaleinsatzplan			
Geräteeinsatzplan			
Baustelleneinrichtungsplan			
Materialbedarf			
Nachunternehmerleistungen			
Fremdüberwachung			
Genehmigungen			
Fremdflächenanmietung			
Baugenehmigung			
Prüfplan			
Massenüberprüfung			
Bauarbeitsschlüssel			

3. Ausführungsunterlagen

	ja	nein	Bemerkungen
Planeingangsliste			
Bauprovisorien			
Fertigteile			
Sondervorschläge			

Abb. 2: Beispiel eines Qualitätsplans

Das Gesamtziel der Arbeitsvorbereitung ist die Erhöhung der Wirtschaftlichkeit der Bauabwicklung. Sie wird erreicht durch eine reibungslose und überschaubare Durchführung der Arbeitsvorgänge. Von daher sind als Kernelemente der Arbeitsvorbereitung die Arbeits- und Ablaufplanung und die Baustelleneinrichtungsplanung anzusehen:

Prüf- und Nachweisplanung — **domoplan Baugesellschaft mbH**

Bauvorhaben: 36 Doppelhaushälften in Dortmund-Husen, Kühlkamp
Auftraggeber: LEG Landesentwicklungsgesellschaft Nordrhein-Westfalen GmbH

Allgemeines			Anforderungen an das Material					Anforderungen an die Ausführung					
Nr.	LV-Pos.	Bauteil/Gewerk	Material/Komponente	Lieferant/Hersteller	Eignungs-nachweis ?	Mengen-nachweis ?	Aus-führender	Grundlage der Prüfung	Ver-ant-wortlich	Prüfungsart	Doku-mentations-art	Bemerkungen	gesamt erl.
28		Verlegen Decken-elemente	-	-	-	-	Fa. domoplan	Verlegeplan, Detailplan	Lütt-ecken	Sichtkontrolle, Richtungs-kontrolle, Lot	-	Wechseleisen, Fugen aus-betonieren	
29		Kellerdecke (Decken-elemente)	Ringanker	Verbin Bau-fertigteile GmbH	ja	ja	Fa. domoplan	Einbauplan Hersteller	Lütt-ecken	Sichtkontrolle	-	vor Einbau Hohlkammern ausbetonieren	
30		Kimmschicht	Mörtel (Mörtelgruppe III)	MTV Mörtel- & Transport-beton-Vertrieb	ja	nein	Fa. domoplan	· Plan	Lütt-ecken	Sichtkontrolle	Lieferschein	Mörtelbett mind. d = 3 cm; Mörtelgruppe III	
31		Kimmschicht	Kimmsteine	Ytong West GmbH	nein	nein	Fa. domoplan	Plan	Lütt-ecken	Sichtkontrolle; Höhenkontrolle durch Rotationslaser	Lieferschein	1. Höhenangabe durch Bauleitung	
32		Erdgeschoss-wände	Ytong-Wandelemente	Ytong West GmbH	ja	nein	Fa. domoplan	Verlegeplan, Lieferschein	Lütt-ecken	Eingangs-prüfung (Sichtkontrolle)	Lieferschein	Anzahl der Elemente beachten	
33		Ytong-Wand-elemente	Anschlagmittel	·	nein	nein	Fa. domoplan	Hersteller-angaben (Fertigteile)	Weis-dens-dorfer	Sichtkontrolle	-	Verfallsdatum beachten	
34		Aufstellen Wand-elemente	-	-	-	-	Fa. domoplan	Stellungsplan, Detailplan	Lütt-ecken	Sichtkontrolle, Richtungs-kontrolle, Lot	-	auf vollflächige Fugen-vermörtelung achten	
35		Erdgeschoß-decke	Rippen-streckmetall	Langenhorst GmbH	nein	nein	Fa. domoplan	Zeichnung aus Gruppen-besprechung	Weis-dens-dorfer	Sichtkontrolle	-	RSM auf Oberseite Wandelemente nageln	
36		Decken-elemente	Anschlagmittel	·	nein	nein	Fa. domoplan	Hersteller-angaben (Fertigteile)	Weis-dens-dorfer	Sichtkontrolle	-	Verfallsdatum beachten	

Stand: 10.02.01 Index: C Prüfplan gilt nur für o.g. Baumaßnahme; keine Änderungen ohne Genehmigung; Änderungen unverzüglich vornehmen; Index beachten; Seite 4

Abb. 3: Beispiel eines Prüfplans

3 Baustelleneinrichtung

Die Baustelleneinrichtung umfasst alle zur Errichtung eines Bauwerks erforderlichen Herstellungs-, Transport- und Lagerungseinrichtungen. Ihr Standort auf dem Baugelände und ihre räumliche Beziehung zueinander ist Gegenstand der Einrichtungsplanung. Einflussgrößen für den Umfang einer Baustelleneinrichtung sind u. a.:

- Art und Größe des Bauwerks,
- Bauzeit, Bauablauf,
- verfahrenstechnische Besonderheiten,
- örtliche Besonderheiten des Geländes und seiner Nachbarschaft,
- Verfügbarkeit von Maschinen,
- Entsorgungskonzepte.

3.1 Vorbereitende Arbeiten

Aus dem Verständnis der Arbeitsvorbereitung als partnerschaftliche Zusammenarbeit der an der Ausführung Beteiligten resultiert, dass Bauleiter und Polier einer anlaufenden Baumaßnahme bereits zum Beginn der Baustelleneinrichtungsplanung zur Verfügung stehen sollten. Sie sollten, soweit möglich, selbst die Planung steuern oder aber bei der Ausarbeitung der Baustelleneinrichtung durch eine beauftragte betriebliche Stelle (Arbeitsvorbereitung) mitwirken. Diese Mitwirkung ist sehr wichtig, um Widerstände gegen Planungen, an denen die Führungskräfte nicht teilgenommen haben, zu vermeiden. Ein nicht verstandener oder nicht akzeptierter Planungsvorschlag führt dazu, dass er als „Wandschmuck" dient und u. U. durch eigenmächtige und improvisierte Lösungen schwerwiegende terminliche und finanzielle Konsequenzen auslösen kann.

Ausgangspunkt für die anlaufende Planung ist eine Analyse der Bauaufgabe mit ihren spezifischen Randbedingungen. Dazu müssen die vorhandenen Arbeitsunterlagen gesichtet und auf Vollständigkeit und Widersprüche überprüft werden. Die Unterlagen sind:

- Bauvertrag einschließlich aller Vertragsbedingungen, technischen Vorschriften und Leistungsverzeichnis,
- die zur Verfügung gestellten Pläne, Gutachten etc.,
- der dem Bauvertrag vorausgegangene Schriftverkehr im Zusammenhang mit Ausführungsfragen,
- die dem Bauvertrag zugrunde liegende Angebotskalkulation.

Die Durchsicht dieser Unterlagen ergibt Informationen für die Baustellen-Einrichtungskonzeption, wie z. B.:

- Deponien, Lagerplätze außerhalb des Baugrundstücks und damit verknüpfte Auflagen,
- vorhandene und erforderliche Genehmigungen hinsichtlich der Baustellen-

andienung (Durchfahrtsgenehmigungen, Unterhaltungspflichten, Sonder-
nutzungsrechte etc.),

■ bauseitig zur Verfügung gestellte Versorgungseinrichtungen (Energie, Wasser, Klärung und Ableitung von Wasser),

■ durch den Bauherrn und Nebenunternehmer beanspruchte Flächen, Einrichtungselemente usw.),

■ Benennung der für die Baustellenversorgung und Andienung zuständigen
Stellen (Versorgungsunternehmen, kommunale Stellen, Polizei usw.).

Hieraus abgeleitet ergeben sich die Vorankündigungen bzw. Vorabsprachen
mit Behörden und sonstigen Beteiligten (z. B. Versorgungsträgern).

In der Regel sind Baubeginn und Bauende sowie mögliche Zwischentermine
durch den Bauvertrag festgelegt. Unter Berücksichtigung des vorgesehenen
Bauverfahrens können den vereinbarten Fristen nun in einem vorläufigen
Terminplan die zur Preisbildung herangezogenen Massen gegenübergestellt
werden. Aus dieser Verhältniszahl ergibt sich für wesentliche Vorgänge die
erforderliche Personal-Besetzung und Geräteausstattung der Baustelle und
damit ein Anhaltswert für einzelne Baustelleneinrichtungselemente und deren
Flächenbedarf. Das Ergebnis ist eine vorläufige Auflistung von Einrichtungs-
elementen, deren räumliche Zuordnung Gegenstand der sich anschließenden
Baustellenbegehung ist.

3.2 Die Baustellenbegehung

Zur Baustellenbegehung sind erforderlich:

■ eine vorherige Orientierung über Umfang und Art des Objektes anhand
des Leistungsverzeichnisses oder vorhandener Planungsunterlagen,

■ ein Lageplan und

■ eine Checkliste.

Allgemeine Fragen bei der Baustellenbegehung sind u. a.:

■ Transportwege,

■ Geländebeschaffenheit,

■ Wasserversorgung,

■ Stromversorgung,

■ Fernsprechanschluss,

■ sonstige Anlagen (Baubuden, Fertigungsplätze usw.);

■ unterirdische Leitungen,

■ Platz für die Errichtung von Aufbereitungsanlagen (Beton, Asphalt …),

■ Flächen für Unterkünfte und Werkstätten.

3.3 Der Baustelleneinrichtungsplan

Das Ergebnis der Vorüberlegungen zur Bauzeit und dem daraus resultierenden Personal- und Geräteeinsatz sowie der durchgeführten Baustellenbegehung wird zeichnerisch im Baustelleneinrichtungsplan (Abb. 4) festgehalten.

Darin sind sowohl alle zur wirtschaftlichen Baudurchführung als notwendig erkannten Einrichtungselemente als auch ihre Anordnung untereinander dargestellt. Ergeben sich durch den geplanten Bauablauf für die Baustelleneinrichtung wesentliche Änderungen (z. B. Baugrubenverfüllung, späterer Beginn eines folgenden Bauabschnitts), werden u. U. Phasendarstellungen für verschiedene Bauzustände erforderlich.

Wesentliche Elemente der Baustelleneinrichtung sind:

- bauliche Anlagen für die Projektleitung, Bauleiter, Poliere, kaufmännisches Personal sowie Besprechungszimmer, Sekretariat usw.,
- bauliche Anlagen für die soziale Betreuung der Arbeitnehmer, Aufenthaltsräume, Umkleideräume, Speiseräume, Wohnunterkünfte, Dusch- und Waschräume, Aborte, Kochmöglichkeiten, Sanitätsräume,
- Lager für Beton- und andere Fertigteile,
- Lager für Ausbauelemente und Ausbaumaterialien,
- Versorgungsanlagen und -einrichtungen, Bauwasser, Löschwasser, Elektroenergie, Dampf, Druckluft, Entwässerungsanlagen,
- Fernsprech- und Signalanlagen,
- Absperrungen und Bauzäune,
- Magazine für Geräte, Arbeitsschutzkleidung, Hilfsmaterialien,
- Baustraßen und Bauwege,
- Gleisanlagen,
- Transport- und Fördereinrichtungen,
- Standorte der Bauschilder,
- Standorte der Firmenreklame,
- Werkplätze für die Betonstahlbearbeitung,
- Werkplätze für die Holz- und Schalungsvorbereitung,
- Werkstätten für Schlosser- und Schmiedearbeiten,
- Werkstätten für Elektroreparaturen.

4 Arbeits- und Ablaufplanung

Grundlage jeder Darstellung eines Bauablaufs ist die systematische und logische Untergliederung des Bauauftrages in einzelne Arbeitsschritte. Sie werden als Tätigkeiten oder Vorgänge bezeichnet. Mit der zeitlichen Zuordnung wird jedem Vorgang ein Leistungswert zu Grunde gelegt. Er sagt aus, wie viele Arbeitskräfte oder welche Geräteleistungen erforderlich sind, um eine Tätigkeit bei vorgegebener Zeit auszuführen. Leistungswerte für gleichartige Tätigkeiten unterscheiden sich je nach Bauvorhaben und Randbedingungen. Durch Wiederholung von Arbeitsvorgängen ergibt sich der sog. „Einarbeitungseffekt", d. h., der Arbeitsaufwand nimmt ab. Auch wenn viele Bauwerke (Industriebauten, Ingenieurbauten usw.) nur einmal hergestellt werden (Einzelfertigung), ist bei der Ablaufplanung darauf zu achten, dass ähnlich den Serienbauten Fertigungsabschnitte mit möglichst mehrfacher Wiederholung

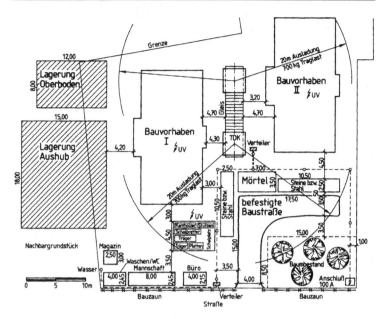

Abb. 4: Beispiel für einen Baustelleneinrichtungsplan aus [3]

(z. B. feldweiser Herstellung einer mehrfeldrigen Brücke, geschossweiser Herstellung von Verwaltungsbauten, blockweiser Herstellung von U-Bahn-Losen) geplant werden. Die Wiederholung gleicher Fertigungsabschnitte durch Fertigungsgruppen gleicher Zusammensetzung wird als Taktfertigung bezeichnet. Die bekanntesten Darstellungen für Bauabläufe sind

■ Balkendiagramm,
■ Weg-Zeit-Diagramm/Zyklogramm,
■ Netzplan.

4.1 Bauzeitenplan als Balkendiagramm

Im Balkendiagramm zeigt die horizontale Richtung die Bauzeit – je nach gewünschtem Genauigkeitsgrad wahlweise in Monaten, Wochen oder Tagen. Die vertikale Richtung stellt einen Bauablauf in einzelnen Arbeitsvorgängen dar. Die Dauer mit Anfangs- und Endterminen eines Arbeitsvorganges wird im Balkendiagramm durch einen horizontalen Balken dargestellt (Abb. 5).

■ Das Balkendiagramm soll in seinen Vorgängen logisch aufgebaut sein; die Formulierung der Arbeitsvorgänge muss eindeutig sein; der (zeitlich) kritische Weg kann kenntlich gemacht werden, die Vorgänge können vernetzt dargestellt werden;

381

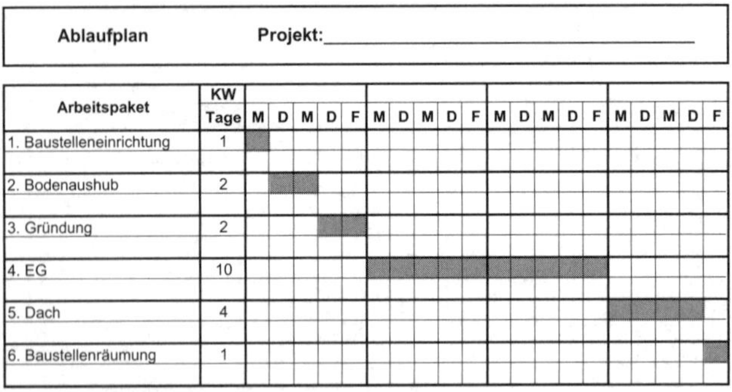

Ablaufplan   Projekt:_____

Arbeitspaket	KW Tage	M	D	M	D	F	M	D	M	D	F	M	D	M	D	F	M	D	M	D	F
1. Baustelleneinrichtung	1																				
2. Bodenaushub	2																				
3. Gründung	2																				
4. EG	10																				
5. Dach	4																				
6. Baustellenräumung	1																				

Abb. 5: Aufbau eines Ablaufplanes aus [4]

- das Formular sollte ausreichend Platz für die Eintragung des Ist-Zustandes bieten,
- das Balkendiagramm kann zusätzlich
  - Mengen je Arbeitsvorgang,
  - Aufwandswerte je Arbeitsvorgang,
  - Personaleinsatz,
  - Großgeräteeinsatz,
  - Umsatz,
  - Termine für Planbeistellung,
  - andere wichtige Termine (Meilensteine), z. B. Genehmigungen, beinhalten.

Die Bauzeitenplanung kann in verschiedenen Detaillierungsstufen erfolgen: als Grob-, Fein- und Detailplanung.

4.2 Bauzeitenplan als Weg-Zeit-Diagramm

Das Weg-Zeit-Diagramm (auch Geschwindigkeits- oder Linien-Diagramm) enthält üblicherweise eine schematische Grundriss-Darstellung des Bauwerks mit Maßangaben (Abb. 6). In der horizontalen Richtung sind die „Wege", d. h. Längenabschnitte, und in der vertikalen Richtung die zugehörigen Zeiten dargestellt. Die Vorgänge werden als Linien in das Diagramm übertragen. Einsatzgebiete für diese Art von Darstellung sind linienförmige Baustellen, wie z. B. der Kanal-, Straßen- oder Tunnelbau.

- Unterschiedliche Neigungen der Vorgangslinien bedeuten unterschiedliche Geschwindigkeiten,
- die Zuordnung der Vorgangslinien zur Wegachse ergibt eine zeichnerische Darstellung der Arbeitsrichtung,
- unterschiedliche Linienarten können Tätigkeitsgruppen symbolisieren,

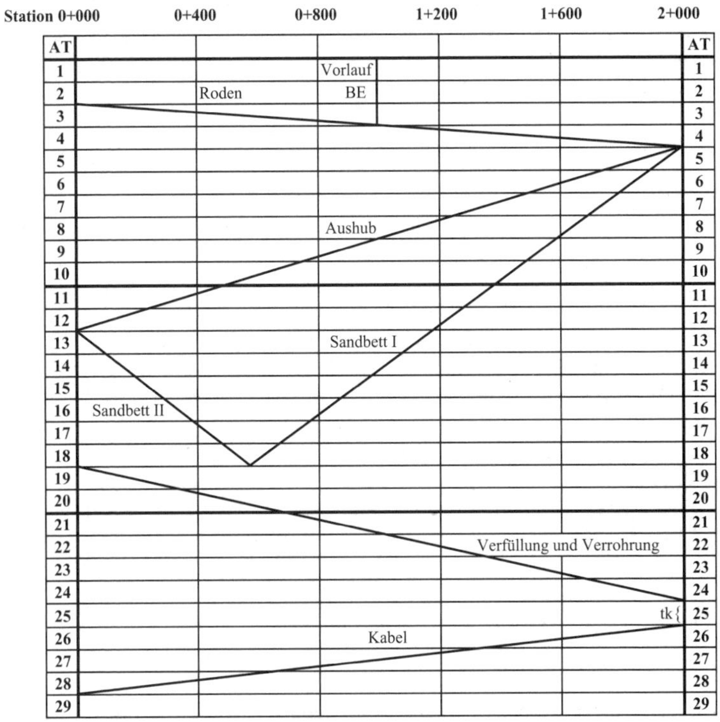

Station 0+000   0+400   0+800   1+200   1+600   2+000

AT
1   Vorlauf
2   Roden   BE
3
4
5
6
7
8   Aushub
9
10
11
12
13   Sandbett I
14
15
16   Sandbett II
17
18
19
20
21
22   Verfüllung und Verrohrung
23
24
25   tk
26   Kabel
27
28
29

Abb. 6: Beispiel eines Weg-Zeit-Diagramms bei einer Straßenbaustelle

■ Geräteeinsatz, Personaleinsatz, Umsatz und Planbeistellungstermine können dargestellt werden.

Sich wiederholende Abläufe im Hochbau können analog abgebildet werden. Diese Darstellungsform wird als Zyklogramm bzw. Zyklus-Diagramm bezeichnet.

4.3 Bauzeitenplan als Netzplan

Netzpläne setzen sich aus den Elementen „Knoten" und „Pfeilen" zusammen. Die Vorgänge werden bei dem im Bauwesen üblichen Verfahren als Vorgangsknoten-Netze dargestellt. Die zeitliche Abhängigkeit der einzelnen Vorgänge wird durch Pfeile gebildet (Abb. 7). Netzpläne eignen sich primär für die Abwicklung komplexer Großbauvorhaben – sind dort sogar zwingend erforderlich. Der Vorteil der Netzplantechnik liegt in der logischen Verknüpfung der einzelnen Tätigkeiten, in der klaren Darstellung des kritischen Weges

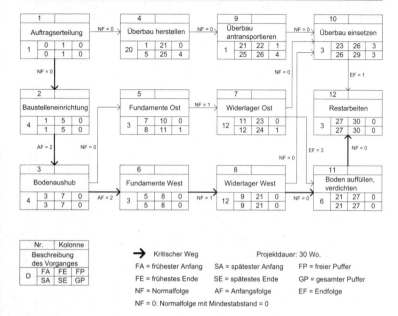

Abb. 7: Netzplan (Brücke mit Fertigteilüberbau)

(d. h. alle Vorgänge, die auf diesem Weg liegen, dürfen nicht verändert werden, ohne die Gesamtbauzeit zu gefährden) sowie in der Auflistung möglicher Pufferzeiten – aller unkritischen Vorgänge.

5 Schlussbemerkung

Der Umfang dieses Beitrages lässt es nicht zu, die Grundlagen der Arbeitsvorbereitung im Detail darzustellen. Es sollte herausgestellt werden, dass

■ eine gute Planung der Fertigung für einen optimalen Arbeitsablauf wesentliche Voraussetzung ist,

■ eine konsequente Überwachung des Bauablaufs anhand der vorgegebenen Ablaufstudien einen wirtschaftlichen Erfolg der Baustelle sichert,

■ eine verantwortungsbewusste Kontrolle des gesamten Bauablaufs Daten und Erkenntnisse vermittelt, deren Auswertung für die Kalkulation und Fertigungsplanung neuer Objekte realistische Ansätze enthält,

■ die Ergebnisse der Arbeitsvorbereitung innerhalb des Unternehmens sinnvoll kommuniziert werden, z. B. in einem dokumentierten Baustelleneröffnungsgespräch.

Die Methoden der Arbeitsvorbereitung erlauben den Zugriff auf vorhandenes Rationalisierungspotential im Bauwesen. Die Schulung aller Bauausführenden sowie ihre partnerschaftliche Zusammenarbeit bieten die Gewähr dafür, dass Improvisation durch Fertigungsplanung abgelöst wird!

Literatur

[1] Russow, Michael: Gut geplant = besser verdient. Arbeitsvorbereitung im kleinen und mittleren Baubetrieb. Hrsg.: RG Bau – Rationalisierung – Gemeinschaft „Bauwesen" in RKW, Köln, R. Müller 1988

[2] Zentralverband des Deutschen Baugewerbes (ZDB): BAUORG; Unternehmer – Handbuch für Bauorganisation und Baubetriebsführung, S. VI

[3] Hoffmann, Manfred: Zahlentafeln für den Baubetrieb Seite 468, 6. vollständig aktualisierte Auflage. B. G. Teubner: Stuttgart/Leipzig/Wiesbaden, 2002

[4] Nagel, Ulrich: Taschenbuch Bauberufe – Baustellenorganisation, Seite 41

[5] Greiner/Mayer/Stark: Baubetriebslehre – Projektmanagement, Friedrich Vieweg & Sohn Verlagsgesellschaft mbH, Braunschweig/Wiesbaden, 2002

[6] Kochendörfer, Bernd, Liebchen, Jens: Bau-Projekt-Management. B. G. Teubner GmbH, Stuttgart/Leipzig/Wiesbaden, 2001

Die VOB – Teile A und B

Rechtsanwalt *Harald Kern,* Düsseldorf

In über 70 Jahren hat sich die Vergabe- und Vertragsordnung für Bauleistungen (VOB), früher auch „Verdingungsordnung" genannt, für die Vergabe und Abwicklung von Bauleistungen bewährt. Gegenwärtig gilt die VOB in der Ausgabe 2002. Die VOB besteht aus 3 Teilen (A, B u. C), deren Inhalt nachfolgend kurz erläutert wird. Besonders erörtert werden einzelne Regelungen des Teils B.

VOB Teil A = DIN 1960 =
Allgemeine Bestimmungen für die Vergabe von Bauleistungen

Im Teil A wird die Vergabe von Bauleistungen geregelt. Dieser Teil der VOB wird also nicht Vertragsinhalt. Vielmehr ist er für öffentliche Auftraggeber (AG) und solche, deren Maßnahmen mit öffentlichen Mitteln gefördert werden, aufgrund einschlägiger haushaltsrechtlicher Vorschriften und des Gesetzes gegen Wettbewerbsbeschränkungen (GWB) zur verbindlichen Vergabegrundlage erklärt worden und muss von den vorgenannten AG eingehalten werden. Dazu gehören in erster Linie Städte, Kreise, Länder, Bund und einige besonders aufgezählte Auftraggeber. Es ist zu erwähnen, dass im Falle von Verstößen bei der Vergabe gegen Vorschriften der VOB/A und abweichender Bedingungen von der VOB/B diese Verstöße die vom AG getroffene Regelung nicht automatisch unwirksam machen, so dass es dringend zu empfehlen ist, erkannte Verstöße vor dem Submissionstermin (Termin einer Angebotsabgabe) beim AG zu reklamieren und ggf. den zuständigen Wirtschaftsverband oder einen Rechtsanwalt einzuschalten.

VOB Teil B = DIN 1961 =
Allgemeine Vertragsbedingungen für die Ausführung von Bauleistungen

Für den Bauvertrag als Werkvertrag gelten in erster Linie die § 631 ff. des Bürgerlichen Gesetzbuches (BGB). Diese Regelungen allein sind jedoch zu unvollständig, um die Interessen von AG und Auftragnehmer (AN) umfassend festzulegen. Die VOB enthält im Teil B speziellere Regelungen, die entweder denen des BGB vorgehen oder die dieses im Fall von Lücken ergänzen. Allerdings ist es unerlässlich, dass die Geltung der VOB/B zwischen den Vertragsparteien spätestens beim Vertragsabschluss vereinbart wird, da die VOB nur im Falle ausdrücklicher Vereinbarung gilt.

Nachfolgend werden einige der wichtigsten Vorschriften der VOB/B kurz dargestellt. Wenn man bedenkt, dass einschlägige Kommentierungen zur VOB, wie *Ingenstau/Korbion* oder *Heiermann/Riedl/Rusam* über 1500 Seiten umfassen, so dürfte klar sein, dass hier nur eine kurze Erläuterung stattfinden kann.

Vorab ist noch kurz hinzuweisen auf die

VOB Teil **C** = **DIN 18 299 ff.** =

Allgemeine Technische Vertragsbedingungen für Bauleistungen.

Teil C der VOB enthält die Allgemeinen Technischen Vertragsbedingungen für Bauleistungen. Da die technischen Regelungen an anderer Stelle dieses Buches erläutert werden, soll hier nur darauf hingewiesen werden, dass § 9 Nr. 3 Abs. 4 VOB/A für öffentliche AG die Verpflichtung bestimmt, über die anderen Forderungen des § 9 hinaus auch die „Hinweise für das Aufstellen der Leistungsbeschreibung" in Abschnitt 0 der DIN 18 299 sowie der folgenden DIN-Normen einzuhalten. Bei Verstößen hiergegen gilt das zuvor zur VOB/A Gesagte. Darüber hinaus läuft der öffentliche AG Gefahr, dass er auf Schadensersatz wegen Verletzung dieser Verpflichtungen verklagt werden kann.

Wichtige Einzelregelungen der **VOB/B**

I. Einzelne Kurzhinweise

1. Durch die Vereinbarung der VOB/B gelten auch die Allgemeinen Technischen Vertragsbedingungen für Bauleistungen (VOB/C = DIN 18 299 ff.) als vereinbart: § 1 Nr. 1 Satz 2 VOB/B.

2. Der AG kann vom AN vertraglich nicht vereinbarte Leistungen verlangen, wenn sie für die Ausführung der vertraglichen Leistung **erforderlich** sind **und** der Betrieb des AN auf derartige Leistungen eingerichtet ist: § 1 Nr. 4 VOB/B. Der besondere Vergütungsanspruch richtet sich nach § 2 Nr. 6 VOB/B.

3. Der AG kann in gewissem Umfang auch die Ausführung geänderter Leistungen verlagen (§ 1 Nr. 3 VOB/B); die Vergütung ist gemäß § 2 Nr. 5 VOB/B anzupassen.

4. Der AG muss dem AN die für die Ausführung nötigen Unterlagen unentgeltlich und rechtzeitig übergeben: § 3 Nr. 1 VOB/B.

5. Dem AG obliegt die Pflicht zur Koordinierung der einzelnen Arbeiten und Unternehmer auf der Baustelle sowie die Besorgung der öffentlich-rechtlichen Genehmigungen: § 4 Nr. 1 VOB/B.

6. Der AN hat die vertraglichen Fristen zu beachten: § 5 Nr. 1 VOB/B.

II. Vergütung, § 2 VOB/B

1. Durch die vereinbarten Preise werden alle Leistungen abgegolten, die nach der Leistungsbeschreibung, ggf. vereinbarten Besonderen, Zusätzlichen und Zusätzlichen Technischen Vertragsbedingungen, den Allgemeinen Technischen Vertragsbedingungen und der gewerblichen Verkehrssitte zur vertraglichen Leistung gehören: § 2 Nr. 1 VOB/B.

2. In der Regel wird beim Bauvertrag die Vergütung nach den vertraglichen **Einheitspreisen** und den tatsächlich ausgeführten Leistungen berechnet,

wenn sich nicht aus dem Vertrag eine andere Berechnungsart (z. B. Pauschalsumme, Stundenlohnsätze) ergibt: § 2 Nr. 2 VOB/B.

3. Gegenüber den in der Ausschreibung genannten Mengen wird bei der Abrechnung die tatsächlich ausgeführte Menge zugrunde gelegt: § 2 Nr. 2 VOB/B und z. B. DIN 18 299 Ziff. 4.1 u. 4.2 sowie Ziff. 5, wenn nicht im Vertrag ausdrücklich eine andere Abrechnung vorgeschrieben wird.

Werden ohne Änderung des Bauentwurfes oder das Verlangen zusätzlicher Leistungen die im Leistungsverzeichnis angegebenen Mengensätze um mehr als 10 % über- oder unterschritten, so kann jede Vertragspartei nach Maßgabe des § 2 Nr. 3 VOB/B für die Mindermenge oder die Mehrmenge die Vereinbarung eines neuen Preises verlangen.

4. Wird vom AG eine **Änderung des Bauentwurfes** vorgenommen oder eine **andere Anordnung** (auch hinsichtlich der zeitlichen Ausführung, BGH NJW 1968, S. 1235) getroffen, so kann jede Vertragspartei eine Anpassung des Preises unter Berücksichtigung der Mehr- und Minderkosten verlangen. Dies gilt auch nach Ausführung der Leistung: § 2 Nr. 5 VOB/B.

5. Wird vom AG eine **besondere**, also im Vertrag nicht vorgesehene **Leistung** gefordert, so hat der AN Anspruch auf zusätzliche Vergütung für diese besondere Leistung. **Voraussetzung** des Anspruches ist jedoch, dass der AN dem AG diesen Anspruch **vor der Ausführung der Leistung** ankündigt, wobei nähere Angaben zur Höhe der Mehrkosten noch nicht erforderlich sind: § 2 Nr. 6 VOB/B.

Es ist dringend zu empfehlen, diesen Vergütungsanspruch **schriftlich** beim AG und nicht allein beim Architekten anzumelden. Dies geschieht in der Praxis häufig erst nach Beginn der Bauleistung durch Einreichung des kalkulierten Nachtrages beim AG, was nach dem Wortlaut des § 2 Nr. 6 VOB/B für bereits ausgeführte Leistungen verspätet sein kann. Ausreichend ist es, wenn überhaupt auf die Entstehung von Mehrkosten hingewiesen wird, auch wenn diese im Einzelnen noch nicht beziffert werden können.

Für die Berechnung der Vergütung in den Fällen des § 2 Nr. 3, 5 u. 6 ist von der vertraglich festgelegten Preisermittlung und Berücksichtigung der Änderungsauswirkungen auszugehen. Details können im Rahmen dieser Kurzerläuterung nicht dargelegt werden.

6. Beim **Pauschalpreisvertrag** (§ 2 Nr. 7 VOB/B) findet ein Aufmaß nicht statt, so dass die Übernahme solcher Aufträge **vor** Vertragsabschluss außerordentlich sorgfältig geprüft werden muss. Während die tatsächlich ausgeführte Menge für die Abrechnung keine Rolle spielt, gilt für Änderungen des Bauentwurfes oder zusätzlich verlangte Leistungen auch § 2 Nr. 5 u. Nr. 6 VOB/B: § 2 Nr. 7 Abs. 1 letzter Satz VOB/B.

7. Wird eine einzelne Position oder ein Leistungsabschnitt überhaupt nicht ausgeführt oder vom AG selbst übernommen, so liegt darin in der Regel eine **Teilkündigung** des AG, die nach § 8 Nr. 1 u. § 2 Nr. 4 VOB/B zu behan-

deln ist. Das heißt, dem AN steht die vereinbarte Vergütung zu; er muss sich jedoch das anrechnen lassen, was er infolge der Aufhebung des Vertrags oder der Teilleistung an Kosten erspart oder durch anderweitige Verwendung seiner Arbeitskraft und seines Betriebs erwirbt oder zu erwerben böswillig unterlässt (ebenso § 649 BGB).

III. Stundenlohnarbeiten, § 15 u. § 2 Nr. 10 VOB/B

1. Stundenlohnarbeiten werden nur vergütet, wenn sie als solche vor ihrem Beginn ausdrücklich vereinbart wurden: § 2 Nr. 10 VOB/B. Das bedeutet, dass der Bauvertrag im Leistungsverzeichnis auch schon Stundenlohnarbeiten enthalten muss; ggfs. als Bedarfsposition.

2. Bei der Ausführung und Abrechnung von Stundenlohnarbeiten sind die besonderen Regelungen des konkreten Vertrages zu beachten, die häufig den Hinweis enthalten, dass Stundenlohnarbeiten nur auf ausdrückliche Weisung des AG ausgeführt werden dürfen: § 15 Nr. 1 Abs. 1 VOB/B.

3. Stundenlohnarbeiten sind dem AG vor Beginn der Ausführung anzuzeigen: § 15 Nr. 3 VOB/B.

4. Über die geleisteten Arbeitsstunden und sonstigen Aufwand sind täglich oder wöchentlich Listen (Stundenlohnzettel) beim AG oder dessen Bevollmächtigten einzureichen.

5. Der AG hat die von ihm bescheinigten Stundenlohnzettel unverzüglich, spätestens jedoch innerhalb von 6 Werktagen nach Zugang, zurückzugeben, wobei er Einwendungen auf den Stundenlohnzetteln oder gesondert schriftlich erheben kann. Nicht fristgemäß zurückgegebene Stundenlohnzettel gelten als anerkannt. Gleichwohl sollte der Rücklauf der Stundenlohnzettel angemahnt werden. Auch sollte der AN nachweisen können, dass er Stundenlohnzettel eingereicht hat.

6. Spätestens in Abständen von 4 Wochen sind Stundenlohnrechnungen beim AG einzureichen: § 15 Nr. 4 VOB/B.

IV. Hinweispflicht wegen Bedenken bei der Ausführung, § 4 Nr. 3 VOB/B

Eine in der Praxis häufig übersehene Vorschrift ist die des § 4 Nr. 3 VOB/B, der dem AN eine besondere Überprüfungspflicht auferlegt, wenn er nämlich Bedenken gegen die vorgesehene Art der Ausführung (auch wegen der Sicherung gegen Unfallgefahren), gegen die Güte der vom AG gelieferten Stoffe oder Bauteile oder gegen die Leistungen anderer Vorunternehmer haben muss (z. B. unsachgemäße Leistungen eines Vorunternehmers oder Abweichungen von einschlägigen DIN-Normen). Der AN darf die Leistung dann nicht ohne weiteres ausführen; vielmehr hat er dem AG ohne schuldhaftes Zögern **schriftlich** seine Bedenken mitzuteilen. Alsdann muss die Entscheidung des AG abgewartet werden, wie verfahren werden soll. Auch diese neue Entscheidung ist zu überprüfen und ggf. schriftlich zu reklamieren, wenn erneut Bedenken gegen die nun getroffene Anordnung/Ausführungsart bestehen. Der AG sollte gebeten werden, seine Anordnung schriftlich zu geben, mindestens sollte dem AG die von ihm erteilte Ausführungsanordnung seitens des AN schriftlich bestätigt werden *(ggf. unter Hinweis auf die ursprünglich angemeldeten Bedenken, wenn der AG auf der Durchführung seiner Anordnung bestehen bleibt).*

Die Verletzung der Hinweispflicht kann dazu führen, dass der AN auch für solche Mängel und Folgen haftbar gemacht werden kann, die gar nicht unmittelbar seiner eigenen Bauleistung anhaften!

Es genügt regelmäßig **nicht**, wenn die Bedenken nur gegenüber dem Architekten/Ingenieurbüro erhoben werden, wenn die Ursache der Bedenken nicht abgestellt wird. Es kann so verfahren werden, dass die Bedenken dem Architekten/Ing. per Telefax mitgeteilt werden und dem AG ebenfalls per Telefax eine Durchschrift zur Kenntnis zugesandt wird.

V. Schutz und Beschädigung der Leistung, § 4 Nr. 5 u. § 7 VOB/B.

Der AN hat die von ihm ausgeführten Leistungen vor Beschädigung zu schützen. Wegen der Verschiedenartigkeit der in der VOB genannten Gewerke kann eine allgemeine Verhaltensregel hier nicht gegeben werden. Hat der AN seine Bauleistung jedenfalls in zumutbarer Weise vor Beschädigung geschützt und wird sie z. B. durch unabwendbare vom AN nicht zu vertretende Umstände beschädigt oder zerstört, so besteht nach § 7 VOB/B für die ausgeführten Teile der Leistung ein Vergütungsanspruch, dessen nähere Berechnung sich nach § 6 Nr. 5 VOB/B ergibt. Beim Wunsch des AG auf Neuherstellung handelt es sich um eine zusätzliche Leistung im Sinne des § 2 Nr. 6 VOB/B, so dass der Anspruch auf besondere Vergütung hierfür vor der Ausführung beim AG anzukündigen ist (s. o. II. 5.).

VI. Behinderungen bei der Ausführung, § 6 VOB/B

Behinderungen bei der Ausführung einer Bauleistung sind nichts Ungewöhnliches. Zu beachten ist dabei insbesondere Folgendes:

1. Dem AG (und nicht nur dem Architekten oder Ingenieurbüro, s. oben IV. letzter Absatz) ist die Behinderung **sofort** schriftlich anzuzeigen: § 6 Nr. 1 VOB/B.

   Es sollte keinesfalls davon ausgegangen werden, dass die hindernden Umstände dem AG auch offenkundig sein können.

2. Unter den Voraussetzungen des § 6 Nr. 2 VOB/B werden im Falle der rechtzeitigen Anzeige die Ausführungsfristen für den AN verlängert. Dabei ist zu beachten, dass in der Regel Witterungseinflüsse während der Ausführungszeit, mit denen bei Abgabe des Angebots normalerweise gerechnet werden musste, nicht als Behinderung gelten, so dass hier oft ein kaum kalkulierbares Risiko für den AN verbleibt. Kommt es durch auftraggeberseitig bedingte Verzögerungen zu Terminverschiebungen in eine ungünsti-

gere Jahreszeit, so trägt der AG dieses Risiko; die Behinderung sollte aber in jedem Falle dem AG schriftlich mitgeteilt werden.

3. Trifft den AG oder den AN ein **Verschulden** an den hindernden Umständen, so hat er dem anderen Vertragspartner Ersatz des nachweislich entstandenen Schadens zu leisten: § 6 Nr. 6 VOB/B.

4. Wird die Ausführung für voraussichtlich längere Dauer unterbrochen, ohne dass die Leistung dauernd unmöglich wird, so sind die ausgeführten Leistungen nach den Vertragspreisen abzurechnen und außerdem die Kosten zu vergüten, die dem AN bereits entstanden und in den Vertragspreisen des nicht ausgeführten Teils der Leistung enthalten sind: § 6 Nr. 5 VOB/B.

5. Dauert die Unterbrechung länger als 3 Monate, so kann jeder Teil nach Ablauf dieser Zeit den Vertrag schriftlich kündigen und entsprechend abrechnen nach § 6 Nr. 7 VOB/B. Vor der Kündigung unbedingt rechtskundigen Rat einholen.

6. Bezüglich der Einhaltung von Ausführungsfristen ist der Bauvertrag zu beachten; weiterhin § 5 VOB/B.

VII. Abnahme, § 12 VOB/B

Mit der privatrechtlichen Abnahme erklärt der AG, dass die erbrachte Leistung der Hauptsache nach vertragsgemäß erbracht worden ist. Wegen **unwesentlicher** Mängel kann die Abnahme nicht verweigert werden: § 12 Nr. 3 VOB/B.

Mit der Abnahme geht die Gefahr der Beschädigung oder des zufälligen Untergangs der Leistung auf den AG über: § 12 Nr. 6 VOB/B.

Vorbehalte wegen **bekannter** Mängel oder wegen einer Vertragsstrafe (sofern vereinbart) sind bei der Abnahme zu machen: § 11 Nr. 4 VOB/B.

Mit der Abnahme **beginnt die Gewährleistungsfrist:** § 13 Nr. 4 VOB/B.

Mit der Abnahme erfolgt eine Umkehr der Beweislast dahin gehend, dass nunmehr der AG einen von ihm behaupteten Mangel nachweisen muss, wenn sich nicht feststellen lässt, wer für diesen Mangel verantwortlich ist: § 363 BGB.

Nach der VOB kann die Abnahme in verschiedenen Formen stattfinden:

1. Man spricht von einer **stillschweigenden Abnahme**[1], die durch schlüssiges (konkludentes) Verhalten erfolgt, in welchem der Billigungswille des AG zum Ausdruck kommt; (z. B. die Leistung sei „in Ordnung").

2. Bei der **ausdrücklichen Abnahme** muss der AG die Abnahme binnen 12 Werktagen nach Verlangen des AN durchführen: § 12 Nr. 1 VOB/B.

3. Die häufigste Form der Abnahme bildet in der Praxis die **förmliche Abnahme**. Ist diese Art der Abnahme nicht bereits im Vertrag ausdrücklich vereinbart, so kann sie immer noch auf Verlangen jeder Partei stattfinden.

---

[1] Die Begriffe „fiktive/konkludente/schlüssige/stillschweigende Abnahme" werden in der Literatur nicht einheitlich verwendet; dies ist für die Praxis aber letztlich nicht entscheidend.

Die Abnahme erfolgt gemeinsam. Es wird eine Niederschrift angefertigt, in die etwaige Vorbehalte wegen bekannter Mängel oder wegen Vertragsstrafen sowie etwaige Einwendungen des AN gegen Beanstandungen des AG aufzunehmen sind: § 12 Nr. 4 VOB/B. Jede Vertragspartei erhält eine Ausfertigung des Protokolls.

Auch die förmliche Abnahme hat binnen 12 Werktagen nach Mitteilung über die Fertigstellung zu erfolgen.

4. a) Wird keine ausdrückliche/förmliche Abnahme verlangt und ist diese auch nicht im Vertrag vorgesehen, so gilt die Leistung als abgenommen mit Ablauf von 12 Werktagen nach schriftlicher Mitteilung über die Fertigstellung der Leistung: § 12 Nr. 5 Abs. 1 VOB/B; sogenannte **fiktive Abnahme**. Die schriftliche Mitteilung kann auch in der Übersendung der Schlussrechnung bestehen.

   b) Wird weder eine ausdrückliche/förmliche Abnahme verlangt noch ist eine solche im Vertrag vorgesehen, so kann die Abnahme auch dadurch erfolgen, dass der AG die Leistung oder einen Teil der Leistung in Benutzung nimmt. Die Abnahme gilt dann nach Ablauf von 6 Werktagen nach Beginn der Benutzung als erfolgt: § 12 Nr. 5 Abs. 2 VOB/B. Man spricht auch hier von einer **fiktiven Abnahme**. Allerdings gilt die Benutzung von Teilen einer baulichen Anlage zur Weiterführung der Arbeiten nicht als Abnahme.

   Vorbehalte wegen bekannter Mängel oder wegen Vertragsstrafen hat der AG in den Fällen der Nr. 5 Abs. 1 u. 2 spätestens zu den dort genannten Zeitpunkten geltend zu machen: § 12 Nr. 5 Abs. 3 VOB/B.

5. Nach § 12 Nr. 2 VOB/B können auf Verlangen besonders abgenommen werden: in sich abgeschlossene Teile der Leistung.

   Es handelt sich bei der sogenannten **Teilabnahme** um eine echte Abnahme mit allen daraus resultierenden Folgen (siehe § 13 Nr. 4 Abs. 3 VOB/B).

6. Ist eine förmliche Abnahme im Vertrag vereinbart oder wurde sie später verlangt und wird sie gleichwohl nicht durchgeführt, so spricht man von einer **vergessenen Abnahme**. Es muss dann jeweils im Einzelfall geprüft werden, ob die Parteien durch schlüssiges Verhalten zum Ausdruck gebracht haben, dass sie auf die förmliche Abnahme nunmehr verzichten und die Abnahmewirkung für sich gelten lassen wollen. Allgemeinverbindliche Fristen können hier nicht genannt werden.

7. Hat der AN die Abnahme nach Fertigstellung der Leistung verlangt und kommt der AG dem nicht nach, so gerät er in Annahmeverzug, so dass der AN im Falle einer Beschädigung der Leistung nur noch Vorsatz und grobe Fahrlässigkeit zu vertreten hat (§ 300 BGB). Außerdem hat der AG dem AN die Mehraufwendungen zu ersetzen, die er zur Erhaltung der Bauleistung machen musste (§ 304 BGB). Wird das Bauwerk zufällig zerstört, so trägt der AG diese Gefahr (§ 644 BGB).

8. Zu beachten ist, dass auch beim sog. VOB-Vertrag der AN die Möglichkeit

hat, dem AG gem. § 640 Abs. 1 Satz 3 BGB zur Abnahme innerhalb einer vom AN bestimmten angemessenen Frist aufzufordern (z. B. 12 Werktage). Verletzt der AG diese Verpflichtung, tritt die Abnahmewirkung ein.

VIII. Zahlung, § 16 VOB/B

1. Der AN hat Anspruch auf Abschlagszahlungen in Höhe des Wertes der jeweils nachgewiesenen vertragsgemäßen Leistungen einschließlich des ausgewiesenen darauf entfallenden Umsatzsteuerbetrages; ohne Abschläge, wenn im Vertrag nicht etwas anderes vereinbart ist: § 16 Nr. 1 Abs. 1 u. § 17 Nr. 1 u. 6 VOB/B.

2. Abschlagszahlungen werden binnen 18 Werktagen nach Zugang der Aufstellung fällig: § 16 Nr. 1 Abs. 3 VOB/B.

3. Zahlt der AG bei Fälligkeit nicht, so muss der AN eine Nachfrist (z. B. 1 Woche) setzen, die ihn nach Ablauf berechtigt, vom AG mindestens Zinsen gemäß § 16 Nr. 5 Abs. 3 u. 4 VOB/B zu verlangen. Außerdem darf er nach Ablauf der Nachfrist die Arbeiten bis zur Zahlung einstellen, wobei sorgfältig zu prüfen ist, ob u. U. berechtigte Einwendungen des AG (z. B. Mängel) bestehen, die dem AG ein Zurückeinhaltungsrecht geben. Im Übrigen berechtigen Meinungsverschiedenheiten zwischen AG und AN den AN nicht, die Arbeiten einzustellen: § 18 Nr. 4 VOB/B.

4. Die Schlusszahlung ist spätestens innerhalb von 2 Monaten nach Zugang der Schlussrechnung beim AG zu zahlen. Falls sich die Prüfung verzögert, so ist in jedem Fall **das unbestrittene Guthaben** als Abschlagszahlung sofort zu zahlen: § 16 Nr. 3 VOB/B.

   Ist die Zweimonatsfrist abgelaufen, so muss der AN dem AG die zuvor erwähnte Nachfrist setzen, um Zinsen oder Schadensersatz verlangen zu können.

5. Die vorbehaltlose Annahme der Schlusszahlung schließt Nachforderungen des AN aus, wenn der AN über die Schlusszahlung schriftlich unterrichtet und auf die Ausschlusswirkung hingewiesen wurde. Einer Schlusszahlung steht es gleich, wenn der AG unter Hinweis auf bereits geleistete Zahlungen weitere Zahlungen endgültig und schriftlich ablehnt. Auch in diesem Fall muss der AG auf die Ausschlusswirkung hinweisen. In diesen Fällen muss der AN innerhalb von 24 Werktagen nach Zugang der Mitteilung einen Vorbehalt erklären, der schriftlich erfolgen sollte. Innerhalb weiterer 24 Werktage ist dann entweder eine prüfbare Rechnung über die vorbehaltenen Forderungen einzureichen oder, wenn dies nicht möglich ist, der Vorbehalt eingehend zu begründen: § 16 Nr. 3 Abs. 2 bis 5 VOB/B.

   Die Ausschlussfrist gilt nicht für ein Verlangen nach Richtigstellung der Schlussrechnung/Zahlung wegen Aufmaß-, Rechen- und Übertragungsfehlern: § 16 Nr. 3 Abs. 6 VOB/B.

IX. Sicherheitsleistung, § 17 VOB/B

Eine **Sicherheitsleistung** für Erfüllung oder Gewährleistung kann nur verlangt werden, wenn dies vertraglich vereinbart war. Es gelten dann, wenn nichts anderes im Vertrag vereinbart ist, die weiteren Regelungen in § 17 VOB/B.

X. Gewährleistung, § 13 VOB/B

Sofern im Vertrag nichts anderes vereinbart ist, hat der AN für Bauwerke eine Gewährleistung von 4 Jahren zu erbringen, die vom Zeitpunkt der Abnahme läuft: § 13 Nr. 4 VOB/B.

Der AN ist verpflichtet, alle während der Verjährungsfrist aufgetretenen Mängel, die auf vertragswidrige Leistung zurückzuführen sind, auf seine Kosten zu beseitigen, wenn es der AG vor Ablauf der Frist schriftlich verlangt. Wenn der AN der Aufforderung zur Mängelbeseitigung in einer vom AG gesetzten angemessenen Frist nicht nachkommt, so kann der AG den Mangel auf Kosten des AN beseitigen lassen: § 13 Nr. 5 VOB/B.

Eine Herabsetzung der Vergütung kann nur unter den besonderen Voraussetzungen des § 13 Nr. 6 VOB/B verlangt werden.

Unter Umständen kann der AG auch Schadensersatz vom AN (zusätzlich zur Mängelbeseitigung) verlangen: § 13 Nr. 7 VOB/B.

Gemäß **§ 4 Nr. 7 VOB/B** kann der AG **vor der Abnahme** die Beseitigung mangelhafter oder vertragswidriger Leistungen verlangen. Bei Verletzung dieser Pflicht kann der AG dem AN eine angemessene Frist zur Beseitigung des Mangels setzen, **die mit der Erklärung verbunden sein muss**, dass er dem AN nach Ablauf der Frist den Auftrag entziehen werde (§ 8 Nr. 3 VOB/B). Nach Fristablauf **kann** der AG die Kündigung erklären; er muss dies jedoch nicht. Wenn er kündigen will, muss er dies schriftlich machen.

Tiefer gehende Erläuterungen finden sich in einschlägigen Kommentierungen (s. o.) und Lehrbüchern zur VOB.

Aufmaß, Abrechnung und Fachrechnen

Klaus Koch, Moers

1 Einführung

„Abgerechnet wird zum Schluss!"
Ein Grundsatz, der insbesondere auch im Baugewerbe seine Anwendung findet, nämlich genau dann, wenn der Auftragnehmer die von ihm erbrachte Leistung mit dem Auftraggeber abrechnen möchte.

In der Regel haben die beiden Parteien, bzw. Leistungsträger vor dem „ersten Spatenstich" einen Bauvertrag vereinbart, der beiderseits eine **Ausführungspflicht** beinhaltet :

- für den Auftragnehmer die erfolgsbezogene Ausführung bzw. Leistung des angenommenen Auftrags;
- für den Auftraggeber die Bezahlung bzw. Vergütung der erbrachten Leistung.

Vor Abschluss eines solchen Bauvertrages muss dem ausführenden Unternehmer die gewünschte Leistung beschrieben werden. Art und Umfang der jeweiligen Einzelleistungen, sowie deren Qualität und Größe müssen dem Unternehmer bekannt sein.
Eine derartige Leistungsbeschreibung beinhaltet das **Leistungsverzeichnis**.

Im Leistungsverzeichnis kann vorgesehen sein, dass einzelne Bauleistungen nach der Mengeneinheit über den jeweiligen Einheitspreis abgerechnet werden, ist dies der Fall spricht man von einem Einheitspreisvertrag.
Zum Beispiel:

Position	Anzahl	Leistungsbeschreibung	Einheitspreis	Gesamtpreis
1	160	lfd. m. Tiefbordsteine 8/20/100 liefern und auf Beton mit Rückenstütze setzen	a	$160 \cdot a$

Alternativ zum Einheitspreisvertrag unterscheidet man noch folgende Leistungsverträge:

Stundenlohnvertrag	Pauschalvertrag	Selbstkostenerstattungsvertrag
Für Bauleistungen geringen Umfangs mit überwiegendem Lohnkostenanteil.	Für Bauleistungen, die nach gesamter Leistung über einen Pauschalpreis abgerechnet werden.	Für Bauleistungen, deren Umfang nicht genau bestimmt werden kann, da eine klare Kostenermittlung nicht möglich ist.

Leistungsverzeichnis und Vertragstyp legen den Leistungsumfang fest. Der Polier vor Ort muss diesen Umfang kennen. Er muss wissen, welche Leistung gefordert wird, um später beurteilen zu können, ob diese auch tatsächlich erbracht werden konnte.

Ein solcher Soll-Ist-Vergleich muss im Zuge jeder Baumaßnahme vom Polier stets nachvollziehbar sein.

Es ist seine Aufgabe, die tatsächlich erbrachte Leistung täglich in einem **Bautagebuch** festzuhalten, um sie somit jederzeit dokumentieren zu können.

In den seltensten Fällen ist die vom Bauherrn geplante und im Leistungsverzeichnis beschriebene Leistung in Art und Umfang identisch mit der tatsächlich erbrachten Arbeit. All zu häufig stößt man während der Bauphase auf Hindernisse oder Erschwernisse, die eine Änderung der Bauausführung zur Folge haben. Jeder Praktiker der Baustelle weiß, wie oft improvisiert werden muss, um zum Erfolg zu kommen. Gerade im Bereich des Tiefbaus, insbesondere bei Ausschachtungsarbeiten ist immer mit Unvorhersehbarem zu rechnen.

Aus diesem Grund kann nicht das Leistungsverzeichnis die Grundlage zur Abrechnung sein, sondern stets ein **Aufmaß** nach Vollendung der eigentlichen Arbeit.

Ein Aufmaß beinhaltet demnach das Aufmessen und Beschreiben jeder Arbeit, die an einem Bauwerk erbracht worden ist.

Es sollte nach Vereinbarung und nach Möglichkeit gemeinsam mit dem Bauherrn durchgeführt werden, denn nur so kann von vornherein ausgeschlossen werden, dass Aufmaße nicht anerkannt werden.

Jedes vom Bauherrn oder seinem Vertreter unterschriebene Aufmaß ist zuerst einmal Beweis dafür, dass diese Leistung auch tatsächlich erbracht wurde.

2 Abrechnungsbestimmungen

Der öffentliche Auftraggeber ist gehalten, seiner Ausschreibung die Bedingungen der VOB zugrunde zu legen. Wichtig für die Ausführung sind die Teile B und C.

Im § 1 der VOB/B (DIN 1961) ist im 1. Absatz zu lesen, dass auch die Allgemeinen Technischen Vorschriften für Bauleistungen Bestandteil des Bauvertrags sind.

Diese Regelung hat den Vorteil, dass für jedes Gewerk, für das eine DIN-Norm in dem Teil C der VOB enthalten ist, gleichartige Vorschriften bestehen.

Alle Allgemeinen Technischen Vorschriften für Bauleistungen sind nämlich inhaltlich nach dem gleichen Prinzip aufgebaut:

   0 Hinweis für das Aufstellen der Leistungsbeschreibung
   1 Geltungsbereich
   2 Stoffe, Bauteile
   3 Ausführung

4 **Nebenleistungen, Besondere Leistungen**
5 **Abrechnung**

Damit sind für Bauarbeiten jeder Art gleiche Bedingungen gegeben, man weiß schon von vornherein, wie abzurechnen ist.

Allen Abrechnungsvorschriften des Teils C sind in der DIN 18 299 zwei Grundsätze vorangestellt :

1. Die Leistung ist aus Zeichnungen zu ermitteln, soweit die ausgeführte Leistung diesen Zeichnungen entspricht.
2. Sind solche Zeichnungen nicht vorhanden, ist die Leistung aufzumessen.

3 Aufmaß und Unterlagen

Jedes Bauwerk ist seiner Lage nach genau bestimmt. Es liegt in der Verantwortlichkeit des Bauherrn alle notwendigen Maße, Achsen und Festpunkte zu liefern. Das Sichern dieser Punkte während der gesamten Bauzeit bis zur Abnahme obliegt wiederum dem Unternehmer und somit dem Polier der Baustelle. Von diesen Festpunkten aus wird jedes Aufmaß beginnen.

Bewährt hat sich im Baubetrieb neben dem Bautagebuch ein **Aufmaßbuch**, in dem diese Ausgangspunkte und der tägliche Fortschritt eingetragen werden, so dass man am Ende der Arbeiten eine lückenlose Aufzeichnung über die ausgeführten Arbeiten besitzt.

Wenn möglich, sollten diese Aufzeichnungen täglich, ansonsten in möglichst kurzen Abständen, vom Auftraggeber unterzeichnet werden.

Auf Verlangen des Auftragnehmers können in sich abgeschlossene Teile der Leistung auch schon vor Fertigstellung der Gesamtleistung abgenommen werden, man spricht in diesem Fall von einer **Teilabnahme**. Im Hinblick auf die Verantwortlichkeit ist dies vorteilhaft für den Unternehmer, da mit der Abnahme die Gefahr der Beschädigung auf den Auftraggeber übergeht (VOB/B; § 12 Nr. 6).

Bei vereinbarten Stundenlohnarbeiten sollte beachtet werden, dass diese nach Stunden, Personen, Materialverbrauch und Maschineneinsatz schriftlich festgehalten werden. Der Polier muss wissen, dass er dem Auftrageber die Ausführung von Stundenlohnarbeiten vor Beginn anzeigen muss. Es werden je nach Absprache täglich oder wöchentlich **Stundenlohnnachweise** geführt und dem Bauherrn zur Unterschrift eingereicht.

4 Rechnerische Grundlagen

Jedes Aufmaß entspricht einer Vermessungsarbeit, nämlich dem Aufmessen örtlich vorhandener Punkte und deren Übertragung in eine Zeichnung bzw. in einen Plan.

Aufgemessen wird nach

- Stück
- Länge
- Fläche
- Volumen
- Gewicht.

Um den Umfang der Arbeit mengenmäßig erfassen zu können, sollte man die Grundlagen einiger Rechenarten beherrschen. Nachfolgend werden diese beschrieben und mit Beispielen dargestellt.

a) Flächenberechnung

Bei den Flächenberechnungen unterscheidet man nach geradlinig und krummlinig begrenzten Flächen. Bei den geradlinig begrenzten Flächen kann es vorkommen, dass man schräge Längen berechnen muss. Dies gilt besonders für die dreieckige Fläche oder die Diagonalen im Quadrat und Rechteck. Um die schrägen Längen zu berechnen, muss man die Quadratwurzel ziehen können. Die Berechnung erfolgt nach dem Satz des Pythagoras.

„In einem rechtwinkeligen Dreieck ist die Summe der beiden Kathetenquadrate gleich dem Hypotenusenquadrat."

$\sqrt{}$ = Zeichen für Wurzel aus

$c = \sqrt{a^2 + b^2}$; $a = \sqrt{c^2 - b^2}$; $b = \sqrt{c^2 - a^2}$

Abb. 1

1. Beispiel: Das bekannteste rechtwinklige Dreieck hat ein Seitenverhältnis von 3–4–5 und wird häufig beim Einmessen rechter Winkel angewendet.

3 – 4 – 5

$c = \sqrt{3^2 + 4^2} = \sqrt{3 \cdot 3 + 4 \cdot 4} = \sqrt{9 + 16}$

$c = \sqrt{25} \qquad = \underline{\underline{5}}$

$a = \sqrt{5^2 - 4^2} = \sqrt{5 \cdot 5 - 4 \cdot 4} = \sqrt{25 - 16}$

$a = \sqrt{9} \qquad = \underline{\underline{3}}$

$b = \sqrt{5^2 - 3^2} = \sqrt{5 \cdot 5 - 3 \cdot 3} = \sqrt{25 - 9}$

$b = \sqrt{16} \; = \underline{\underline{4}}$

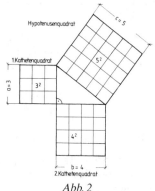

Abb. 2

398

2. Beispiel: Mit eingesetzten Längenmaßen

a = 3,75 m

b = 5,35 m

c = $\sqrt{3,75^2 + 5,35^2}$

   = $\sqrt{3,75 \cdot 3,75 + 5,35 \cdot 5,35}$

c = $\sqrt{14,0625 + 28,6225}$ = $\sqrt{42,685}$ = 6,53 m

Schriftlich:

c = $\sqrt{42,6850}$ = 6,53 = $\underline{6,53\ m}$

36	6
668	125
625	5
4350	1303
3909	3
Rest 441	1306

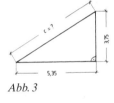

Abb. 3

Taschenrechner haben gewöhnlich eine Wurzeltaste $\sqrt{}$, bei deren Drücken das Ergebnis nach der Eingabe mit allen Dezimalstellen rechts vom Komma erscheint, die der Taschenrechner ausweisen kann.

42,685 $\sqrt{}$ $\underline{6,5333758\ m}$.

Geradlinig begrenzte Flächen

Kennbuchstabe für die Fläche ist der Buchstabe „A", für den Umfang der Buchstabe „U". Die kleinen Buchstaben im Ansatz stehen immer für ein bestimmtes Maß.

1. Quadrat

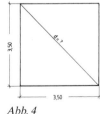

Abb. 4

$A = a \cdot a = a^2$

$U = a \cdot 4$

$d = \sqrt{a^2 + a^2} = \sqrt{2 \cdot a^2} = \sqrt{2} \cdot a = 1,414 \cdot a$

$a = \sqrt{A}$

$a = \dfrac{U}{4}$

Da beim Quadrat alle Seiten gleich sind, erscheint nur der kleine Buchstabe „a" in den Ansätzen.

Beispiel:

A = 3,50 m $\cdot$ 3,50 m = $\underline{12,25\ m^2}$

U = 3,50 m $\cdot$ 4   = $\underline{14,00\ m}$

Beim Rechnen mit einem Taschenrechner ist beim Malnehmen die ×-Taste zu drücken.

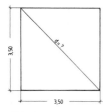

Abb. 5

Berechnen der Diagonalen
Schriftlich:
$d = \sqrt{3,5^2 + 3,5^2} = \sqrt{12,25 + 12,25}$
$d = \sqrt{24,50} = 4,94 = \underline{4,95\ m}$

$$
\begin{array}{rr}
16 & 4 \\
\hline
850 & 89 \\
801 & 9 \\
\hline
4900 & 984 \\
3936 & 4 \\
\hline
\text{Rest} \quad 964 & 988
\end{array}
$$

Taschenrechner
$24,5 \sqrt{} \ \underline{4,9497474\ m}$

2. Rechteck

Bei einem Rechteck sind die Seiten unterschiedlich lang; da die kleinen Buchstaben immer für ein bestimmtes Maß stehen, muss auch für jedes unterschiedliche Maß ein anderer Buchstabe eingesetzt werden.

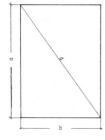

Abb. 6

$A = a \cdot b$
$U = (a + b) \cdot 2$
$d = \sqrt{a^2 + b^2}$
$a = \dfrac{A}{b}\ ;\ b = \dfrac{A}{a}$
$a = \dfrac{U}{2} - b\ ;\ b = \dfrac{U}{2} - a$

Beispiel:
Mit eingesetzten Längenmaßen
$A = \underline{145,45\ m \cdot 11,75\ m}$

$$
\begin{array}{r}
14545 \\
14545 \\
101815 \\
72725 \\
\hline
1709,0375\ m^2
\end{array}
$$

Taschenrechner
$145,45 \times 11,75 = \underline{1709,0375\ m^2}$
$U = (145,45 + 11,75) \times 2 =$
$\qquad\qquad 157,20 \times 2 = \underline{314,40\ m}$
Taschenrechner
$\qquad\qquad (145,45 + 11,75) \times 2 = \underline{314,40}$

Nicht bei jedem Taschenrechner können die Klammern eingegeben werden. Anleitung des Herstellers beachten.

Abb. 7

$d = \sqrt{145{,}45^2 + 11{,}75^2}$

$d = \sqrt{21155{,}7025 + 138{,}0625}$

$d = \sqrt{21293{,}7650} = 145{,}92 = \underline{145{,}92 \text{ m}}$

1	= 1
112	= 24
96	= 4
1693	= 285
1425	= 5
26876	= 2909
26181	= 9
69550	= 29182
58364	= 2
Rest 11186	= 29184

Taschenrechner
$21293{,}765 \sqrt{} \ \underline{145{,}92383 \text{ m}}$

3. Dreieck

Ein rechtwinkliges Dreieck ist immer die Hälfte einer quadratischen oder rechteckigen Fläche.

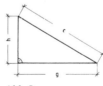

Abb. 8

$A = \dfrac{g \cdot h}{2}$

$g = \dfrac{A \cdot 2}{h} \; ; \; h = \dfrac{A \cdot 2}{g} \; ;$

$U = g + h + \sqrt{g^2 + h^2}$

Beim gleichseitigen Dreieck ($g = h = c = S$) berechnet man die Höhe wie folgt:

$h = \dfrac{S}{2} \cdot \sqrt{3} = \dfrac{S}{2} \cdot 1{,}732$

1. *Beispiel*
Mit eingesetzten Längenmaßen

$A = \dfrac{6{,}00 \text{ m} \cdot 3{,}00 \text{ m}}{2} = \underline{\underline{9{,}00 \text{ m}^2}}$

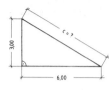

Abb. 9

Taschenrechner

$6 \times 3 \div 2 = \underline{9{,}00 \text{ m}^2}$

$c = \sqrt{3{,}0^2 + 6{,}0^2} \quad = \sqrt{9{,}0 + 36{,}0}$

$c = \sqrt{45{,}00} \qquad = 6{,}70 = \underline{6{,}70 \text{ m}}$

	36	6
	900	127
	889	7
Rest	1100	1340

Taschenrechner

$45 \sqrt{} \; \underline{6{,}7082039 \text{ m}}$

$U = 6{,}00 + 3{,}00 + 6{,}70 = \underline{15{,}70 \text{ m}}$

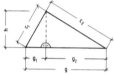

Abb. 10

Nicht rechtwinklige Dreiecke:

Bei nicht rechtwinkligen Dreiecken wird die Fläche genau wie im ersten Beispiel angegeben gerechnet.

$$A = \frac{g \cdot h}{2}$$

Für den Umfang muss die Höhe senkrecht auf die Grundlinie runtergezogen und in die beiden Teillängen g_1 und g_2 zerlegt werden. Mit diesen Ansätzen können die schrägen Längen c_1 und c_2 ausgerechnet werden.

$$c_1 = \sqrt{g_1{}^2 + h^2} \; ; \; c_2 = \sqrt{g_2{}^2 + h^2}$$

$$U = g + c_1 + c_2$$

4. Trapez

Die Trapezfläche ist im Tiefbau eine Fläche, die für Dämme, Einschnitte, Gräben und Baugruben im Aufmaß häufig angesetzt werden muss.

$$A = \frac{g_1 + g_2}{2} \cdot h$$

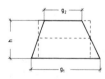

Abb. 11

$$g_1 = \frac{2 \cdot A}{h} - g_2 \; ; \; g_2 = \frac{2 \cdot A}{g} - g_1$$

$$h = \frac{2 \cdot A}{g_1 + g_2}$$

U = Summe der vier Seiten

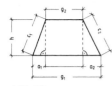

Abb. 12

Sollen die schrägen Linien ermittelt werden, müssen wie zuvor beim zweiten Beispiel der Dreiecksfläche die Maße a_1 und a_2 ermittelt werden.

Beispiel:
Mit eingesetzten Maßen

$$A = \frac{1,80 \text{ m} + 4,40 \text{ m}}{2} \cdot 2,30 \text{ m} =$$

$$A = \frac{6,20 \text{ m}}{2} \cdot 2,30 \text{ m} =$$

$$A = 3,10 \text{ m} \cdot 2,30 \text{ m} = \underline{\underline{7,13 \text{ m}^2}}$$

Abb. 13

Taschenrechner
$(1,8 + 4,4) \times 2,3 \div 2 = \underline{\underline{7,13 \text{ m}^2}}$

Krummlinig begrenzte Flächen
Die großen Buchstaben „A" für die Fläche und „U" für den Umfang gelten auch bei krummlinig begrenzten Flächen. Die Berechnung erfolgt jedoch über den Halbmesser „r", den Durchmesser „d" und den Abminderungsfaktor π (Pi) = „3,14".

1. Kreis

$A = r^2 \cdot \pi$
$U = d \cdot \pi$
$d = r \cdot 2$

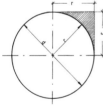

$r = \sqrt{\dfrac{A}{\pi}}$

Bei dem Rechengang $r^2 = r \cdot r$ errechnet man eine quadratische Fläche, die größer ist als ein Viertel der Kreisfläche. Um dieses Mehr an Fläche auszugleichen, wird mit dem Abminderungsfaktor $\pi = 3,14$ die quadratische Fläche malgenommen.

Abb. 14

Beispiel:
Mit eingesetzten Maßen schriftlich
$A = 5,00 \text{ m} \cdot 5,00 \text{ m} \cdot 3,14 = \underline{\underline{78,50 \text{ m}^2}}$

Taschenrechner
$5 \times 5 \, \pi = \underline{\underline{78,539816 \text{ m}^2}}$

Abb. 15

Die π-Taste beim Taschenrechner rechnet mit dem vollen π-Wert von 3,1415926 und kommt gegenüber dem abgerundeten Wert 3,14 zu leicht abweichenden Ergebnissen. Die π-Taste funktioniert nicht bei allen Taschenrechnern gleich: Anleitung des Herstellers beachten!

403

$U = 5,00 \cdot 2 \cdot 3,14 = \underline{\underline{31,40 \text{ m}}}$

Taschenrechner
$5,00 \times 2 \times \pi = \underline{31,415926 \text{ m}} = \underline{\underline{31,42 \text{ m}}}$
$A = (r_1 + r_2) \cdot \pi \cdot b$
$b = r_1 - r_2$

2. Kreisring

Abb. 16

A = große Fläche – kleine Fläche

Beispiel:
$A = (3,75 \text{ m} + 3,50 \text{ m}) \cdot 3,14 \cdot 0,25 \text{ m}$
$= \underline{\underline{5,69 \text{ m}^2}}$

Taschenrechner
$(3,75 \text{ m} + 3,50 \text{ m}) \times \pi \times 0,25 \text{ m}$
$= \underline{\underline{5,6941366 \text{ m}^2}}$

3. Kreisabschnitt

Abb. 17

Die Formel für den Kreisabschnitt ist eine „angenäherte", sie ist jedoch im Tiefbau für Aufmaße anerkannt.

$$A \approx \frac{s \cdot h \cdot 2}{3} \text{ oder } s \cdot h \cdot 0,67$$

Beispiel:

$$A \approx \frac{7,65 \text{ m} \cdot 1,95 \text{ m} \cdot 2}{3} = \underline{\underline{9,945 \text{ m}^2}}$$

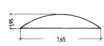

Abb. 18

$A \approx 7,65 \text{ m} \cdot 1,95 \text{m} \cdot 0,67 = \underline{\underline{9,99 \text{ m}^2}}$

Taschenrechner
$7,65 \times 1,95 \times 2 \div 3 = \underline{\underline{9,945 \text{ m}^2}}$

4. Kreisausschnitt

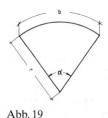

Abb. 19

$$A = \frac{r^2 \cdot \pi \cdot \alpha}{360°}$$
$$b = \frac{d \cdot \pi \cdot \alpha}{360°}$$

Beispiel:

$$A = \frac{6,00^2 \cdot 3,14 \cdot 60°}{360°} = \underline{\underline{18,84 \text{ m}^2}}$$

Werte, die man im Kopf kürzen kann, können vorher gekürzt werden.

$$A = \frac{36,00 \cdot 3,14 \cdot \cancel{60}°}{6 \cdot \cancel{360}°} =$$

$$A = \frac{6 \cdot \cancel{36,00} \cdot 3,14}{\cancel{6}} = \underline{\underline{18,84 \text{ m}^2}}$$

Taschenrechner

$6 \times 6 \times \pi \times 60 \div 360 = \underline{\underline{18,849555 \text{ m}^2}}$

Bogenlänge

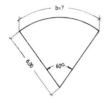

$$b = \frac{12,00 \cdot 3,14 \cdot \cancel{60}°}{6 \cdot \cancel{360}°} =$$

$$A = \frac{2 \cdot \cancel{12,00} \cdot 3,14}{\cancel{6}} = \underline{\underline{6,28 \text{ m}}}$$

Taschenrechner

Abb. 20 $12 \times \pi \times 60 \div 360 = \underline{\underline{6,2831852 \text{ m}}}$

b) Körperberechnung

Bei Ausschachtungsarbeiten, Auffüllungen sowie vielen anderen Massenberechnungen im Tiefbau werden Kenntnissse zur Körperberechnung benötigt. Die Körper werden in drei Gruppen unterteilt:

aa) Parallelflächige Körper

Hierbei handelt es sich um Körper mit parallelen Grundflächen, die von senkrecht stehenden Seitenflächen begrenzt werden. Die Berechnung erfolgt über die Formel „$V = $ Grundfläche $\cdot$ Höhe". Der große Buchstabe „V" steht für das Volumen des Körpers, der große Buchstabe „O" für die Oberfläche.

1. Würfel

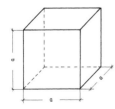

$V = a \cdot a \cdot a = a^3$
$O = a \cdot a \cdot 6$

Beispiel:
$V = 3,00 \text{ m} \cdot 3,00 \text{ m} \cdot 3,00 \text{ m} = \underline{\underline{27,00 \text{ m}^3}}$
$O = 3,00 \text{ m} \cdot 3,00 \text{ m} \cdot 6 \qquad = \underline{\underline{54,00 \text{ m}^2}}$

Abb. 21

2. Prisma

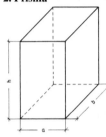

$V = a \cdot b \cdot h$

$O = a \cdot b \cdot 2 + (a + b) \cdot 2 \cdot h$

Beispiel:

$V = 2,50 \text{ m} \cdot 5,00 \text{ m} \cdot 7,50 \text{ m} = \underline{\underline{93,75 \text{ m}^3}}$

$O = \underline{2,50 \text{ m} \cdot 5,00 \text{ m} \cdot 2}$

$\quad + (2,50 \text{ m} + 5,00 \text{ m}) \cdot 2 \cdot 7,50 \text{ m}$

$\quad = \underline{\underline{137,50 \text{ m}^2}}$

Abb. 22

3. Zylinder

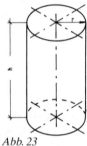

$V = r^2 \cdot \pi \cdot h$

$O = r^2 \cdot \pi \cdot 2 + d \cdot \pi \cdot h$

Beispiel:

$V = 0,50 \text{ m} \cdot 0,50 \text{ m} \cdot 3,14 \cdot 2,00 \text{ m}$

$\quad = \underline{\underline{1,57 \text{ m}^3}}$

$O = 0,5 \text{ m} \cdot 0,5 \text{ m} \cdot 3,14 \cdot 2 + 0,5 \text{ m} \cdot 2 \cdot 3,14 \cdot 2,00 \text{ m}$

$\quad = \underline{\underline{7,85 \text{ m}^2}}$

Abb. 23

4. Hohlzylinder

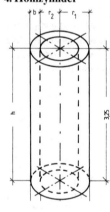

$V = (r_1 + r_2) \cdot \pi \cdot b \cdot h$

$O = (r_1 + r_2) \cdot \pi \cdot b \cdot 2 + (r_1 + r_2) \cdot \pi \cdot h \cdot 2$

Beispiel:

$V = (0,75 \text{ m} + 0,50 \text{ m}) \cdot 3,14 \cdot 0,25 \text{ m} \cdot 3,25 \text{ m}$

$V = 1,25 \text{ m} \cdot 3,14 \cdot 0,25 \text{ m} \cdot 3,25 \text{ m} = \underline{\underline{3,189 \text{ m}^3}}$

Taschenrechner

$(0,75 + 0,50) \times \pi \times 0,25 \times 3,25 = \underline{\underline{3,19068 \text{ m}^3}}$

$O = (0,75 + 0,50) \times 3,14 \times 0,25 \times 2 + (0,75 + 0,50)$

$\quad \times 3,14 \times 3,25 \times 2 = \underline{\underline{27,475 \text{ m}^2}}$

Abb. 24

Taschenrechner

$O = (0,75 + 0,50) \times \pi \times 0,25 \times 2 = + (0,75 + 0,50) \times \pi \times 3,25 \times 2 = \underline{\underline{27,488935 \text{ m}^2}}$

Klammerrechnungen sind nicht mit jedem Taschenrechner möglich. Bei solchen Rechnungen ist die genaue Anleitung der Hersteller zu beachten.

bb) Spitze Körper

Die Grundflächen der Körper sind geradlinig oder krummlinig begrenzt, sie laufen über ihre Mantelflächen in einem Punkt zusammen. Die Berechnung erfolgt über die Formel

$$V = \frac{\text{Grundfläche} \cdot \text{Höhe}}{3}$$

1. Pyramide

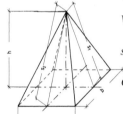

Abb. 25

Körper, deren Grundflächen geradlinig begrenzt sind.

$$V = \frac{a \cdot b \cdot h}{3}$$

$$s_1 = \sqrt{\left(\frac{a}{2}\right)^2 + h^2} \; ; \; s_2 = \sqrt{\left(\frac{b}{2}\right)^2 + h^2}$$

$$O = a \cdot b + \left(\frac{b \cdot s_1}{2}\right) \cdot 2 + \left(\frac{a \cdot s_2}{2}\right) \cdot 2$$

Bei ungleichen Neigungen sind die Formeln jeweils abzuändern.

2. Kegel

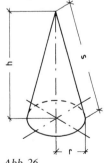

Abb. 26

Körper, deren Grundflächen krummlinig begrenzt sind.

$$V = \frac{r^2 \cdot \pi \cdot h}{3}$$

$$s = \sqrt{r^2 + h^2}$$

$$O = \frac{r \cdot 2 \cdot \pi \cdot s}{2} + r^2 \cdot \pi$$

Nach der Grundflächenform sind die Formeln jeweils abzuändern.

cc) Abgestumpfte Körper

Die oberen und unteren Begrenzungsflächen können geradlinig oder krummlinig begrenzt sein. Für die Volumenberechnung stehen mehrere Formeln zur Verfügung. Da im Tiefbau bei fast allen Ausschachtungen und Auffüllungen abgestumpfte Körper aufgemessen werden, sind hier alle Formeln behandelt.

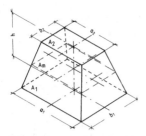

Um die Formeln leichter anwenden zu können, sollte man vorher die Flächen bestimmen.

Große Fläche: $A_1 = a_1 \cdot b_1$

Kleine Fläche: $A_2 = a_2 \cdot b_2$

Mittelfläche: $A_m = \dfrac{a_1 + a_2}{2} \cdot \dfrac{b_1 + b_2}{2}$

Abb. 27

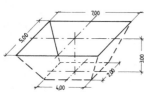

Abb. 28

Beispiel:

$A_1 = 7{,}00 \text{ m} \cdot 5{,}00 \text{ m} = \underline{35{,}00 \text{ m}^2}$

$A_2 = 4{,}00 \text{ m} \cdot 2{,}00 \text{ m} = \underline{8{,}00 \text{ m}^2}$

$A_m = \dfrac{7{,}00 \text{ m} + 4{,}00 \text{ m}}{2} \cdot \dfrac{5{,}00 \text{ m} + 2{,}00 \text{ m}}{2}$

$A_m = \dfrac{11{,}0 \text{ m}}{2} \cdot \dfrac{7{,}00 \text{ m}}{2}$

$A_m = 5{,}50 \text{ m} \cdot 3{,}50 \text{ m} = \underline{19{,}25 \text{ m}^2}$

Volumenberechnung: Vier Beispiele

1. Formel (diese Formel ist angenähert und bringt zuviel an aufgemessener Masse)

$$V \approx \dfrac{A_1 + A_2}{2} \cdot h$$

$$V \approx \dfrac{35{,}00 \text{ m}^2 + 8{,}00 \text{ m}^2}{2} \cdot 3{,}00 \text{ m}$$

$$V \approx \dfrac{43{,}00 \text{ m}^2}{2} \cdot 3{,}00 \text{ m} =$$

$$V \approx 21{,}50 \text{ m}^2 \cdot 3{,}00 \text{ m} = \underline{64{,}5 \text{ m}^3}$$

2. Formel (diese Formel ist auch angenähert, bringt aber zuwenig Masse)

$V \approx A_m \cdot h$

$V \approx 19{,}25 \text{ m}^2 \cdot 3{,}00 \text{ m} = \underline{57{,}75 \text{ m}^3}$

3. Formel (genaue Formel)

$V = (A_1 + A_2 + 4 \cdot A_m) \cdot \dfrac{h}{6}$

$V = (35{,}00 \text{ m}^2 + 8{,}00 \text{ m}^2 + 4 \cdot 19{,}25 \text{ m}^2) \cdot \dfrac{3{,}00 \text{ m}}{6}$

$V = (35{,}00 \text{ m}^2 + 8{,}00 \text{ m}^2 + 77{,}00 \text{ m}^2) \cdot 0{,}50 \text{ m}$

$V = 120{,}00 \text{ m}^2 \cdot 0{,}50 \text{ m} = \underline{60{,}00 \text{ m}^3}$

4. Formel (genaue Formel, für Körper mit quadratischen oder runden Flächen; bei rechteckigen Flächen sind leichte Abweichungen möglich)

$V = \left(A_1 + A_2 + \sqrt{A_1 \cdot A_2}\right) \cdot \dfrac{h}{3}$

$V = \left(35{,}00 \text{ m}^2 + 8{,}00 \text{ m}^2 + \sqrt{35 \cdot 8}\right) \cdot \dfrac{3 \text{ m}}{3}$

$V = \left(35{,}00 \text{ m}^2 + 8{,}00 \text{ m}^2 + \sqrt{280}\right) \cdot 1 \text{ m}$

$V = (35{,}00 \text{ m}^2 + 8{,}00 \text{ m}^2 + 16{,}7332 \text{ m}^2) \cdot 1 \text{ m}$

$V = 59{,}7332 \text{ m}^2 \cdot 1 \text{ m} = \underline{59{,}733 \text{ m}^3}$

Es ist zu empfehlen, Aufmaße immer nach der dritten Formel anzusetzen.

c) Gewichtsberechnung

Neben der Abrechnung nach Flächen oder Volumen wird häufig auch der Nachweis nach Gewicht verlangt. Die Berechnung erfolgt über die Rohdichten oder Schüttdichten der zu verarbeitenden Materialien. Die Einheit für Gewichtsberechnungen ist das Kilogramm „kg".

Masse

Größe	Zeichen	10^3	Einheit	10^{-3}
Masse	kg	t	kg	g
Dichte	ϱ	t/m³	kg/dm³	g/cm³

ϱ = Rho (griechisches Alphabet)

Abb. 29

Reindichte = Eine Masse ohne den geringsten Poren- oder Hohlraumanteil.

Rohdichte = Die Masse mit festverbundenen Poren- und Hohlraumanteilen (Baustoffe aller Art sowie Boden, Beton und bitumenhaltiges Mischgut im verdichteten Zustand).

Schüttdichte = Die Masse mit festverbundenen Poren- und Hohlraumanteilen sowie zusätzliche Haufwerkporen (Boden, Beton und bitumenhaltiges Mischgut im aufgelockerten, nicht verdichteten Zustand).

Gewichtsberechnungen beziehen sich immer auf die Masse (Volumen) eines Körpers. Auch wenn im Straßenbau das Einbaugewicht auf den Quadratmeter angegeben sein kann, bezieht sich diese Angabe immer auf eine bestimmte Einbauhöhe pro Quadratmeter im verdichteten Zustand des bitumenhaltigen Mischgutes.

Beispiel:
Wieviel Kilogramm wiegt ein Betonrohr DN 500 mit 6 cm Wanddicke, 2,00 m Baulänge und einer Rohdichte von 2,4 kg/dm^3?
Die Berechnung erfolgt über die Formel für den Hohlzylinder.
Beim Rechnen können immer nur gleichnamige Größen miteinander malgenommen werden; um richtige Ergebnisse zu erzielen, sind ungleichnamige Werte vor dem Rechengang gleichnamig zu machen.

DN 500	=	500 mm	= 50 cm	= 5 dm	= 0,50 m
Wanddicke	=	60 mm	= 6 cm	= 0,6 dm	= 0,06 m
Baulänge	= 2 000 mm	= 200 cm	20 dm	= 2,00 m

Rohrgewicht =	$(r_1 + r_2) \cdot \pi \cdot b \cdot h \cdot$ kg
Rohrgewicht =	(3,1 dm + 2,5 dm) $\cdot$ 3,14 $\cdot$ 0,6 dm $\cdot$ 20 dm $\cdot$ 2,4 kg
Rohrgewicht =	5,6 dm $\cdot$ 3,14 $\cdot$ 0,6 dm $\cdot$ 20 dm $\cdot$ 2,4 kg
Rohrgewicht =	211 dm^3 $\cdot$ 2,4 kg = <u>506,42 kg</u>

Die waagerechte Schreibweise entspricht auch der Eingabe in den Taschenrechner.

d) Rechnen mit Prozenten

Das Rechnen mit Prozenten kommt besonders im Tiefbau sehr häufig zur Anwendung, wie z. B. bei Auflockerungen, Verdichtungen, Mischungszusammensetzungen, Längs- und Quergefälle, Zuschläge oder Abzüge.
Die Rechenzeichen sind
„p %" für den Prozentsatz oder für die Steigung in Prozent
„g" für den Grundwert oder die Länge
„q" für den Prozentwert oder die Höhe

$$q = \frac{g \cdot p\%}{100} \; ; \; g = \frac{q \cdot 100}{p\%} \; ; \; p\% = \frac{q \cdot 100}{g}$$

Beispiele:

1. Eine Straße steigt auf 3755 m um 2,2 %, wie groß ist der Höhenunterschied?

$$\text{Höhe } q = \frac{3755 \cdot 2,2}{100} = \underline{\underline{82,61 \text{ m}}}$$

Gegenprobe:

$$\text{Länge } g = \frac{82,61 \cdot 100}{2,2} = \underline{\underline{3755 \text{ m}}}$$

Steigung in Prozent:

$$p\% = \frac{82,61 \cdot 100}{3755} = \underline{\underline{2,2 \%}}$$

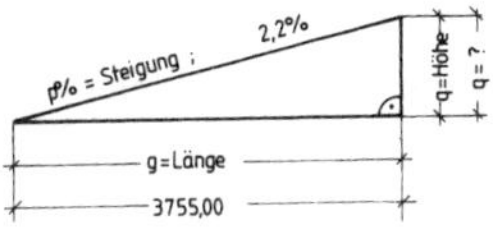

Beim Rechnen mit einem Taschenrechner ist für „mal" oder „geteilt durch" Hundert die Prozenttaste zu drücken.

$82,61 \div 3755 \% = \underline{\underline{2,2}}$

Abb. 30

2. Von dem Bruttolohn eines Facharbeiters in Höhe von 1780,00 € muss der Arbeitgeber 23 % an die Zusatzversorgungskasse abführen. Wie hoch ist dieser Anteil?

$$\text{Prozentwert } q = \frac{1780,00 \cdot 23}{100} = \underline{\underline{409,40 \text{ €}}}$$

Gegenprobe:

$$\text{Grundwert } g = \frac{409,40 \cdot 100}{23} = \underline{\underline{1780,00 \text{ €}}}$$

$$\text{Prozentsatz } p\% = \frac{409,40 \cdot 100}{1780,00} = \underline{\underline{23 \%}}$$

Anders verhält es sich beim Berechnen von Auflockerungen, Verdichtungen und bitumenhaltigem Mischgut. Um hier genaue Ergebnisse zu bekommen, muss man vom „vermehrten oder verminderten" Grundwert ausgehen.

Formeln:

$$\text{Vermehrter Grundwert} = \frac{g \cdot 100}{100 - p\%}$$

$$\text{Verminderter Grundwert} = \frac{g \cdot 100}{100 + p\%}$$

Beispiele:

1. Eine Baugrube, die ein Volumen von 800 m³ hat, soll mit einem Boden verfüllt werden, für den eine Verdichtung von 18 % angenommen wird. Wieviel aufgelockerter Boden muss angefahren werden?

$$\text{Aufgelockerter Boden} = \frac{800 \cdot 100}{100 - 18} = \frac{800 \cdot 100}{82} = \underline{\underline{975{,}61 \text{ m}^3}}$$

Strichrechnungen über oder unter dem Bruchstrich müssen wie Klammerwerte vorher gelöst werden.

2. Ein Asphaltbeton setzt sich aus 9 % Füller, 38 % Sand, 53 % Splitt und 6,3 % Bitumen auf 100 Gewichtsprozente zusammen. Wie hoch sind die Bestandteile in Prozent, wenn diese 106,3 % auf 100 % umgerechnet werden?

$$\text{Füller} \quad = \frac{9 \cdot 100}{100 + 6{,}3} = \frac{900}{106{,}3} = 8{,}5 \text{ \%}$$

$$\text{Sand} \quad = \frac{38 \cdot 100}{100 + 6{,}3} = \frac{3800}{106{,}3} = 35{,}7 \text{ \%}$$

$$\text{Splitt} \quad = \frac{53 \cdot 100}{100 + 6{,}3} = \frac{5300}{106{,}3} = 49{,}9 \text{ \%}$$

$$\text{Bitumen} = \frac{6{,}3 \cdot 100}{100 + 6{,}3} = \frac{630}{106{,}3} = 5{,}9 \text{ \%}$$

Im Kanalbau kann das Längsgefälle auch in Promille angegeben sein. In diesen Fällen rechnet man nicht von Hundert (%), sondern von Tausend (‰).

Beispiel:

Eine Kanalisationsleitung hat ein Gefälle von 3 ‰. Wie groß ist der Höhenunterschied bei einer Einbaulänge von 48 m zwischen zwei Schächten?

$$\text{Höhe} = \frac{48 \text{ m} \cdot 3}{1000} = \underline{0{,}144 \text{ m}} = \underline{\underline{14{,}4 \text{ cm}}} = \underline{\underline{144 \text{ mm}}}$$

Gegenprobe:

$$\text{Länge} = \frac{0{,}144 \cdot 1000}{3} = \underline{\underline{48{,}00 \text{ m}}}$$

$$\text{Steigung in Promille} = \frac{0{,}144 \cdot 1000}{48} = \underline{\underline{3 \text{ ‰}}}$$

Steigungen, hier besonders bei Böschungen, können auch in Verhältniszahlen angegeben sein. Bei Angaben von Steigungen nach Verhältniszahlen entspricht die Zahl links vom Doppelpunkt der Höhe und rechts vom Doppelpunkt der Länge.

Beispiel:
1 : 4,5 entspricht 1 Teil senkrechte Höhe auf 4,5 Teile waagerechte Länge.

Formeln:

Höhe $h = \dfrac{l}{n}$;

Länge $l = h \cdot n$;

Neigung $n = \dfrac{l}{h}$

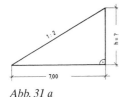

Abb. 31 a

Eine Böschung steigt im Verhältnis 1 : 2, wie groß ist der Höhenunterschied bei 7 m Länge?

$$h = \frac{7{,}00}{2} = \underline{\underline{3{,}50 \text{ m}}}$$

Gegenprobe:

$$l = 3{,}50 \text{ m} \cdot 2 = \underline{\underline{7{,}00 \text{ m}}}$$

$$n = \frac{7{,}00 \text{ m}}{3{,}50 \text{ m}} = \underline{\underline{2}}$$

e) Berechnen von Winkeln

Neben den hier behandelten rechnerischen Grundlagen empfiehlt es sich, ein Fachrechenbuch zur Erläuterung der Rechengänge zu benutzen.

Dreiecksmessungen

Dreiecksmessungen sind der Teil der Mathematik, der sich mit der Berechnung ebener Dreiecke, unter Benutzung der Winkelfunktionen, beschäftigt. Grundlage ist immer das rechtwinklige Dreieck. Jedes andere Dreieck ist in zwei rechtwinklige Dreiecke zu zerlegen.

Am Beispiel des rechtwinkligen Dreiecks mit dem Seitenverhältnis 3-4-5 soll nur eine Einführung in die Benutzung der Winkelfunktionen gegeben werden.

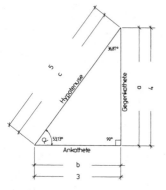

Formeln: Tabellenwert:

$$\sin = \frac{a}{c} = \frac{\text{Gegenkathete}}{\text{Hypotenuse}} \qquad = \frac{4}{5} = 0,8000$$

$$\cos = \frac{b}{c} = \frac{\text{Ankathete}}{\text{Hypotenuse}} \qquad = \frac{3}{5} = 0,6000$$

$$\tan = \frac{a}{b} = \frac{\text{Gegenkathete}}{\text{Ankathete}} \qquad = \frac{4}{3} = 1,3333$$

$$\cot = \frac{b}{a} = \frac{\text{Ankathete}}{\text{Gegenkathete}} \qquad = \frac{3}{4} = 0,7500$$

Abb. 31 b

Umrechnung in Grad

$\sin \alpha = 0,8000$ und $\tan \alpha = 1,3333 \quad \Rightarrow \quad \alpha = 53,13°$
$\cos \alpha = 0,6000$ und $\cot \alpha = 0,7500 \quad \Rightarrow \quad \beta = 36,87°$

Berechnung der Seitenlängen

$a = c \times 0,8000 = 5 \times 0,8000 = 4$
$b = c \times 0,6000 = 5 \times 0,6000 = 3$
$c = a : 0,8000 = 4 : 0,8000 = 5$
$c = b : 0,6000 = 3 : 0,6000 = 5$

Beispiel

In der Aufmaßzeichnung sind die rechtwinkligen Dreiecke einskizziert, die berechnet wurden. Bei unebenem Gelände können die Maße der Ankathete unter der Horizontalebene des Theodoliten kürzer oder länger sein.

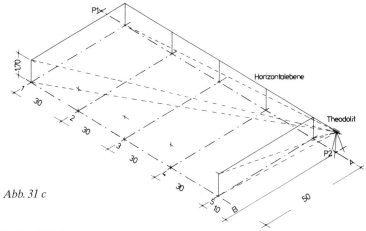

Abb. 31 c

1. **Punkt A 1**

$a = 130{,}00$ m; $b = 1{,}70$ m

$$\tan \alpha_1 = \frac{130{,}00}{1{,}7} = 76{,}4705 \quad \Rightarrow \quad \alpha_1 = 89{,}25°$$

$$\cot \alpha_2 = \frac{1{,}7}{130{,}00} = 0{,}0130 \quad \Rightarrow \quad \alpha_2 = 0{,}75°$$

$$c = \sqrt{130{,}00^2 + 1{,}70^2} = \underline{\underline{130{,}01 \text{ m}}}$$

2. **Punkt B 1**

$a = 130{,}00$ m; $b = 50{,}00$ m

$$\tan \alpha_3 = \frac{130{,}00}{50} = 2{,}600 \quad \Rightarrow \quad \alpha_3 = 68{,}96°$$

$$\cot \alpha_4 = \frac{50}{130{,}00} = 0{,}3846 \quad \Rightarrow \quad \alpha_4 = 21{,}04°$$

$$c = \sqrt{130{,}00^2 + 50{,}00^2} = \underline{\underline{139{,}28 \text{ m}}}$$

$a = 139{,}28$ m; $b = 1{,}70$ m

$$\tan \alpha_5 = \frac{139{,}28}{50{,}00} = 81{,}9294 \quad \Rightarrow \quad \alpha_5 = 89{,}30°$$

$$\cot \alpha_6 = \frac{1{,}70}{139{,}28} = 0{,}0122 \quad \Rightarrow \quad \alpha_6 = 0{,}70°$$

$$c = \sqrt{139{,}28^2 + 1{,}70^2} = \underline{\underline{139{,}29 \text{ m}}}$$

3. Punkt A 5

$a = 10{,}00$ m; $b = 1{,}70$ m

$$\tan \alpha_7 = \frac{10{,}00}{1{,}70} = 5{,}8823 \qquad \Rightarrow \qquad \alpha_7 = 80{,}35°$$

$$\cot \alpha_8 = \frac{1{,}70}{10{,}00} = 0{,}1700 \qquad \Rightarrow \qquad \alpha_8 = 9{,}74°$$

$$c = \sqrt{10{,}00^2 + 1{,}70^2} = \underline{10{,}14 \text{ m}}$$

4. Punkt B 5

4.1 $a = 10{,}00$ m; $b = 50{,}00$ m

$$\tan \alpha_9 = \frac{10{,}00}{50{,}00} = 0{,}2000 \qquad \Rightarrow \qquad \alpha_9 = 11{,}31°$$

$$\cot \alpha_{10} = \frac{50{,}00}{10{,}00} = 5{,}00 \qquad \Rightarrow \qquad \alpha_{10} = 78{,}69°$$

$$c = \sqrt{10{,}00^2 + 50{,}00^2} = \underline{50{,}99 \text{ m}}$$

4.2 $a = 50{,}99$ m; $b = 1{,}70$ m

$$\tan \alpha_{11} = \frac{50{,}99}{1{,}70} = 29{,}9941 \qquad \Rightarrow \qquad \alpha_{11} = 88{,}09°$$

$$\cot \alpha_{12} = \frac{1{,}70}{50{,}99} = 0{,}0333 \qquad \Rightarrow \qquad \alpha_{12} = 1{,}91°$$

$$c = \sqrt{50{,}99^2 + 1{,}70^2} = \underline{50{,}99 \text{ m}}$$

5 Grundlagen der Abrechnung

Es wurde schon erwähnt, dass in den Allgemeinen Technischen Vorschriften für Bauleistungen (ATV, VOB/C) die Abrechnungsbestimmungen enthalten sind. Daneben gibt es nur in wenigen Fällen Sonderabrechnungsbestimmungen – wie zum Beispiel im Straßenbau. Bei der Abrechnung von Fahrbahndecken aus Asphalt muss die ZTV Asphalt-StB 01, Ausgabe 2001, zugrunde gelegt werden. Auch für andere Bauwerke können besondere Abrechnungsarten vereinbart werden. Dies gilt vor allem dann, wenn einzelne Ausführungsteile pauschal abzurechnen sind. Eine solche Vereinbarung findet ihren Niederschlag in besonderen oder zusätzlichen Vertragsbedingungen, die einem Leistungsverzeichnis vorgeheftet sind. Gibt es diese nicht, dann gelten die Allgemeinen Bestimmungen.

Diese Allgemeinen Abrechnungsbestimmungen für den Tiefbau sind die DIN 18 300 bis DIN 18 320. Sie sollen hier nicht einzeln aufgeführt, sondern schwerpunktartig abgehandelt werden.

Im Tiefbau hat man es immer mit Erdarbeiten zu tun. Gleich, welche Arbeit nachher ausgeführt wird, zuerst muss Erde bewegt werden. Deshalb ist die Grundnorm, die DIN 18 300 „Erdarbeiten", allen anderen Normen vorangestellt.

a) DIN 18 300 – Erdarbeiten

Diese Abrechnungsvorschrift wird ergänzend zur ATV DIN 18 299 im Abschnitt 5 unterteilt nach verschiedenen Ausführungsarten:

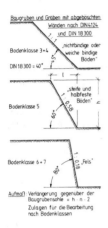

Abb. 32

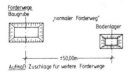

Abb. 33

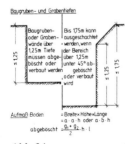

Abb. 34

1. Baugruben und Gräben
2. Hinterfüllen und Überschütten
3. Abtrag und Aushub
4. Einbau
5. Verdichten

Der zu bearbeitende Boden hat verschiedene Zusammensetzungen. Sie reichen vom Mutterboden bis zum Fels. Entsprechend ihrer Lösbarkeit sind die Böden in der DIN in Bodenklassen von 1 bis 7 eingeteilt. Auf diese Bodenklassen wird in den Abrechnungsvorschriften Bezug genommen; denn es heißt: Der Boden ist getrennt nach Bodenklassen und gestaffelt nach Länge der Förderwege abzurechnen. Von dieser Vorschrift kann abgewichen werden. Das geschieht sehr häufig. Für den Transport des Bodens ist die kürzeste zumutbare Entfernung zugrunde gelegt. Sollen andere Förderwege abgerechnet werden, muss dies in der Ausschreibung angegeben sein. Dies gilt auch für den Fall, dass der überschüssige Boden auf eine Deponie abzufahren ist.

Die Länge der Förderwege wird dann als Entfernung zwischen den Schwerpunkten der Auftrags- oder Abtragskörper angesetzt. Zu berechnen ist die kürzeste zumutbare Strecke. Für Baugruben und Leitungsgräben ist außerdem die Ausführungsnorm DIN 4124 „Baugruben und Gräben" heranzuziehen. In ihr sind die Angaben enthalten, wie eine Baugrube oder ein Graben anzulegen ist. Die dort niedergelegten Maße für Baugruben und

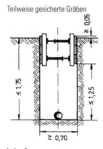

Teilweise gesicherte Gräben

Aufmaß:
Boden = Breite x Höhe x Länge
Verbau = Höhe x Länge

Abb. 35

Arbeitsraumbreiten bei abgeböschten Baugruben

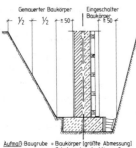

Gemauerter Baukörper   Eingeschalter Baukörper

Aufmaß-Baugrube = Baukörper (größte Abmessung)
+ Schalungskonstruktion × 2
+ Arbeitsraum ≥ 50cm × 2
+ Halbe Böschungsbreite × 2

$$V = (A_1 + A_2 + 4 \cdot A_m) \cdot \frac{h}{6}$$

Abb. 36

Arbeitsraumbreiten bei verbauten Baugruben

Ein Fluchtweg von 50cm zwischen einspringenden Bauteilen muß erhalten bleiben

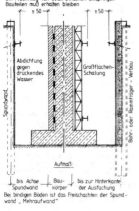

Aufmaß:

bis Achse Spundwand | Bau-körper | bis zur Hinterkante der Ausfachung

Bei bindigen Boden ist das Freischachten der Spundwand „Mehraufwand"

Abb. 37

Gräben mit geböschten Wänden (Böschungswinkel < 90°) oder senkrecht geböschten Wänden (Böschungswinkel = 90°) sind als Abrechnungsmaße auch für die DIN 18 300 maßgebend. Dabei wird grundsätzlich von Ausführungen mit geböschten Wänden ausgegangen.

Nur wo dies nicht möglich ist, werden senkrechte Wände zugelassen, wobei jedoch Baugruben und Gräben mit einer Tiefe von mehr als 1,25 m verbaut werden müssen. Jeder Verbau ist bis 5 cm über Geländeoberkante hinauszuführen. Neben der Böschung bzw. dem Verbau muss außerdem ein 60 cm breiter, lastfreier Schutzstreifen vorhanden sein. Bei Gräben bis zu einer Tiefe von 0,80 m kann auf einer Seite auf den Schutzstreifen verzichtet werden. Im Einzelfall kann es auch erforderlich werden, bei geringeren Bauhöhen einen Verbau anzuordnen. Hierbei sind auch die Sicherheitsvorschriften der Bau-Berufsgenossenschaften zu beachten.

Die in der DIN 4124 festgelegten Vorschriften über die Einhaltung von Baugruben- und Grabenbreiten müssen auf alle Fälle beachtet werden. Es kann jedoch vorkommen, dass Auftraggeber andere Abrechnungsmaße vorgeben.

In diesem Fall ist die Ausführung nach den Vorschriften der DIN 4124 vorzunehmen; die Abrechnung sollte jedoch den Bestimmungen des Auftraggebers entsprechen.

Auf keinen Fall darf eine Baugrube oder ein Graben so gebaut werden, dass die Mindestforderungen der DIN 4124 nicht eingehalten werden. Abweichungen sind nur möglich, wenn größere Breiten als in der DIN 4124 vorgesehen angeordnet werden.

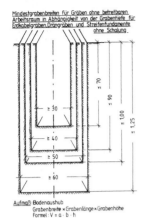

Aufmaß:Bodenaushub
Grabenbreite × Grabenlänge × Grabenhöhe
Formel: V = a · b · h

Abb. 38

Baugruben bis 80 cm Tiefe – z. B. für Einzel- und Streifenfundamente – werden stets mit senkrechten Wänden abgerechnet. Bei Leitungsgräben ist darauf zu achten, dass die erforderlichen Grabenbreiten eingehalten werden. Sind Umsteifarbeiten für das Herablassen von Rohren erforderlich oder sind längsverlaufende Hindernisse vorhanden, so muss die lichte Grabenbreite auch bei äußeren Rohrschaftdurchmessern von D + 40 cm mindestens D + 70 cm betragen.

Sind für die Tiefen der Baugruben und Gräben keine Angaben gemacht, umfasst die Leistung den Aushub von Baugruben nur bis zu Tiefen von 1,75 m; für Fundament- oder Leitungsgräben nur Tiefen bis zu 1,25 m. In der Regel sind jedoch im Leistungsverzeichnis Angaben mit unterschiedlichen Tiefen vorhanden.

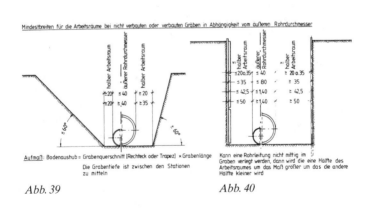

Mindestbreiten für die Arbeitsräume bei nicht verbauten oder verbauten Gräben in Abhängigkeit vom äußeren Rohrdurchmesser

Aufmaß: Bodenaushub = Grabenquerschnitt (Rechteck oder Trapez) × Grabenlänge
Die Grabentiefe ist zwischen den Stationen
zu mitteln

Kann eine Rohrleitung nicht mittig im
Graben verlegt werden, dann wird die eine Hälfte des
Arbeitsraumes um das Maß größer um das die andere
Hälfte kleiner wird

Abb. 39   *Abb. 40*

Auseinandersetzungen mit dem Auftraggeber können bei Abtrag, Aushub, Einbau und Verdichten von Bodenmassen entstehen. Es ist deshalb notwendig, vorher festzulegen, wie solche Massen abgerechnet werden. Die DIN 18 300 kennt drei Verfahren:

1. Aufmaß an der Entnahmestelle

Dieses Verfahren hat den Vorteil, eindeutig und leistungstreu zu sein.

2. Ermittlung nach fertig eingebauten Massen

Dieses Verfahren ist dann anzuwenden, wenn das erste Verfahren nicht eingesetzt werden kann. Es setzt allerdings voraus, dass der aufzufüllende Baukörper genau eingemessen werden kann.

3. Ermittlung nach loser Masse

Dies ist das sogenannte Hochbauverfahren, weil die Menge im frischgeschütteten Zustand aufgemessen wird. Das gilt besonders bei Abfuhr auf Lkw, wenn nach Tonnen berechnet wird. Dabei ist es wichtig, vorher den Auflockerungswert der entsprechenden Bodenart festzulegen. Der Einbau und die Verdichtung ergeben vielfach höhere Gewichte als kalkuliert. Dann ist der Umrechnungsfaktor von besonderer Bedeutung.

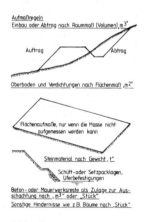

In der Regel werden Abtrag, Aushub und Einbau nach Raummaß (m³) oder nach Flächenmaß (m²) berechnet. Ein Aufmaß nach Gewicht (kg, t) kommt relativ selten vor; häufig ist es jedoch bei dem Einbau von Steinmaterial.

Die Verdichtung von Flächen wird nach Flächenmaß berechnet.

Das Beseitigen von Hindernissen – Bäume, Steine, Mauerreste usw. – wird in der Regel nach der Anzahl in Stück berechnet, seltener nach dem Raummaß.

Abb. 41

b) DIN 18 303 – Verbauarbeiten

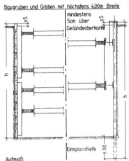

Baugruben und Gräben mit höchstens 4,00 m Breite

mindestens 5 cm über Geländeoberkante

Einspanntiefe

Aufmaß:
Verbaute Fläche = Länge × Höhe
(einschließlich aller anderen Verbauteile für die Aussteifung)

Höhe = lichte Tiefe + ≥5 cm + Einspanntiefe ≥30 cm

Abb. 42

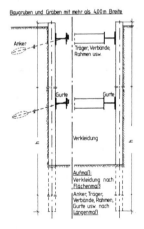

Baugruben und Gräben mit mehr als 4,00 m Breite

Anker

Träger, Verbände, Rahmen usw.

Gurte   Gurte

Verkleidung

Aufmaß:
Verkleidung nach
Flächenmaß

Anker, Träger,
Verbände, Rahmen,
Gurte usw. nach
Längenmaß

Abb. 43

Für die Ausführung des Verbaus gilt ebenfalls die DIN 4124 „Baugruben und Gräben". Die Art des Verbaus bleibt dem Unternehmer überlassen; es sei denn, in dem Leistungsverzeichnis oder aber in den Technischen Vorschriften sind besondere Hinweise enthalten. Ist ein Verbau wieder zu entfernen, müssen alle Teile – ausgenommen Anker und Betonteile – beseitigt werden; es sei denn, dass in der Leistungsbeschreibung etwas anderes vorgesehen ist.

Man muss immer daran denken, dass der Verbau in erster Linie dem Schutz des arbeitenden Menschen dient. Ein zu schwacher oder schlechter Verbau erhöht das Unfallrisiko und natürlich auch das Haftungsrisiko. Der für die Baustelle verantwortliche Polier oder Schachtmeister wird bei einem Unfall immer zur Rechenschaft gezogen.

Die Abrechnung erfolgt nach Länge und Tiefe des Verbaus, also nach Flächenmaß. Abgerechnet wird das Einbauen, Vorhalten und Beseitigen des Verbaus.

Bei Baugruben mit mehr als 4 m Breite wird das Einbauen, Vorhalten und Beseitigen der Träger, Steifen, Anker, Brusthölzer, Gurtungen usw. einschließlich Zubehör nach Längenmaß oder nach Anzahl abgerechnet.

Die Tiefen des Verbaus werden gemessen von 5 cm über Gelände oder Schutzstreifen oder von der vorgeschriebenen Oberkante des Verbaus bis zur Baugrubensohle. Bei gerammten Wänden (Spund-, Pfahl- oder Schlitzwänden) wird bis zur Unterkante der Wand gemessen.

c) DIN 18 305 – Wasserhaltungsarbeiten

Wasserhaltungsarbeiten gehören mit Aufmaß und Abrechnung zu den schwierigsten, die es auf einer Baustelle gibt. Das liegt an der Neigung der Auftraggeber, solche Arbeiten pauschal auszuschreiben.

Es ist sehr schwer, den Umfang der Wasserhaltungsarbeiten von vornherein richtig zu schätzen.

Bei pauschaler Ausschreibung sollte man sich die Unterlagen darüber beschaffen, nach welchen Angaben die Kalkulation durchgeführt wurde. Dies sollte auch dem Auftraggeber mitgeteilt werden. Bei wesentlichen Überschreitungen der Leistungsansätze wird man ein Unternehmen schwerlich am Pauschalvertrag festhalten können.

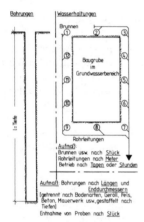

Wasserhaltungsanlagen bestehen aus Brunnen, Pumpensümpfen, Pumpen, Antriebsmaschinen, Stromerzeugern und Verteilern sowie Mess- und Beobachtungsvorrichtungen. Ferner sind einzubeziehen Rohrleitungen mit Zubehör und Gerinne.

Abgerechnet wird der Ein-, Aus- und Umbau der Anlagen, wobei die maschinelle Seite nach Stück und die Rohrleitungen nach Längenmaß abgerechnet werden.

Abb. 44

Weiter wird angerechnet das Vorhalten der Maschinenseite nach Stück und Kalendertagen, das Vorhalten der Rohrleitungen nach Metern und Kalendertagen.

Schließlich muss auch der Betrieb der Anlage nach Tagen oder Stunden abgerechnet werden. Hier ist es notwendig, ein genaues Kontrollbuch zu führen. Beim Ausbau der Anlage ist darauf zu achten, was an Teilen auf Verlangen des Auftraggebers nicht ausgebaut werden soll. Diese Teile sind gesondert zu berechnen.

d) DIN 18 306 – Entwässerungskanalarbeiten

Entwässerungskanäle werden nach Längenmaß abgerechnet. Dabei sind die Achslängen der Entwässerungskanäle zugrunde zu legen. Besonderheiten

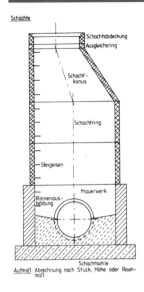

Schächte

Schachtabdeckung
Ausgleichsring
Schacht-konus
Schachtring
Steigeisen
Mauerwerk
Rinnenaus-bildung
Schachtsohle

Aufmaß: Abrechnung nach Stück, Höhe oder Raum-maß

Abb. 45

gibt es nur bei der Behandlung der Schächte. In der Regel wird die lichte Weite der Schächte abgezogen. Nur wenn die Entwässerungskanäle gemauert oder betoniert sind – oder aber wenn vorgefertigte Rohre mit Schachtaufsätzen benutzt werden –, wird die lichte Weite übermessen. Schachtaufsätze und Formstücke werden nach Anzahl als Zulage berechnet. Fertigteile – wie Schachtsohlen, Schachtringe usw. – und Einzelteile – wie Schachtabdeckungen, Steigeisen usw. – werden nach Anzahl berechnet. Gemauerte Schächte werden in der Regel nach dem Raummaß der Wandungen aufgemessen. Auch hier gilt immer der Vorrang der Ausschreibung. Sind im Leistungsverzeichnis andere Abrechnungsbestimmungen enthalten, gehen diese vor.

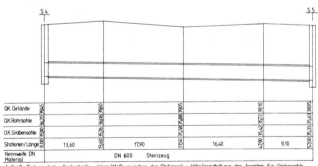

OK. Gelände	36,20 36,45	36,06 36,60	35,88 35,905	35,72 39,10	35,63 38,95
OK. Rohrsohle					
OK. Grabensohle	35,90	35,76	35,58	35,42	35,33 35,00
Stationen / Länge	0,00	13,60	3,60	17,90	31,50 16,40	47,90 9,10	57,00
Nennweite DN Material		DN 600		Steinzeug	

Aufmaß: Bodenaushub = Grabenbreite × Länge (Maße zwischen den Stationen) × Höhe (gemittelt aus den Angaben für Grabensohle und OK Gelände)

Rohrleitung = Längen zwischen den Stationen

Abb. 46

e) DIN 18 307 – Druckrohrleitungsarbeiten

Hier ist zu beachten, dass man es mit Stahl-, Guss-, Kunststoff- und Faserzementrohren zu tun hat. Entsprechend unterschiedlich ist auch die Abrechnung.

Rohrleitungen für Wasser, Gas und andere Güter

Schweißnaht

Kopfloch

Aufmaß: Rohrleitungen nach Längenmaß
Formstücke usw. nach Stück oder Zulage
Schweißnähte nach Stück oder Abwicklung
Kopflöcher nach Raummaß

Abb. 47

Rohrleitungen werden getrennt nach Nennweiten, Nenndrücken und Rohrarten in der Achslinie nach Länge aufgemessen. Schweißverbindungen und Formstücke getrennt nach Nennweiten und Arten als Zulage nach Anzahl. Das Gleiche gilt für Armaturen. Anbohrungen, Einbindungen und Anschlüsse werden ebenso nach Anzahl abgerechnet wie die Prüfungen der Schweißnähte. Kopflöcher für die Schweißverbindungen werden allerdings nach Kubikmeter aufgemessen.

f) DIN 18 315 ff. – Verkehrswegebauarbeiten

In diesen Vorschriften sind nur die Oberbauarbeiten enthalten. Bei der Abrechnung dieser Arbeiten wird man sehr genau das Leistungsverzeichnis beachten müssen. Die Ausschreibungen sind heute standardisiert und durch das Bundesministerium für Verkehr weitgehend vereinheitlicht. Im Wesentlichen kann man folgende Abrechnungen feststellen: Planumsarbeiten werden nach Flächenmaß abgerechnet. Die einzelnen Schichten werden in der Regel auch nach Flächenmaß abgerechnet, wenn nicht das Material nach Gewicht abzurechnen ist. Bindemittel werden nach Gewicht abgerechnet.

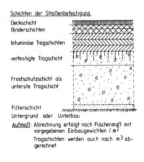

Schichten der Straßenbefestigung

Deckschicht
Binderschichten

bituminöse Tragschichten

verfestigte Tragschicht

Frostschutzschicht als
unterste Tragschicht

Filterschicht
Untergrund oder Unterbau

Aufmaß: Abrechnung erfolgt nach Flächenmaß mit
vorgegebenen Einbaugewichten / m²
Tragschichten werden auch nach m³ abgerechnet

Abb. 48

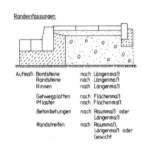

Randeinfassungen

Aufmaß:	Bordsteine	nach Längenmaß
	Randsteine	nach Längenmaß
	Rinnen	nach Längenmaß
	Gehwegplatten	nach Flächenmaß
	Pflaster	nach Flächenmaß
	Betonbetungen	nach Raummaß oder Längenmaß
	Randstreifen	nach Raummaß, Längenmaß oder Gewicht

Abb. 49

Bei Abrechnung nach Gewicht ist darauf zu achten, dass vorher das materialspezifische Gewicht festgelegt wird. Nicht immer stimmt nachher die Schichtdicke mit dem verbrauchten Material überein. Vor allem bei Asphaltbauweisen kann so etwas zu Auseinandersetzungen mit dem Auftraggeber führen.

Das Bauberichtswesen

Dipl.-Ing. *Hans Haderer,* Düsseldorf

Bedauerlicherweise sehen viele Poliere das Bauberichtswesen als ein notwendiges Übel an. Kein Baubetrieb kann auf ein einwandfreies Berichtswesen verzichten. Belege von der Baustelle für die Entlohnung der dort befindlichen Arbeitskräfte, Meldungen über Geräteeinsatz und Materialeingang sind Dinge auf die selbst der kleinste Baubetrieb heute nicht mehr verzichten kann. Jeder Baubetrieb, der konkurrenzfähig sein will, benötigt diese Meldungen, um anhand solcher Belege eine Nachkalkulation durchzuführen.

Für den Polier auf der Baustelle stehen beim Bauberichtswesen im Vordergrund: Tagesberichte, Wochen-Stundenberichte, Geräteberichte und Unfallanzeigen sowie wenn erforderlich der Nachweis nach DIN EN ISO 9001.

Tagesberichte haben den Zweck, die Leistungen auf der Baustelle genau zu erfassen. In vielen Fällen sind diese Tagesberichte von Baubetrieb zu Baubetrieb verschieden. Hier soll jedoch auf die wichtigsten Punkte eines solchen Berichtes eingegangen werden. In jedem Tagesbericht sollten folgende Punkte Beachtung finden:

- **Wetter:** Kurze Angaben über das Wetter am Berichtstag, wie z. B. Frost oder Regen.
- **Temperatur:** Temperatur und Uhrzeit angeben (dies kann bei Betonarbeiten wichtig sein).
- **Anzahl der Arbeitskräfte:** Gesamtzahl der an diesem Tage auf der Baustelle beschäftigten Arbeitskräfte angeben. Eigene Arbeitskräfte und Arbeitskräfte des Nachunternehmers (siehe Punkt 13 „Nachunternehmer") sind getrennt zu führen. Es ist darauf zu achten, dass das eigene Personal den Sozialversicherungsausweis mitführt.
- **Kontrollen können durchführen:** Mitarbeiter der Bundesanstalt für Arbeit, der Krankenkasse, der Rentenversicherung, der Unfallversicherung und der Arbeitsstelle zur Bekämpfung der Schwarzarbeit, ebenso die zuständigen Hauptzollämter.
- **Arbeitszeit:** Es ist hier die Arbeitszeit einzutragen, die an dem Berichtstage auf der Baustelle Gültigkeit hatte (ohne etwaige Überstunden).
- **Gesamtstunden:** Hier sind die an diesem Tage geleisteten Stunden einzutragen, wie sie auch auf dem Wochen-Stundenbericht angegeben werden.
- **Ausgeführte Arbeiten, Stunden hierfür:** Hier sind die von der jeweiligen Arbeitskraft in der betreffenden Position des Leistungsverzeichnisses an diesem Tage geleisteten Stunden anzugeben.
- **Randstunden:** Hier können die Stunden für das Einrichten, die Unterhaltung und Wartung sowie das Abräumen der Baustelle erfasst werden.
- **Tagelohn:** (Stundenlohn) Tagelohnstunden angeben, aber stets einen

Tagesberichte

(auch für Unterbetriebsstellen)

Hn. / Abt. / Zn. / Zst.

Betriebsstelle

KA		Be-reich	
1	2	3	4
1	1		

Datum Tag	Mon.	Jahr
19		24

BAS	Pos.	Bezeichnung

Schicht von .... bis ....

Witterung:*) ☐ Regen ☐ Frost ☐ Sturm ☐ sonnig ☐ Schnee ☐ Nebel ☐ bedeckt

Temp. Nacht (Min.): ....

Tag (Max.): ....

Stamm-Nr. Arbeit-nehmer	Ber.-Gr.	Betriebs-St.-Nr.	Name, Vorname	Ges.-Tg.-Std. nicht lochen	BAS	Pos.	Std. volle	h.	BAS	Pos.	Std. volle	h.	BAS	Pos.	Std. volle	h.	BAS	Pos.	Std. volle	h.	E = Entlassung	Davon Prämien-Stunden Std. volle	h.	Zuschläge: 1=Nacht 2=Sonntag 3=Ftg. 100% 4=Ftg. 150% S	Std. volle	h.	Lohnausfall S	Std. volle	h.	Erschwerniszuschläge (S = Schlüssel; siehe Verzeichnis) S	Std. volle	h.	S	Std. volle	h.
5 8	9 10	11 16			25 26	27 29	30	32	33 34	35 37	38	40	41 42	43 45	46	48	49 50	51 53	54	56	57	58	60	61	62	64	65 67	68	70	71 72	73	75	76 77	78	80

* Zutreffendes bitte ankreuzen

In den Spalten 58–60 ist zu vermerken, wieviel von den eingetragenen Stunden (25–32) Prämienstunden sind.

Betriebsstelle		Lohnbüro		DV	
Kolonnenführer:	Bauleiter:	Eingang:	geprüft:	gelocht:	geprüft:

Abb. 1: Muster für Tagesberichte

gesonderten Tagelohnachweis führen und spätestens 24 Stunden danach zur Anerkennung durch den Bauherrn vorlegen.

- **Außervertragliche Arbeiten:** Dies sind Arbeiten, die nicht im Leistungsverzeichnis enthalten sind und gesondert unter Stundenangabe aufgeführt werden müssen.
- **Geräteeinsatz:** Hier sind die an diesem Tage auf der Baustelle geleisteten Gerätestunden einzutragen. Diese Stunden müssen mit den Gerätestunden des Geräteberichtes identisch sein.
- **Materialeingang:** Hier sind die anhand der Materiallieferscheine angelieferten Baustoffe einzutragen, wobei bei Lieferbeton auf die Angaben: Lieferwerk, Betongüte sowie Zugabe von eventuellen Betonzusatzmitteln besonders zu achten ist.
- **Nachunternehmer:** Bei Einsatz von Nachunternehmern (NU) sind die Anzahl der Arbeitskräfte und die durchgeführten Arbeiten anzugeben. Hierbei ist auf die gesetzlichen Bestimmungen zu achten. Genehmigter Werkvertrag zwischen Firma und Nachunternehmer, Arbeitserlaubnis des gestellten Personals.
- **Besondere Vermerke:** Hier sind alle auf der Baustelle getroffenen Anordnungen durch den Bauherrn oder seinen Vertreter einzutragen; ferner Besuche auf der Baustelle, wie z. B. Besuch durch einen Vertreter der Bau-Berufsgenossenschaft oder des Gewerbeaufsichtsamtes.

Gerade die Dokumentation von Vorgängen, die Einfluss auf die reibungslose Ausführung der Bauarbeiten haben, erlangt zunehmende Bedeutung. Wenn Pläne eingehen oder als geänderte Pläne der Bauausführung zugrunde zu legen sind, sollte ein Eingangsvermerk im Tagesbericht aufgenommen werden. Ein entsprechender Eingangsvermerk kann natürlich auch direkt auf den Plänen erfolgen, so dass später ohne Schwierigkeiten zurückverfolgt werden kann, wann Pläne eingegangen sind. Es kann festgestellt werden, ob Planangaben richtig umgesetzt wurden und die Pläne auch vereinbarungsgemäß und rechtzeitig auf der Baustelle vorgelegen haben.

Die rechtzeitige Beantragung von Genehmigungen hat große Bedeutung bei der Planung des Arbeitsumfangs der nächsten Tage und Wochen. Verschiedene Genehmigungen können erst erteilt werden, wenn eine Baustellenbesichtigung stattgefunden hat. Die Einladung zu solchen Baustellenterminen sollte gleichfalls im Tagesbericht dokumentiert werden, mit der Angabe, welche Baubeteiligten bezüglich einer Genehmigung angesprochen wurden. Beispiele für solche Genehmigungen sind:

- Benutzungsgenehmigungen für öffentliche Verkehrsflächen,
- verkehrsrechtliche Anordnungen,
- Entsorgung von schadstoffhaltigem Material,
- Asbestentsorgung oder anderer aus dem Umweltschutz herrührender Erfordernisse.

Werden alle diese Punkte gewissenhaft ausgefüllt, kann der Polier täglich den Stand seiner Baustelle anhand des Ist- und Sollstundenvergleiches überprüfen und etwaige Mängel selbst abstellen. Voraussetzung hierfür ist, dass er vonseiten seines Betriebes die Vorgabezeiten der einzelnen Positionen des Leistungsverzeichnisses erhält.

Neben der Erstellung der Tagesberichte obliegt dem Polier die Führung der Wochen-Stundenberichte. Diese Berichte dienen der Errechnung des Arbeitsverdienstes der auf der Baustelle beschäftigten Arbeitskräfte; dass hier größte Sorgfalt erforderlich ist, versteht sich von selbst, denn nichts ist unerfreulicher, als wenn am Ende eines Arbeitsmonates die Abrechnung nicht stimmt. Auf jedem Wochen-Stundenbericht ist der Zeitraum der Woche sowie die Baustelle anzugeben. Die Arbeitskräfte sind namentlich mit der Berufsbezeichnung, der täglichen Arbeitszeit, den Gesamtwochenstunden sowie den Zuschlägen in Prozent einzutragen.

Zu den bereits erwähnten Berichten sind für jedes sich auf der Baustelle befindliche Gerät Geräteberichte zu führen. Die Geräteberichterstattung sollte den innerbetrieblichen Anforderungen entsprechen. Wenn eine einwandfreie Berichterstattung gewährleistet werden soll, kann auf folgende Gliederung nicht verzichtet werden:

- Gesamtarbeitszeit des Bedienungspersonals
- Betriebszeit des Gerätes
- arbeitsablaufbedingte Wartezeiten
- störungsbedingte Wartezeiten
- Pflegezeitaufwand für das Gerät
- Reparaturzeitaufwand
- Transportzeitaufwand als Vorbereitungs- und Abschlusszeiten
- zusätzliche Tätigkeiten des Maschinenpersonals (z. B. in Kolonne)
- Bezeichnung der ausgeführten Arbeiten nach Leistungsverzeichnis
- abschnittsweise Erfassung der geleisteten Mengen
- Verbrauch an Treibstoffen.

Für Lastkraftwagen ist bei der Fahrtenberichterstattung auf folgende Unterteilung zu achten:

- Materialtransporte
- Betriebsmitteltransporte
- Leistungstransporte
- sonstige Transporte.

Ein weiterer, aber nicht unwesentlicher Bericht ist die Unfallanzeige.
Die Unfallanzeige ist immer dann zu erstatten, wenn ein Arbeitsunfall oder Wegeunfall eine Arbeitsunfähigkeit von mehr als drei Kalendertagen oder den Tod eines Versicherten zur Folge hat.

Unter Wegeunfall versteht man einen Unfall auf dem Weg zwischen Wohnung und Arbeitsstätte. Anzeigepflichtig ist der Unternehmer oder sein Stellvertreter. Die Unfallanzeige hat innerhalb von drei Tagen nach Bekanntwerden des Unfalls zu erfolgen und ist in 5facher Ausfertigung zu erstellen; bei tödlichen Unfällen ist eine weitere Ausfertigung an die Ortspolizei zu senden.

Unfallanzeigen sind sorgfältig auszufüllen, um späteren Unstimmigkeiten vorzubeugen. Wichtig ist, dass die Unfallanzeige genaue Angaben zur Verletzung sowie die Angaben über die Schilderung des Unfallherganges, bei Verkehrsunfällen auch die Angaben der aufnehmenden Polizeidienststelle, enthält. Angaben zum Verletzten, die Mitgliedsnummer bei der jeweiligen Bau-Berufsgenossenschaft, der Ort des Gewerbeaufsichtsamtes sowie die Betriebsnummer der Firma bei dem zuständigen Arbeitsamt können sicherlich in den meisten Fällen durch das Lohnbüro ergänzt werden.

Die elektronische Datenverarbeitung – EDV – hält nunmehr auch auf den Baustellen ihren Einzug.

Man unterscheidet hier grundlegend zwischen zwei Begriffen, nämlich HARD-WARE und SOFTWARE.

- **Hardware** ist die maschinelle Ausstattung einer Datenverarbeitungsanlage.
- **Software** ist die Sammelbezeichnung für alle in der Datenverarbeitung gespeicherten Programme wie Systemprogramme und Anwendungsprogramme.

Mit der Verbreitung der tragbaren Personal Computer – PC – dem sogenannten LAPTOP wird wohl in naher Zukunft jede Baustelle mit diesem Gerät ausgestattet werden können.

Diese PC, verbunden mit einem Fernsprechanschluss, machen es möglich, Daten unmittelbar übertragen zu können, um eine schnelle Verarbeitung im Betrieb zu ermöglichen.

Durch Tastendruck kann der Polier auf dem Bildschirm eine Maske – Bild – abrufen, wie zum Beispiel den Tagesbericht, den Stundenlohnnachweis oder den Maschinenbericht, in den er dann seine entsprechenden Angaben, wie bei einer Schreibmaschine, eingeben kann. Voraussetzung hierfür jedoch ist eine Schulung, die im Rahmen der Polierlehrgänge durchgeführt werden muss, damit der Polier sich mit den Grundlagen der Datenverarbeitung vertraut machen kann.

Praktische Hinweise zum Arbeitsrecht, insbesondere zur Einstellung und Kündigung von Mitarbeitern

Ass. *Klaus Schröder*, Meerbusch

1 Einstellung

Mit der Einstellung wird der Bewerber als Arbeitnehmer in den Betrieb eingegliedert. Es wird ein Arbeitsverhältnis begründet. Im wohlverstandenen beiderseitigen Interesse sollten vor der Einstellung die Arbeitsbedingungen sowie die persönliche und fachliche Eignung des Arbeitnehmers für die vorgesehene Tätigkeit klargestellt werden.

Wird der Arbeitnehmer auf einer Baustelle eingestellt, entscheidet aber das Lohnbüro oder die Personalabteilung erst über die endgültige Einstellung, ist gegenüber dem Arbeitnehmer ein entsprechender Vorbehalt zu machen. Gleiches gilt, wenn die endgültige Einstellung des Arbeitnehmers von der Zustimmung des Betriebsrats abhängt. Besteht nämlich in einem Betrieb mit in der Regel mehr als 20 wahlberechtigten Arbeitnehmern ein Betriebsrat, dann können Einstellungen wirksam nur mit Zustimmung des Betriebsrats vorgenommen werden (§ 99 Abs. 1 BetrVG). In beiden Fällen sollte gegenüber dem einzustellenden Arbeitnehmer klargestellt werden, dass seine endgültige Einstellung von der Zustimmung des Lohnbüros (bzw. der zuständigen betrieblichen Stelle) oder des Betriebsrats abhängt und dass er bis dahin vorläufig eingestellt wird.

1.1 Zweckmäßiges Vorgehen bei der Einstellung

■ Auch wenn für die Einstellung keine Schriftform zwingend geboten ist, halten Sie die Einstellungs- bzw. Arbeitsbedingungen aus Beweisgründen im Arbeitsvertrag oder Einstellschein schriftlich fest. Dies gilt umso mehr, als nach § 2 Abs. 1 des Nachweisgesetzes der Arbeitgeber verpflichtet ist, die **wesentlichen Arbeitsbedingungen** – nämlich den Beginn des Arbeitsverhältnisses, eine etwaige Befristung, die zu leistende Tätigkeit, die Vergütung, die Arbeitszeit, den Urlaub, die maßgeblichen Kündigungsfristen sowie die für das Arbeitsverhältnis geltenden Tarifverträge und Betriebsvereinbarungen – dem Arbeitnehmer spätestens einen Monat nach Beginn des Arbeitsverhältnisses schriftlich zu bestätigen. Wird ein schriftlicher Arbeitsvertrag geschlossen, beschränkt sich die Nachweispflicht des Arbeitgebers auf die wesentlichen Arbeitsbedingungen, die im schriftlichen Arbeitsvertrag nicht enthalten sind (§ 2 Abs. 4 Nachweisgesetz). Beim schriftlichen Nachweis der wesentlichen Arbeitsbedingungen können Angaben zum Arbeitsentgelt, zum Urlaub sowie zu den einzuhaltenden Kündigungsfristen durch einen Hinweis auf einen für das Arbeitsverhältnis geltenden einschlägigen Tarifvertrag oder eine Betriebsvereinbarung, in denen diese Arbeitsbedingungen geregelt sind, ersetzt werden.

Die Nachweispflichten gelten nicht für Arbeitnehmer, die nur für höchstens einen Monat zur vorübergehenden Aushilfe eingestellt werden (§ 1 Nachweisgesetz).

- Haben Sie bei der Einstellung kein Arbeitsvertragsformular zur Hand, schreiben Sie die wesentlichen Arbeitsbedingungen aus Gründen der Beweissicherung auf ein Blatt Papier und lassen Sie sich dieses Blatt, wenn es zur Einstellung kommt, vom Arbeitnehmer unterschreiben.

- Im Arbeitsvertrag bzw. in den schriftlich festgehaltenen Arbeitsbedingungen sollte immer klargestellt werden, als was (z. B. Maurer, Baumaschinenführer, Werker), zu welchem Lohn und ab wann der Arbeitnehmer eingestellt wird.

Erwarten Sie von einem Facharbeiter, dass er im Bedarfsfall auf der Baustelle auch Hilfsarbeiten verrichtet, so sprechen Sie dies bei der Einstellung an und nehmen Sie ggf. folgenden Zusatz in den Arbeitsvertrag auf:

„Herr ... wird als ... (z. B. Maurer) eingestellt, er ist jedoch verpflichtet alle auf der Baustelle oder im Betrieb anfallenden Arbeiten zu verrichten."

- Füllen Sie zur Vorbereitung der Einstellung einen **Personalfragebogen** aus und lassen Sie sich jede einzelne Frage beantworten.

Ergeben sich aus den Antworten Bedenken gegen eine Einstellung, klären Sie durch Rückfrage bei der für Personalfragen zuständigen Stelle des Betriebes, ob der Betreffende gleichwohl eingestellt werden soll. Eine Rückfrage ist z. B. stets erforderlich, wenn der Bewerber Schwerbehinderter oder einem Schwerbehinderten gleichgestellt ist oder wenn er einen Antrag auf Anerkennung als Schwerbehinderter gestellt hat.

Zur Klärung von Zweifeln bezüglich der Einsatzfähigkeit eines Bewerbers kann auch eine Rückfrage bei seinem letzten Arbeitgeber zweckmäßig sein. In allen Fällen sollte auch in Erwägung gezogen werden, dass Arbeitsverhältnis zeitlich zu befristen. Eine Befristung kann im Arbeitsvertrag wie folgt vereinbart werden:

„Das Arbeitsverhältnis ist befristet vom .... bis zum .... (jeweils das genaue Datum einsetzen). Es endet, ohne dass es einer Kündigung bedarf, mit Ablauf des .... Es kann beiserseits auch schon vor diesem Termin unter Einhaltung der tariflichen Kündigungsfrist gekündigt werden."

Vergleiche hierzu unten „Befristete Arbeitsverhältnisse".

- Überprüfen Sie, ob die Arbeitspapiere des Bewerbers vollständig sind, und halten Sie schriftlich fest, welche Arbeitspapiere vorgelegt und ggf. übergeben wurden. Ausländische Arbeitskräfte aus Nicht-EU-Ländern dürfen ohne behördliche Aufenthalts- und Arbeitserlaubnis nicht beschäftigt werden.

■ Klären Sie bei der Einstellung, ob der Bewerber im Besitz eines Sozialversicherungsausweises ist und lassen Sie sich diesen Ausweis bei Beginn der Beschäftigung vorlegen. Belehren Sie den Arbeitnehmer darüber, dass er im Baugewerbe den Sozialversicherungsausweis bei der Arbeit ständig mit sich führen muss (vgl. unten „Sozialversicherungsausweis").

■ Unterrichten Sie den Arbeitnehmer vor Aufnahme der Beschäftigung über seine Aufgaben, seine Verantwortung und seine Einordnung in den Arbeitsablauf (§ 81 BetrVG). Belehren Sie ihn weiterhin über die Unfall- und Gesundheitsgefahren seines Arbeitsbereichs sowie über die Maßnahmen zu ihrer Abwendung (Unfallverhütungsvorschriften).

1.2 Vorläufige Einstellung

Bedarf die Einstellung der Zustimmung des Betriebsrats (vgl. oben), so kann ein Arbeitnehmer gleichwohl vorab **vorläufig** eingestellt werden, wenn dies **aus sachlichen Gründen** (z. B. Arbeitskräftemangel auf der Baustelle) dringend geboten ist. Veranlassen Sie in einem solchen Fall, dass der Betriebsrat unverzüglich über die vorläufige Einstellung und die Gründe hierfür unterrichtet wird (§ 100 BetrVG).

1.3 Sozialversicherungsausweis

Jeder Arbeitnehmer muss im Besitz eines Sozialversicherungsausweises sein. Bei Neueinstellungen hat sich der Arbeitgeber oder sein Vertreter diesen Ausweis bei Beginn der Beschäftigung vorlegen zu lassen.

Der Sozialversicherungsausweis wird vom zuständigen Rentenversicherungsträger ausgestellt, und zwar entweder bei der erstmaligen Vergabe einer Versicherungsnummer (§ 96 Abs. 1 Satz 1 SGB IV) oder auf Antrag des Arbeitnehmers. Der Ausweis enthält neben dem Namen, Vornamen und ggf. Geburtsnamen, die Versicherungsnummer und das Ausstellungsdatum sowie im **Baugewerbe ein Lichtbild**, das der Arbeitnehmer selbst in den Ausweis einkleben muss. Bei Verlust des Ausweises stellt die zuständige Krankenkasse auf Antrag einen neuen Sozialversicherungsausweis aus.

Im Baugewerbe muss jeder Arbeitnehmer – auch der stationär beschäftigte Angestellte oder Betriebsschlosser – seinen Sozialversicherungsausweis bzw. seinen Ausweis über die Versicherungsnummer **bei der Arbeit** ständig **mit sich führen**. Der Arbeitgeber ist verpflichtet, jeden Arbeitnehmer über diese **Mitführungspflicht zu belehren** (98 Abs. 2 SGB IV). Für die Belehrung ist keine bestimmte Form vorgesehen.

Die **Mitführungspflicht** bedeutet **nicht**, dass der Ausweis „am Körper" getragen werden muss. Bei einer Baustellentätigkeit genügt es regelmäßig, wenn der Ausweis zusammen mit anderen Personaldokumenten wie z. B. dem Führerschein in der Tagesunterkunft aufbewahrt wird, sodass er im Falle einer Kontrolle sofort und in Sichtweite des Behördenvertreters herbeigeholt oder vorgewiesen werden kann. Ledigich auf Baustellen von größerer Ausdehnung, auf denen ein sicherer Verwahrungsort für den Ausweis in einem überschaubaren Umkreis nicht zur Verfügung steht, ist der Ausweis nach dem Wortlaut und Zweck der gesetzlichen Regelung bei sich zu tragen.

Die Kontrolle darüber, ob die Vorlage- und Mitführungspflichten bezüglich des Sozialversicherungsausweises beachtet werden, obliegt der Bundesagentur für Arbeit. Die Nichtbeachtung der Vorlage- und Mitführungspflichten kann als Ordnungswidrigkeit mit Geldbuße geahndet werden.

1.4 Befristete Arbeitsverhältnisse

Arbeitsverhältnisse können sowohl **zeit-** wie auch **zweckbefristet** eingegangen werden. Zeitbefristete Arbeitsverhältnisse enden mit Ablauf der Zeit, für die sie begründet wurden, ohne dass es hierzu einer Kündigung bedarf; z. B. mit Ablauf von 4 Wochen nach Beginn des Arbeitsverhältnisses oder mit Ablauf eines bestimmten Kalendertages (z. B. mit dem 30. September 2005). Zweckbefristete Arbeitsverhältnisse enden mit der vereinbarten Zweckerfüllung, z. B. der Beendigung einer bestimmten Tätigkeit, der Fertigstellung eines bestimmten Bauabschnitts oder gar einer Baumaßnahme, frühestens jedoch zwei Wochen nach Zugang der schriftlichen Unterrichtung des Arbeitnehmers durch den Arbeitgeber über den Zeitpunkt der Zweckerreichung (§ 15 Abs. 2 TzBfG).

Der Abschluss zeit- oder zweckbefristeter Arbeitsverträge ist nur in den Grenzen des Gesetzes über Teilzeitarbeit und befristete Arbeitsverträge (TzBfG) zulässig. Nach diesem Gesetz ist zu unterscheiden zwischen

- einer Befristung aus sachlichem Grund (§ 14 Abs. 1 TzBfG),
- einer Befristung ohne sachlichen Grund (§ 14 Abs. 2 TzBfG) und
- einer Befristung ab dem 58. Lebensjahr (14 Abs. 3 TzBfG).

Jede Befristung des Arbeitsvertrages bedarf zu ihrer Wirksamkeit der **Schriftform**. Die nur mündlich getroffene Vereinbarung einer Befristung ist unwirksam und das Arbeitsverhältnis gilt als auf unbestimmte Zeit geschlossen (§§ 14 Abs. 4 und 16 Satz 1 TzBfG).

Befristung aus sachlichem Grund

Als Sachgründe für eine Zeit- oder Zweckbefristung des Arbeitsverhältnisses führt § 14 Abs. 1 TzBfG beispielhaft an:

- Für die Arbeitsleistung besteht nur ein **vorübergehender Bedarf** (z. B. wegen eines zusätzlichen oder einmaligen Auftrages). Die bloße Unsicherheit über die künftige Entwicklung des Arbeitskräftebedarfs im Hinblick auf die künftige Auftragsentwicklung rechtfertigt nach der Rechtsprechung sachlich nicht die Befristung eines Arbeitsvertrages.

- Die Befristung erfolgt im Anschluss an eine Ausbildung oder ein Studium, um den Übergang in eine Anschlussbeschäftigung zu erleichtern.
- Die **Vertretung** eines zeitweilig (z. B. krankheitsbedingt oder während der Elternzeit) verhinderten anderen Arbeitnehmers.
- Zur Erprobung.
- Die Eigenart der Arbeitsleistung rechtfertigt die Befristung.
- In der Person des Arbeitnehmers liegende Gründe rechtfertigen die Befristung. Eine auf „Wunsch" des Arbeitnehmers vereinbarte Befristung wird von der Rechtsprechung nur anerkannt, wenn hierfür zum Zeitpunkt des Vertragsabschlusses objektive Anhaltspunkte (z. B. bevorstehende Aufnahme des Studiums) bestehen.

Auch die Befristung einzelner Arbeitsbedingungen bedarf nach der Rechtsprechung eines sachlichen Grundes, sofern sie im Falle ihrer unbefristeten Vereinbarung dem Änderungskündigungsschutz nach § 2 Kündigungsschutzgesetz unterfallen würde. Befristete Arbeitsverträge aus sachlichem Grund können mehrfach – auch nahtlos – aneinander gereiht werden.
Wird der Sachgrund für die Befristung nicht in den Arbeitsvertrag aufgenommen (z. B. Herr .... wird eingestellt als Urlaubsvertreter für ....), sollte der Arbeitnehmer bei der Einstellung auf den sachlichen Grund für die Befristung hingewiesen werden.

Kalendermäßige Befristung ohne Sachgrund

Auch ohne Sachgrund ist eine nach dem Kalender bestimmte zeitliche Befristung eines Arbeitsverhältnisses **bis zur Dauer von zwei Jahren** zulässig. Gleiches gilt bis zur Gesamtdauer von zwei Jahren auch für die höchstens dreimalige Verlängerung eines solchen zeitbefristeten Arbeitsvertrages. Insgesamt können mithin in einem Zeitraum von zwei Jahren vier Befristungen nahtlos aneinandergereiht werden.
§ 14 Abs. 2 TzBfG lässt diese erleichterte Zeitbefristung nur zu, wenn mit dem betreffenden Arbeitnehmer zuvor noch kein befristetes oder unbefristetes Arbeitsverhältnis bestanden hat, es sich also um eine **Ersteinstellung** handelt. Dieses Erfordernis der Ersteinstellung gilt auch für eine kurzfristige Einstellung von z. B. einer Woche. Eine wegen einer Vorbeschäftigung des Arbeitnehmers unwirksame Befristung führt dazu, dass ein unbefristeter Arbeitsvertrag zustande kommt, der frühestens zum vorgesehenen Ende der Befristung fristgerecht gekündigt werden kann, sofern der Arbeitsvertrag keine vorzeitige Kündigung vorsieht (§ 16 TzBfG).
Nur in den ersten vier Jahren nach der Gründung eines Unternehmens ist die kalendermäßige Befristung eines Arbeitsvertrages ohne Vorliegen eines Sachgrundes für die Befristung bis zur Dauer von vier Jahren zulässig. Gleiches gilt für die mehrfache Verlängerung kalendermäßig befristeter Arbeitsverträge bis zur Gesamtdauer von vier Jahren (§ 14 Abs. 2a TzBfG).

Erleichterte Befristung ab dem 58. Lebensjahr

Die Befristung eines Arbeitsvertrages bedarf – ohne zeitliche Beschränkung auf zwei Jahre – ebenfalls keines Sachgrundes, wenn

- der Arbeitnehmer bei Beginn des befristeten Arbeitsverhältnisses das 58. Lebensjahr vollendet hat und

- das befristete Arbeitsverhältnis in **keinem engen sachlichen Zusammenhang** zu einem vorhergehenden unbefristeten Arbeitsverhältnis steht. Ein solcher enger sachlicher Zusammenhang ist regelmäßig anzunehmen, wenn zwischen den beiden Arbeitsverhältnissen ein Zeitraum von weniger als sechs Monaten liegt (§ 14 Abs. 3 TzBfG).

Kündigung befristeter Arbeitsverträge

Die fristgerechte Kündigung eines befristeten Arbeitsverhältnisses vor Ablauf der vereinbarten Zeit bzw. vor der vorgesehenen Zweckerreichung ist nur dann zulässig, wenn sie **einzelvertraglich** ausdrücklich **vereinbart** ist (§ 15 Abs. 3 TzBfG). Ist eine Befristung nur wegen fehlender Schriftform unwirksam, kann der Arbeitsvertrag auch schon vor dem vereinbarten Ende fristgerecht gekündigt werden (§ 16 Satz 2 TzBfG).

Eine **fristlose Kündigung** des befristeten Arbeitsverhältnisses gemäß § 626 BGB aus wichtigem Grund ist rechtlich immer möglich, wenn die Fortsetzung des Arbeitsverhältnisses auch nur für die Dauer der Kündigungsfrist unter Berücksichtigung aller Umstände unzumutbar ist. Bei der vorzeitigen Kündigung befristeter Arbeitsverträge ist ein etwaig bestehender **besonderer Kündigungsschutz** des Arbeitnehmers wie z. B. der Schwerbehindertenschutz zu beachten.

2 Regelmäßige Arbeitszeit und Mehrarbeit im Baugewerbe

Die durchschnittliche regelmäßige Wochenarbeitszeit im Kalenderjahr beträgt 39 Stunden (§ 3 Nr. 1.1 BRTV).

In den Sommermonaten (13. bis 43. Kalenderwoche) beträgt die regelmäßige werktägliche Arbeitszeit ausschließlich der Ruhepausen von montags bis freitags 8 Stunden, die wöchentliche Arbeitszeit 40 Stunden, in den Wintermonaten (1. bis 12. Kalenderwoche sowie 44. Kalenderwoche bis zum Jahresende) beträgt die regelmäßige Arbeitszeit ausschließlich der Ruhepausen von montags bis freitags 7,5 Stunden, die wöchentliche Arbeitszeit 37,5 Stunden (§ 3 Nr. 1.2 BRTV).

„Die wöchentliche Regelarbeitszeit kann im Einvernehmen mit dem Betriebsrat entsprechend den betrieblichen Bedürfnissen und den jahreszeitlichen Lichtverhältnissen in der Weise auf die einzelnen Werktage innerhalb einer oder auch zwei Kalenderwochen so verteilt werden, dass die an einzelnen

Werktagen ausfallende Arbeitszeit durch Verlängerung an anderen Werktagen ohne Mehrarbeitszuschlag ausgeglichen wird (§ 3 Nr. 1.3 BRTV)."

Der Arbeitgeber kann, soweit keine betriebliche Arbeitszeitflexibilisierung vereinbart worden ist, bis zu 30 Arbeitsstunden vorarbeiten lassen. Der Lohn für diese Vorarbeitsstunden ist einem Ansparkonto gutzuschreiben und zum Ausgleich für die ersten 30 witterungsbedingten Ausfallstunden in der Schlechtwetterzeit (01. Nov. bis 31. März) als **Winterausfallgeld-Vorausleistung** auszuzahlen. Für die Vorarbeitsstunden besteht Anspruch auf Mehrarbeitszuschlag. Betrieblich kann vereinbart werden, dass der Mehrarbeitszuschlag dem Ansparkonto bis zu einem Guthaben von insgesamt 30 Gesamttarifstundenlöhnen gutgeschrieben wird (§ 4 Nr. 6.4 Abs. 1 und 3 BRTV).

Soweit z. B wegen der betrieblichen Auftragssituation keine Guthabenstunden angespart werden konnten, hat der Arbeitnehmer einen ihm etwaig zustehenden Urlaubsentschädigungsansspruch gem. § 8 Nr. 8 BRTV in Höhe der für die ersten 30 Ausfallstunden im Winter gezahlten Gesamttarifstundenlöhne an den Arbeitgeber abzutreten. Steht dem Arbeitnehmer auch kein oder kein ausreichender Urlaubsentschädigungsanspruch zu, muss er nach Maßgabe des § 8 Nr. 3.3 BRTV Urlaub (1 Urlaubstag für 10 Ausfallstunden) als Winterausfallgeld-Vorausleistung nehmen. Verfügt der Arbeitnehmer auch über keinen Urlaubsanspruch, hat er für die ersten 30 witterungsbedingten Ausfallstunden im Winter gegenüber seinem Arbeitgeber Anspruch auf einen Lohnvorschuss in Höhe seines Gesamttarifstundenlohnes. Er ist verpflichtet, die vorschussweise gezahlten max. 30 Ausfallstunden ohne Lohnanspruch nachzuarbeiten (§ 4 Nr. 4 bis 6 BRTV).

Höchstarbeitszeit

Nach dem Arbeitszeitgesetz (ArbZG) darf die werktägliche Arbeitszeit acht Stunden nicht überschreiten. Sie kann bis zu zehn Stunden verlängert werden, wenn in einem Zeitraum von insgesamt sechs Kalendermonaten oder innerhalb von 24 Wochen werktäglich im Durchschnitt acht Stunden nicht überschritten werden (§ 3 ArbZG).

2.1 Flexibilisierung der Arbeitszeit

Im Baugewerbe kann durch Betriebsvereinbarung oder – soweit kein Betriebsrat besteht – durch einzelvertragliche Vereinbarung eine von der tariflichen Arbeitszeitverteilung abweichende Arbeitszeitflexibilisierung auf die einzelnen Werktage eines **zwölfmonatigen Ausgleichszeitraums** ohne Mehrarbeitszuschlag vereinbart werden (§ 3 Nr. 1.41 BRTV). Bei einer solchen Arbeitszeitflexibilisierung hat der Arbeitgeber unabhängig von der jeweiligen Arbeitszeit einen **Monatslohn** zu gewähren. Dieser Monatslohn beträgt in den Monaten April bis Oktober 174 und in den Monaten November bis März 162 Gesamttarifstundenlöhne (§ 3 Nr. 1.42 BRTV). Der jeweilige Monatslohn mindert sich um den Gesamttarifstundenlohn für diejenigen Arbeitsstunden, die infolge von Urlaub, Krankheit, Zeiten ohne Entgeltfortzahlung, von Zeiten unbezahlter Freistellung und Zeiten unentschuldigten Fehlens oder von witterungsbedingten Ausfallzeiten ausfallen.

Bei betrieblicher Arbeitszeitflexibilisierung hat der Arbeitgeber für jeden Arbeitnehmer ein **Arbeitszeit- und Entgeltkonto** (Ausgleichskonto) zu führen, auf dem die Differenz zwischen dem Lohn für die tatsächlich geleisteten Arbeitsstunden und dem Monatslohn für jeden Arbeitnehmer gutgeschrieben wird. Auf dem Ausgleichskonto können innerhalb von zwölf Monaten bis zu insgesamt 150 Stunden zuschlagsfrei angespart werden. Der Arbeitgeber kann, soweit er in Vorlage getreten ist, bis zu 30 Stunden nacharbeiten lassen.

Das in den Sommermonaten angesparte Zeitguthaben wird – soweit erforderlich – zum Ausgleich (Auffüllen) des Monatslohns, bei witterungsbedingtem Arbeitsausfall außerhalb der Schlechtwetterzeit (01. Nov. bis 31. März) sowie als **Winterausfallgeld-Vorausleistung** für bis zu 100 witterungsbedingten Ausfallstunden in der Schlechtwetterzeit eingesetzt (§ 3 Nr. 1.43 BRTV). Nicht verbrauchtes Arbeitszeitguthaben ist am Ende des zwölfmonatigen Ausgleichszeitraums oder bei Ausscheiden des Arbeitnehmers bzw. im Todesfall auszuzahlen. Für nicht verbrauchte Guthabenstunden, die dem Arbeitnehmer ausgezahlt werden, sind gemäß § 3 Nr. 6.1 und 5.14 BRTV Überstundenzuschläge zu gewähren.

Durch Betriebsvereinbarung oder durch einzelvertragliche Vereinbarung kann bestimmt werden, dass ein Arbeitszeitguthaben nicht ausgezahlt, sondern in den neuen Ausgleichszeitraum übernommen wird. In einer entsprechenden Betriebsvereinbarung muss dem Arbeitnehmer ein Anspruch auf Auszahlung des Guthabens vorbehalten werden (§ 3 Nr. 1.43 Abs. V BRTV).

2.2 Anordnung von Mehrarbeit

Über die regelmäßige Arbeitszeit hinausgehende Überstunden können im Einvernehmen mit dem Betriebsrat angeordnet werden, soweit die Mehrarbeit durch dringende betriebliche Erfordernisse bedingt wird. Dabei darf die Arbeitszeit 10 Stunden nicht überschreiten, wenn nicht die in § 15 Arbeitszeitgesetz vorgesehene Zustimmung der Aufsichtsbehörde vorliegt (§ 3 Nr. 5.4 BRTV).

3 Anzeige- und Nachweispflicht des Arbeitnehmers bei Arbeitsunfähigkeit

Der Arbeitnehmer hat dem Arbeitgeber eine **krankheitsbedingte Arbeitsunfähigkeit** und deren **voraussichtliche Dauer** unverzüglich, d. h. **ohne schuldhaftes Zögern, anzuzeigen** (§ 5 Abs. 1 Satz 1 EFZG, § 4 Nr. 1 Satz 1 RTV Angestellte/Poliere). Der Arbeitgeber muss in die Lage versetzt werden, die erforderlichen Dispositionen zu treffen, um den Ausfall der Arbeitskraft auszugleichen (Umsetzung, Einstellung einer Ersatzkraft). Die Arbeitsunfähigkeit ist daher möglichst am ersten Tag der Arbeitsverhinderung während der ersten Arbeitsstunden zu melden. Für die Anzeige ist **keine Form** vorgeschrieben; sie kann mündlich, fernmündlich oder schriftlich erstattet werden. Kommt der Arbeitnehmer seiner Anzeigepflicht nicht unverzüglich nach, kommen arbeitsrechtliche Konsequenzen (Abmahnung, im Wiederholungsfall ggf. Kündigung) in Betracht. Beharrliche Verletzungen der Mitteilungspflicht können sogar einen wichtigen Grund zur fristlosen Kündigung darstellen.

Dauert die krankheitsbedingte Arbeitsunfähigkeit länger als 3 Kalendertage, hat der Arbeitnehmer gem. § 5 Abs. 1 S. 2 Entgeltfortzahlungsgesetz eine **ärztliche Bescheinigung** bezüglich der **Arbeitsunfähigkeit** sowie deren **voraussichtlicher Dauer** spätestens an dem darauffolgenden Arbeitstag vorzulegen. Der Arbeitgeber ist berechtigt, die **Vorlage** der ärztlichen Arbeitsunfähigkeitsbescheinigung **auch schon früher** – z. B. ab dem 1. Krankheitstag – zu verlangen, und zwar auch bei Kurzerkrankungen von 1 bis 3 Tagen. Dies gilt auch, wenn – gleich aus welchem Grund – für die Dauer der Arbeitsunfähigkeit kein Anspruch auf Entgeltfortzahlung besteht.

Angestellte (Poliere) im Baugewerbe haben eine ärztliche Bescheinigung vorzulegen, wenn sie **länger als 5 Kalendertage** arbeitsunfähig krank sind (§ 4 Nr. 1 Satz 2 RTV Angestellte/Poliere).

Dauert die Arbeitsunfähigkeit länger als in der Arbeitsunfähigkeitsbescheinigung angegeben, ist der Arbeitnehmer verpflichtet, eine ärztliche Anschlussbescheinigung über die fortbestehende Arbeitsunfähigkeit vorzulegen (§ 5 Abs. 1 S. 4 EFZG).

Im Regelfall genügt der Arbeitnehmer seinen Nachweispflichten bezüglich der Arbeitsunfähigkeit durch die Vorlage einer ärztlichen Bescheinigung. Der Beweiswert einer solchen ärztlichen Bescheinigung kann jedoch dadurch erschüttert werden, dass aufgrund konkreter Umstände begründete Zweifel an der Arbeitsunfähigkeit des Arbeitnehmers und damit an der Richtigkeit der Arbeitsunfähigkeitsbescheinigung bestehen. Solche Zweifel können sich aus dem Verhalten des Arbeitnehmers sowie aus der Art und Weise, wie die AU-Bescheinigung ausgestellt wurde, ergeben. Entsprechende Zweifel an der Richtigkeit der Arbeitsunfähigkeit können u. a. durch folgende Umstände begründet werden:

- Häufige Krankheitszeiten anlässlich bestimmter Ereignisse (z. B. im Zusammenhang mit Urlaub, Feiertagen),
- Krankschreibung nach Ablehnung eines Urlaubsantrages,
- „Angekündigtes" Krankfeiern, wenn bestimmten Wünschen des Arbeitnehmers (bezüglich eines Baustelleneinsatzes oder einer Arbeitszuweisung) nicht entsprochen wird,

- Rückdatierung einer AU-Bescheinigung um mehr als 2 Tage,
- Ausstellung der ärztlichen Bescheinigung ohne vorausgegangene Untersuchung und vor allem
- Widerlegung der Arbeitsunfähigkeit durch das tatsächliche Verhalten des Arbeitnehmers. In Betracht kommen hierfür alle körperlichen und sportlichen Betätigungen, die vergleichbare Anforderungen an den Arbeitnehmer stellen, wie die Verrichtung der im Arbeitsverhältnis geschuldeten Arbeit.

Solange der Arbeitnehmer schuldhaft seiner Verpflichtung zur Vorlage einer ärztlichen AU-Bescheinigung bzw. einer Folgebescheinigung nicht nachkommt, kann die Entgeltfortzahlung im Krankheitsfall verweigert werden.

4 Kündigung

Eine Vereinbarung über die einvernehmliche Beendigung des Arbeitsverhältnisses (Aufhebungsvertrag) ist stets einer Kündigung vorzuziehen. Versuchen Sie deshalb ggf. zunächst, eine solche Vereinbarung zu treffen. Dabei ist zu beachten, dass nach § 623 BGB ein **Aufhebungsvertrag** nur dann wirksam und verbindlich ist, wenn er **schriftlich** vereinbart wird. Die schriftlich fixierte Vereinbarung muss von beiden Vertragspartnern unterschrieben werden (§ 126 Abs. 2 Satz 1 BGB).
Wird eine Kündigung unausweichlich, ist Folgendes zu beachten:

4.1 Kündigungserklärung

Eine Kündigung kann wirksam nur **schriftlich** ausgesprochen werden (§ 623 BGB, § 12 Nr. 1.3 BRTV, § 11 Nr. 1.2 RTV Angestellte/Poliere). Ein Kündigungsschreiben sollte immer eindeutig und unmissverständlich formuliert werden. Dabei sollte auch zum Ausdruck kommen, ob fristlos aus wichtigem Grund oder fristgerecht zu einem bestimmten Termin gekündigt wird. Besteht bei einer fristgerechten Kündigung Unklarheit über die einzuhaltende Kündigungsfrist sollte vorsorglich „fristgerecht zum nächstmöglichen Termin" gekündigt werden.
Kann das Kündigungsschreiben dem Arbeitnehmer nicht am Arbeitsplatz übergeben werden, lassen Sie es ihm – wenn möglich – durch einen Boten in seiner Wohnung persönlich übergeben. Trifft der Bote weder den Arbeitnehmer noch einen Familienangehörigen an, sollte der **Zugang der Kündigung** durch Einwurf in den Briefkasten bewirkt werden. Aus Gründen der Beweissicherung sollten Sie sich die Übergabe oder auch den Einwurf des Kündigungsschreibens in den Briefkasten vom Boten schriftlich bestätigen lassen. Denn die Wirksamkeit der Kündigung setzt voraus, dass sie dem Arbeitnehmer zugegangen ist und dass dieser Zugang für den Fall, dass der Arbeitnehmer ihn in Abrede stellt, nachgewiesen werden kann. Durch den Zugang der

Kündigung wird zudem auch bei einer fristgerechten Kündigung die Kündigungsfrist in Lauf gesetzt.

4.2 Anhörung des Betriebsrats

In Betrieben, in denen ein Betriebsrat besteht, kann eine Kündigung wirksam nur nach vorheriger Anhörung des Betriebsrats ausgesprochen werden (§ 102 Abs. 1 BetrVG). Den Betriebsrat anhören heißt, ihm Gelegenheit zu geben, zu der beabsichtigten Kündigung Stellung zu nehmen. Da sich der Arbeitgeber in einem etwaigen Rechtsstreit um die Wirksamkeit der Kündigung nur auf die Kündigungsgründe stützen kann, die dem Betriebsrat zuvor im Anhörungsverfahren bekanntgegeben wurden, sorgen Sie dafür, dass der Betriebsrat über alle bestehenden Kündigungsgründe umfassend unterrichtet wird.

Äußert sich der Betriebsrat zu einer beabsichtigten fristgerechten Kündigung nicht innerhalb einer Frist von einer Woche bzw. zu einer beabsichtigten fristlosen Kündigung nicht binnen 3 Tagen, gilt das Anhörungsverfahren als abgeschlossen, und die Kündigung kann ohne jeden weiteren zeitlichen Verzug ausgesprochen werden. Diese Erklärungsfristen für den Betriebsrat werden durch die Mitteilung der Kündigungsabsicht und der Kündigungsgründe gegenüber dem Betriebsratsvorsitzenden, im Falle seiner Verhinderung gegenüber seinem Stellvertreter, oder gegenüber dem vom Betriebsrat hierzu ausdrücklich ermächtigten Betriebsratsmitglied in Lauf gesetzt. Eine **ordnungsgemäße Unterrichtung** des Betriebsrats über die beabsichtigte Kündigung setzt voraus, dass ihm neben den Kündigungsgründen die Personalien und die sozialen Verhältnisse des betroffenen Arbeitnehmers, die vorgesehene Kündigung (fristgerechte, fristlose oder Änderungskündigung), ggf. auch der Kündigungstermin und die einzuhaltende tarifliche Kündigungsfrist sowie bei einer Änderungskündigung die neuen Arbeitsbedingungen mitgeteilt werden. Die Angabe bloßer Schlagworte wie „Arbeitsmangel" oder „Minderleistung" genügt zur Begründung der Kündigung nicht. Dem Betriebsrat müssen vielmehr die Tatsachen und Umstände mitgeteilt werden, aus denen sich z. B. der vorliegende Arbeitsmangel bzw. die Minderleistung des Arbeitnehmers ergeben.

Vor Ablauf der Erklärungsfrist kann die Kündigung wirksam nur ausgesprochen werden, wenn der Betriebsrat sich abschließend zu ihr geäußert hat, ihr also z. B. zugestimmt oder widersprochen hat.

4.3 Kündigungsschutz

Der Grundsatz der Kündigungsfreiheit wird für den Arbeitgeber durch den Kündigungsschutz sowie den besonderen Kündigungsschutz bestimmter Personengruppen (z. B. Schwerbehinderte, werdende Mütter) erheblich eingeschränkt.

Der (allgemeine) Kündigungsschutz gilt nach **sechsmonatigem Bestand** des **Arbeitsverhältnisses** in Betrieben, die ohne Auszubildende bis zum 31. Dezember 2003 in der Regel mehr als fünf Arbeitnehmer und nach dem 31. Dezember mehr als zehn Arbeitnehmer beschäftigen. Dies führt dazu, dass Arbeitnehmer, die (z. B. in einem Betrieb mit acht Arbeitnehmern) am 31. Dezember 2003 Kündigungsschutz hatten, auch ab dem 1. Januar 2004 weiterhin dem Kündigungsschutzgesetz (KSchG) unterfallen. Arbeitnehmer, die erst nach dem 31. Dezember 2003 eingestellt werden, erwerben hingegen erst Kündigungsschutz, wenn der Betrieb mehr als zehn Arbeitnehmer beschäftigt (§ 23 Abs. 1 KSchG).

Für die Bestimmung der sechsmonatigen Wartezeit für den Kündigungsschutz sind nach der Rechtsprechung **kurzfristige Unterbrechungen** des Arbeitsverhältnisses unerheblich, wenn zwischen den beiden Arbeitsverhältnissen ein enger sachlicher Zusammenhang besteht. Ein enger sachlicher Zusammenhang wird regelmäßig angenommen, wenn der Arbeitgeber die Lösung des ersten Arbeitsverhältnisses veranlasst hat, die Dauer der Unterbrechung nicht erheblich ist (z. B. nur 4 Wochen) und die erneute Beschäftigung der früheren entspricht. Der Arbeitnehmer wird z. B. beide Male als Zimmerer beschäftigt.

Der Kündigungsschutz bewirkt, dass jede fristgerechte Kündigung des Arbeitnehmers durch den Arbeitgeber zu ihrer Wirksamkeit der **sozialen Rechtfertigung** bedarf. Sie muss aus **dringenden betrieblichen Erfordernissen** (z. B. fehlender Arbeitsbedarf infolge Auftragsmangels), **aus Gründen in der Person** (z. B. dauernde Arbeitsunfähigkeit) oder **im Verhalten** des Arbeitnehmers (z. B. Arbeitsverweigerung, unentschuldigte Fehlzeiten) unausweichlich sein (§ 1 Abs. 2 KSchG).

Eine durch **dringende betriebliche Erfordernisse bedingte Kündigung** ist gleichwohl sozial ungerechtfertigt, wenn der Arbeitgeber **bei der Auswahl** der zu entlassenden Arbeitnehmer die **Dauer der Betriebszugehörigkeit**, das **Lebensalter**, die **Unterhaltspflichten** oder eine etwaige **Schwerbehinderung** des Arbeitnehmers nicht oder **nicht ausreichend berücksichtigt** hat (§ 1 Abs. 3 Satz 1 KSchG).

In die Sozialauswahl sind alle nach ihrer Ausbildung und nach der ausgeübten Tätigkeit **vergleichbaren Arbeitnehme**r des gesamten Betriebes – nicht des Unternehmens – einzubeziehen. Dabei kommt es entscheidend darauf an, ob die Arbeitnehmer wechselseitig austauschbar sind oder aber aufgrund ihrer Fähigkeiten und betrieblichen Erfahrungen zumindest nach kurzer Einarbeitungszeit in der Lage sind, die auf einem fortbestehenden Arbeitsplatz geforderte Tätigkeit auszuüben.

In die Sozialauswahl nicht einzubeziehen sind Arbeitnehmer, deren Weiterbeschäftigung wegen ihrer Kenntnisse, Fähigkeiten und Leistungen oder zur Sicherung (Schaffung) einer ausgewogenen Personalstruktur des Betriebes **im berechtigten betrieblichen Interesse** liegt (§ 1 Abs. 3 Satz 2 KSchG).

Eine **verhaltensbedingte Kündigung** setzt im Regelfall einen schuldhaften Verstoß des Arbeitnehmers gegen die ihm obliegenden Vertragspflichten voraus. Aus dem das Kündigungsschutzrecht beherrschenden Grundsatz der

Verhältnismäßigkeit folgt, dass eine Kündigung des Arbeitnehmers wegen Vertragsverletzungen im Leistungsbereich (z. B. Schlechtleistung, Zuspätkommen, unentschuldigtes Fehlen) regelmäßig nur dann gerechtfertigt ist, wenn der Arbeitnehmer zuvor wegen vergleichbarer Pflichtwidrigkeiten vergeblich abgemahnt worden ist. Eine **Abmahnung** ist eine Rüge, mit der der Arbeitgeber in einer für den Arbeitnehmer hinreichend deutlich erkennbaren Weise Leistungsmängel oder Fehlverhalten beanstandet und damit den Hinweis verbindet, dass im Wiederholungsfall der Inhalt oder der Bestand des Arbeitsverhältnisses (Abstufung oder Kündigung) gefährdet ist. Diese **Warn- und Ankündigungsfunktion** für die Zukunft ist unverzichtbarer Bestandteil jeder Abmahnung. Hieraus folgt, dass wegen eines abgemahnten Verhaltens ohne Hinzutreten einer neuerlichen Pflichtverletzung nicht wirksam gekündigt werden kann.

Für die Abmahnung ist keine bestimmte Form vorgeschrieben. Sie kann also sowohl mündlich wie auch schriftlich ausgesprochen werden. Dem Arbeitnehmer muss jedoch in der Abmahnung die beanstandete Leistung bzw. das gerügte Fehlverhalten in tatsächlicher Hinsicht so genau wie möglich bekannt gegeben werden, damit er weiß, was ihm vorgeworfen wird. Nur so kann auch die Abmahnung ihrem Zweck genügen, den Arbeitnehmer zu einem vertragsgerechten Verhalten anzuhalten. Berechtigt zur Abmahnung ist jeder Vorgesetzte, auch wenn er nicht zur Kündigung ermächtigt ist.

Schwere Verstöße eines Arbeitnehmers im betrieblichen Bereich (z. B. tätliche Auseinandersetzungen unter Arbeitskollegen, nachhaltige Störungen des Betriebsfriedens oder des Betriebsablaufs) und im Vertrauensbereich (z. B. Straftat gegenüber einem Auftraggeber, Ausübung einer unzulässigen Erwerbstätigkeit während der Arbeitsunfähigkeit oder eigenmächtige Urlaubsverlängerung) rechtfertigen in aller Regel eine Kündigung auch **ohne vorherige Abmahnung**, da der Arbeitnehmer mit der Billigung eines solchen Verhaltens durch den Arbeitgeber nicht rechnen kann.

Die Arbeitsgerichte stellen an den Nachweis der sozialen Rechtfertigung hohe Anforderungen. Prüfen Sie deshalb, ob ein neueingestellter Arbeitnehmer für die auszuführenden Arbeiten geeignet ist, bevor er nach sechsmonatiger Beschäftigung Kündigungsschutz erwirbt.

4.4 Fristlose Kündigung

Aus wichtigem Grund kann einem Arbeitnehmer ohne Einhaltung einer Kündigungsfrist gekündigt werden, wenn dem Arbeitgeber unter Berücksichtigung aller Umstände des Einzelfalls und unter Abwägung der Interessen beider Vertragsseiten die Fortsetzung des Arbeitsverhältnisses bis zum Ablauf der Kündigungsfrist oder bis zu der vereinbarten Beendigung des Arbeitsverhältnisses (z. B. Fristablauf) nicht zuzumuten ist (§ 626 Abs. 1 BGB). Als **wichtiger Grund** für eine fristlose Kündigung kommen beispielsweise **schwerwiegende**

Vertragsverstöße wie beharrliche Arbeitsverweigerung, wiederholtes oder auch längeres unentschuldigtes Fehlen trotz Abmahnung, aber auch Straftaten zum Nachteil des Arbeitgebers (z. B. Materialdiebstahl) oder eines Auftraggebers in Betracht. Der schriftlichen Kündigung muss zu entnehmen sein, dass das Arbeitsverhältnis fristlos aus wichtigem Grund beendet werden soll.

Eine fristlose Kündigung kann – nach vorheriger Anhörung des Betriebsrats – wirksam nur innerhalb von zwei Wochen, gerechnet von dem Zeitpunkt an, zu dem der Arbeitgeber bzw. der Kündigungsberechtigte Kenntnis von dem Kündigungsgrund erhält, ausgesprochen werden (§ 626 Abs. 2 BGB). Für den Arbeitgeber kann die Anhörung des betroffenen Arbeitnehmers zur gebotenen Sachverhaltsaufklärung vor der Kündigungsentscheidung gehören mit der Folge, dass die Zweiwochenfrist erst mit Erhalt der Stellungnahme des Arbeitnehmers zu dem Kündigungssachverhalt in Lauf gesetzt wird. Die Zweiwochenfrist wird gewahrt, wenn das Kündigungsschreiben dem Betroffenen innerhalb der Frist zugeht.

4.5 Beweissicherung

Wird eine fristlose oder auch eine verhaltensbedingte fristgerechte Kündigung ausgesprochen, sollten Sie Vorsorge treffen, dass die die Kündigung rechtfertigenden Umstände und Tatsachen (z. B. auch vorausgegangene mündliche Abmahnungen) schriftlich unter Angabe der in Betracht kommenden Zeugen festgehalten werden. Nur so ist zu gewährleisten, dass die Kündigungsgründe in einem nachfolgenden Kündigungsschutzprozess nachgewiesen werden können.

4.6 Kündigungsschutzklage

Will der Arbeitnehmer geltend machen, dass eine Kündigung sozial ungerechtfertigt oder aus anderen Gründen (z. B. wegen nicht ordnungsgemäßer Anhörung des Betriebsrats) rechtsunwirksam ist, muss er **innerhalb von drei Wochen** nach Zugang der schriftlichen Kündigung **Klage** beim Arbeitsgericht auf Feststellung erheben, dass das Arbeitsverhältnis durch die Kündigung nicht aufgelöst ist (§ 4 KSchG). Wird die Rechtsunwirksamkeit einer Kündigung nicht rechtzeitig geltend gemacht, gilt die Kündigung als von Anfang an rechtswirksam (§ 7 KSchG).

War ein Arbeitnehmer trotz Anwendung aller ihm nach Lage der Umstände zumutbaren Sorgfalt verhindert, die dreiwöchige Klagefrist zu wahren, hat das Arbeitsgericht auf seinen Antrag die **Klage nachträglich zuzulassen**. Der Antrag muss innerhalb von zwei Wochen nach Behebung des Hindernisses (z. B. einer schweren Erkrankung oder einer urlaubsbedingten Abwesenheit) bei Gericht eingehen (§ 5 Abs. 1 und 3 KSchG).

Stichwortverzeichnis